普通高等教育规划教材

给水排水管网工程

第二版

汪　翙　主　编
周虎成　主　审

化学工业出版社
·北京·

内容简介

本教材按给水和排水分为两篇。第1篇为给水管网系统，主要内容包括：给水管网系统工程规划与设计；给水管网系统的水力计算；给水管网技术经济计算；分区给水的能量分析和设计；水量调节设施及给水管网材料、附属设施；管道的施工及管网维护管理概述；给水管网运行调度及水质控制。第2篇为排水管网系统，主要内容包括：排水管网系统工程规划与设计；污水管道系统设计与计算；雨水管渠的设计与计算；合流制排水管网设计与计算；排水管道材料、接口、基础及管渠系统构筑物；排水管渠的管理和养护。书末附录给出了给水、排水管网课程设计例题。

本教材为高等学校给水排水工程、环境工程等专业的教材，也可供从事相关工作的工程技术人员参考。

图书在版编目（CIP）数据

给水排水管网工程/汪翙主编．—2版．—北京：化学工业出版社，2013.2（2024.2重印）
普通高等教育规划教材
ISBN 978-7-122-16035-5

Ⅰ．①给…　Ⅱ．①汪…　Ⅲ．①给水管道-管网-高等学校-教材②排水管道-管网-高等学校-教材　Ⅳ．①TU991.33 ②TU992.23

中国版本图书馆CIP数据核字（2012）第300691号

责任编辑：王文峡　　装帧设计：王晓宇
责任校对：陶燕华

出版发行：化学工业出版社（北京市东城区青年湖南街13号　邮政编码100011）
印　　装：北京天宇星印刷厂
787mm×1092mm　1/16　印张18¾　字数465千字　2024年2月北京第2版第8次印刷

购书咨询：010-64518888　　售后服务：010-64518899
网　　址：http://www.cip.com.cn
凡购买本书，如有缺损质量问题，本社销售中心负责调换。

定　　价：49.00元

前　言

随着城市的高速发展，给水排水管网工程与人们生活和生产息息相关的功能和作用日益凸显。合理进行给水排水管网工程规划、设计、施工和运行管理，是人们身体健康、生命安全和社会稳定、经济持续增长的重要保障。

本书第一版自2006年1月出版以来，由于国家对涉及给水排水管网工程的相关设计规范进行了修订，其中《室外给水设计规范》(GB 50013—2006) 于2006年进行了一次全面修订，《室外排水设计规范》(GB 50014—2006) 分别于2006年和2011年进行了两次修订。本次修订主要对给水管网部分的规划和设计程序、用水量计算、水头损失计算、给水管材和附件以及管道施工和维护管理；排水管网部分的雨水径流调节等内容进行了重新编写。

全书修订工作由河海大学、扬州大学和东南大学共同完成。其中：第1章给水章节由汪翙、孙敏修订；排水章节由何成达修订；第2、6章由汪翙、孙敏修订；第3章由孙敏修订；第4章由从海兵修订；第5、8章由黄正华修订；第7章由汪翙、薛朝霞、孙敏修订；第9、12、14章由何成达、薛朝霞、杨金虎修订；第10、13章由杨金虎修订；第11章、排水管网课程设计由薛朝霞修订；给水管网课程设计实例由林涛修订。全书由孙敏统稿。

修订本书是汪翙老师生前的心愿，谨以此书献给她。

感谢读者对本书修订工作的支持。

编者

2012年10月

第一版前言

给水排水管网工程是给水排水工程中很重要的组成部分，所需（建设）投资也很大，一般约占给水排水工程总投资的50%～80%。同时管网工程系统直接服务于民众，与人们生活和生产活动息息相关，其中任一部分发生故障，都可能对人们生活、生产及保安消防等产生极大影响。因此，合理地进行给水排水管道工程规划、设计、施工和运行管理，保证其系统安全经济地正常运行，满足生活和生产的需要，无疑是非常重要的。

本书根据"高等学校给水排水专业教学指导委员会"对给水排水专业课程设置的要求，将原来分别置于《给水工程》中的给水管道工程部分和置于《排水工程》中的排水管道工程部分整合在一起，作为给水排水专业本科教学中"给水排水管道工程"这门课程的教材。本教材以要求学生学会给水排水管网工程设计为编写基调，同时增添了区域供水、区域达标尾水的排放、管线综合布置、给水排水管道工程的施工概述等内容，在附录中还分别收集整理了给水管网和排水管网课程设计实例。教学时可以根据课程及学时安排对内容进行取舍。教学对象是大学本科学生，目的是要求学生掌握给水排水工程规划、设计的主要步骤，掌握给水排水管道工程的设计理论和设计方法，了解给水排水管道工程的维护管理和施工组织、施工方法及注意事项。

全书由河海大学、扬州大学、东南大学组织编写，汪翙主编、何成达副主编，南京工业大学周虎成主审。其中第1章给水章节由河海大学汪翙编写，排水章节由扬州大学何成达编写；第2、6、7章由河海大学汪翙编写；第3章由河海大学孙敏编写；第4章由扬州大学丛海兵编写；第5、8章由东南大学黄正华编写；第9、12、14章由扬州大学何成达编写；第10、13章由河海大学杨金虎编写；第11章由河海大学薛朝霞编写；给水管网课程设计实例由河海大学顾丽、黄玮编写；排水管网课程设计由扬州大学陈广元、河海大学薛朝霞编写。

由于编者水平所限，书中不妥之处在所难免，敬请读者批评指正。

编者

2005年7月

目　录

第1篇　给水管网系统

第2篇 排水管网系统

1 给水排水系统概述

水是人类最宝贵的资源，是人类生存的基本条件，是国民经济的生命线。而联合国有关报告指出：21 世纪，淡水将成为世界上最紧缺的自然资源。我国是一个水资源匮乏的国家，人均占有量只有世界人均占有量的 1/4，且时空分布不均，再加上给水排水工程建设满足不了国民经济快速发展的要求，造成许多城市处于竭水状态。据 2011 年统计，我国六百多个建制市中，近三分之二城市不同程度缺水，正常年份全国缺水量达 500 多亿立方米。各地区江河水系大多遭受污染，水质污染使 90%以上的城市水体水质劣于Ⅳ类，50%的城市供水水源地达不到饮用水标准，南方城市水质型缺水超过 60%。由于污水排放量不断增加，而处理能力跟不上，水的人工循环处于不良态势，城市水环境恶化趋势未能得到有效遏制，水危机已成为严峻的现实问题。据统计，由于水污染造成的经济损失估计相当于国家当年财政收入的 6%；另一方面，饮用水的短缺和水污染也已危及居民的生活与健康，甚至影响到社会的安定。由此看来，日益严重的水资源短缺和环境污染不但严重困扰着国计民生，而且已经成为制约我国社会经济可持续发展的主要因素。

从天然水体取水，为人类生活和生产供应各种用水，用过的水再排回天然水体，水的这一循环过程称为水的人工循环，又可称为水的社会循环（参见图 1-1）。在水的人工循环中，人类与自然生态在水质、水量等方面都存在着巨大的矛盾，这些矛盾的有效控制和解决是通过建设一整套工程设施来实现的，这一整套工程设施的组合体就称为给水排水工程。所以，给水排水工程就是在某一特定范围内（如一个城市或一个工厂等），研究水的人工循环工艺和工程的技术科学。其主要内容包括水的开采、加工、输送、回收和利用等工艺和工程，通

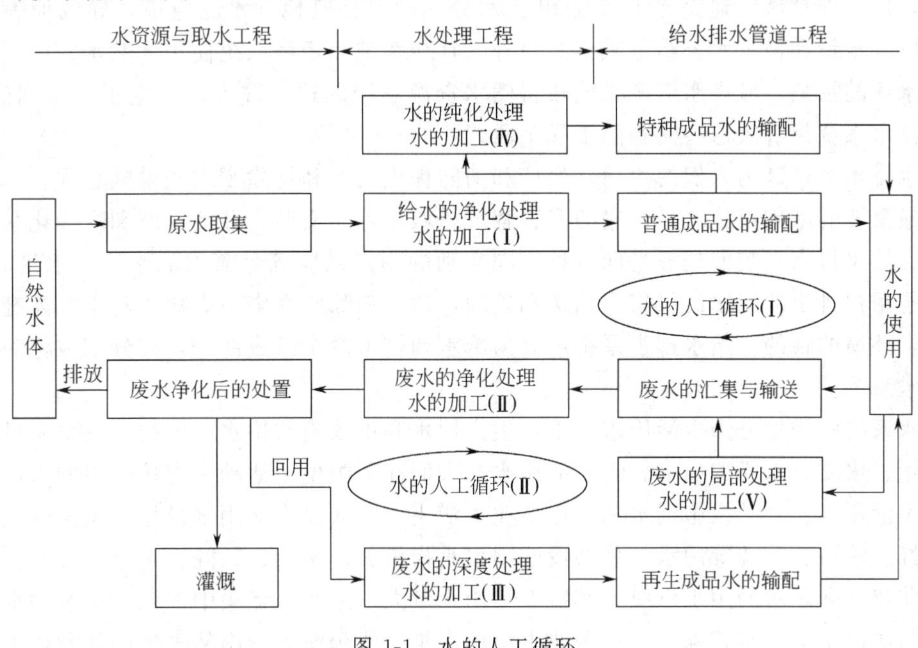

图 1-1　水的人工循环

常由水资源与取水工程、水处理工程和给水排水管道工程等部分组成（参见图 1-1)。给水排水工程的目的和任务就是保证以安全适用、经济合理的工艺与工程技术，合理开发和利用水资源，向城镇和工业供应各项合格用水，汇集、输送、处理和再生利用污水，使水的人工循环正常运行，以提供方便、舒适、卫生、安全的生活和生产环境，保障人民健康与正常生活，促进生产发展，保护和改善水环境质量。

此外，大气降水（雨水和冰雪融水）的及时排除，也是给水排水工程的重要任务之一。

给水排水工程按服务范围可分为区域给水排水工程、城镇给水排水工程、建筑给水排水工程和工业给水排水工程等；按系统可分为给水工程（系统）和排水工程（系统）两大类。污水处理回用工程（即中水工程）实质上应属于给水工程的范畴。

1.1 给水排水系统的组成和工作原理

1.1.1 给水排水系统的任务

城市水系统为城市社会、经济、环境三个系统提供服务，并受以上三个系统的制约。城市水系统为社会系统提供生活用水，主要问题是居民饮用水、卫生设施用水；为经济系统提供生产用水，其用水指标和总量受经济结构的影响；为环境系统提供生态用水，它受地面硬化比例、水体污染和乔灌草在绿化面积中的比例影响，同时，城市环境系统也影响着城市水源地的水量与水质。

循环可再生性是水区别于其他资源的基本自然属性，地表水和地下水被开发利用后，可以得到大气降水的补给，但是每年的补给水量是有限的，循环过程的无限性和补给水量的有限性决定了水资源只有在多年平均用水量不超过多年平均补给量的限度之内才是用之不竭的。天然水循环的过程及分配方式为：降水降落到地面以后，有 10%左右形成地表径流，有 40%左右消耗于陆地面蒸发和填洼，大约 50%通过入渗蓄存在地下水位以上的土壤包气带中，或通过重力形式补给地下水。而在城市化地区，由于建筑物和地面衬砌的影响，不透水面积增加，即“城市地表硬化”，截断了水分入渗及补给地下水的通道，导致地表径流增大，土壤含水量和地下水补给量减少。另外，社会系统和经济系统使用天然水资源后，加剧了天然水体的污染。城市水资源系统较自然水资源系统的这一改变，产生了一系列的问题，而给水排水系统是解决这些问题的工程手段。

给水排水系统是为人们的生活、生产和消防提供用水和排除废水的设施总称。它是现代化城市最重要的基础设施之一，它的完善程度是城市社会文明、经济发展和现代化水平的重要标志。给水排水系统的任务是向各种不同类别的用户供应满足需求的水质、水量和水压，同时承担用户排出的废水的收集、输送和处理，达到消除废水中污染物质对于人体健康的危害和保护环境的目的。给水排水系统可分为给水和排水两个组成部分，亦分别被称为给水系统和排水系统。

给水系统的用途分为生活用水、工业生产用水和市政消防用水三大类，它要满足各类用水对水量、水质、水压的要求。①生活用水是人们在各类生活活动中直接使用的水，主要包括居民生活用水、公共设施用水和工业企业生活用水。居民生活用水是指居民家庭生活中饮用、烹饪、洗浴、冲洗等用水。公共设施用水是指机关、学校、医院、宾馆、车站、公共浴场等公共建筑和场所的用水供应，其特点是用水量大，用水地点集中，该类用水的水质要求基本上与居民生活用水相同。工业企业生活用水是工业企业区域内从事生产和管理工作的人员在工作时间内的饮用、烹饪、洗浴、冲洗等生活用水，该类用水的水质与居民生活用水相同，用水量则取决于工业企业的生产工艺、生产条件、工作人员数量、工作时间安排等因素。②工业生产用水是指工业生产过程中为满足生产工艺和产品质量要求的用水，又可以分为产品用水（成为产品或产品的一部分）、工艺用水（作为溶剂、载体等）和辅助用水（用于冷却、清洗等）等，工业企业门类多，系统、工艺复杂，对水量、水质、水压的要求差异很大。③市政和消防用水是指城镇或工业企业区域内的道路清洗、绿化浇灌、公共清洁卫生和消防用水。

为了满足城市和工业企业的各类用水需求，城市给水系统需要具备充足的水资源、取水设施、水质处理设施和输水及配水管道系统。

上述各种用水在被用户使用以后，水质受到了不同程度的污染，成为污水。这些污水携带着不同来源的污染物质，会对人体健康、生活环境和自然生态环境带来严重危害，需要及时地收集和处理，然后才可排放到自然水体或者重复利用。为此而建设的废水收集、处理和排放工程设施，称为排水工程系统。另外，城市化地区的降水会造成地面积水，甚至造成洪涝灾害，需要建设雨水排水系统及时排除。因此，根据排水系统所接纳的污水的来源，污水可以分为生活污水、工业废水和雨水三种类型。污水则主要是指居民生活用水所造成的废水和工业企业中的生活污水，其中含有大量有机污染物，受污染程度比较严重，通常称为生活污水，是废水处理的重点对象。大量的工业用水在工业生产过程中被用作冷却和洗涤的用途，其排水受到较轻微的水质污染或水温变化，称为生产废水，这类废水往往经过简单处理后重复使用；另一类工业废水在生产过程中受到严重污染，称为生产污水，例如许多化工生产污水，含有很高浓度的污染物质，甚至含有大量有毒有害物质，必须进行严格的处理。雨水排水系统的主要目标是排除降水（系指雨水和冰雪融化水），防止地面积水和洪涝灾害。在水资源缺乏的地区，降水应尽可能被收集和利用。因此，只有建立合理、经济和可靠的排水系统，才能达到保护环境、保护水资源、促进生产和保障人们生活和生产活动安全的目的。

1.1.2 给水排水系统的组成及功能

1.1.2.1 水源取水系统

包括水源（如江河、湖泊、水库、海洋等地表水源，潜水、承压水和泉水等地下水源，复用水源）、取水设施、提升设备和输水管渠等。该系统要满足用户在规划期内的取水水量要求；作为城镇给水水源，其水质必须符合国家生活饮用水水源水质标准或满足相应于用户供水要求的、符合国家有关规定的水源水质要求。对水源地必须加强监测、管理与保护，使原水水质始终能够达到和保持国家标准要求。

1.1.2.2 给水处理系统

包括各种采用物理、化学、生物等方法的水质处理设备和构筑物。生活饮用水常规处理一般采用反应、絮凝、沉淀、过滤和消毒处理工艺和设施；由于污水处理设施建设的长期欠缺，加上工程投资大、运行管理费用高，因而我国的污水处理率在短时期内难以得到明显提高，工业、农业及生活污水未经适当处理而排入水体，使许多城镇饮用水水源受到污染，饮用水水源的污染，致使饮用水水质恶化，对城市居民身体健康构成严重威胁，制约经济进一步发展和影响社会稳定；其中，化学污染物会导致人类基因突变，严重地影响人口的整体素质。水源水质污染的另一个重要方面是氮、磷营养物大量排入水体所导致的水体富营养化，水体中藻类的过量繁殖已经严重影响自来水厂的净化效果。我国水土流失严重，水中天然有机物浓度较高，也增加了饮用水的处理难度。所以，在今后相当长时期内，对于微污染水（含有微量污染物的水）的净化处理将是一个重要的研究课题，目前对微污染水在常规处理流程前常采用各种生物预处理工艺，而在其后则多采用臭氧活性炭、膜技术等深化处理工艺，在消毒剂的选用上也更加谨慎；工业用水一般有冷却、软化、淡化、除盐等工艺和设施。

该系统的工艺流程选择要满足用户对水质的要求：供应城镇用户使用的水，必须达到国家生活饮用水水质卫生规范要求，工业用水和其他用水必须达到有关行业水质标准或用户特定的水质要求。

1.1.2.3　给水管网系统

包括输水管渠、配水管网、水压调节设施（泵站、减压阀）及水量调节设施（清水池、水塔等）等，简称输配水系统。该系统要满足用户对水量、水质、水压的要求。为用户的用水提供符合标准的用水压力，使用户在任何时间都能取得充足的水量，我国规定民宅的服务水头应满足一层楼 $10mH_2O$（$1mH_2O=9806.65Pa$，下同）、两层 $12mH_2O$、以后每加一层增加 $4mH_2O$；我国城镇消火栓系统一般为低压网，则任一消火栓处的服务水头不得低于 $10mH_2O$。对地形高差较大的区域，应充分利用地形高差所形成的重力，提供供水的压力；对地形平坦的地区，给水压力一般采用水泵加压，必要时还需要通过阀门或减压设施降低水压，以保证用水设施安全。并且，要通过设计和运行管理中的物理和化学等手段控制储水和输配水过程中的水质变化，防止水质的二次污染。

1.1.2.4　排水管网系统

包括污水和废水收集与输送管渠、水量调节池、提升泵站及附属构筑物（如检查井、跌水井、水封井、雨水口等）等。该系统要具有足够的高程和压力，保证将规划要求的、一定处理率的污废水顺利地输送至污水处理厂或排入受纳体。排水一般采用重力输送，必要时用水泵提升高程，或者通过跌水消能设施降低高程，以保证排水系统的通畅和稳定、保证排水管网的施工安全。

1.1.2.5　污水和废水处理系统

包括各种采用物理、化学、生物等方法的水质净化设备和构筑物。由于污水和废水的水质差异大，采用的处理工艺和使用方法的组合各不相同。该系统要根据尾水受纳水体的功能区划，将污水和废水处理到国家规定的达标水质，或者根据用户要求达到回用水质要求。

1.1.2.6　排放和重复利用系统

包括废水受纳体（如水体、土壤等）和最终处置设施，如排放口、稀释扩散设施、隔离设施和废水回用设施等。一般城镇给水排水系统如图 1-2 所示。

给水排水系统的功能关系如图 1-3 所示。

1.1.3　给水排水系统各组成部分的流量、水质和压力的相互关系

正确了解给水排水系统各组成部分在水量、水质和水压上的相互关系，才能对系统进行有效的控制和运行调度管理，才能满足用户对给水排水的水量、水质和水压的需要，达到水资源优化利用、满足生产要求、保证产品质量、方便人们生活、保护环境、防止灾害等目的。

1.1.3.1　给水排水系统的流量关系

给水排水系统各子系统及其组成部分具有流量连续关系，原水流量从给水水源进入系统

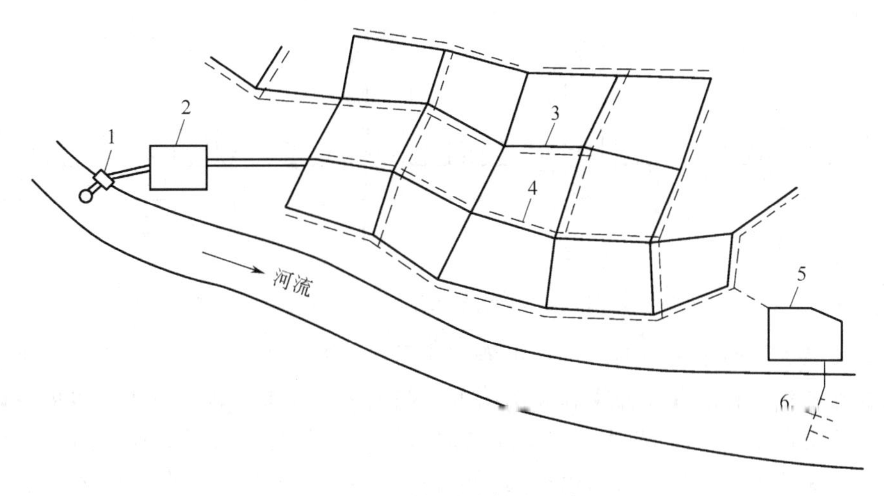

图 1-2 城镇给水排水系统

1—取水系统；2—给水处理系统；3—给水管网系统；4—排水管网系统；5—废水处理系统；6—排放系统

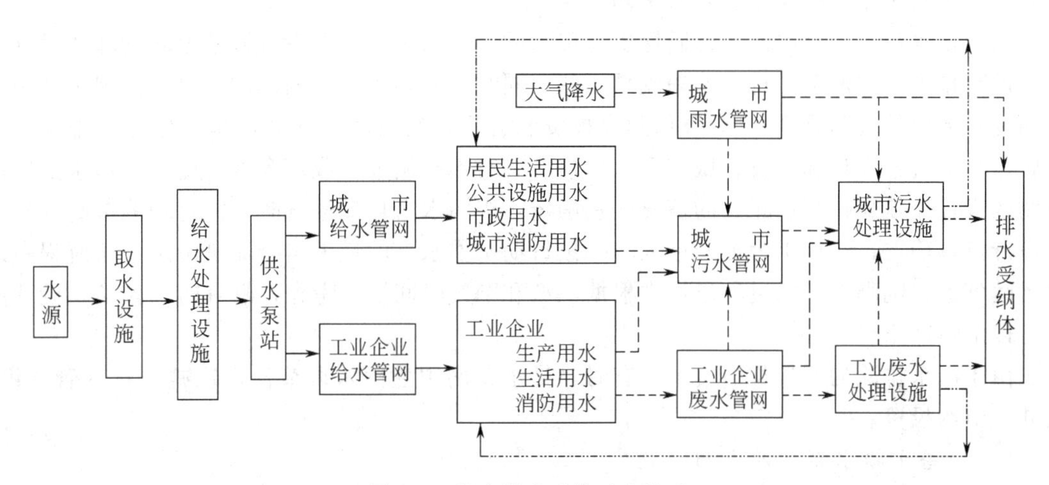

图 1-3 给水排水系统功能关系

后顺序通过取水系统、给水处理系统、给水管网系统、用户、排水管网系统、排水处理系统，最后排放或复用，由于系统内有流量调节构筑物，各子系统的设计流量并不相等，又由于用水和排水的随机性，各子系统的流量随时都有变化。

给水排水系统流量关系如图 1-4 所示。其中：q_1 为给水处理系统自用水；q_2 为给水管网系统漏失水量；q_3 为给水管网系统水量调节，其流向根据水塔（或高位水池）进水或出水而变；q_4 为用户使用后未进入排水系统的水量，该水量的大小与下列因素有关：转化为污水时的损失（人体吸收、进入产品、蒸发等），约为用水量 Q_4 的 10%～20%、该排水管网系统的污水收集率以及管网的漏失率；q_5 为进入排水管网系统的降水或渗入的地下水；q_6 为排水管网水量调节，其流向根据调节池进水或出水而变化；q_7 为排水处理系统自耗水。

清水池用于调节给水处理水量与管网中的用水量之差。由于用户用水量在一天中变化较大，为保证供水安全，管网是按最高日最高时流量设计的，但是，为了减小取水和处理设施的规模，节约建设投资和方便运行管理，给水系统中的取水与给水处理设施是按较均匀的流量（最高日平均时流量）设计和运行的，于是，采用清水池对处理流量和管网用水流量之差进行调节。实际运行时，取水量就是根据清水池水位控制的，只要保证清水池存有足够量的

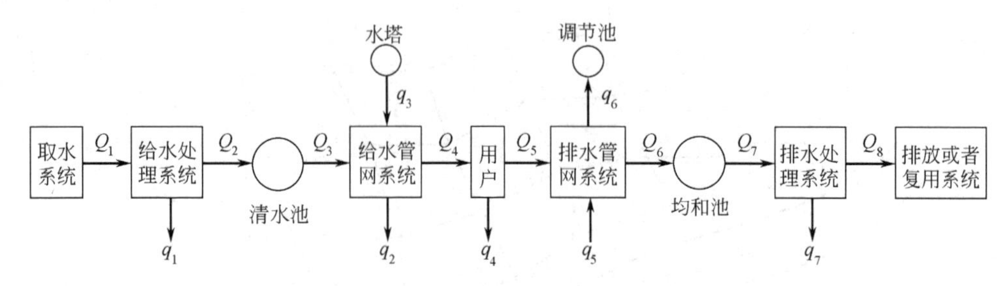

图 1-4 给水排水系统流量关系

水，就能保证供水管网中用户的用水。水塔（或高位水池）则用于调节二级泵站供水量与管网中的用水量之差，它的存在使得二级泵站可以按两级（顶多三级）供水，也即可以将二级泵站的泵型控制在 2～3 种，使水泵总处在高效区运行（此时，水厂清水池的作用是调节处理水量与二级泵站供水水量之间的差额）。不过水塔容积一般较小，调节能力有限，所以大型给水系统一般不建水塔。有些给水管网系统中，如有合适地形，可建清水池（储水池）和提升（加压）泵站，同样也起到水量调节作用。

因为排水量在一日中的变化同样也是很大的，当污水处理厂设有调节池和均和池时（其用于调节排水管网流量和排水处理流量之差，同时具有均和水质的作用，以降低因污染物随时间变化造成的处理难度），为节约建设投资和方便运行管理，此时，排水处理和排放设施一般按日均流量设计和运行。城市污水处理厂有时不建调节池或均和池，此时，污水处理构筑物的设计流量应按分期建设的情况分别确定：当污水为自流进入时，按每期的最高日最高时设计流量确定；当污水为提升进入时，按每期工作水泵的最大组合流量确定。若流程中采用了曝气池，则曝气池的设计流量常根据池型和曝气时间综合考虑，曝气时间较长，设计流量可以酌情减小。

由于雨水排除的流量相当集中，有时在排水管网中建雨水调节池可以减小排水管（渠）尺寸，节约投资。

1.1.3.2 给水排水系统的水质变化

给水排水系统的水质变化过程如下。

（1）给水处理 将原水水质经采用物理、化学、生化等方法，使其达到给水水质要求的处理过程。

（2）用户用水 用户用水后改变了水质，水质受到不同程度污染，成为污水或废水的过程。

（3）废水处理 对污水或废水进行处理，去除污染物质，使其达到排放水质标准的过程。

除了这三个水质变化过程外，由于管道材料的溶解、析出、结垢和微生物滋生以及施工安装疏忽等原因，给水管网的水质也会产生二次污染，这个问题已引起专业技术人员的高度重视并成为研究方向之一。

1.1.3.3 给水排水系统的水压关系

水压不但是用户用水所要求的，也是给水和排水输送的能量来源。给水排水系统的水压关系实际上就是指水头关系，即包含了高程因素的水压关系。

在给水系统中，从水源开始，水流到达用户前一般要经过多次提升，特殊情况下也可以依靠重力直接输送给用户。水在输送中的压力方式有全重力给水、一级加压给水、二级加压给水和多级加压给水。

排水系统首先是间接承接给水系统的压力，也就是说，用户用水所处位置越高，排水源头的水头（位能）越大。排水系统往往利用地形重力输水，只有当管渠埋深太大、施工有困难时，才采用排水泵站进行提升。

排水输送到处理厂后，在处理和排放（或复用）过程中往往还要进行一到两级提升。当处理厂所处地势较低时，排水可以靠重力自流进入处理设施，处理完后再提升排放或复用；当处理厂所处地势较高时，排水经提升后进入处理设施，处理完后靠重力自流排放或复用；有时因为排水受纳体的高程因素，排水需要经提升后进入处理设施，处理完后再次提升排放或复用。

给水排水管网系统是给水排水系统的重要组成部分，可分为给水管网系统和排水管网系统两大类。

1.2 给水管网系统的组成与类型

1.2.1 给水管网系统的组成

给水管网系统是论述水的提升、输送、储存、调节和分配的技术科学。其基本任务是保证将水源的原料水（原水）送至水处理构筑物及符合用户用水水质标准的水（成品水）输送和分配到用户，这一任务是通过水泵站、输水管、配水管网及调节构筑物（水池、水塔）等设施的共同工作来实现的，它们组成了给水管网工程。其工程设计和管理的基本要求是以最少的建造费用和管理费用，保证用户所需的水量和水压，保持水质安全，降低漏损，并达到规定的供水可靠性。

1.2.1.1 泵站

用以将所需水量提升到要求的高度和供水压力，可分抽取原水的一级泵站、输送清水的二级泵站和设于管网中的增压泵站等。

1.2.1.2 输水管渠和配水管网

输水管渠分浑水输水管渠和清水输水管。浑水输水管渠是将原水送到水处理厂的管渠；清水输水管则是将水厂清水池中的成品水送往管网、或管网送往某大用户、或在区域供水中连接各区域管网的压力输水管。输水管渠一般不沿线供水。配水管网则是将成品水送到各个给水区的全部管道，它由主干管、干管、支管、连接管、分配管等构成。配水管网中还需要安装消火栓、阀门（闸阀、排气阀、泄水阀等）和检测仪表（压力、流量、水质检测等）等附属设施，以保证消防供水和满足生产调度、故障处理、维护保养等管理需要。

1.2.1.3 调节构筑物

它包括各种类型的储水构筑物，例如高地水池、水塔、清水池（库）等，用以储存和调节水量。高地水池和水塔兼有保证水压的作用。大城市通常不用水塔。中小城镇及工业企业为了储备水量和保证水压，常设置水塔。为了减小水塔高度，降低造价，水塔常设在城市地形最高处，其设在管网起端、中间或末端将分别构成网前水塔、网中水塔和对置水塔的给水系统。

1.2.1.4 减压设施

为了避免水压过高造成管道或其他设施的漏水、爆裂、水锤破坏，常采用减压阀和节流孔板等降低和稳定输配水系统局部的水压。

泵站、输水管渠、配水管网和调节构筑物等总称为输配水系统，从给水系统整体来说，它是投资最大的子系统。给水管网系统的组成见图 1-5。

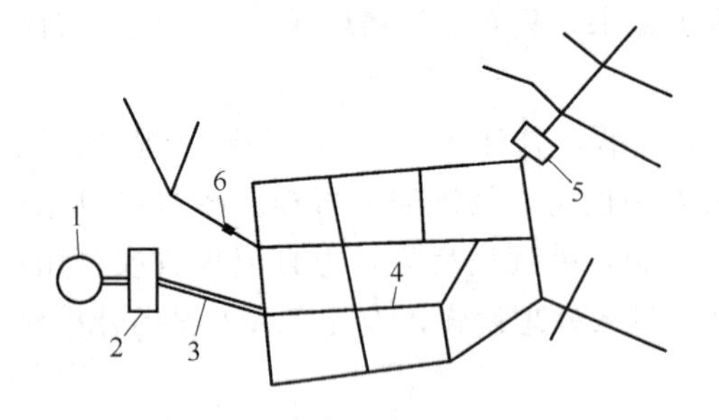

图 1-5 给水管网系统

1—取水口；2—净水处理厂；3—输水管渠；4—城市配水管网；5—加压泵站；6—减压阀

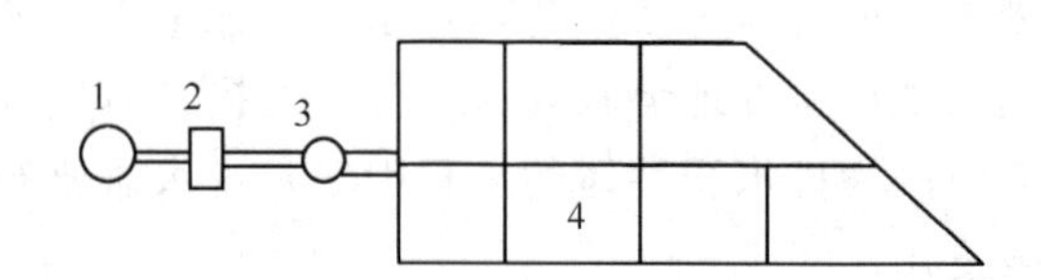

图 1-6 单水源给水管网系统

1—地下水集水池；2—泵站；3—水塔；4—管网

1.2.2 给水管网系统的类型

1.2.2.1 按水源的数目分类

（1）单水源给水管网系统　即所有用户的用水来源于一个水厂清水池（清水库），清水经过泵站加压后进入输水管和管网。较小的给水管网系统（如企事业单位或小城镇给水管网系统）多为这种单水源给水管网系统，如图 1-6 所示。

（2）多水源给水管网系统　用户的用水可以来源于多个水厂的清水池（清水库），清水从不同的地点经输水管进入管网。较大的给水管网系统（如大中城市）一般是多水源给水管网系统，如图 1-7 所示。

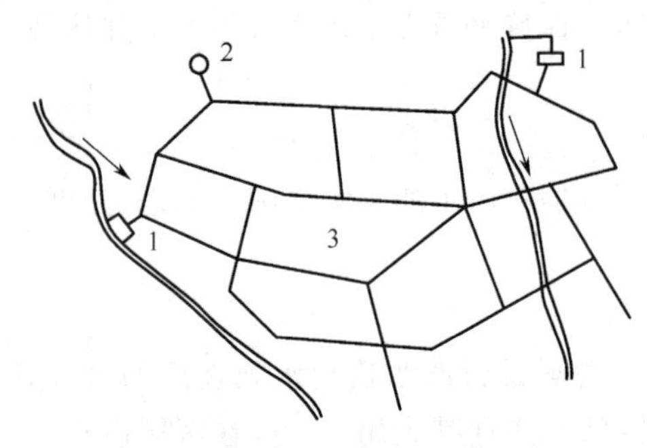

图 1-7 多水源给水管网系统

1—水厂；2—水塔；3—管网

当总供水量一定、给水管网系统的水源数目增多时，各水源供水量与平均输水距离减小，因而可以降低系统造价与供水能耗，同时，多水源管网系统的供水安全性较高。但多水源给水管网系统的管理较复杂。

1.2.2.2 按系统构成方式分类

（1）统一给水管网系统　系统中只有一个管网，统一供应生产、生活和消防等各类用水，其供水具有统一的水质和水压。

（2）分区给水管网系统　将给水管网系统划分为多个区域，各区域管网具有独立的供水泵站，供水具有不同的水压。分区给水管网系统可以降低平均供水压力，避免局部水压过高的现象，减少爆管的概率和泵站能量的浪费。

管网分区的方法有两种：一种是并联分区，不同压力要求的区域由不同泵站（或泵站中不同水泵）供水（见图 1-8）；另一种采用串联分区，设多级泵站加压（见图 1-9）。大型管网系统可能既有串联分区又有并联分区。

（3）分质给水管网系统　根据用户对水质要求的不同，从储存不同制水标准的清水池分别向不同的管网供水，可以来自不同水源的水厂清水池，也可以来自同一水厂水质不同的清水池，系统中有两个以上的管网（见图 1-10）。此类管网在工业区较常采用，例如将生产用水、生活用水、消防用水分别自成给水管网系统。

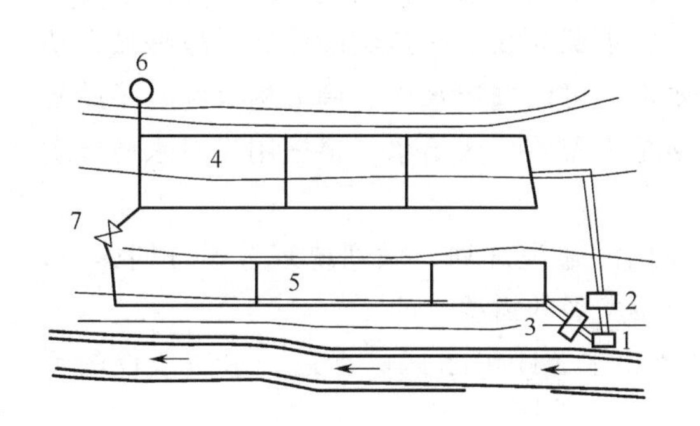

图 1-8 并联分区给水管网系统

1—清水池；2—高压泵站；3—低压泵站；4—高压管网；5—低压管网；6—水塔；7—连通阀门

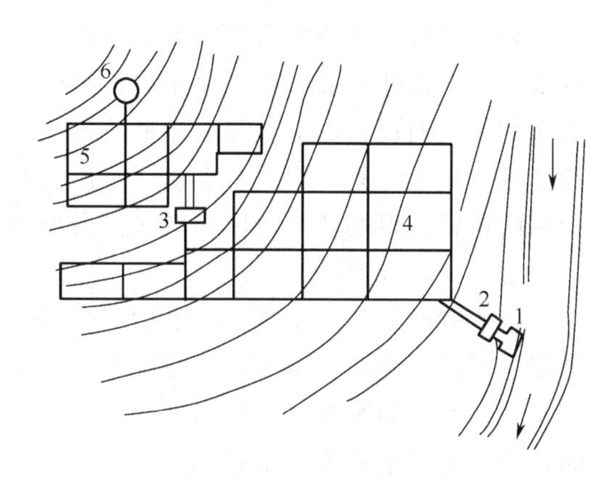

图 1-9 串联分区管网给水系统

1—清水池；2—供水泵站；3—加压泵站；4—低压管网；5—高压管网；6—水塔

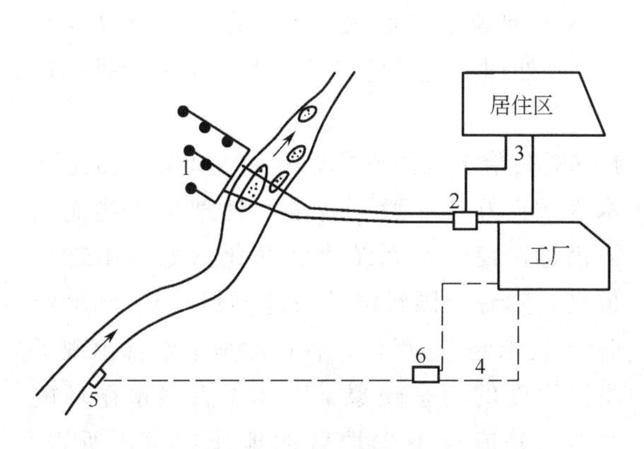

图 1-10 分质给水管网系统

1—管井群；2—泵站；3—生活用水管网；4—生产用水管网；5—取水构筑物；6—生产用水处理构筑物

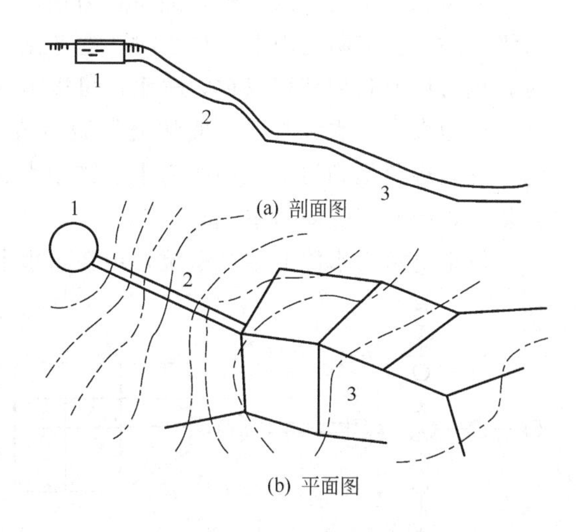

图 1-11 重力输水管网系统

1—清水池；2—输水管；3—配水管网

1.2.2.3 按输水方式分类

(1) 重力输水管网系统 指水源处地势较高，清水池（清水库）中的水依靠自身重力，经重力输水管进入管网并供用户使用。重力输水管网系统无动力消耗，是运行经济的输水管网系统（见图 1-11）。

(2) 压力输水管网系统 指清水池（清水库）的水由泵站加压送出，经输水管进入管网供用户使用，此类管网有时甚至要通过多级加压将水送至更远或更高处用户使用。压力给水管网系统需要消耗动力。图 1-8 和图 1-9 所示均为压力输水管网系统。

1.2.2.4 影响给水管网系统类型布置的因素

按照城市规划，水源条件，地形，用户对水量、水质和水压要求等方面的具体情况，给水管网系统可有上述多种布置方式。影响给水管网系统布置的主要因素如下。

(1) 城市规划的影响 城市规划与给水系统设计的关系极为密切，水源选择、给水系统布置和水源卫生防护地带的确定，都应以城市和工业区的建设规划为基础。例如，根据城市的计划人口数、居住区房屋层数和建筑标准、城市现状资料和气候等自然条件，可得出整个给水工程的设计流量；从工业布局可知生产用水量分布及其要求；根据当地农业灌溉、航运和水利等规划资料，水文和水文地质资料，可以确定水源和取水构筑物的位置；根据城市功能分区，街道位置，用户对水量、水压和水质的要求，可以选定水厂、调节构筑物、泵站和管网的位置；根据城市地形和供水压力可确定管网是否需要分区给水；根据用户对水质要求确定是否需要分质供水等。

给水管网系统的布置，应密切配合城市和工业区的建设规划，做到统筹考虑分期建设，既能及时供应生产、生活和消防用水，又能适应今后发展的需要。

（2）水源的影响　任何城市，都会因水源种类、水源距给水区的远近、水质条件的不同，影响到给水系统的布置。

给水水源分地下水和地表水两种。地下水源有浅层地下水、深层地下水和泉水等。地表水源包括江水、河水、湖泊水、水库水、海水等。

如水源处于适当的高程，能借重力输水，则可省去一级泵站或二级泵站或同时省去一、二级泵站。城市附近山上有泉水时，建造泉水供水的给水系统最为简单经济。取用蓄水库水时，也有可能利用高程以重力输水，可以节省输水能量费用。

以地表水为水源时，一般从流经城市或工业区的河流上游取水。因地表水多半是浑浊的，并且难免受到污染，如作为生活饮用水必须加以处理。受到污染的水源，水处理过程比较复杂，因而将提高给水成本。

以地下水为水源的给水系统，可在城市上游或就在给水区内开凿管井或大口井。因地下水水质良好，一般可省去水处理构筑物而只需消毒，使给水系统大为简化（见图 1-12）。但是，随着我国经济的飞速发展，从 20 世纪 60 年代末到 90 年代，各地对地下水都出现了不同程度的超采现象，破坏了天然水循环的平衡，并造成不少地区的地质灾害，所以，今后对地下水的使用和开采应作多方面的论证。

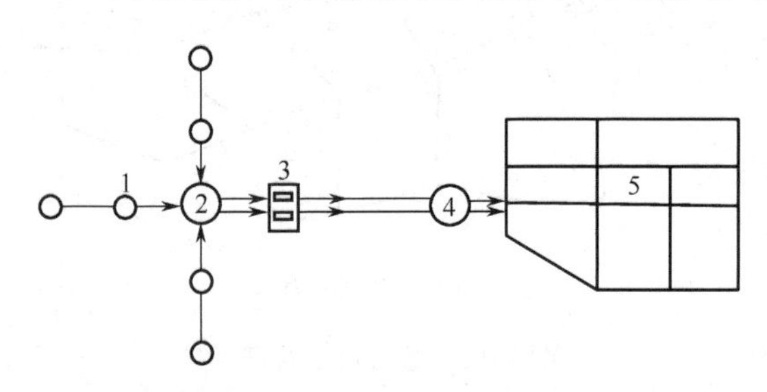

图 1-12　地下水源的给水系统

1—管井群；2—集水池；3—泵站；4—水塔；5—管网

城市附近的水源丰富时，往往随着用水量的增长而逐步发展成为多水源给水系统，从不同部位向管网供水（见图 1-7）。它可以从几条河流取水，或从一条河流的不同位置取水，或同时取地表水和地下水，或取不同地层的地下水等。我国许多大中城市，如北京、上海、天津、南京等，都是多水源的给水系统。这种系统的优点是便于分期发展，供水比较可靠，管网内水压比较均匀。但是，随着水源的增多，也相应增加了设备和管理工作。

由于某些地区的河道在枯水季节河水量锐减甚至断流、多数江河受到污染、有些城市的地下水水位不同程度地下降、某些沿海城市受到海水倒灌的影响等，以致许多地区水资源处于较严重的水质型、水量型、工程型、管理型缺水情况，使某些城市或工矿企业难以就近取得水质较好、水量充沛的水源，而必须采用跨流域、远距离取水方式或区域供水方式来解决给水问题。例如天津引滦工程、北京第九水厂供水工程、大连引碧工程、青岛引黄济青工程、西安黑河引水工程、上海黄浦江上游引水工程、秦皇岛引水工程等 10km 以上的远距离取水工程共计有 100 多项，目前即将通水的调水规模最大的工程是长江下游的江苏江都至天津的南水北调东线一期工程，多年平均调水量 89.37 亿立方米，其中输水河道工程从长江到天津输水主干线全长 1150 公里，沿途设 13 个梯级抽水泵站，缓解苏、皖、鲁、冀、津等五个省、市水资源短缺的状况。而 21 世纪初，江苏省“苏锡常”地区实施的区域供水方案，则将逐步解决地下水超采引起的地下水水源枯竭和随之带来的地质灾害、解决日益突出的水质型缺水的矛盾。

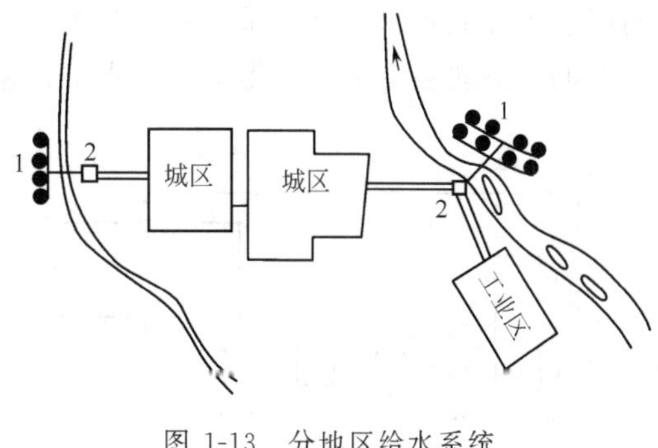

图 1-13 分地区给水系统

1—井群；2—泵站

综上所述，水源将直接影响到城市给水系统输水管和干管管线的布置。

（3）地形的影响 地形条件对给水管网系统的布置有很大影响。中小城市如地形比较平坦，而工业用水量小、对水压又无特殊要求时，可采用统一给水系统。大中城市被河流分隔时，两岸工业和居民用水一般先分别供给，自成给水系统，随着城市的发展，再考虑将两岸管网相互沟通，成为多水源的给水系统。取用地下水时，可能考虑到就近凿井取水的原则，而采用分地区供水的系统。例如图 1-13 所示的给水系统布置，在东、西郊开采地下水，经消毒后由泵站分别就近供水给居民和工业，这种布置节省投资，并且便于分期建设。

地形起伏较大的城市，可采用分区给水或局部加压的给水系统。因给水区地形高差很大或管网延伸很远而分区的给水系统（见图 1-14），整个给水管网系统按水压分成高低两个区，它比统一给水系统能够降低供水水压和减少动力费用。

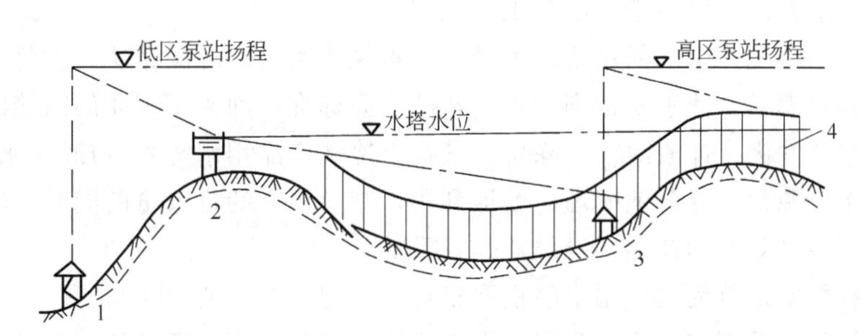

图 1-14 分区给水系统

1—低区供水泵站；2—水塔；3—高区供水泵站；4—用户所需自由水头

1.2.3 工业给水系统

1.2.3.1 工业给水系统的类型

工业用水有其自身的特点，有些工业用水量大而对水质要求较低，有的用水量不大，对水质的要求却高于一般饮用水水质，受城镇给水系统规划的限制，这些工业企业必须自行建造给水系统解决供水问题。

工业给水系统要在充分考虑清洁生产的前提下，最大限度地节约用水和保护环境。目前，我国采用的工业用水系统分为直流给水、循环给水、复用给水和中水回用等系统。

（1）直流给水系统 直流给水系统是指水经一次使用后即行排放或处理后排放的给水系统。这种系统适用于附近有充足的水源可以利用的情况，运行管理简便、可靠，较为经济。但是它完全没有考虑水的重复利用的可能性，浪费水资源，违背了节水原则。

(2) 循环给水系统　循环给水系统是按照对水质要求不同，水经使用后不予排放而循环利用或处理后循环利用的给水系统，如图 1-15 所示。在循环过程中，蒸发、飞散、风吹、排污及渗漏等所损耗的部分水量（一般不超过循环水量的 10%），由水源或城镇管网不断地向系统中补充新水。这种系统具有节约能源和水资源，减少水源污染，提高供水的可靠性和企业的经济效益等优点，是工业给水中普遍采用的给水系统。

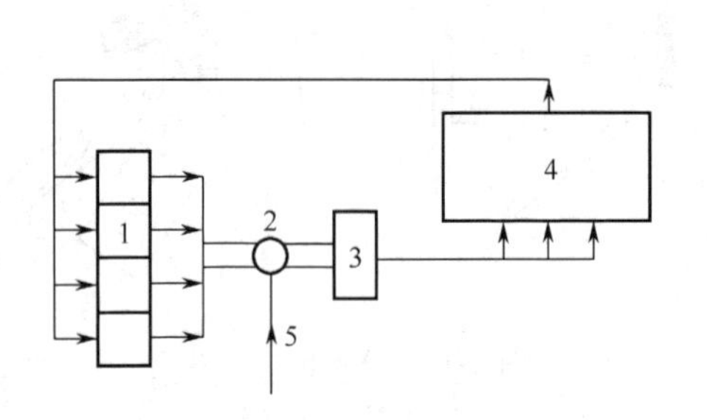

图 1-15　循环给水系统

1—冷却塔；2—吸水井；

3—泵站；4—车间；5—补充水

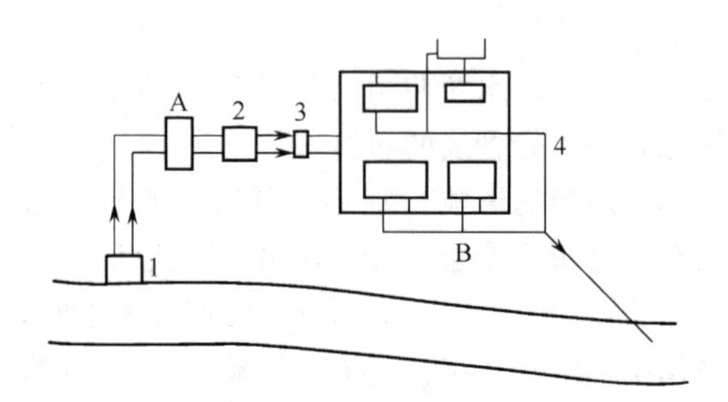

图 1-16　复用给水系统

1—取水构筑物；2—冷却塔；

3—泵站；4—排水系统；A，B—车间

(3) 复用给水系统　复用给水系统是水经重复利用后再行排放或处理后排放的给水系统。根据各用水单元（如车间）对水温、水质的不同要求，按程序前后恰当组合，即水经某些用水单元使用后排出的废水，直接或经适当处理后，供给另一些水质要求较低的用水点使用，如图 1-16 所示。这种给水系统一水多用，节水效果明显，可获得较好的环境效益和经济效益。这种给水方式也可用于工厂与工厂之间。

(4) 中水回用系统　中水回用系统也是一种重复使用水资源的方法。它将工业废水和生活污水进行适当处理后，使水质达到中水用水的水质标准，回用于工业的间接冷却用水、工艺低质用水（包括洗涤、冲渣除灰、除尘、某些直冷和产品用水等）、市政用水和杂用水等。这种系统使废水资源化，且就地处理、就地利用，减少污水的排放量的同时，减少了对受纳水体的污染，其经济效益和社会环境效益是双重的。

水的重复利用率是节约城市用水的重要指标，也是考核工业用水水平的重要指标之一。和一些工业比较发达的国家相比，我国城市工业用水重复利用率还较低，在工业节水方面还有很大的潜力，所以改造生产工艺和设备，采用循环或复用给水系统，发展中水回用系统，提高水的重复利用率，对于节水节能、环境保护具有非常重要的意义。

综上所述，工业企业生产给水系统的选择应从全局出发，考虑水资源的节约利用和水体保护，采用复用给水、循环给水或中水回用系统。

1.2.3.2　工业用水的水量平衡

工业用水的水量平衡是指用水量、取水量、重复利用水量、耗水量、排水量及漏水量保持平衡。一个优化的水量平衡计算是工业企业给水排水管网系统的设计依据，也可以最大限度达到节水节能的目的。为此，要绘制水量平衡图。

水量平衡图是将各用水单元之间用流程示意图的形式，表示水的流向和水量分配关系（包括生活用水）。

在绘制水量平衡图时，要详细调查各车间生产工艺、设备的给水和排水情况。在给水方面主要包括用水量及其变化规律、对水质（包括水温）和水压的要求；在排水方面主要包括水使用后水量有无损失（即耗水量和漏水量）、水压降低程度和水质的变化等。在调查了解和结合工艺条件进行分析的基础上，绘制水量平衡图，从中得出给水排水方案。一般可将水质和水量要求相近的用水合并成一个给水系统，而将排水水质和水压相近的废水合流到一个排水系统，尽量增大重复利用水量，以节约取水量、减少排水量，同时要注意水使用后的余压利用，以节省动力费用。

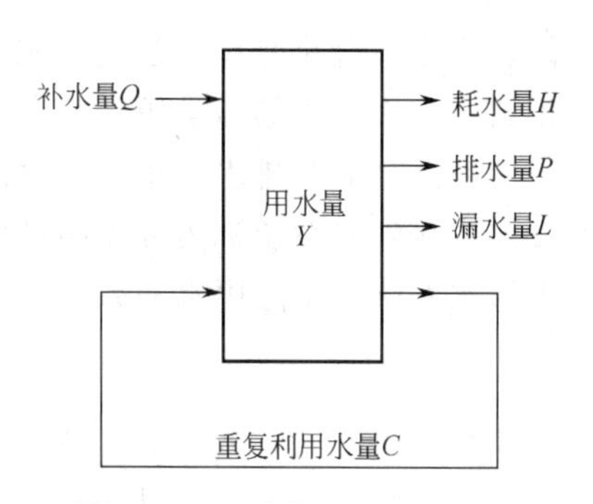

图 1-17　几种水量之间的关系

工业企业给排水系统中几种水量之间的关系见图 1-17，可用下列公式表示。

$$Y=Q+C \tag{1-1}$$

$$Q=H+P+L \tag{1-2}$$

$$Y=H+P+L+C \tag{1-3}$$

式中　Y——用水量，指完成全部生产过程所需的各种水量的总和；

Q——补水量，指为保证生产过程对水的需要，而从各种水源引取的新鲜水量；

C——重复利用水量，指所有未经处理或经处理后重复使用的水量的总和；

H——耗水量，指蒸发、飞散、风吹、排污等所消耗的水量和直接进入产品中的水量及职工生活饮用水量的总和；

P——排水量，指最终排出生产（包括生活）系统之外的总水量；

L——漏水量，是指管道和用水设备漏失的水量之和。

1.3　排水管网系统的体制、组成及布置形式

1.3.1　排水管网系统的体制

在城市和工业企业中通常有生活污水、工业废水和雨水。这些污水是采用一个管渠系统来排除，或是采用两个或两个以上各自独立的管渠系统来排除。污水的这种不同排除方式所在一个区域内收集、输送污水和雨水的方式称排水体制。排水体制一般分为合流制和分流制两种类型。

（1）合流制排水系统　将生活污水、工业废水和雨水混合在同一个管渠内排除的系统。最早出现的合流制排水系统，是将排除的混合污水不经处理直接就近排入水体，国内外很多老城市以往几乎都是采用这种合流制排水系统。但由于污水未经无害化处理就排放，使受纳水体遭受严重污染。现在老城区排水管道系统改造中常采用的是截流式合流制排水系统（见图 1-18）。这种系统是在临河岸边建造一条截流干管，同时在合流干管与截流干管相交前或相交处设置截流井，并在截流干管下游设置污水处理厂。晴天和初降雨时所有污水都排送至污水处理厂，经处理后排入水体。降雨期间随着降雨量的增加，雨水径流也增加，当混合污水的流量超过截流干管的输水能力后，就有部分混合污水经截流井溢出，直接排入水

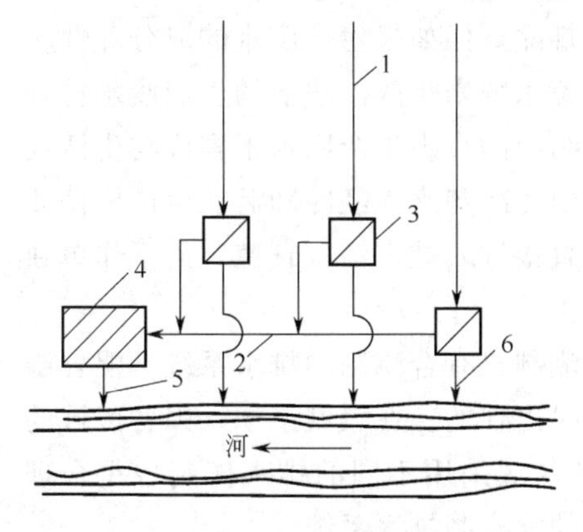

图 1-18　截流式合流制排水系统

1—合流干管；2—截流主干管；3—截流井；4—污水处理厂；5—出水口；6—溢流出水口

体。截流式合流制排水系统较前一种方式前进了一大步，但仍有部分混合污水未经处理直接排放，成为水体的污染源而使水体遭受污染，这是它的严重缺点。

(2) 分流制排水系统　将生活污水、工业废水和雨水分别在两个或两个以上各自独立的管渠内排除的系统称为分流制排水系统（见图 1-19）。排除生活污水、工业废水的系统称污水排水系统；排除雨水的系统称为雨水排水系统。

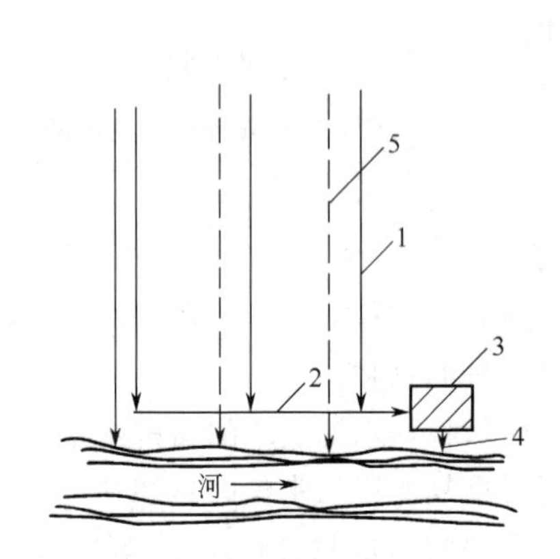

图 1-19　分流制排水系统

1—污水干管；2—污水主干管；
3—污水处理厂；4—出水口；
5—雨水干管

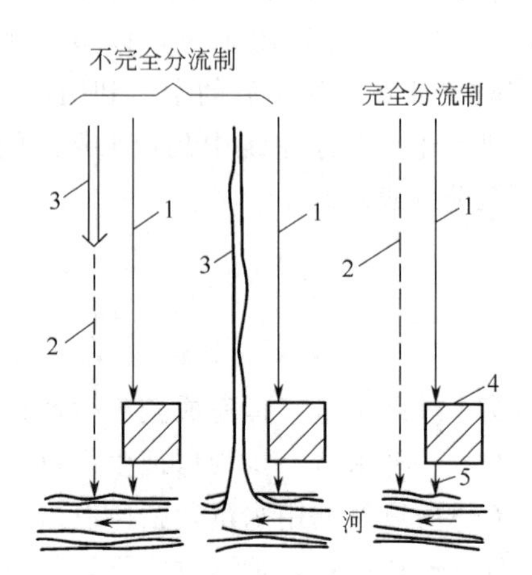

图 1-20　完全分流制及不完全分流制

1—污水管道；2—雨水管渠；
3—原有渠道；4—污水厂；
5—出水口

由于排除雨水方式的不同，分流制排水系统又分为完全分流制和不完全分流制两种排水系统（见图 1-20）。在城市中，完全分流制排水系统具有污水排水系统和雨水排水系统。而不完全分流制只具有污水排水系统，未建雨水排水系统，雨水沿天然地面、街道边沟、水渠等原有渠道系统排泄，或者为了补充原有渠道系统输水能力的不足而修建部分雨水道，待城市进一步发展再修建雨水排水系统转变成完全分流制排水系统。

在工业企业中，一般采用分流制排水系统，生活污水、工业废水、雨水分别设置独立的管道系统。然而，往往由于工业废水的成分和性质很复杂，与生活污水不宜混合，否则将造成污水和污泥处理复杂化，给废水重复利用和回收有用物质带来很大困难。所以，在多数情况下，采用分质分流、清污分流的几种管道系统来分别排除。但如果生产废水的成分和性质与生活污水类似时，可将生活污水和生产废水用同一管道系统来排放。清洁的生产废水可直接排入雨水道，或循环使用、重复利用。含有特殊污染物质的有害生产废水不容许与生活或生产废水直接混合排放，应在车间附近设置局部处理设施。冷却废水经冷却后在生产中循环使用。如条件容许，工业企业的生活污水和生产废水应直接排入城市污水管道，而不作单独处理，如图 1-21 所示。

在一座城市中，有时是混合制排水系统，即既有分流制也有合流制的排水系统。混合制排水系统一般是在具有合流制的城市需要扩建排水系统时出现的。在大城市中，因各区域的自然条件以及修建情况可能相差较大，因地制宜地在各区域采用不同的排水体制也是合理的。如美国的纽约以及我国的上海等城市便是这样形成的混合制排水系统。

合理地选择排水系统的体制，是城市和工业企业排水系统规划和设计的重要问题。它不仅从根本上影响排水系统的设计、施工、维护管理，而且对城市和工业企业的规划和环境保

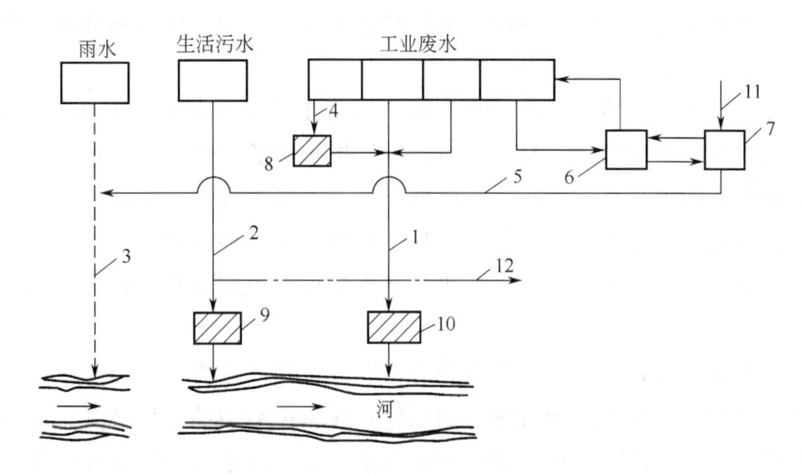

图 1-21 工业企业分流制排水系统

1—生产废水管道系统；2—生活污水管道系统；3—雨水管渠系统；4—特殊污染生产废水管道系统；5—溢流水管道；6—泵站；7—冷却构筑物；8—局部处理构筑物；9—生活污水厂；10—工业废水处理站；11—补充清洁水；12—排入城市污水管道

护影响深远，同时也影响排水系统工程的总投资和初期投资费用以及维护管理费用。通常，排水系统体制的选择应满足环境保护的需要，根据当地条件，通过技术经济比较确定。而环境保护应是选择排水体制时所考虑的主要问题。下面从不同角度来进一步分析各种体制的使用情况。

从环境保护方面来看，如果采用合流制将城市生活污水、工业废水和雨水全部截流送往污水厂进行处理，然后再排放，从控制和防止水体的污染来看，是较好的；但这时截流主干管尺寸很大，污水厂容量也增加很多，建设费用也相应的增高。采用截流式合流制时，在暴雨径流初始阶段原沉淀在合流管渠的污泥被大量冲起，经溢流井溢入水体。实践证明，采用截流式合流制的城市，水体仍然遭受污染，甚至达到不能容忍的程度。为了改善截流式合流制这一严重缺点，今后应将降雨时溢流出的混合污水予以储存，待晴天时再将储存的混合污水全部送至污水厂进行处理。混合污水储存池可设在溢流出水口附近，或者设在污水处理厂附近，这是在溢流后设储存池，以减轻城市水体污染的补充设施。也可以在排水系统的中、下游沿线适当地点建造调节、处理（如沉淀池等）设施，对雨水径流或雨污混合污水进行储存调节，以减少合流管的溢流次数和水量，去除某些污染物以改善出流水质，暴雨过后再由重力流或提升，经管渠送至污水厂处理后再排放水体。或者将原合流制管道系统作为雨水排水系统，另建污水管道系统，从而改建成分流制排水系统。

分流制是将城市污水全部送至污水厂进行处理。但初雨径流未加处理就直接排入水体，对城市水体也会造成污染，有时还很严重，这是它的缺点。近年来，国外对雨水径流的水质调查发现，雨水径流特别是初降雨水径流对水体的污染相当严重，提出对雨水径流也要严格控制。分流制虽然具有这一缺点，但它比较灵活，比较容易适应社会发展的需要，一般又能符合城市卫生的要求，所以在国内外获得了较广泛应用。

从造价方面来看，据国外的经验认为合流制排水管道的造价比完全分流制一般要低20%～40%，可是合流制的泵站和污水厂却比分流制的造价要高，所以从总造价来看完全分流制比合流制可能要高。从投资来看，不完全分流制初期只建污水排水系统，因而可节省初期投资费用，此外，又可缩短施工期，发挥工程效益也快。而合流制和完全分流制的初期投资均比不完全分流制要大。所以，我国很多的城市新区、工业园区和居住区均采用不完全分流制排水系统，然后逐步建成完全分流制。

从维修管理方面来看，晴天时污水在合流制管道中只是部分流，雨天时才接近满管流，因而晴天时合流制管内流速较低，易于产生沉淀。但据经验，管中的沉淀物易被暴雨水流冲走，这样，合流管道的维护管理费用可以降低。但是，晴天和雨天时流入污水厂的水量变化很大，增加了合流制排水系统污水厂运行管理中的复杂性。而分流制系统可以保持管内的流速，不致发生沉淀，同时，流入污水厂的水量和水质比合流制变化小得多，污水厂的运行易于控制。

混合制排水系统的优缺点介于合流制和分流制排水系统两者之间。

总之，排水体制（分流制或合流制）的选择，应根据城镇的总体规划，结合当地的地形特点、水文条件、水体状况、气候特征、原有排水设施、污水处理程度和处理后出水利用等综合考虑后确定。同一城镇的不同地区可采用不同的排水体制。我国《室外排水设计规范》规定：除降雨量少的干旱地区外，新建地区的排水系统应采用分流制。现有合流制排水系统，有条件的应按照城镇排水规划的要求，实施雨污分流改造；暂时不具备雨污分流条件的，应采取截流、调蓄和处理相结合的措施。

近年来，我国的排水工作者对排水体制的规定和选择提出了一些有益的看法。最主要的观点归纳起来有两点。一是两种排水体制的污染效应问题，有的认为合流制的污染效应与分流制持平或低下，因此认为采用合流制较合理，同时国外有先例。二是已有的合流制排水系统，是否要逐步改造为分流制排水系统问题。有的认为将合流制改造为分流制，其费用高昂而且效果有限，并举出国外排水体制的构成中带有污水处理厂的合流制仍占相当高的比例等。这些问题的解决只有通过大量研究和调查以及不断的工程实践，才能逐步得出科学的论断。

1.3.2 排水管网系统的主要组成部分

排水管网系统是指污（雨）水的收集设施、排水管网、水量调节池、提升泵站、输送管渠和排放口等以一定方式组合成的总体。

1.3.2.1 城市污水排水系统的组成部分

城市污水包括排入城镇污水管道的生活污水和工业废水。城市中接纳生活污水和工业废水的排水系统称为城市污水排水系统。

城市生活污水排水系统由下列几个主要部分组成。

（1）室内污水管道系统及设备　其作用是收集生活污水，并将其排送至室外居住小区污水管道中去。

在住宅及公共建筑内，各种卫生设备既是人们用水的容器，也是承受污水的容器，它们又是生活污水排水系统的起端设备。生活污水从这里经水封管、支管、竖管和出户管等室内管道系统流入室外居住小区管道系统。在每一出户管与室外居住小区管道相接的连接点设检查井，供检查和清通管道之用。

（2）室外污水管道系统　分布在地面下的、依靠重力流输送污水至泵站、污水厂或水体的管道系统称为室外污水管道系统。它又分为居住小区管道系统及街道管道系统。

① 居住小区污水管道系统　敷设在居住小区内，连接建筑物出户管的污水管道系统，

称为居住小区污水管道系统。它分为接户管、小区支管和小区干管。接户管是指布置在建筑物周围接纳建筑物各污水出户管的污水管道。小区污水支管是指布置在居住组团内与接户管连接的污水管道，一般布置在组团内道路下。小区污水干管是指在居住小区内，接纳各居住组团内小区支管流来的污水管道，一般布置小区道路或市政道路下。居住小区污水排入城市排水系统时，其水质必须符合《污水排入城镇下水道水质标准》(CJ 343—2010)。居住小区污水排出口的数量和位置，要取得城镇市政部门同意。

② 街道污水管道系统　敷设在街道下，用以排除居住小区管道流来的污水。在一个市区内它由城市支管、干管、主干管等组成（见图 1-22）。

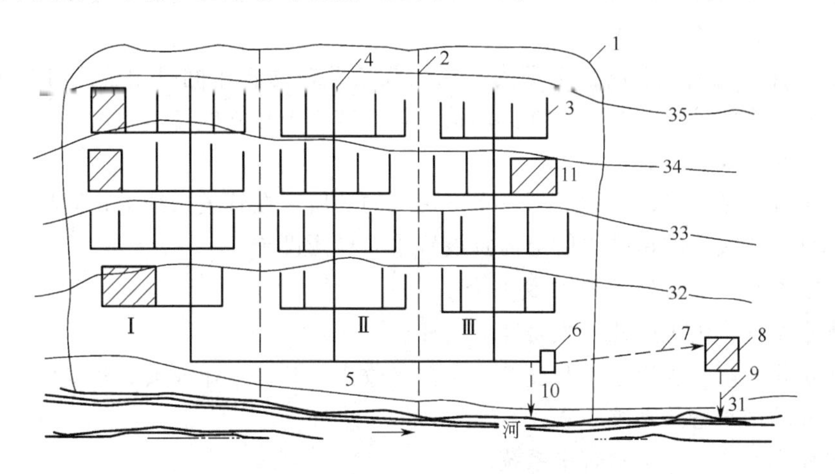

图 1-22　城镇污水排水系统总平面示意图

Ⅰ，Ⅱ，Ⅲ—排水流域；

1—城市边界；2—排水流域分界线；3—支管；4—干管；5—主干管；6—总泵站；

7—压力管道；8—城市污水厂；9—出水口；10—事故排水口；11—工厂

支管是承受居住小区干管流来的污水或集中流量排出的污水。在排水区界内，常按分水线划分成几个排水流域。在各排水流域内，干管用于汇集输送由支管流来的污水，也常称为流域干管。主干管是汇集输送由两个或两个以上干管流来的污水管道。市郊干管是从主干管把污水输送至总泵站、污水处理厂或通至水体出水口的管道，一般在污水管道系统设置区范围之外。

③ 管道系统上的附属构筑物　有检查井、跌水井、倒虹管等。

(3) 污水泵站及压力管道　污水一般以重力流排除，但往往由于受到地形等条件的限制而发生困难，这时就需要设置泵站、中途泵站和总泵站等。压送从泵站出来的污水至高地自流管道或至污水厂的承压管段称为压力管道。

(4) 污水处理厂　处理和利用污水、污泥的一系列构筑物及附属建筑物组成的综合体称为污水处理厂。城市污水处理厂一般设置在城市河流的下游地段，并与居民点或公共建筑保持一定的卫生防护距离。若采用区域排水系统时，区域内的每个城镇就不需要单独设置污水厂，将全部污水送至区域污水处理厂进行统一处理。

(5) 出水口及事故排出口　污水排入水体的渠道和出口称为出水口，它是整个城市污水排水系统的终点设施。事故排出口是指在污水排水系统的中途，在某些易于发生故障的组成部分前面，例如在总泵站的前面，所设置的辅助性出水渠，一旦发生故障，污水就通过事故排出口直接排入水体。图 1-22 为城市污水排水系统总平面示意图。

1.3.2.2 工业废水排水系统的主要组成部分

在工业企业中，用管道将厂内各车间及其他排水对象所排出的不同性质的废水收集起来，送至废水回收利用和处理构筑物。处理后的废水可再利用或排入水体，或排入城市排水系统。若某些工业废水不经处理容许直接排入城市排水管道时，就不需要设置废水处理构筑物，直接排入厂外的城市污水管道中去，其水质必须符合《污水排入城镇下水道水质标准》(CJ 343—2010)。

工业废水排水系统由下列几个主要部分组成。

(1) 车间内部管道系统和设备。主要用于收集各生产设备排出的工业废水，并将其排送至车间外部的厂区管道系统中去。

(2) 厂区管道系统。敷设在工厂内，用以收集并输送各车间排出的工业废水的管道系统。厂区工业废水的管道系统可根据具体情况设置若干个独立的管道系统。

(3) 提升泵站及压力管道。

(4) 废水处理站。是回收和处理废水与污泥的场所。在管道系统上，同样也设置检查井等附属构筑物。在接入城市排水管道前宜设置水质检测设施。

1.3.2.3 雨水排水系统的主要组成部分

雨水排水系统，由下列几个主要部分组成。

(1) 建筑物的雨水管道系统和设备。主要是收集公共、工业或大型建筑的屋面雨水，并将其排入室外的雨水管渠系统中去。

(2) 居住小区或工厂雨水管渠系统。

(3) 街道雨水管渠系统。

(4) 排洪沟。

(5) 出水口。

收集屋面的雨水用雨水斗或天沟，通过落水管汇集至地面雨水口，雨水经雨水口流入居住小区、厂区或街道的雨水管渠系统。雨水排水系统的室外管渠系统基本上和污水排水系统相同。同样，在雨水管渠系统也设有检查井等附属构筑物。雨水一般直接排入水体。因雨水径流较大，一般应尽量不设或少设雨水泵站，但在必要时必须设置。如上海、武汉等城市设置了雨水泵站，用以抽升部分雨水。

合流制排水系统的组成与分流制相似，同样有室内排水设备、室外居住小区以及街道管道系统。住宅和公共建筑的生活污水经庭院或街坊管道流入街道管道系统。雨水经雨水口进入合流管道。在合流管道系统的截流干管处设有溢流井。

上述各排水系统的组成部分，对于每一个具体的排水系统来说并不一定都完全具备，必须结合当地条件来确定排水系统内所必需的组成部分。图 1-23 为某工业区排水系统总平面示意图。

1.3.3 排水系统的布置形式

城市、居住区或工业企业的排水系统在平面上的布置，根据地形、竖向规划、污水厂的位置、土壤条件、河流情况以及污水的种类和污染程度等因素确定。在工厂中，车间的位置、厂内交通运输线以及地下设施等因素都将影响工业企业排水系统的布置。图 1-24 所示是考虑以地形为主要因素的几种布置形式。在实际情况下，单独采用一种布置形式较少，通常是根据当地条件，因地制宜地采用综合布置形式。

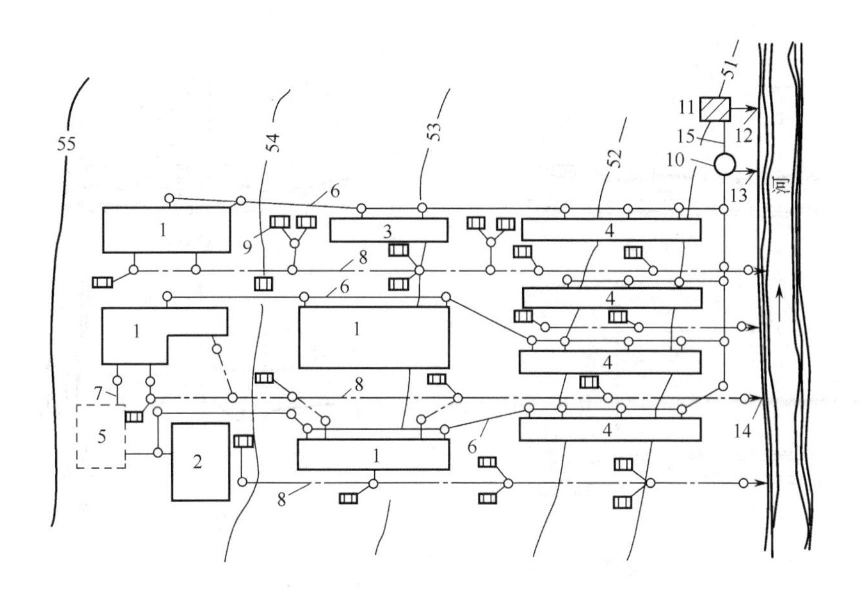

图 1-23 工业区排水系统总平面示意图

1—生产车间；2—办公楼；3—值班宿舍；4—职工宿舍；5—废水利用车间；
6—生产与生活污水管道；7—特殊污染生产废水管道；8—生产废水与雨水管道；
9—雨水口；10—污水泵站；11—废水处理站；12—出水口；13—事故排出口；
14—雨水出水口；15—压力管道

在地势向水体适当倾斜的地区，各排水流域的干管可以最短距离与水体垂直相交的方向布置，这种布置也称为正交布置［图 1-24 (a)］。正交布置的干管长度短、管径小，因而经济，排水迅速。但是，由于污水未经处理就直接排放，会使受纳水体遭受严重污染。因此，在现代城市中，这种布置形式仅用于排除雨水。若沿河岸再敷设主干管，并将各干管的污水截流送至污水厂，这种布置形式称截流式布置［图 1-24 (b)］，所以截流式是正交式发展的结果。截流式布置对减轻水体污染、改善和保护环境有重大作用。它适用于分流制污水排水系统，将生活污水和工业废水经处理后排入水体；也适用于区域排水系统，区域主干管截流各城镇的污水送至区域污水厂进行处理。对于截流式合流制排水系统，因雨天有部分混合污水泄入水体，造成水体污染，这是它的严重缺点。

在地势向河流方向有较大倾斜的地区，为了避免因干管坡度及管内流速过大，使管道受到严重冲刷，可使干管与等高线及河道基本上平行、主干管与等高线及河道成一定斜角敷设，这种布置也称为平行式布置［图 1-24 (c)］。

在地势高低相差很大的地区，当污水不能靠重力流流至污水厂时，可采用分区布置形式［图 1-24 (d)］。这时，可分别在高地区和低地区敷设独立的管道系统。高地区的污水靠重力流直接流入污水厂，而低地区的污水用水泵抽送至高地区干管或污水厂。这种布置只能用于个别阶梯地形或地势起伏很大的地区，它的优点是能充分利用地形排水，节省电力。如果将高地区的污水排至低地区，然后再用水泵一起抽送至污水厂是不经济的。

当城市周围有河流，或城市中央部分地势高、地势向周围倾斜的地区，各排水流域的干管常采用辐射状分散布置［图 1-24 (e)］，各排水流域具有独立的排水系统。这种布置具有干管长度短、管径小、管道埋深可能浅、便于污水灌溉等优点，但污水厂和泵站（如需要设

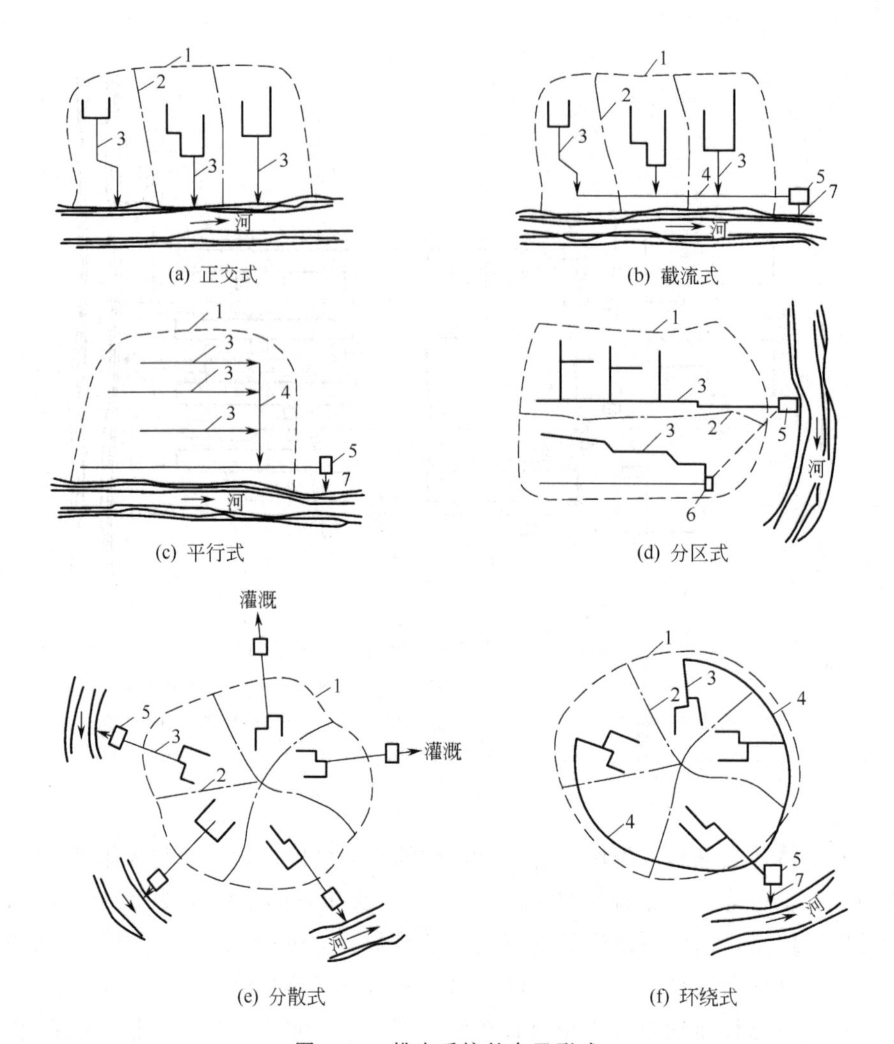

(a) 正交式 (b) 截流式

(c) 平行式 (d) 分区式

(e) 分散式 (f) 环绕式

图 1-24 排水系统的布置形式

1—城市边界；2—排水流域分界线；3—干管；4—主干管；5—污水厂；6—污水泵站；7—出水口

置时）的数量将增多。在地形平坦的大城市，采用辐射状分散布置可能是比较有利的，如上海等城市便采用了这种布置方式。

近年来，出于环境保护、节约土地的考虑，以及建造大型污水厂的基建投资和运行管理费用较建小型污水处理厂经济等原因，故不希望建造数量多规模小的污水处理厂，而倾向于建造规模大的污水处理厂，所以在排水布置形式上由分散式发展成环绕式布置［图 1-24 (f)］。这种形式是沿四周布置主干管，将各干管的污水截流送往污水处理厂。

1.4 管线综合规划

在城市道路下，有许多管线工程，除了给水管和污水排水管、雨水管外，还有煤气管、热力管、电力电缆、电信电缆等，此外，在道路下还可能有地铁、地下人行通道、工业用地下隧道等，如果是工厂区的道路下，则不同种类的管线工程将更多。为了合理地安排它们在地下空间的位置，必须在各单项管线工程规划的基础上统筹安排，进行综合规划，以利施工和日后的维护管理。

进行管线综合规划时，工程管线在道路下面的规划位置应根据工程管线的性质、埋设深度等确定。分支线少、埋设深、检修周期短和可燃、易燃和损坏时对建筑物基础安全有影响的工程管线应远离建筑物。所有地下管线应尽量布置在人行道、非机动车道和绿化带下，仅在不得已时，才考虑将埋深大、修理次数较少的污水、雨水管道布置在机动车道下。从道路红线向道路中心线方向平行布置的次序宜为：电力电缆、电信电缆、燃气配气、给水配水、热力干线、燃气输气、给水输水、雨水排水、污水排水。道路红线宽度超过 30m 的城市干道宜两侧布置给水配水管线和燃气配气管线。

当各种管线布置发生矛盾时，处理原则为：新建的让已建的，临时的让永久的，小管让大管，压力管让重力流管，可弯的让不可弯的，柔性结构管线让刚性结构管线，检修次数少的让检修次数多的。依此原则，各种管线在立面上的布置一般为：给水管在污水排水管之上，而电力管线、煤气管线、热力管线在给排水管线之上。

这里要特别提出的是，由于我国的污水管道大多数为重力流管道，管道（尤其是干管和主干管）的埋设深度较其他管线大，并且有很多连接支管，如果管线安排不当，将会造成施工和维修困难，甚至污染生活饮用水。加之污水管道渗漏和损坏的概率较大，极有可能对附近的建筑物、构筑物的基础造成危害或污染生活饮用水，因此，污水管道与建筑物之间应有一定距离，当其与生活给水管相交时，应敷设在生活给水管道下面并与建筑物保持一定距离。为了方便用户接管，道路红线宽度超过 50m 的城市干道应在道路两侧布置排水管线（见图 1-25）。

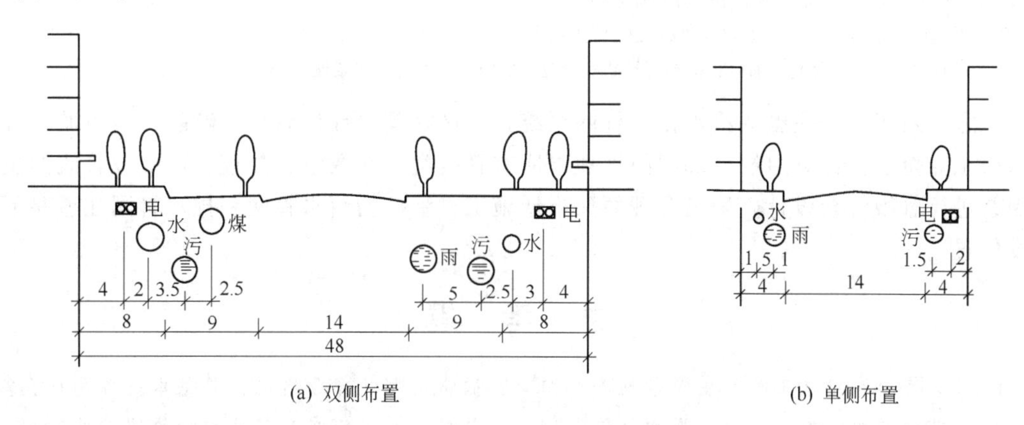

(a) 双侧布置

(b) 单侧布置

图 1-25 街道地下管线的布置

在地下设施拥挤的地区或车运极为繁忙的街道下，把所有管线集中安排在隧道中是比较合适的，但是雨水管道一般不设在隧道中，而宜与隧道平行敷设。

由于污水排水管道流态和水质的特殊性，所以我国对管线综合的一些要求在《城市工程管线综合规划规范》中作了规定，其中关于给水管道和排水管道的布设要求见表 1-1，该表中最小间距的制定目的是做到在管道施工和检修时，尽量不互相影响；排水管道损坏时，不致影响附近建筑物和构筑物，不污染生活饮用水；另外，是在有足够的地位可敷设管道的条件下规定的，在不能满足本表要求时，各城市和工业企业可根据各自可供利用的地位，拟敷设的管道类型及数量，进行管道综合竖向设计，合理安排有关管线的敷设；在地位相当狭窄、各种管线密集的原有街区和厂区内管道综合时，可以在采取结构上的措施后，如建筑物、构筑物或有关管道基础加固，小管线上加套管等，酌情减小间距；在绿化地带敷设排水管道时，应防止随着树木的生长，树根伸入排水管道内，阻塞管道。

表 1-1　排水管道与其他地下管线（构筑物）的最小间距①

名　称	水平净距/m	垂直净距/m	名　称	水平净距/m	垂直净距/m
建筑物	见注②		地上柱杆(中心)	1.5	
给水管	见注③	见注③	道路侧石边缘	1.5	轨底 1.2
排水管	1.5	0.15	铁路	见注⑤	1.0
煤气管 低压	1.0		电车路轨	2.0	
煤气管 中压	1.5	0.15	架空管架基础	2.0	0.25
煤气管 高压	2.0		油管	1.5	0.15
煤气管 特高压	5.0		压缩空气管	1.5	0.25
热力管沟	1.5	0.15	氧气管	1.5	0.25
电力电缆	1.0	0.50	乙炔管	1.5	0.50
通信电缆	1.0	直埋 0.5 穿管 0.15	电车电缆		0.50
			明渠渠底		0.15
乔木	见注④		涵洞基础底		

① 表列数字除注明者外，水平净距均指外壁净距，垂直净距系指下面管道的外顶与上面管道基础底间净距。采取充分措施（如结构措施）后，表列数字可以减小。

② 与建筑物水平净距：管道埋深浅于建筑物基础时，一般≥2.5m（压力管不小于5.0m）；管道埋深深于建筑物基础时，按计算确定，但≥3.0m。

③ 与给水管水平净距：给水管管径≤200mm时，≥1.5m；给水管管径>200mm时，≥3.0m。与生活给水管道交叉时，污水管道、合流管道在生活供水管道下面的垂直净距应≥0.4m。当不能避免在生活给水管道上面穿越时，必须予以加固，加固长度不应小于生活给水管道的外径加4m。

④ 与乔木中心距离≥1.5m；如与现状高大乔木中心距离，则≥2.0m。

⑤ 穿越铁路时，应尽量垂直通过；沿单行铁路敷设时，应距路堤坡脚或路堑坡顶≥5.0m。

总之，对于一个完整的给水排水管网系统，仅做好其设计计算是不够的，应由城市规划部门或工业企业内部管道综合部门根据地下所有管线类型和数量、高程、可敷设管线的位置等因素进行管线综合设计，确定合理而又方便施工、维护的给水管网和排水管网在道路下的埋设位置。

思　考　题

1. 什么是给水排水工程？主要包括哪些内容？通常由哪几部分组成？其基本任务是什么？
2. 目前我国给水排水工程主要面临哪些问题？其根本原因何在？怎样才能解决这些问题？
3. 试述给水管网系统的组成。
4. 影响给水管网系统类型选择的因素有哪些？
5. 何谓排水系统及排水体制？排水体制分几类？各类的优缺点如何？选择排水体制的原则是什么？
6. 给水管道工程的任务是什么？通常由哪几部分组成？
7. 排水系统主要由哪几部分组成？各部分的用途是什么？
8. 给水排水工程按服务范围和系统可分为哪几类？
9. 工业给水系统的布置如何考虑节水？进行水量平衡计算的意义何在？
10. 为什么要进行城市管线综合规划？

第1篇
给水管网系统

2 给水管网系统工程规划与设计

输水管线和管网布置是给水管网系统规划与设计的主要内容之一。这里首先介绍一下给水系统的规划与设计程序。

2.1 给水工程规划与建设程序

2.1.1 给水工程规划工作程序

给水工程规划的主要任务是根据城市和区域水资源的状况，最大限度地保护和合理利用水资源，进行城市水源规划和水资源利用平衡工作；确定城市水厂等给水设施的规模、容量；科学布局给水设施和各级给水管网系统，满足用户对水质、水量、水压等要求；制定水源和水资源的保护措施。

城市给水工程规划的规划期限一般与城市规划期限相同，即规划期限分为近期和远期，一般近期规划期限为5年、远期规划期限为20年。给水工程规划工作程序如下。

2.1.1.1 城市用水量预测

首先进行城市用水现状与水源研究，结合城市发展总目标，研究确定城市用水标准。在此基础上，根据城市发展总目标和城市规模，进行城市近远期规划用水量预测。

2.1.1.2 确定城市给水工程系统规划目标

在城市水资源研究的基础上，根据城市用水量预测、区域给水系统与水资源调配规划，确定城市给水工程系统规划目标。在确定城市给水系统规划目标后，及时反馈给城市计划主管部门和规划主管部门，合理调整城市经济发展目标、产业结构、人口规模。同时应及时反馈给区域水系统主管部门，以便合理调整区域给水系统与水资源调配规划，协调上下游城市用水，以及城镇、农业等用水。

2.1.1.3 城市给水水源规划

在进行城市现状水源与给水网络研究的基础上，依据城市给水工程系统规划目标、区域给水系统与水资源调配规划，以及城市规划总体布局，进行城市取水工程、自来水厂等设施的布局，确定其数量、规模、技术标准，制定城市水资源保护措施。在进行此项工作后应及时反馈给区域水系统主管部门，以便得以落实，并适当调整有关区域给水工程规划。同时，必须及时反馈给城市规划部门，落实水资源设施的用地布局，并协调与污水处理厂，工业区等用地布局。

2.1.1.4 城市给水管网与输配设施规划

在研究城市现状给水网络的基础上，根据城市给水水源规划、城市规划总体布局，进行城市给水管网和泵站、高位水池、水塔、调节水池等输配设施规划，并及时反馈城市规划部门，落实各种设施用地布局。城市给水管网与输配设施规划将作为各分区给水管网规划的依据。

2.1.1.5 分区给水管网与输配设施规划

此项工作首先根据分区规划布局、供水标准，估算分区用水量。然后，根据分区用水量分布状况、城市给水管网与输配设施规划，进行分区内的给水管网、输配设施规划与布局；并反馈给城市规划部门，落实各种设施用地布局。城市给水网络与输配设施规划将作为分区的各详细规划范围内给水管网规划的依据。

2.1.1.6 详细规划范围内给水管网规划

本阶段工作应先根据详细规划布局、供水标准，计算详细规划范围内的用水量。然后，根据用户用水量分布状况，布置该范围内的给水管网，确定管径和敷设方式等。若详细规划范围为独立地区，供水自成体系者，则该阶段还应包括自配水源工程设施规划。若该范围有独立的净水设施，本阶段工作也包括该净水设施布置等内容。本阶段工作应及时与规划设计人员反馈、落实管道与设施的具体布置，详细规划该范围内给水管网规划，将作为该范围给水工程设计的依据。

2.1.2 给水工程建设程序

给水工程项目的建设是按照工程项目建设程序进行的。工程项目建设程序是工程建设过程客观规律的反映，是建设工程项目科学决策和顺利进行的重要保证。工程项目建设程序是人们长期在工程项目建设实践中得出来的经验总结，不能任意颠倒，但可以合理交叉。给水工程建设程序通常包括五个阶段，即项目立项决策阶段、审定投资决策阶段、工程设计与计划阶段、施工阶段和质量保修阶段。在项目实施工程中又把项目立项决策阶段和审定投资决策阶段称为项目前期，主要工作有提出项目建议书和编制可行性研究报告；工程设计与计划阶段、施工阶段称为项目建造期，主要工作有初步设计、施工图设计和施工；质量保修阶段称为项目后期。

2.1.2.1 项目建议书

项目建议书是建设单位向国家有关部门提出要求建设某一具体项目的建设文件，是基建程序中的最初阶段，是投资决策前对拟建项目的轮廓设想。项目建议书一般应包括建设项目提出的必要性和依据；需引进的技术和进口设备，说明国内技术差距以及引进和进口设备的理由；项目内容与范围，拟建规模和建设地点的初步设想；投资估算和资金筹措的设想、还贷能力的测算；项目进度设想和经济效益与社会效益的初步估算等。

2.1.2.2 可行性研究

可行性研究以主管部门批准的项目建设书和委托书为依据，对项目建设的必要性、经济合理性、技术可行性、实施可能性等进行综合性的研究和论证，对不同建设方案进行比较后，提出本工程的最佳可行方案和工程估算。审批后的可行性研究报告是进行初步设计的依据。

2.1.2.3 初步设计

根据批准的可行性研究报告（方案设计）进行初步设计，这个阶段的主要任务是明确工程规模、设计原则和标准，深化可行性报告提出的推荐方案并进行必要的局部方案比较，提出拆迁、征地范围和数量以及主要工程数量、主要材料设备数量、编制设计文件，做出工程概算（可行性研究的投资估算与初步设计概算之差，一般应控制在±10%内）。

在对推荐方案进行深化设计时，给水管网总平面图（图纸比例宜采用1∶500～1∶1000）上设计范围内绘出全部建筑物和构筑物的平面位置、道路、铁路等，并标出控制坐标、标高、指北针等；绘出给水管道平面位置，标注出干管的管径、流向、闸门井和其他给水构筑物位置及编号。

取水构筑物平面布置图（图纸比例宜采用1∶100～1∶500）中应单独绘出取水构筑物平面，包括取水头部（取水口）、取水泵房、转换闸门井、道路平面布置图、坐标、标高、方位等，必要时还应绘出流程示意图（图纸比例宜采用1∶100～1∶200），标注各构筑物之间的高程关系。

如工程设计项目有净水处理厂（站）时，应单独绘出水处理构筑物总平面布置图（图纸比例宜采用1∶100～1∶500）及高程关系示意。在上述图中，还应列出建（构）筑物一览表，表中内容包括构筑物的平面尺寸结构形式、占地面积，定员情况等。

2.1.2.4 施工图设计

施工图设计是在批准的初步设计基础上进行的、供施工用的具体图纸设计。施工图设计应包括设计说明书、设计图纸、工程数量、材料数量、仪表设备表、修正概算或施工预算。

设计图纸要包括：取水工程总平面图；取水工程流程示意图（或剖面图）；取水头部（取水口）平、剖图及详图；取水泵房平、剖图及详图；其他构筑物平、剖图及详图；输配水管路带状平面图；给水净化处理站（厂）总平面布置图及高程系统图；各净化建（构）筑物平、剖图及详图；水塔、水池配管及详图；循环水构筑物的平面、剖面及系统图等。图纸比例除总平面布置图图纸比例采用1∶100～1∶500外，其余单体构筑物和详细图图纸比例宜采用1∶50～1∶100。

2.1.3 给水工程规划与工程设计关系

给水工程是城市基础设施的重要组成部分，它关系着城市的可持续发展，关系着城市的文明、安全和居民的生活质量，是创造良好投资环境的基础。城市给水工程规划是城市总体规划中的一个重要组成部分，它明确了城市给水工程的发展目标与规模，合理布局了给水工程设施和管网，统筹安排了给水工程的建设，是城市给水工程发展的政策性法规，是工程设计的指导依据，有效地指导实施建设。

2.2 管网布置

2.2.1 管网系统布置原则

给水管网包括输水管渠和配水管网两大部分。要求能够供给用户所需水量，保证不间断供水，同时要保证配水管网足够的水压。

（1）按照城市总体规划，确定给水系统服务范围和建设规模。结合当地实际情况布置给水管网，要进行多方案技术经济比较。

（2）分清主次，先进行输水管渠与主干管布置，然后布置一般管线与设施。

（3）尽量缩短管线长度，尽量减少拆迁，少占农田，节约工程投资与运行管理费用。

（4）协调好与其他管道、电缆和道路等工程的关系。

（5）保证供水具有安全可靠性。

（6）管渠的施工、运行和维护方便。

（7）远近期结合，留有发展余地，考虑分期实施的可能性。

2.2.2 输水管布置

输水管渠在整个给水系统中是很重要的，它的一般特点是距离长，因此与河流、高地、交通路线等的交叉较多。

对输水管线的定线与布置要依据城市建设规划进行，具体要求如下。

（1）应能保证供水不间断，尽量做到线路最短，土石方工程量最小，工程造价低，施工维护方便，少占或不占农田。

（2）管线走向，有条件时最好沿现有道路或规划道路敷设。

（3）输水管应尽量避免穿越河谷、重要铁路、沼泽、工程地质不良的地段，以及可能被洪水淹没的地区。

（4）选择线路时，应充分利用地形，优先考虑重力流输水或部分重力流输水。

（5）输水管线的条数（即单线或双线），应根据给水系统的重要性、输水量大小、分期建设的安排等因素，全面考虑确定。当允许间断供水或水源不止一个时，一般可以设一条输水管线；当不允许间断供水时，一般应设两条；如果只设一条输水管，则应同时修建有相当容量的安全储水池，以备输水管线发生故障时供水。为避免输水管渠局部损坏时，输水量不能满足最低供水要求，可以在平行的输水管之间设置连接管，并装置必要的阀门，以缩小事故检修时的断水范围（见图 2-1）。

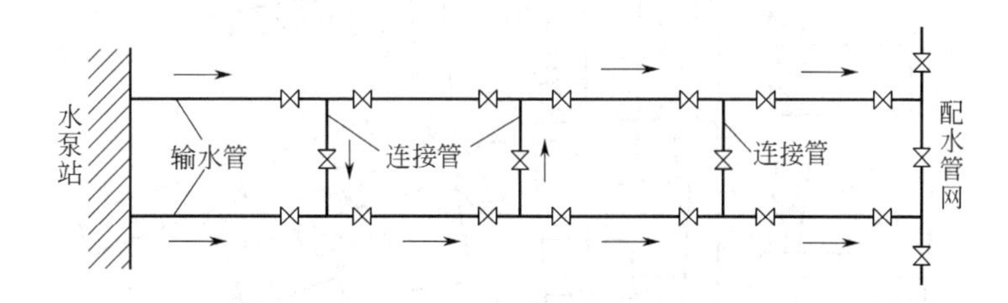

图 2-1　两条输水管上连接管的布置

（6）当采用两条输水管线时，为避免输水管线因某段损坏而使输水量减少过多，需要在管线之间设连接管相互联系，以保证在任何一段输水管发生事故时，仍能通过 70%的设计流量。

（7）输水管的最小坡度应大于 1∶5D（D 为管径，以 mm 计）。输水管坡度小于 1∶1000 时，每隔 0.5～1km 应装置排气阀。即使在平坦地区，埋管时也应人为地做成上升和下降的坡度，以在管坡顶点设置排气阀（一般每 1km 设一个为宜），以便及时排除管内空气，或在输水管放空时引入空气。在输水管线的低洼处，应设置泄水阀及泄水管，泄水管接至河道或地势低洼处。

输水管渠有多种形式，常用的有压力输水管渠和无压输水管渠两类，远距离输水时，可按具体情况，采用不同的管渠形式。第一类是水源低于给水区，例如取用江河水时，需要采用泵站加压输水，根据地形高差、管线长度和水管承压能力等情况，有时需在输水途中再设置加压泵站；第二类是水源位置高于给水区，例如取用水库水、山泉水时，有可能采用重力管渠输水。远距离输水时，一般采用加压和重力结合的输水方式（见图 2-2），下坡部分就可以采用无压或有压重力输水管渠。

2.2.3　配水管网布置

给水管网遍布整个给水区内，根据管道的功能，可划分为干管、分配管（或称配水支管）、接户管（或称进户管）三类。在配水管网中，由于各管线所起的作用各不相同，因而其管径也各不相同，如图 2-3 所示。

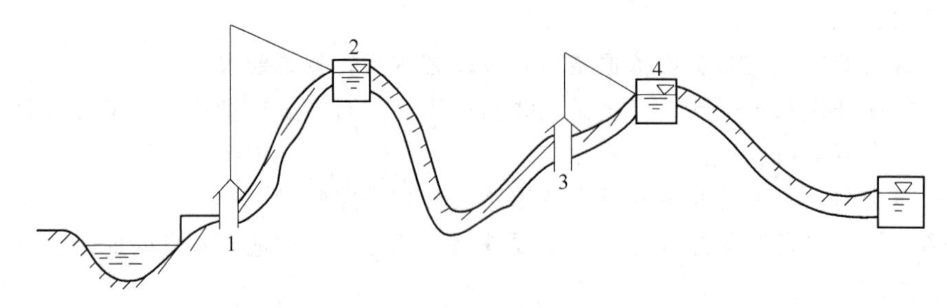

图 2-2 加压和重力结合的输水方式

1,3—泵站；2,4—高地水池

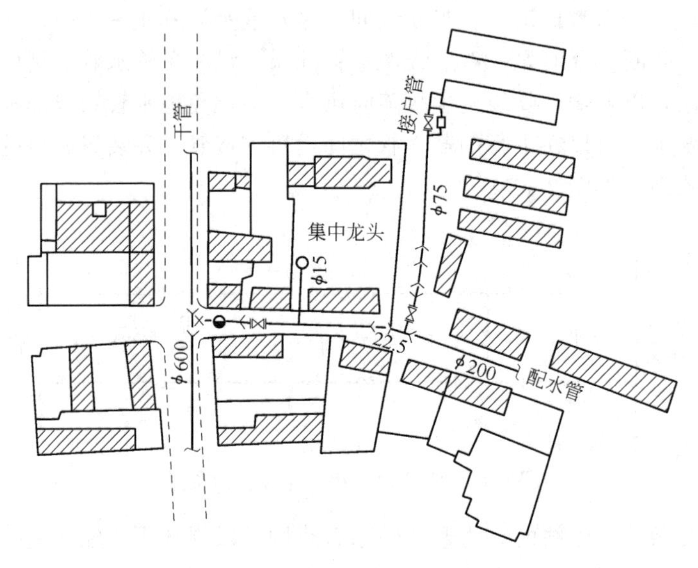

图 2-3 干管、配水管和接户管布置

干管的主要作用是输水至城市各用水地区，同时也为沿线用户供水，其管径一般在100mm以上，但是，在某些中小城镇，有时干管的管径也会小于100mm。在大城市中，则常在200mm以上。通常配水管网的布置和计算只限于干管。

分配管的主要作用是把干管输送来的水配给接户管和消火栓，其管径一般不予计算，均由消防流量来确定。为了满足安装消防栓所需要的管径，以免在消防时管线水压下降过多，通常规定分配管的最小管径：小城市采用75～100mm；中等城市采用100～150mm；大城市采用150～200mm。

要注意的是，干管和分配管的管径并无明确的界限，需视管网规模而定，大管网中的分配管，在小型管网中可能是干管。大城市可略去不计的分配管，在小城市可能不允许略去。接户管就是从分配管接到用户的管线（在建筑给水排水工程中接户管又称为引入管），其管径视用户用水的多少而定。但当较大的工厂或居民小区有内部给水管网时，此接户管则称为接户总管，其管径应根据该厂或小区的用水量来定。一般的民用建筑均用一条接户管；对于供水可靠性要求较高的建筑物，则可采用两条，而且由不同的配水管接入，以增加供水的安全可靠性。

干管（定线）通常遵循下列原则进行布置。

(1) 干管布置的主要方向应按供水主要流向延伸，而供水的流向则取决于最大用水户或水塔等调节构筑物的位置。

(2) 为了保证供水可靠，通常按照主要流向布置几条平行的干管，其间用连接管连接，这些管线在道路下以最短的距离到达用水量大的主要用户。干管间距因供水区的大小、供水情况而不同，一般 500～800m 要设置控制流量的闸阀，其间不应隔开 5 个以上的消火栓。

(3) 干管一般按规划道路布置，尽量避免在高级路面或重要道路下敷设。管线在道路下的平面位置和高程应符合城市地下管线综合设计的要求。

(4) 干管的高处应布置排气阀，低处应设泄水阀，干管上应为安装消火栓预留支管，消火栓的间距不应大于 120m。

(5) 干管的布置应考虑发展和分期建设的要求，并留有余地。

配水管网的布置形式，根据城市规划、用户分布以及用户对用水的安全可靠性的要求程度等，分成为树状网和环状网两种形式。

2.2.3.1 树状网

树状网如图 2-4 (a) 所示。图中管网布置呈树状向供水区延伸，管径随所供给用水户的减少而逐渐变小。这种管网管线的总长度较短，构造简单，投资较省。但是，当管线某处发生漏水事故需停水检修时，其后续各管线均要断水，所以供水的安全可靠性差；另外，树状网的末端管线，由于用水量的减少，管内水流速度减缓，用户不用水时，甚至滞流，致使水质容易变坏，而当管网用水量超设计负荷时，末端管网又极易产生负压，为水质污染带来隐患；再者，树状网宜发生水锤破坏管道的事故。所以，它一般适用于用水安全可靠性要求不高的小城镇和小型工业企业中，或者在城市的规划建设初期先采用树状网，以减少一次投资费用，加快工程投产。

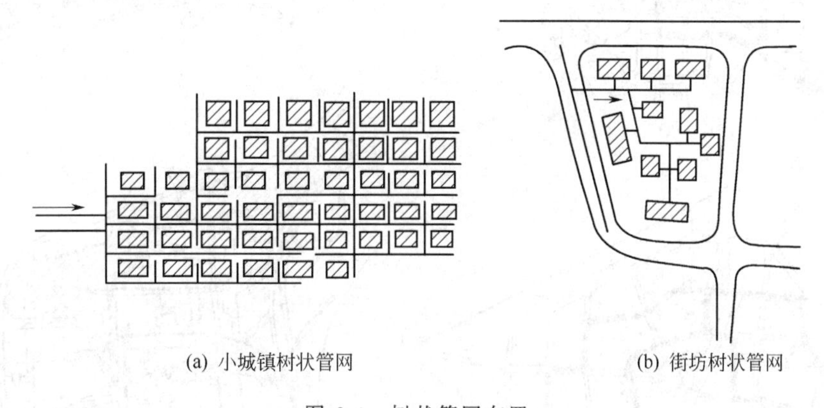

(a) 小城镇树状管网　　(b) 街坊树状管网

图 2-4 树状管网布置

对于街坊内的管网，一般亦多布置成树状，即从邻近街道下的干管或分配管接入，如图 2-4 (b) 所示。

2.2.3.2 环状网

环状网如图 2-5 (a) 所示。由图可看出，当任意一段管线损坏时，闸阀可以将它与其余管线隔开进行检修，不影响其余管线的供水，使断水的地区大为缩小；另外，环状网还可大大减轻因水锤现象所产生的危害，所以，环状网是具有供水安全高保证率的管网形式。但对于同一供水区，由于采用环状网管线总长度远较采用树状网长，故造价明显比树状网高。

给水管网的布置既要求供水安全，又要求经济，因此，在布置管网时，应考虑分期建设的可能，即先按近期规划采用树状网，随着用水量的增长，再逐步增设管线构成环状网。所

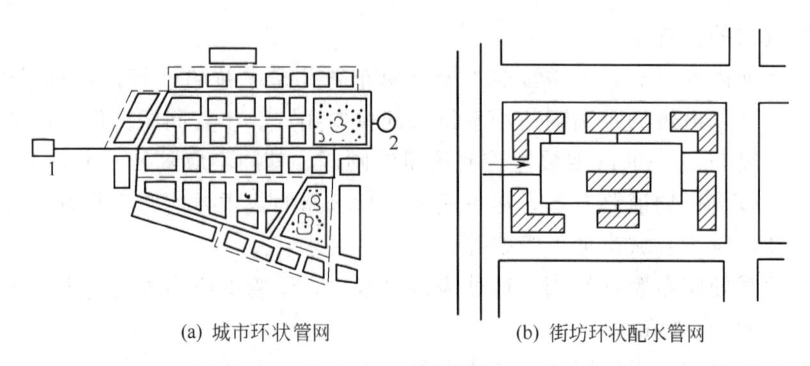

(a) 城市环状管网　　(b) 街坊环状配水管网

图 2-5　环状管网布置

1—水厂；2—水塔

以，现有城市的配水管网多数是环状网和树状网的结合，即在城市中心地区布置成环状网，而在市郊或城市的次要地区，则以树状网的形式向四周延伸。对于供水可靠性要求较高的工业企业，必须采用环状网，并用树状网或双管输水到个别较远的车间。图 2-5（b）所示为街坊规划中采用的小环状网。

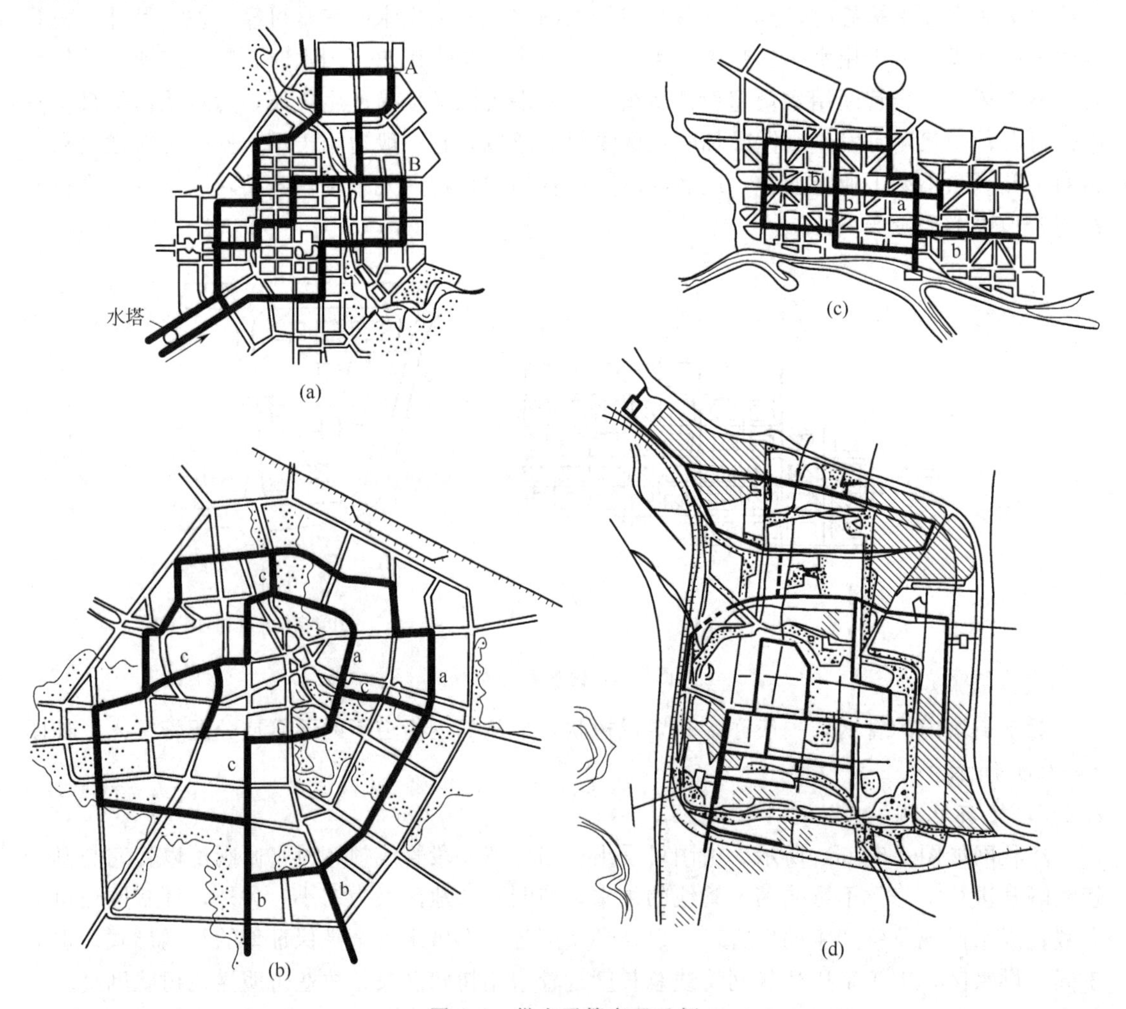

图 2-6　供水干管布置示例

住宅区；水厂；工厂；--- 供水分区联络管；— 城市干管；地下水源；绿地

图 2-6 是几个管网布置示例。图 2-6（a）属于网前水塔管网，三条干管由水塔开始布满供水区，并将水输送至最大与最远的用户 A 与 B；在图 2-6（b）中，两根输水管 b 供水至由两个同心环状管线 a 组成的干管，干管间用径向管线 c 连接；图 2-6（c）为干管由南北向 a 系列干管和沿给水区敷设的东西向 b 系列干管组成；图 2-6（d）所示为当采用城市多水源独立分区供水时，为保证供水安全，用联络管连接全市干管，以利互相调剂。

2.2.3.3 工业企业管网

对于工业企业内的管网布置，由于有其本身的特点，通常是根据企业内的生产用水和生活用水对水质和水压的要求，使两者合用一个管网，或者分建两个管网。有时，即使是生产用水，水质和水压的要求也不一定完全一样。因此，在同一工业企业内，有时形成分质、分压的管网系统，分别布置几套管网。消防用水管网可单独设置，也可和生活、生产用水管网合并。

大型工业企业的各车间用水量一般较大，所以生产用水管网不像城市管网那样易于划分干管和分配管，定线和计算时全部管线都要加以考虑。

工业企业的管网形式可按照生产工艺对给水可靠性的要求，采用树状网、环状网或两者相结合的形式。不能断水的企业，生产用水管网必须是环状网，到个别距离较远的车间可用双管代替环状网。大多数情况下，生产用水管网是环状网、双管和树状网的结合形式。工业企业管网水质不同的管网不能相互连接。工业企业的生活饮用水管网严禁与城市饮用水管网直接连接。

2.3 区域供水概述

2.3.1 区域供水的特点

区域供水是按照水源、水厂的合理配置，将不同地区的水厂、管网进行统筹规划管理，形成大的、多层次供水网络，从而提高供水水质，增强供水安全性的一种供水模式。

打破行政区划，按区域进行供水的概念早在 20 世纪 60 年代的欧洲就已提出。法国巴黎供水量的 60%取自距市区 140km 的天然水源，大巴黎供水系统是包括 14 个地方行政当局，供水人口达 400 万人的互联网络。美国洛杉矶市的水源绝大部分来自市区以外 500km 的内华达山区，沿线供水面积达 1200km^2，服务人口 320 万人。日本关东平野北部，为防止地下水超采引起的地面沉降，提出包括东京都地区 7 个县 109 个市、町村的区域供水方案；大阪府在 20 世纪 60 年代就实行区域供水，目前已发展到由琵琶湖、淀川两大水源以及由 3 个净水厂组成的 $2.65\times10^6 m^3/d$ 的大供水系统。

我国城镇水量型缺水、水质型缺水、工程型缺水和管理型缺水随着城市化进程和工业的日益发展，呈逐渐加剧的态势，使得城乡经济发展与供水卫生、供水安全的矛盾日益突出。传统的供水模式往往是一个城市设一个自来水公司，管理城市的水厂与管网；一个集镇、一个企业甚至一个村建一个水厂，提供局部供水，这种模式在满足城乡居民及工矿企业用水需求，保障城乡经济、社会发展方面发挥了积极作用，但也带来下列问题。

（1）供水量不足。原设计供水量不能满足发展中的供水需求。

（2）水源保护与水质污染矛盾突出。同一河流存在多个取水口和排污口，某些地区沿一条河流建设的城市或工业企业越来越多，其间的距离越来越小，常常使选择的水源很难说是处于城市的上游或下游，且水源又或多或少受到了污染；还有不少地区（如河北沧州、北京、山西、江苏苏锡常地区等）则因地下水超采已对部分地区造成了地质灾害，威胁着人民生活及工农业生产的正常运转，急需寻求符合生活饮用水水源水质标准的源水。

（3）镇、村水厂及企业自备水厂数量众多，分散经营，技术力量薄弱，供水水质差，效益低下。

（4）管网配置不合理。

（5）由于水源及技术、管理等因素，供水卫生及安全性差。

因此，将水源设在一系列城市或工业区的上游，使水源相对集中，统一取水，供沿河各城市或工业区使用，这种从区域性考虑、打破行政区划形成的给水系统称为区域给水系统。我国较典型而且较成功的区域供水实例如江苏省苏锡常地区区域供水规划的实施：该区域长期以来地下水开采无序且过量，已造成严重的地质灾害，3市（不包括宜兴、溧阳、金坛）据2000年统计有地下深井4831口，日采水量$8.957\times10^5m^3$，已形成$1350km^2$的沉降范围，占该区域地域面积的12%，给城市建筑、防洪、排涝、交通工程等都已带来严重后果。而实施苏锡常地区的区域供水后，改用长江水源和部分太湖水源，逐渐封闭该区域的深井，至2005年完全封闭区域内深井，不仅有效地回升了地下水位，减少了地质灾害，而且提高了该区域原来使用受污染内河地表水水源用户的供水水质。如图2-7所示，图中1#为分散供水时某地表水沿江各城市取水口分布，在A城市至D城市的岸线段，近岸水环境有逐渐恶化的趋势，使这些取水口附近的水源保护工作越来越艰难，有些饮用水水源因污染而使水质变坏，而为了保护水源地，岸线的综合利用也受到很大的限制。若如图在A城市上游选择一岸线稳定、水质良好的总取水口2#，向上述各城市统一供水（可以供浑水，由原城市水厂净化；也可以供清水，用原来各城市净水厂作为中途加压、消毒站），则由图示可以看出，将大大减轻饮用水水源保护的压力，同时，为A城市至D城市的岸线综合利用提供了很大的空间。

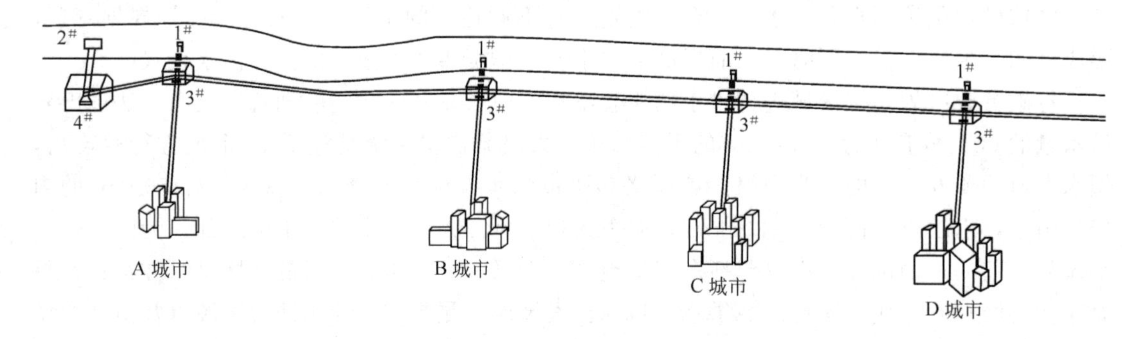

图2-7 分散供水与区域供水示意图

—分散供水输水管；═区域供水管；1#—分散供水取水口；2#—区域供水取水口；3#—分散供水净水厂或区域供水分散净水厂或区域供水增压站、中途消毒站；4#—区域供水浑水泵站或区域供水净水厂

由于我国近些年城镇供水普及率已达91.33%（2009年统计），不少乡镇、城镇原来就有供水设施，所以从供水形式看，我国目前的区域供水是水源相对集中、管网连成一片的供水系统，它不仅为城市中心供水，还同时向周边城市、城镇及广大农村集居点供水，按照水系、地理环境特征确定、划分供水区域，供水面积小到数十平方公里，大到数千平方公里。国内外的实施经验已经表明：由多个水厂并网的区域集中供水系统，比原来分散的、独自的、小规模的供水系统，提高了系统的专业性、合理性、可靠性和经济性。极大地提高了供水的安全可靠性，通过强化调度功能，协调供需关系，使系统处于合理、经济的运行状态。

预计21世纪初至21世纪中叶，我国将进入区域供水阶段，该阶段的主要特点为：区域经济得到很好的发展，对区域基础设施提出了更高的要求；水资源作为有限资源的开发被纳入了统一规划和法制建设的轨道；人们对供水提出了更高的要求，包括供水的可靠性、安全性、经济性，供水的水质、水量，供水的服务等；城市化水平达到了一定的程度，人民生活水平进一步得到提高，生活用水标准达到中等发达国家水平；水厂规模将达10万 m^3/d 以上，水源地大都取自大的水体。

区域供水产生的社会效益主要可以概括为以下几个方面。

（1）有利于地表水域岸线的统一规划和保护，提高地表水岸线的利用效率。区域供水改分散供水为集中供水，减少了地表水取水口数量，从而间接增加了地表水岸线的可利用长度，便于水利、城建、航运等部门对岸线统一规划、有效利用。

（2）有利于供水部门对取水工程及净水厂进行重点建设，避免重复投资。例如：苏锡常地区目前共有城市自来水厂29座，乡镇水厂共有275座，属典型的分散经营模式，且由于行政区划的原因，重复建设自来水厂，造成了水资源的浪费和重复投资，不利于重点投资建设大规模和高水平的水厂。区域供水将改分散经营为集约经营，改重复建设为重点建设，促进苏锡常地区供水事业的发展。

（3）有利于缓解水质型缺水矛盾，加强水源保护，保证供水水质。例如：实施区域供水后，苏锡常地区以长江地表水作为主要供水水源，逐步取消地下水水源以及其他水质达不到地表水水质Ⅲ类标准的内湖、内河水源。水源的相对集中有利于加强对水源的保护，控制水源污染，提高供水水质。

（4）有利于保护地下水资源，控制地面沉降，防止地质灾害继续发展。例如：苏锡常地区区域供水规划根据省人大禁采决定，首先在地下水超采区以地表水水源取代地下水水源，然后在全区域范围内取消地下水水源。区域供水可以提供因封井带来的供水不足，为地下水禁采提供了保障，最直接的效益就是保护了地下水资源，防止由于地下水超采带来的一系列危害。

（5）有利于改善净水工艺，提高供水水质，提高城乡居民的生活水平。例如：苏锡常地区区域供水取消地下水水源及水质较差的地表水水源，统一取用长江水及少量太湖水作为水源，且大规模的水厂取代了生产管理和技术水平普遍较低的小水厂，可完善净水工艺，提高供水水质。

（6）有利于集中管理，统一调度。区域供水打破行政区划，实现区域供水设施共建共享，这将便于供水部门对各水源厂、净水厂进行集中管理，并对供水统一调度，实行就近供水，提高供水的可靠性，降低供水成本。

总之，区域供水的特点是打破行政区划的供水方式，其取水口相对集中、水源水质有保障、水厂规模大、输配水管网系统范围广，因此部分输水管具有长距离输水的特点，但是区域供水因为水源取水口较集中，也对取水应对突发事故的能力提出了更高的要求，例如对突发性水源污染事故可能造成的大面积供水水质安全性问题、战备时期取水口安全问题等，都需要一套完整的紧急应急预案及实施预案的组织机构，另外，必然在工程维护管理、事故处理责任和对经济效益分享等一系列问题上带来较复杂的机构管理问题，需要建立有效的管理机制和规则进行规范。

2.3.2 区域供水规划步骤

区域供水是跨行政区的大型供水工程，因此在规划设计时对一系列的技术问题和后期管理问题要特别慎重。

(1) 岸线稳定性分析　在对岸线利用现状和岸线资源进行整体分析的基础上，根据水下地形资料、水文资料，通过建立模型，对拟作为水源的地表水河段进行整体河床演变分析，对现有主要取水口岸线稳定性作出评价，从而提出长期稳定的、取水可用的供水水源地岸线分布。

(2) 水源地水质预测分析　在岸线稳定分析的基础上，根据沿江污染源调查、评价以及水质监测资料，建立相应的水质预测模型，结合岸线稳定性分析成果，进一步筛选出岸线长期稳定、水质预测良好的岸线，提出规划供水水源地水质可达性研究成果及水源保护措施。

(3) 确定供水规模　根据城镇、乡村规划统计资料，分析供水范围的用水量需求形势，确定区域供水分期建设的供水规模；结合城镇体系规划，通过技术经济比较，提出最优区域规划方案。

(4) 确定区域供水方式及组成　区域供水的方式按供水区大小，可以分为乡镇域统一供水（小区域供水）、县市域统一供水（中区域供水）和地市域或跨市域统一供水（大区域供水）。规划区域供水方式时，应遵循大、中、小区域的原则，从小到大分步实施，才能节约投资，加快实施的步伐；不能一蹴而就，要根据实际情况，有条件的先上，为其他地区的建设积累经验。

确定了供水方式后，要对区域内原有分散供水的水厂、管网状况进行分析：哪些可以继续利用作为源水处理站点的，哪些只能用来作为中间加压站和二次消毒站点的，以确定区域供水输水管的输水方式——是输浑水还是输清水，确定区域供水水厂规模和工艺流程、确定区域供水配水管网的走向和管网上的构筑物。

(5) 确定区域供水的管理模式　由于区域供水是跨行政区域的供水模式，因此会带来筹资、利益分配、工程运行管理等一系列问题，在规划设计时，应提出可实施的区域供水的组织形式、管理模式、筹资方式及政策法规等。

区域供水在取得良好的水质及安全性效果的同时，也会增加基建投资，因此需对区域供水的可行性及供水方案进行技术经济分析。

2.4　城市用水量计算与给水系统水压关系

2.4.1　给水系统设计用水量依据

给水系统设计时，首先需确定该系统在设计年限内达到的用水量，因为系统中的取水、水处理、泵站和管网等设施的规模都需参照设计用水量确定，因此会直接影响建设投资和运行费用。

城镇用水量主要由城镇居民日常生活用水、全市性的公共建筑用水；工业生产用水及职工生活用水；城市道路浇洒、大面积绿化用水和由城镇给水系统供给的消防用水等组成。

城镇用水量由于受到水资源和气候条件、经济发展水平、用水习惯和工业企业发展状况等诸多因素的影响，居民生活用水、工业生产用水以及道路浇洒和绿化用水有可能是每天、每月和每年都在变化。如我国大中城市的居民生活用水量在一天内以早晨起床后和晚饭前后用水最多；道路浇洒和绿化用水，夏季比冬季多；工业生产用水量中的冷却用水和空调用水受到水温和气温的影响，一般夏季多于冬季；而生产工艺过程用水量的一般随着工业产品的产量的变化而变化。

城市给水系统应满足城镇用水量的变化。无论是大城市还是中小城镇，为了在设计年限内，保证系统安全可靠供水，应该选取一年中用水最多一日的用水量作为给水系统的设计水量依据，称为最高日用水量 Q_d。在一年中，最高日用水量与平均日用水量的比值，叫做日变化系数 K_d，根据给水区的地理位置、气候、生活习惯和室内给排水设施的完善程度，其值约为 1.1～1.5。在用水最高日内，每小时的用水量也是变化的，变化幅度和居民数、房屋设备类型、职工上班时间、工种、班次有关。最高一小时用水量与平均时用水量的比值，叫做时变化系数 K_h，该值在 1.2～1.6 之间。大中城市的用水比较均匀，K_h 比较小，可取下限，小城市可取上限或适当加大。

城镇最高日总用水量应包括设计年限内该给水系统最高日所供应的全部用水：居住区综合生活用水，工业企业生产用水和职工生活用水，消防用水、浇洒道路和绿地用水以及未预见水量和管网漏失水量，但不包括工业自备水源所需的水量。应该指出的是，消防水量是城市给水系统必须供应的水量，它将作为常备水量储存在给水系统的流量调节构筑物（如清水池、水塔或高地水池、建筑储水池和楼顶水箱）内，一般在系统最高日用水量计算时不计入。

给水系统的设计流量有城镇规划期内用水量估算和工程设计最高日用水量的计算。前者主要用以预测远期供水规模以及水源水量是否满足系统远期规划的供水要求，后者配合 24h 用水量变化曲线将作为确定系统中各构筑物设计流量的依据。

2.4.2 规划期内用水量预测

城市总体规划中，城市用水量预测是一项重要指标，其值将直接控制和影响城市给水系统的规模和建设计划。

城市用水量的预测涉及未来发展的许多因素和条件，有的因素属于地区的自然条件，例如，水资源本身的条件；有的因素属于人为的，例如，国家的建设方针、政策，国民经济计划，社会经济结构、科学技术的发展、经济与生产发展、人民生活水平、人口计划、水资源技术状况（包括给水排水技术与节水技术）等，所以预测结果常常与城市城市发展实际存在一定差距，一般采用多种方法相互校核。

城市用水量预测的时限与规划年限相一致，分为近期和远期。一般以过去的资料为依据，以今后用水趋势、经济条件、人口变化、水资源情况、政策导向等为条件，对各种影响用水的条件作出合理的假定，从而通过一定的方法，求出预期水量。以下简要地介绍当前用于城市、工业企业用水量中、远期规划的几种方法。

2.4.2.1 人均综合指标法

人均综合指标法是指城市每日的总供水量除以用水人口所得到得人均用水量。规划时，合理确定城市规划期内人均用水量标准是关键。通常根据城市历年人均综合用水量，参照同类城市人均用水量指标确定。由于城市中工业用水占有较大比例（通常在 50%以上），而各城市的工业结构和规模及发展水平都有较大差别，不能盲目照搬。《城市给水工程规划规范》(GB 50282—98) 中列出了城市人口综合用水量指标（表 2-1）。

表 2-1 城市单位人口综合用水量指标 单位：$m^3/(cap \cdot d)$

城市规模 / 区域	特大城市	大城市	中等城市	小城市
一	0.8～1.2	0.7～1.1	0.6～1.0	0.4～0.8
二	0.6～1.0	0.5～0.8	0.35～0.7	0.3～0.6
三	0.5～0.8	0.4～0.7	0.3～0.6	0.25～0.5

注：cap 指以“人”为单位。

确定了用水量指标后，再根据规划确定的人口数，确定用水量。

$$Q=qNk \ (\mathrm{m^3/d}) \tag{2-1}$$

式中 Q——城市用水量；

q——规划期内的人均综合用水量标准，$\mathrm{m^3/(cap \cdot d)}$；

N——规划期末内人口数；

k——规划期内自来水普及率，%。

2.4.2.2 单位用地指标法

单位用地指标法是根据规划的城市用地规模，确定城市单位建设用地的用水量指标后，推算城市用水总量。这种方法对城市规划用水量预测有较好的适应性。《城市给水工程规划规范》（GB 50282—98）中列出了建设用地综合用水指标。

2.4.2.3 年递增率法

对已经进入稳定发展的城市，年用水量有规律性的递增有可能呈现基本上是平稳的逐年递增率 P（%），由现状供水量，推求出规划期供水量，常用复利公式式（2-2）来计算用水量，假定每年的供水量都以相同的速率递增。

$$Q_i=Q_0(1+P)^i \tag{2-2}$$

式中 Q_i——i 年后预估用水量；

Q_0——基准年（一般为工程设计年的前一年）的用水量；

P——城市用水量平均增长率；

i——预测年限。

这种方法的关键是合理地确定平均增长率 P。即在对历年数据进行分析的基础上，考察增长的原因，及未来增长的可能性，选用合理的增长率。另外，应注意一般远期规划的递增率由于基数不同，小于近期规划时采用的递增率。

2.4.2.4 用水量分项预估法

用水量的分项可粗可细，视现有统计资料而异。对一般城市，用水量可划分为生产用水量和生活用水量。生活用水量包括工业生产用水之外的所有用水，其值是人口与生活用水量标准之积。如果资料表明人口与生活用水量标准的递增都有一定规律，则生活用水量可以据此预估。生产用水量的预估也可以根据现有资料进行分析，根据分析结果预估未来用水量。

2.4.2.5 规划估算法

如果城市有较为完善的经济规划，规划单位就有可能制订较为完善的城市总体规划，则不但有完善的用地规划而且将有可靠的人口规划和房屋建筑规划。这样，估计工业生产用水量、生活用水量和市政用水量的基础数据都有可能直接或间接从城市总体规划中取得，据此，可以估算未来年月的城市总用水量。

2.4.3 工程设计中最高日用水量计算

2.4.3.1 用水量标准

（1）综合生活用水量标准 城市居民生活用水量由城市人口、每人每日平均生活用水量和城市给水普及率等因素确定。这些因素随城市规模的大小而变化。通常，住房条件较好、给水排水设备较完善、居民生活水平相对较高的大城市，生活用水量定额也较高。

我国幅员辽阔，各城市的水资源和气候条件不同，生活习惯各异，所以人均用水量有较大的差别。即使用水人口相同的城市，因城市地理位置和水源等条件不同，用水量也可以相差很多。

影响生活用水量的因素很多，设计时，如缺乏实际用水量资料，则居民生活用水定额和综合生活用水定额可参照《室外给水设计规范》（GB 50013—2006）的规定（见附录表 B1-1，表 B1-2）。

对于全市性的公共建筑用水，如旅馆、医院、浴室、洗衣房、餐厅、剧院、游泳池、学校等的用水量，不包括在“居民生活用水定额”（附录表 B1-1）内。在具有建筑物详细规划资料的情况下，各类公共建筑的生活用水量计算可查阅《建筑给水排水设计规范》（GB 50015—2003）（2009 年版）。如果在计算最高日用水量时，选用“综合生活用水定额”（附录表 B1-2），则不必再计算公用建筑用水量。

（2）工业企业用水标准　工业企业用水包括生产用水和职工生活用水（包括淋浴用水）。

① 工业企业生产用水量标准　工业生产用水一般是指工业企业在生产过程中，用于冷却、空调、制造、加工、净化和洗涤方面的用水。在城市给水中，工业用水占很大比例。

工业企业生产用水量，根据生产工艺过程的要求确定，可采用单位产品用水量、单位设备日用水量、万元产值用水量、单位建筑面积工业用水量作为工业用水的指标。由于生产性质、工艺过程、生产设备、管理水平等不同，工业生产用水量的变化很大。即使生产相同的产品，不同的生产厂家、不同阶段的生产用水量相差也很大。一般情况下，生产用水量标准由企业工艺部门来提供。缺乏具体资料时，常常通过对工业用水调查并参考同类型工业企业的用水指标来确定。

万元产值用水量是常用工业企业生产用水的常用指标。不同类型的工业，万元产值用水量不同。即使同类工业部门，由于管理水平提高、工艺条件改革和产品结构的变化，尤其是工业产值的增长，单耗指标会逐年降低。提高工业用水重复利用率，重视节约用水等可以降低工业用水单耗。随着工业的发展，工业用水量也随之增长，但用水量增长速度滞后产值的增长速度，工业用水的单耗指标由于水的重复利用率提高而有逐年下降的趋势。目前，由于高产值、低单耗的工业发展迅速，因此万元产值的用水量指标在很多城市有较大幅度的下降。

当不能提供详细的工业布局规划时，可以按工业占地估算工业用水量，一般一类工业按 1.2 万～2.0 万 $m^3/(km^2 \cdot d)$、二类工业按 2.0 万～2.5 万 $m^3/(km^2 \cdot d)$、三类工业按 3.5 万～5.0 万 $m^3/(km^2 \cdot d)$ 估算生产用水量。

② 工业企业职工生活用水量及淋浴用水量标准　工业企业内工作人员生活用水量和淋浴用水量可按《工业企业设计卫生标准》（GBZ 1—2002）确定。工作人员生活用水量应根据车间性质决定，一般车间采用 25L/(cap·班)，高温车间采用 35L/(cap·班)，工业企业内工作人员的淋浴用水量可参照附录表的规定选取，淋浴时间在下班后一小时内进行。

（3）浇洒道路和绿地用水标准　应根据路面种类、绿化面积、气候和土壤等条件确定。浇洒道路路面用水可按浇洒面积以 2.0～3.0$L/(m^2 \cdot d)$ 计算，浇洒绿地用水可按浇洒面积以 1.0～3.0$L/(m^2 \cdot d)$。

（4）管网漏失水量标准　城市管网漏失水量可按最高日综合生活用水量、工业企业用水量和浇洒道路和绿地浇洒用水量三项之和的 10%～12%计算；当单位管长供水量小和供水压力高时可适当增加。

（5）未预见水量标准　一般根据水量预测时难以预见因素的程度确定，可按最高日综合生活用水量、工业企业用水量、浇洒道路和绿地浇洒用水量和管网漏失水量四项之和的8%～12%计算。

（6）消防用水量标准　城市消防用水量，通常储存在水厂的清水池中，灭火时，由水厂二级泵站向城市管网供给足够的水量和水压。消防用水只在火灾时使用，历时短暂，但从数量上说，它在城市用水量中占有一定的比例，尤其是中小城市，所占比例甚大。消防用水量、水压和火灾延续时间等，应按照现行的《建筑设计防火规范》和《高层民用建筑设计防火规范》等执行。城市或居住区的室外消防用水量，应按同时发生的火灾次数和一次灭火的用水量确定，见附录表B2。

工厂、仓库和民用建筑的室外消防用水量，可按同时发生火灾的次数和一次灭火的用水量确定。

2.4.3.2　最高日用水量计算

（1）城市最高日综合生活用水量（包括公共建筑用水）

$$Q_1 = qNf \ (\mathrm{m^3/d}) \tag{2-3}$$

式中　q——最高日生活用水量定额 $\mathrm{m^3/(d \cdot cap)}$，见附录表B1-2；

N——设计年限内计划人口数；

f——自来水普及率，%。

整个城市的最高日生活用水量定额应参照一般居住水平定出，如城市各区的房屋卫生设备类型不同，用水量定额应分别选定。有时，城市计划人口数并不等于实际用水人数，所以应按实际情况考虑用水普及率。

城市各区的用水量定额不同时；最高日用水量应等于各区用水量的总和：

$$Q_1 = \sum q_i N_i f_i \ (\mathrm{m^3/d}) \tag{2-4}$$

式中，q_i、N_i、f_i分别表示各区的最高日生活用水量定额、计划人口数和用水普及率。

（2）工业企业用水量　城市管网同时供给工业企业用水时，包括生产用水和职工生活用水（包括淋浴用水）。

1）城市工业生产用水量 Q_2

$$Q_2 = qB(1-n) \ (\mathrm{m^3/d}) \tag{2-5}$$

式中　q——城市工业万元产值用水量，$\mathrm{m^3}$/万元；

B——城市工业总产值，万元；

n——工业用水重复利用率。

2）工业企业职工生活用水和淋浴用水量 Q_3

$$Q_3 = q_1 N_1 m_1 + q_2 N_2 m_2 \tag{2-6}$$

式中　q_1——各工业企业车间职工生活用水量定额 L/(cap·班)；

q_2——各工业企业车间职工淋浴用水量定额 L/(cap·班)；

N_1,N_2——分别为每班职工人数和淋浴人数；

m_1,m_2——分别为工业企业的一日的班数。

（3）浇洒道路和绿地用水量 Q_4

$$Q_4 = q_1 N_1 m_1 + q_2 N_2 m_2 \tag{2-7}$$

式中　q_1,q_2——分别为浇洒道路和绿地用水量定额 L/(cap·班)；

N_1,N_2——分别为浇洒道路和绿地的天数；

m_1,m_2——分别为浇洒道路和绿地的面积。

(4) 管网漏失水量 Q_5

$$Q_5=(Q_1+Q_2+Q_3+Q_4)\times(10\sim12)\% \tag{2-8}$$

(5) 未预见水量 Q_6

$$Q_6=(Q_1+Q_2+Q_3+Q_4+Q_5)\times(8\sim12)\% \tag{2-9}$$

因此，设计年限内城市最高日的用水量为：

$$Q_d=Q_1+Q_2+Q_3+Q_4+Q_5+Q_6 \quad (\mathrm{m^3/d}) \tag{2-10}$$

如果能确定该系统的时变化系数，则从最高日用水量可得最高时设计用水量 Q_h：

$$Q_h=\frac{K_h Q_d}{T} \quad (\mathrm{m^3/h}) \tag{2-11}$$

式中 K_h——时变化系数；

Q_d——最高日设计用水量，$\mathrm{m^3/d}$；

T——给水系统每天的工作时数。

如上式中令 $K_h=1$，即得最高日平均时的设计用水量。

2.4.4 设计用水量变化及其调节计算

在设计给水系统时，除了求出设计年限内最高日用水量和最高日的最高 1h 用水量外，还应知道 24h 的用水量变化，据以确定给水系统中各子系统的设计流量，作为构筑物工艺尺寸拟定的依据。

图 2-8 为某大城市的用水量变化曲线，图中每小时用水量按最高日用水量的百分数计，图形面积 $\sum_{i=1}^{24} Q_i\% = 100\%$，$Q_i\%$是以最高日用水量百分数计的每小时用水量。用水高峰集中在 8～10 时和 16～19 时。因为城市大，用水量也大；各种用户用水时间相互错开，使各小时的用水量比较均匀，时变化系数 $K_h=1.44$，最高时（上午 9 时）用水量为最高日用水量的 6%。实际上，用水量的 24h 变化情况天天不同，图 2-8 只是说明大城市的每小时用水量相差较小。中小城市的 24h 用水量变化较大，人口较少用水标准较低的小城市，24h 用水量的变化幅度更大。

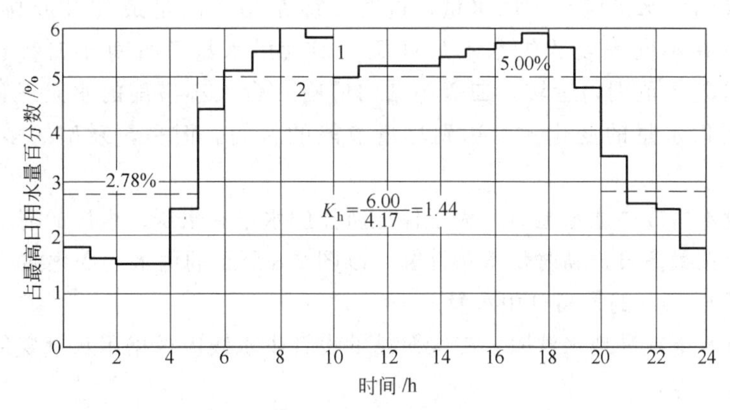

图 2-8 某大城市最高日用水量变化曲线

1—用水线；2—泵站的设计供水线

对于新设计的给水工程，用水量变化规律只能按该工程所在地区的气候、人口、居住条件、工业生产工艺、设备能力、产值等情况，参考附近城市的实际资料确定。对于扩建工程，可进行实地调查，获得用水量及其变化规律的资料。

为保证安全供水，给水系统是以最高日用水量作为设计流量的。当给水系统最高日的24h用水变化曲线绘出后，可以由其确定系统的时变化系数；考虑到系统建造和运行的经济性、管理和维护的方便性，进而可确定取水构筑物、一级泵站、水厂处理构筑物的设计流量；拟定二级泵站供水分级运行流量，确定二级泵站水泵设计流量；输水管设计流量；管网设计流量；并确定调节构筑物清水池和水塔（或高地水池）的调节容积。

2.4.4.1 取水构筑物、一级泵站和水厂处理构筑物的设计流量

取水构筑物、原水输水管和水厂的设计流量，随一级泵站的工作情况而定，一天中泵站工作时间越长，流量将越小，因此一般按24h均匀工作来考虑，以缩小构筑物规模和降低造价。小水厂可考虑一班或二班制运转。

取水构筑物、一级泵站和水厂处理构筑物的设计流量应按最高日的平均时供水量加水厂的自用水量确定。

$$Q_1=\frac{\alpha Q_d}{T} \quad (m^3/h) \tag{2-12}$$

式中 α——考虑水厂本身用水的系数，一般在1.05～1.1之间，供沉淀池排泥、滤池冲洗等用水；

T——一级泵站每天的工作时数（一般连续运行，取24h）。

取用地下水源而无需处理、仅需在进入管网前消毒时，一级泵站可直接将井水输入管网，但为提高水泵的效率和延长井的使用年限，一般先输水到地面水池，再由二级泵站将水输入管网。此时，水厂的自用水系数 $\alpha=1$，则一级泵站的设计流量为

$$Q_1=\frac{Q_d}{T} \quad (m^3/h) \tag{2-13}$$

2.4.4.2 二级泵站、清水输水管、管网和水塔（高低水池）的设计流量

二级泵站、从泵站到管网的输水管、管网和水塔等的设计流量，应按照用水量变化规律和二级泵站工作情况确定。

二级泵站的设计流量与管网中是否设置水塔或高地水池有关。当管网内不设水塔时，任何小时的二级泵站供水量应等于用水量。这时二级泵站应满足最高日最高时的供水量要求，否则就会存在不同程度的供水不足现象。因为用水量每日每小时都在变化，所以，为保持水泵在高效率范围内运转，二级泵站内应有多台大小搭配的水泵或设变频调速泵，以便调节每小时供水量的变化，以达到尽量节能的目的。但是，泵型的多样将使泵站管理复杂化。

管网内不设水塔或高地水池时，为了保证所需的水量和水压，水厂的清水输水管和管网的设计流量也应按最高日最高时供水量计算。以图2-8所示的用水量变化曲线为例，泵站最高时供水量等于6.00%的最高日用水量。

管网内设有水塔或高地水池时，二级泵站的设计供水线应根据用水量变化曲线拟定。拟定时应注意下述几点：

① 泵站各级供水线尽量接近用水线，以减小水塔的调节容积，分级数一般不应多于三级，以便于水泵机组的运转管理；

② 分级供水时，应注意每级流量能否选到合适的水泵，以及水泵机组的合理搭配，并尽可能满足设计年限内用水量增长的需要。

管网内设有水塔或高地水池时，由于水塔或水池能调节水泵供水和用水之间的流量差，

因此二级泵站每小时的供水量可以不等于用水量。从图 2-8 所示的二级泵站设计供水线看出，水泵工作情况分成两级：从 5 时到 20 时，一组水泵运转，流量为最高日用水量的 5.00%；其余时间的水泵流量为最高日用水量的 2.78%。虽然每小时泵站供水量不等于用水量，但一天的泵站总供水量等于最高日用水量，即

$$2.78\%\times 9+5.00\%\times 15=100\% \tag{2-14}$$

设计的水泵分级供水线应满足这一要求。

从图 2-8 所示的用水量曲线和设计水泵供水线可以看出水塔或高地水池的流量调节作用：供水量高于用水量时，多余的水可进入水塔或高地水池内储存；相反，当供水量低于用水量时，则从水塔流出以补水泵供水量的不足。也即，水塔或高低水池的调节容积等于二级泵站供水线与用户用水线之间的储存水量之和或调用水量之和。由图 2-8 还可看出，若供水线和用水线越接近，则越可以减小水塔或高地水池的调节容积。

尽管各城市的具体条件有差别，水塔或高地水池在管网中的位置可能不同，但水塔或高地水池的调节流量的作用并不因此而有变化，其调节容积的大小也与水塔（高地水池）在管网中的位置无关。

清水输水管和管网的设计流量，视有无水塔（或高地水池）和它们在管网中的位置而定。无水塔的管网，按最高日的最高时供水量计算确定管径。管网起端设水塔时（网前水塔），泵站到水塔的输水管直径按泵站分级工作线的最大一级供水量设计，管网设计流量则仍为最高时用水量。管网末端设水塔时（对置水塔或网后水塔），因最高时用水量必须从二级泵站和水塔同时向管网供水，因此，管网应根据最高时从泵站和水塔输入管网的流量进行设计计算。但是，当管网设计满足设计工况要求后，必须进行下列工况的校核：管网通过事故流量时、管网通过消防流量时和对置水塔管网通过最大转输时流量时。

2.4.4.3 清水池和水塔

（1）清水池　为了减小水厂的处理规模，在一级泵站和二级泵站之间设置了清水池，这样，给水系统的取水构筑物、一级泵站可以按最高日平均时供水，而二级泵站一般为分级供水，一、二级泵站每小时并不相等的供水量差额由它们之间的清水池调节。图 2-9 中，实线 2 表示二级泵站工作线，虚线 1 表示一级泵站工作线。一级泵站供水量大于二级泵站供水量这段时间内，图 2-9 中为 20 时到次日 5 时，多余水量在清水池中储存；而在 5～20 时，因一级泵站供水量小于二级泵站，这段时间内需取用清水池中存水，以满足用水量的需要。但在一天内，储存的水量刚好等于取用的水量，即清水池所需调节容积应等于图 2-9 中二级泵站供水量大于一级泵站时累计的 A 部分面积，或等于 B 部分面积。也即，清水池调节容积应等于累计储存的水量或累计取用的水量。

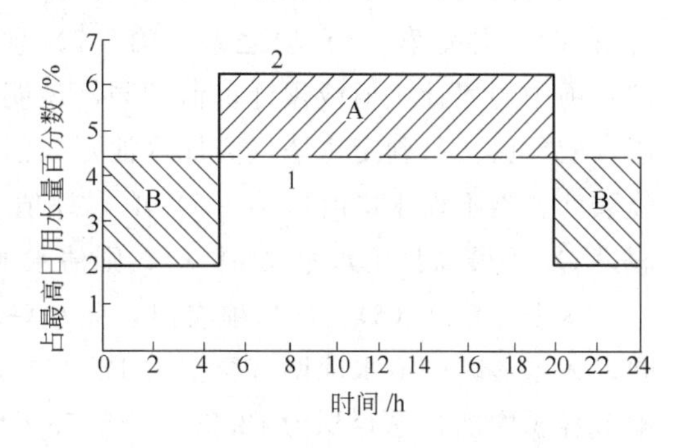

图 2-9　清水池的调解容积计算

清水池的有效总容积 W 由调节容积 W_1、消防容积 W_2、厂自用水容积 W_3（若源水不需净化，则不考虑该项）和安全容积 W_4 组成，即

$$W=W_1+W_2+W_3+W_4 \tag{2-15}$$

式中　W_1——调节容积，m^3；

W_2——消防储水量，m^3，按 2～3h 火灾延续时间计算；

W_3——水厂冲洗滤池和沉淀池排泥等生产用水，m^3，等于最高日用水量的 5%～10%；

W_4——安全储量，m^3，为避免清水池抽空，清水池可保留一定水深（0.5m）作为安全储量。

生产用水的清水池调节容积，应按工业生产的调度、事故和消防等要求确定。

清水池应有相等容积的两只，如仅有一只，则应分格或采取适当措施，以便清洗或检修时不间断供水。

（2）水塔　水塔（高地水池）的总有效容积 W 则由调节容积 W_1 和消防容积 W_2 组成，因此总容积为

$$W = W_1 + W_2 \tag{2-16}$$

式中　W_1——调节容积，m^3；

W_2——消防储水量，m^3，按 10min 室内消防用水量计算。

水塔和清水池调节容积的计算通常采用两种方法：一种是根据 24h 供水量和用水量变化曲线推算；另一种是凭运转经验估算，清水池按最高日用水量的 10%～20%估算。供水量大的城市，因 24h 的用水量变化较小，可取较低百分数，以免清水池过大。水塔调节容积也可凭运转经验确定，当泵站分级工作时，可按最高日用水量的 2.5%～3%至 5%～6%计算，城市用水量大时取低值。

若已知城市 24h 的用水量变化规律，可在此基础上拟定泵站的供水线并进而推求清水池和水塔（高地水池）的调节容积。以图 2-8 为例，用水量变化幅度从最高日用水量的 1.63%（2 时～4 时）到 6.00%（8 时～9 时）。二级泵站供水线按用水量变化情况，采用 2.78%（20 时～5 时）和 5.00%（5 时～20 时）两级供水，见表 2-2 中第（3）项。此时，水塔和清水池的调节容积计算见表 2-2。表中第（2）项参照附近类似城市的用水量变化得出，第（4）项为假定一级泵站 24h 均匀供水。第（5）项为第（2）项减第（4）项之差。第（6）项为第（3）项减第（4）项之差。第（7）项为第（2）项减第（3）项之差。第（5）、（6）、（7）项中的累计正值或累计负值相同，说明储存的水量与流出的水量相等，因此由累计的正值（或负值）可确定水塔（高地水池）或清水池所需的调节容积，其值以最高日用水量的百分数计。当不设水塔时，第（5）项累计值 17.98%Q_d 即是清水池应有的调节容积百分数，假设 Q_d 为最高日用水量（m^3/d），则清水池的调节容积为 17.98%Q_d（m^3）。

从表 2-2 第（5）、（6）项看出，无水塔和有水塔时，水塔和清水池两者的总调节容积不同，无水塔时的清水池调节容积为 17.98%，有水塔时，清水池调节容积虽可减小，但水塔调节容积增加，总容积为 12.50%+6.55%=19.05%。表 2-2 中，水塔调节容积为最高日用水量的 6.55%，在最高日用水量很大的大中城市，据此百分数算出的水塔容积也很大，造价较高，这是我国许多城市不用水塔的原因之一。

缺乏资料时，工业用水可按生产上的要求（调度、事故和消防）确定水塔调节容积。

2.4.5　给水管网系统的水压关系

2.4.5.1　全重力给水

当水源地势较高时，如取用山溪水、泉水或高位水库水等，水流通过重力自流输水到水厂处理，然后又通过重力输水管和管网送至用户使用，在原水水质优良而不用处理时，原水可直接通过重力输送给用户使用，或仅经过消毒等简单处理直接输送给用户使用。这种情况

表 2-2　清水池和水塔调节容积计算

时　段	用水量/%	二级泵站供水量/%	一级泵站供水量/%	清水池调节容积/%		水塔调节容积/%
				无水塔时	有水塔时	
(1)	(2)	(3)	(4)	(5)	(6)	(7)
0～1	1.70	2.78	4.17	－2.47	－1.39	－1.08
1～2	1.67	2.78	4.17	－2.50	－1.39	－1.11
2～3	1.63	2.78	4.16	－2.53	－1.38	－1.15
3～4	1.63	2.78	4.17	－2.54	－1.39	－1.15
4～5	2.56	2.77	4.17	－1.61	－1.40	－0.21
5～6	4.35	5.00	4.16	0.19	0.84	－0.65
6～7	5.14	5.00	4.17	0.97	0.83	0.14
7～8	5.64	5.00	4.17	1.47	0.83	0.64
8～9	6.00	5.00	4.16	1.84	0.84	1.00
9～10	5.84	5.00	4.17	1.67	0.83	0.84
10～11	5.07	5.00	4.17	0.90	0.83	0.07
11～12	5.15	5.00	4.16	0.99	0.84	0.15
12～13	5.15	5.00	4.17	0.98	0.83	0.15
13～14	5.15	5.00	4.17	0.98	0.83	0.15
14～15	5.27	5.00	4.16	1.11	0.84	0.27
15～16	5.52	5.00	4.17	1.35	0.83	0.52
16～17	5.75	5.00	4.17	1.58	0.83	0.75
17～18	5.83	5.00	4.16	1.67	0.84	0.83
18～19	5.62	5.00	4.17	1.45	0.83	0.62
19～20	5.00	5.00	4.17	0.83	0.83	0.00
20～21	3.19	2.77	4.16	－0.97	－1.39	0.42
21～22	2.69	2.78	4.17	－1.48	－1.39	－0.09
22～23	2.58	2.78	4.17	－1.59	－1.39	－0.20
23～24	1.87	2.78	4.16	－2.29	－1.38	－0.91
累计	100.00	100.00	100.00	17.98	12.50	6.55

属于完全利用原水的位能克服输水能量损失和转换成为用户要求的水压关系，这是一种最经济的给水方式。当原水位能有富余时可以通过阀门调节供水压力。

2.4.5.2　一级加压给水

有多种情况可能采用一级加压给水：一是当水厂地势较高时，从水源取水到水厂采用一级提升，处理后的清水依靠水厂的地势高，直接靠重力输水给用户；二是水源地势较高时，靠重力输水至水厂，处理后的清水加压输送给用户使用；三是当原水水质优良时，无需处理，从取水时加压直接输送给用户使用；四是当给水处理全过程采用封闭式设施时，从取水处加压后，采用承压方式进行处理，直接输送给用户使用。

2.4.5.3　二级加压给水

这是目前采用最多的给水方式，水流在水源取水时经过第一级加压（一级泵站），提升到水厂进行处理，处理好的清水储存于清水池中，清水经过第二级加压（二级泵站）进入输水管和管网，供用户使用。第一级加压的目的是取水和提供原水输送与处理过程中的能量要求，第二级加压的目的是提供清水在输水管与管网中流动所需要的能量，并提供用户用水所需的水压，为此，有必要以此为例讨论给水系统各组成部分之间的水压关系，以确定水泵扬程和水塔高度。

（1）水泵扬程　一般水厂中，取水构筑物、一级泵站和水处理构筑物的高程关系如图 2-10 所示，则一级泵站的扬程按式（2-17）计算。

$$H_p = H_0 + h_s + h_d \text{ (m)} \tag{2-17}$$

式中　H_0——静扬程，为取水构筑物的集水井最低水位与水厂第一级处理构筑物最高水位之间的高差，m；

h_s，h_d——取水构筑物设计流量对应的吸水管、压水管和泵站管线中的水头损失，m。

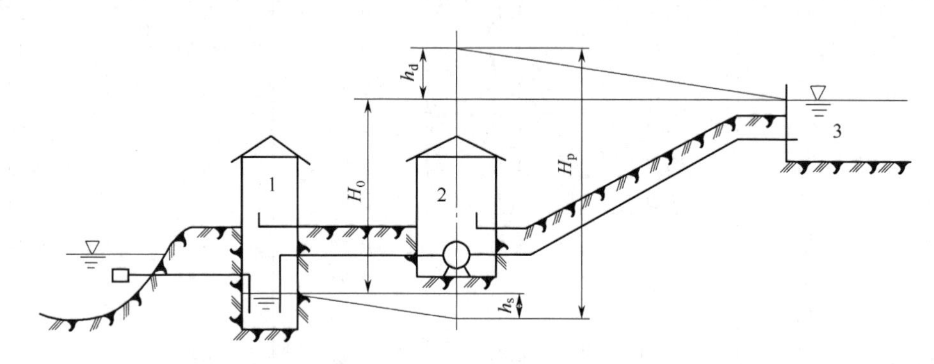

图 2-10　取水构筑物、一级泵站和水处理构筑物的高程关系

1—取水构筑物；2—泵站；3—絮凝池

在工业企业的循环给水系统中，水从冷却池（或冷却塔）的吸水井直接送到车间，这时静扬程等于车间所需水压（车间地面标高和要求的自由水压之和）与吸水井最低水位的高差，水泵扬程仍按式（2-17）计算。

二级泵站扬程是从水厂清水池取水直接送往用户或先送入水塔，而后送往用户。

无水塔管网，即管网内不设水塔而由二级泵站直接供水时，静扬程等于清水池最低水位与管网控制点所需服务水头标高的高程差。控制点也称最不利点，是管网中控制水压的点，这一点常为位于离二级泵站最远或地形最高的点，或者是最小服务水头要求最高的点，只要该点的水压在管网输送设计流量（最高日最高时流量）时可以达到服务水头，整个管网就不会出现低水压区。水压线如图 2-11 所示。

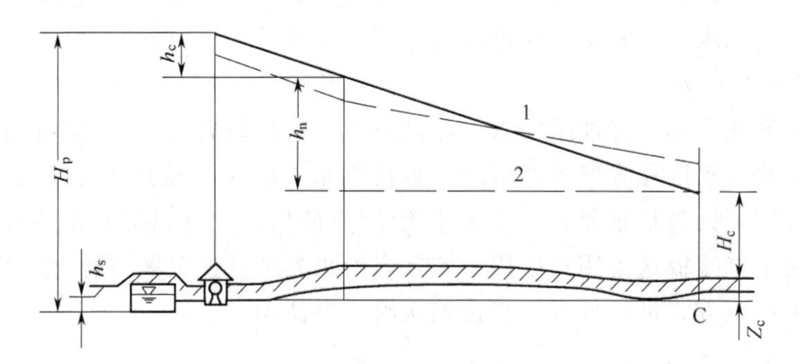

图 2-11　无水塔管网的水压线

1—最小用水时；2—最高用水时

1.1.2 节提到过生活用水管网要求的最小服务水头，在设计用水量（最高日最高时用水

量）时，二级泵站的扬程应能保证控制点达到这种压力。在确定二级泵站的扬程时，通常不考虑城市内个别高层建筑所需水压，同时，一般以清水池生活调节容积的最低水位为扬程计算基准面。因此，二级泵站的扬程按式（2-18）计算。

$$H_p = Z_c + H_c + h_s + h_c + h_n \ (\mathrm{m}) \tag{2-18}$$

式中 Z_c——管网内控制点C的地面标高和清水池生活调节容积最低水位的高程差，m；

H_c——控制点要求的最小服务水头，m；

h_s——吸水管中的水头损失，m；

h_c，h_n——输水管和管网中的水头损失，m。

在工业企业和中小城市水厂，有时建造水塔，这时二级泵站只需供水到水塔，而由水塔高度来保证管网控制点的最小服务水头（见图2-12），这时静扬程等于清水池最低水位和水塔最高水位的高程差，水头损失为吸水管、泵站到水塔的管网水头损失之和。水泵扬程仍可参照式（2-18）计算。

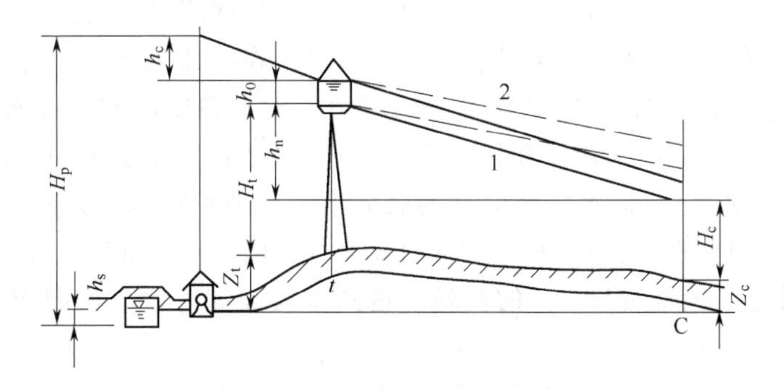

图 2-12 网前水塔管网的水压线

1—最高用水时；2—最小用水时

二级泵站扬程除了满足最高用水时的水压外，还应满足消防流量（见图2-13）和管网事故流量对水压要求的校核，这将在3.9节中详述。

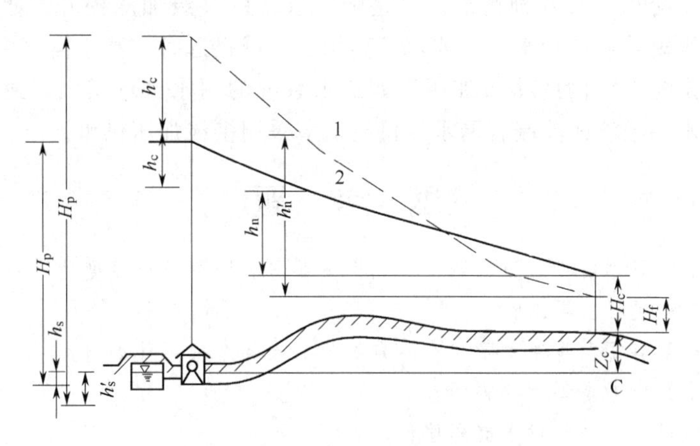

图 2-13 泵站供水时的水压线

1—消防时；2—最高用水时

（2）水塔高度 大城市一般不设水塔，因城市用水量大，水塔容积小了不起作用，容积太大造价又太高，况且水塔高度一经确定，不利于今后给水管网的发展，但是，在地势非常平坦的城镇，不得已情况下也有采用水塔或水塔群作管网中的流量调节构筑物的。中小城市和工业企业则可考虑设置水塔，既可缩短水泵工作时间，又可保证恒定的水压。为了减小水塔高度，水塔一般设在城市地形高处，所以其在管网中的位置，可靠近水厂（网前水塔）、位于管网中间（网中水塔）或靠近管网末端（对置水塔）等。不管水塔位置如何，它的水柜底高于地面的高度均可按式（2-19）计算（见图 2-12）。

$$H_t = H_c + h_n - (Z_t - Z_c)\ (\mathrm{m}) \tag{2-19}$$

式中 H_c——控制点 C 要求的最小服务水头，m；

h_n——按最高时供水量计算的从水塔到控制点的管网水头损失，m；

Z_t——设置水塔处的地面标高与清水池最低水位的高差，m；

Z_c——控制点的地面标高与清水池最低水位的高差，m。

从式（2-19）可以看出，建造水塔处的地面标高 Z_t 越高，则水塔高度 H_t 越低，这是水塔建在高地的原因。

离二级泵站越远、地形越高的城市，水塔可能建在管网末端而形成对置水塔的管网系统。这种系统的给水情况比较特殊，在最高供水量时，管网用水由泵站和水塔同时供给，两者各有自己的供水区，在供水区分界线上，水压最低。在设计工况（管网通过最高日最高时流量时）下，对置水塔管网被供水分界线分成了类似无水塔管网和网前水塔管网两个供水区，所以，求对置水塔管网系统中的水塔高度时，式（2-19）中的 h_n 是指水塔到分界线处的水头损失，H_c 和 Z_c 分别指水压最低点的服务水头和地形标高。这时，设计工况下求出的二级泵站扬程是否能满足将管网最大转输时流量（管网在用水低于二泵站输水流量时，通过整个管网送至水塔储存的最大 1h 的流量）送到水塔最高蓄水位的要求，要按式（2-20）进行校核。

$$H_p = H_t + H_0 + Z_t + h_s + h_c\ (\mathrm{m}) \tag{2-20}$$

式中 H_0——水塔水柜的有效水深，m；

h_s，h_c——水泵吸、压水管和管网中通过最大转输时流量的水头损失，m；

其余符号意义同前。

（3）多级加压给水　有两种情形：一是输水管渠的多级加压提升，如水源离水厂很远时，原水需经多级提升输送到水厂，或水厂离用水区域很远时，清水需要多级提升输送到用水区的管网；二是配水管网的多级加压，如给水系统的用水区域很大，或用水区域为窄长型，一级加压供水不经济或前端管网水压偏高，应采用多级加压供水。

思　考　题

1. 试述给水工程规划阶段与设计阶段的相互关系与各阶段设计深度的区别。
2. 管网布置应满足什么要求？
3. 配水管网布置有哪两种基本形状？各自的优缺点及适用条件如何？
4. 输水管渠定线应考虑到哪些方面？
5. 什么是区域供水？区域供水有哪些优缺点？
6. 给水系统的流量设计依据是什么？最高日用水量的计算应包括哪些用水？为什么消防用水不在最高日用水量的计算式中？
7. 最高日用水量变化曲线如何得到？由该变化曲线可以得到给水系统各子系统哪些设计参数？
8. 清水池和水塔的作用是什么？水塔的调节容积与其在管网中的位置有关吗？
9. 当供水系统采用二次加压供水时，一级泵站扬程和二级泵站设计扬程如何计算？

3 给水管网系统的水力计算

给水管网是一个复杂的系统，通过给水管网水力计算可以确定干管管径、管网各节点的水压、二级泵站和管网中的加压泵站的扬程等，所以水力计算是给水管网设计的依据，是进行管网系统模拟和各种动态工况分析的基础，也是加强给水管网系统管理、施行优化运行的基础。因此，管网水力计算至关重要。

在实际工程设计中，管网水力计算课题包括对新建管网和扩建管网的设计以及对旧管网的复核。

3.1 管网图形及简化

3.1.1 管网图形

由于城市给水管线遍布于街道下，所以管网形状和城市规划总平面布置有着密切的联系。通常，城市给水管网是由环状网和树状网组成的混合型管网（见图 3-1）。管网图形由配水水源、节点和管段组成（见图 3-2），配水水源提供管网所需的流量和水压，如泵站、水塔或高位水池等；节点是指管网中水流条件变化的点，如图 3-2 中 2、3、……、7 点，它们包括：①不同管径或不同材质的管线交接点；②两管段交点或集中向大用户供水的点。两节点之间的管线称为管段，例如管段 3—6，表示节点 3 和 6 之间的一段管线。管段顺序连接形成管线，如图中的管线 1—2—3—4—7—8 是指从泵站到水塔的一条管线。起点和终点重合的管线称为管网的环，如图中 2—3—6—5—2 的环Ⅰ，因为环Ⅰ中不含其他环，所以称为基环。几个基环合成的环称为大环，如基环Ⅰ、Ⅱ合成的大环 2—3—4—7—6—5—2。对于多水源或管网中有两个或多个以上水压已定的水源节点的管网，为了计算方便，常将多个配水水源（泵站、水塔等）用虚线和虚节点 0 连接起来，形成虚环，如图中的 0—1—2—3—4—7—8—0 环，管段 1—0、0—8 称为虚管段。

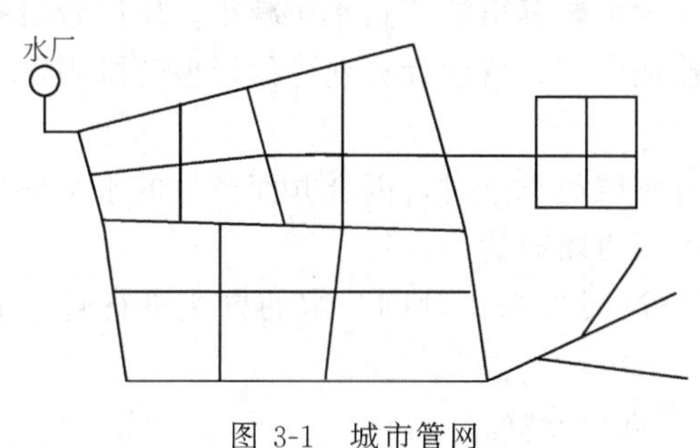

图 3-1 城市管网

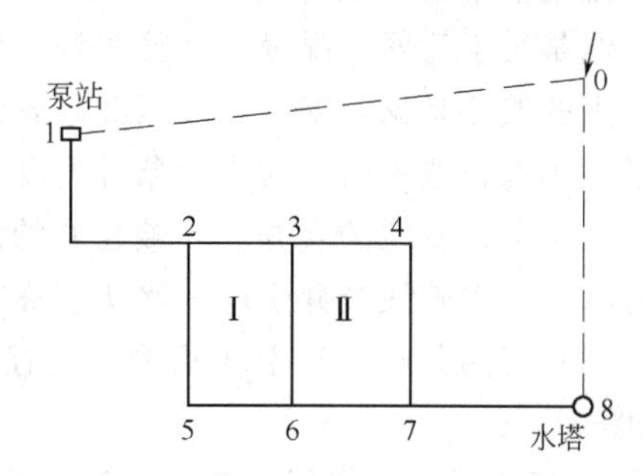

图 3-2 管网的管段、节点和环

3.1.2 树状网和环状网的关系

对于任何环状网，节点数 J、水源数 S、管段数 P 和基环数 L 之间存在下列关系。

$$P=J+L-S \tag{3-1}$$

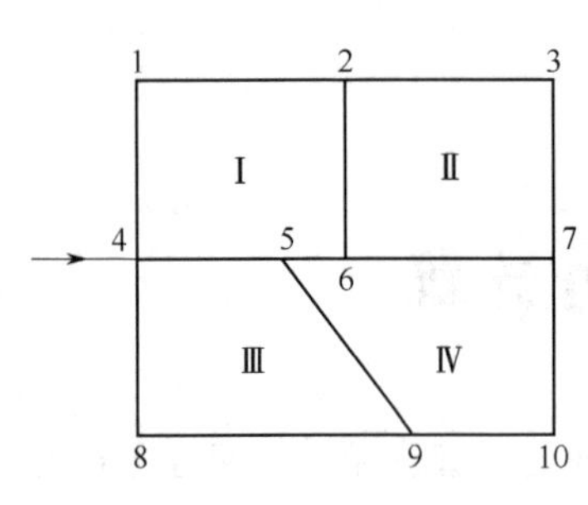

图 3-3 环状网的管段数节点数和环数的关系

例如图 3-3 的环状网，有 10 个节点、1 个水源、4 个基环和 13 条管段，符合式（3-1）的关系。又如图 3-2，在高峰供水时，泵站 1 和水塔 8 同时向管网供水，形成多水源管网，计算时，将两个水源通过增加虚节点 0，同时增加虚管段 1—0、0—8，形成 0—1—2—3—4—7—8—0 一个虚环，将管网变化为单水源管网，这样该环状网共有 9 个节点、1 个配水水源、3 个基环和 11 条管段（包括两条虚管段），仍满足式（3-1）的关系。

对于单水源树状网，$L=0$，$S=1$，因此

$$P=J-1 \tag{3-2}$$

即单水源树状网管段数等于节点数减 1。由此可见，若将环状网转化为树状网，需要去掉 L 条管段，即每环去掉一条管段，管段去掉后节点数保持不变，因为每环去掉的管段可以不同，所以同一环状网可以转化为多种形式的树状网。

3.1.3 管网图形简化

在管网计算中，特别是大城市，由于给水管线很多，如果将所有管线一律加以计算，实际上是不必要的，有时甚至是不可能的。为了便于规划、设计和运行管理，可将实际的管网适当加以简化，略去次要的管线，保留主要的管线，使简化后的管网基本上能反映实际用水情况。

图 3-4（a）所示为城市管网的实际管线布置，共计 42 个基环，管径（mm）在管段旁注明。图 3-4（b）表示对管网分解，对管线省略或合并的考虑。图 3-4（c）所示为简化后的管网，基环数减少为 21 个。

通常情况下，管网越简化，计算工作量越小。但是从另一角度看来，管网越简化，计算结果与实际用水情况差别将越大，所以应慎重对待管线的简化问题。

对于混合型管网，将树枝状部分省略，并将其节点流量加入联系管段的节点上，使之成为环状管网，这是一种简便的简化方法，而且不会产生误差。环状管网常用的简化方法有以下几种。

（1）管线省略　管网中，管径大的管线在给水和配水中的作用越大，对水力条件的影响也越大；相反，管径小则影响小，所以首先应省略对水力条件影响较小的管线。管线省略以后，流量集中在少数管线，对于设计新管网来说，管线的直径必然相应增大，所以是不经济的。但是对于管网工况模拟计算来说，管段损失增大，其下游节点水压减小，所以管线省略所产生的误差是偏于安全的。因此，管线的省略应限制在管网计算允许的误差范围内，并且尽量减小因管线省略后对水力条件的影响。

（2）平行管线的合并　当被合并的两条平行管线越靠近时，因合并而产生的水头损失影响将越小。因管线合并引起的水头损失差值比管线省略时为小。

（3）管网分解　对于环状网，当存在以下情况时可采用管网分解的方法进行管网简化[见图 3-4（c）]。

① 仅通过一条管线流向被分解的管网时，可进行分解。

② 可以分解的管网数少，且最多由两条管线连接时，如管线的流向和流量易于确定，则管网可以分解。

③ 分解部分的管网在主管网的末端，且流向分解部分管网的流量较少，连接管的流量容易确定时，可以分解，以减少管网的环数。

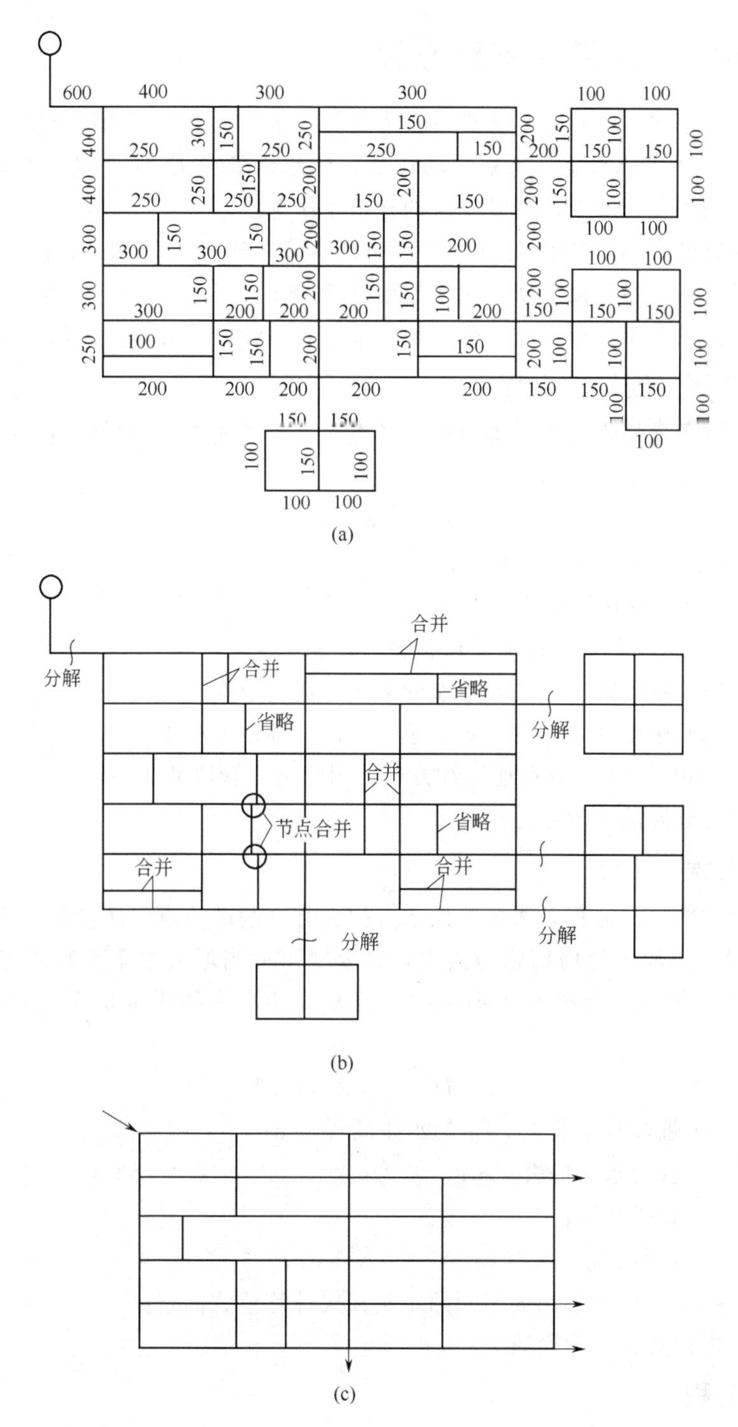

图 3-4 管网简化

当所分解的管网靠近给水水源，或者流向被分解管网的流量较大，同时确定连接管线的流量有困难时，由于对主管网的流量影响很大，此时不宜分解简化。

管网分解后，各管网分别进行计算。

简化管网时必须在理论和实践经验的指导下，对管线的省略、合并和分解从技术上作出判断。

3.2 管网水力计算的基础方程

管网的规划和新建、扩建都需要进行水力计算。水力计算需要的原始资料包括：管网定线图、配水水源（泵站和水池、水塔）的位置、配水水源的 Q-H 特性、管段长度和直径、管段起端和终端的高程、节点流量及要求的自由水压等。

管网水力计算的目的在于：在初分流量和初步确定管径的基础上，确定各水源（如泵站、水塔）的供水量、各管段的实际设计流量 q_{ij} 和管径以及全部节点的水压。

管网水力计算的基础方程组有压降方程、节点（连续性）方程、能量方程。

3.2.1 节点方程（连续性方程）

节点方程也称为连续性方程，即对任一节点而言，流向该节点的流量必等于流离该节点的流量，满足节点流量平衡。即

$$[q_i+\sum q_{ij}]_i=0 \tag{3-3}$$

式中 i，j——管段的起、止节点编号；

q_i——节点 i 的节点流量，L/s；

q_{ij}——与节点 i 相连接的各管段流量，L/s。

一般假定管段流量的流向：离开节点的为正，流向节点的为负。

因为管网总用水量已知，并等于供水量，所以连续性方程中有一个方程为恒定。节点数为 J 的管网，可写出 $J-1$ 个节点连续性方程。树状网的管段数 $P=J-1$，应用连续性方程可以求出管网全部管段的流量 q_{ij}。

3.2.2 压降方程

压降方程即水头损失方程，表示管段水头损失与其两端节点水压的关系式。

管网计算时，一般不计局部阻力损失，必要时可适当增大摩阻系数或当量长度而将局部损失估计在内。如只计沿程水头损失时，流量 q 和水头损失 h 的关系可用指数型公式表示。

$$h_{ij}=[H_i-H_j]=[s_{ij}q_{ij}^n]_{ij} \tag{3-4}$$

式中 H_i，H_j——管段两端节点 i、j 的水压高程，m；

h_{ij}——管段水头损失，m；

s_{ij}——管段摩阻；

q_{ij}——管段流量，m^3/s。

n 为 1.852～2，根据所采用的不同的水头损失计算公式而定。

管网的压降方程数等于管段数 P。

3.2.3 能量方程

能量方程是闭合环的能量平衡方程，表示每一环中各管段的水头损失总和等于零的关系。可写成

$$[\sum h_{ij}]_L=0 \tag{3-5}$$

式中 h_{ij}——属于某基环的管段的水头损失，m；

L——若管网有 L 个基环，则有 L 个能量方程。

在每一个环中，管段水头损失的符号规定如下：流向为顺时针方向的管段，管段的水头

损失为正；反之，流向为逆时针方向的管段，管段水头损失为负。

在进行管网水力计算时，可将 $J-1$ 个连续性方程与 L 个能量方程联立求解，得出管网全部 P 个管段流量；也可利用 $J-1$ 个连续性方程与 P 个压降方程得出 $J-1$ 个 $q_i+\sum\left(\frac{H_i-H_j}{s_{ij}}\right)^{1/2}=0$ 方程，求出管网各节点水压；而利用连续性方程初分管段流量后，与能量方程联立求解，则可以得出 L 个环的校正流量 Δq_L。

3.3　管网水力计算的流量

3.3.1　比流量

城市给水管线，因干管和分配管上接出许多用户，沿管线配水，水管沿线既有工厂、机关、旅馆等大量用水的单位，也有数量很多但用水量较少的居民用水，情况比较复杂。干管配水情况如图 3-5 所示，沿线有数量较多的用户用水 q_1、q_2、……，也有分配管的流量 Q_1、Q_2、……，如果按照实际用水情况来计算管网，几乎不可能，并且因用户用水量经常变化也没有必要。因此，计算时往往加以简化，即假定除大用户的用水量外，其余用水量均匀分布在全部干管上，由此算出干管管线单位长度的流量，叫比流量，也称为长度比流量 q_s。

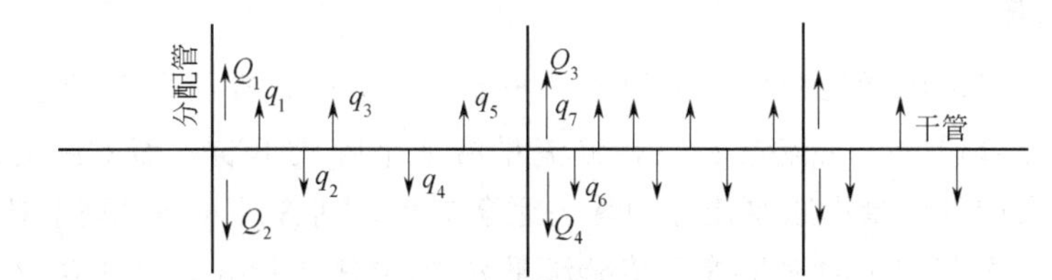

图 3-5　干管配水情况

$$q_s=\frac{Q-\sum Q_i}{\sum l} \tag{3-6}$$

式中　q_s——长度比流量，L/(s·m)；

Q——管网总设计用水量，L/s；

$\sum Q_i$——大用户集中用水量总和，L/s；

$\sum l$——干管计算总长度，m，不包括穿越广场、公园等无建筑物地区的管线；只有一侧配水的管线，长度按一半计算。

由式（3-6）可见，干管的总长度一定时，比流量随用水量增减而变化，最高用水时和最大转输时的比流量不同，所以在管网计算时需分别计算。城市内人口密度或房屋卫生设备条件不同的地区，也应该根据各区的用水量和干管线长度，分别计算其比流量，以得出比较接近实际用水的结果。

但是，按照用水量全部均匀分布在干管上的假定以求出比流量的方法，存在一定的缺陷，因为它忽视了沿线供水人数和用水量的差别，所以与各管段的实际配水量并不一致。为此提出另一种按该管段的供水面积决定比流量的计算方法，即将式（3-6）中的管段总长度 $\sum l$ 用供水区总面积 $\sum A$ 代替，得出的是以单位面积计算的比流量，也称为面积比流量 q_A。

$$q_A=\frac{Q-\sum Q_i}{\sum A} \tag{3-7}$$

式中　q_A——面积比流量，L/(s·m^2)；

Q——管网总设计用水量，L/s；

$\sum Q_i$——大用户集中用水量总和，L/s；

$\sum A$——干管供水区计算总面积，m^2。

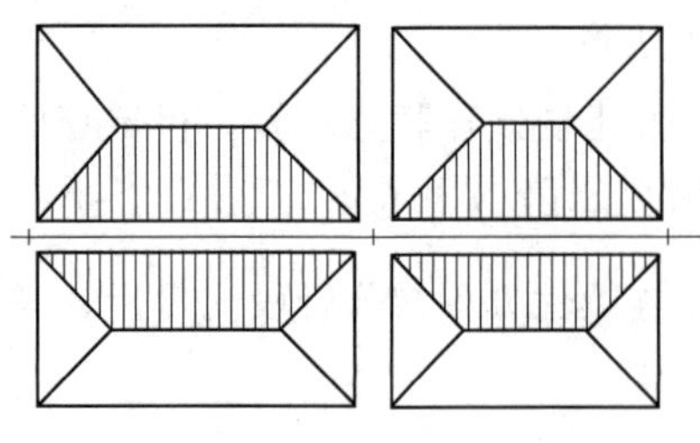

图 3-6 按供水面积法求比流量

供水面积可用等分角线的方法来划分街区。在街区长边上的管段，其两侧供水面积均为梯形。在街区短边上的管段，其两侧供水面积均为三角形（见图 3-6)。这种方法虽然比较准确，但是计算较为复杂，对于干管分布比较均匀、干管距大致相同的管网，并无必要采用按供水面积计算比流量的方法。

3.3.2 沿线流量

根据比流量可求出整个管网任一管段的沿线流量，即为比流量与所求管段计算长度或承担供水面积的乘积，公式如下。

$$q_l=q_s l_{ij} \quad \text{或} \quad q_l=q_A A \tag{3-8}$$

式中 q_l——管段沿线流量，L/s；

l_{ij}——该管段的计算长度，m；

A——该管段承担的供水面积，m^2。

3.3.3 节点流量

管网中任一管段的流量均由两部分组成：一部分是沿该管段长度 L 配水的沿线流量 q_l，另一部分是通过该管段的转输流量 q_t。转输流量沿整个管段不变，而沿线流量由于管段沿线配水，所以管段中的流量沿顺水流方向均匀逐渐减小，到管段末端只剩下转输流量。如图 3-7 所示，管段 1—2 起端 1 的流量等于转输流量 q_t 加沿线流量 q_l，到末端 2 只有转输流量 q_t，因此从管段起点到终点的流量沿顺水流方向是变化的。

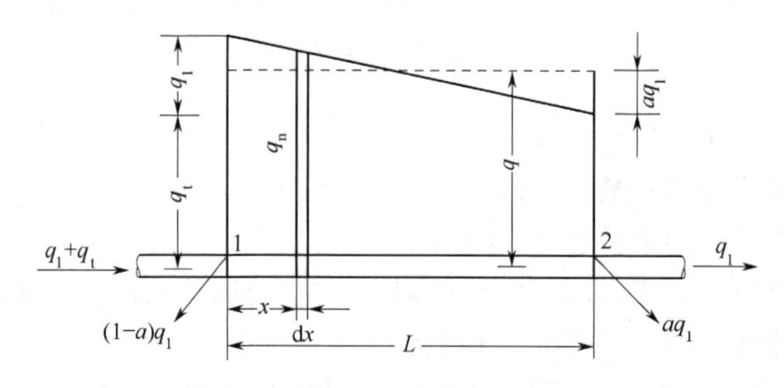

图 3-7 沿线流量折算成节点流量

按照沿线流量沿干管均匀分配的假定，则通过管段 1—2 任意断面上的流量为

$$q_x=q_t+q_l\frac{L-x}{L}=q_l\left(\gamma+\frac{L-x}{L}\right)$$

其中 $\gamma=\dfrac{q_t}{q_l}$。

根据水力学，管段 dx 中的水头损失为

$$dh=aq_l^n\left(\gamma+\frac{L-x}{L}\right)^n dx$$

式中 a——管段比阻。

则流量变化的管段 L 中沿程水头损失为

$$h=\int_0^L \mathrm{d}h=\int_0^L aq_x^n \mathrm{d}x=\int_0^L aq_1^n\left(\gamma+\frac{L-x}{L}\right)^n \mathrm{d}x=\frac{1}{n+1}aq_1^n\left[(\gamma+1)^{n+1}-\gamma^{n+1}\right]L \tag{3-9}$$

对于这种流量变化的管段，难以确定管径和水头损失，为了简化计算，可将沿线流量 q_1 转化成从管段两端节点流出的节点流量，其化为节点流量的原理是求出一个沿线不变、而从管段末端节点流出的流量 αq_1（α 称为流量折算系数），使它产生的水头损失等于实际上沿管线变化的流量 q_x 产生的水头损失，其余的沿线流量 $(1-\alpha)q_1$ 则从管段始端节点流出。这样，管段沿程不再有流量变化，即管段中通过的是均匀流量 $q=q_t+\alpha q_1$，就可根据该流量确定管径。q 在管段 L 段产生的沿程水头计算如下。

$$h=aLq^n=aLq_1^n(\gamma+\alpha)^n \tag{3-10}$$

根据 q 和 q_x 在管段 L 产生的沿程水头损失相等的条件，令式（3-9）等于式（3-10），取水头损失公式中的指数 $n=2$，可得

$$\alpha=\sqrt{\gamma^2+\gamma+\frac{1}{3}}-\gamma \tag{3-11}$$

从式（3-11）可见，流量折算系数 α 只和 $\gamma=\frac{q_t}{q_1}$ 值有关，在管网末端的管段，因转输流量 q_t 为零，则 $\gamma=0$，得

$$\alpha=\sqrt{\frac{1}{3}}=0.577$$

而在管网起端的管段，因转输流量 q_t 远远大于沿线流量，如 $\gamma\rightarrow\infty$，则流量折算系数

$$\alpha\rightarrow 0.50$$

由此可见，因管段在管网中的位置不同，γ 值不同，流量折算系数 α 值也不同。一般，在靠近管网起端的管段，因转输流量比沿线流量大得多，α 值接近于 0.5，相反，靠近管网末端的管段，α 值大于 0.5，为了便于管网计算，通常统一采用 $\alpha=0.5$，即将沿线流量可近似地一分为二，转移到管段两端的节点上，由此造成的计算误差，在解决工程问题时，已足够满足精度要求。因此管网任一节点的节点流量为

$$q_i=\alpha\sum q_1=0.5\sum q_1 \tag{3-12}$$

式中　q_i——节点流量，L/s。

即任一节点 i 的节点流量 q_i 等于与该节点相连的各管段的沿线流量 q_1 总和的一半。

城市管网中，工业企业等大用户所需流量，可直接作为接入大用户节点的节点流量。工业企业内的生产用水管网，水量大的车间用水量也可直接作为节点流量。这样，管网图上只有集中在节点的流量，包括由沿线流量折算的节点流量和大用户的集中流量。大用户的集中流量，可以在管网图上单独注明，也可和节点流量加起来，在相应节点上注出总流量。一般在管网计算图的节点旁引出箭头，注明该节点的流量，以便于进一步计算。

因为供水设计流量已经全部化为节点流量，所以，算完整个管网节点设计流量后，可以用式（3-13）校验计算成果是否正确，即

$$\sum q_i=Q \tag{3-13}$$

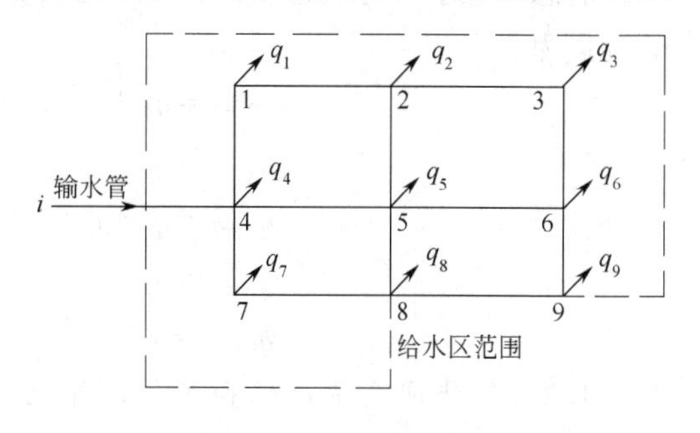

图 3-8　节点流量计算

【例 3-1】　图 3-8 所示管网，给水区的范围如虚线所示，比流量为 q_s，求各节点的流量。

【解】 以节点3、5、8、9为例，节点流量如下。

$$q_3=\frac{1}{2}q_s(l_{2-3}+l_{3-6})$$

$$q_5=\frac{1}{2}q_s(l_{4-5}+l_{2-5}+l_{5-6}+l_{5-8})$$

$$q_8=\frac{1}{2}q_s\left(l_{7-8}+l_{5-8}+\frac{1}{2}l_{8-9}\right)$$

$$q_9=\frac{1}{2}q_s\left(l_{6-9}+\frac{1}{2}l_{8-9}\right)$$

因管段8—9单侧供水，求节点流量时，比流量按一半计算，或者将管段长度按一半计算。

3.3.4 管网设计流量分配和管段设计流量

管网的设计工况对应的设计流量是最高日最高时流量。任一管段的设计流量应包括该管段两侧的沿线流量和通过该管段输送到以后管段的转输流量。也即必须对最高日最高时流量进行分配、得出各管段设计流量后，才能据此流量确定管径和进行水力计算，所以流量分配在管网计算中是一个重要环节。

流量分配的原则：任一节点满足节点流量连续性方程。即保证流向该节点的流量必须等于流离该节点的流量，在节点处保持流量平衡，使每一节点保持水流的连续性。用公式表示为

$$q_i+\sum q_{ij}=0 \tag{3-14}$$

式中 q_i——节点流量，L/s；

q_{ij}——从节点 i 到节点 j 的管段流量，L/s。

一般假定管段流量离开节点的为正，流向节点的为负。

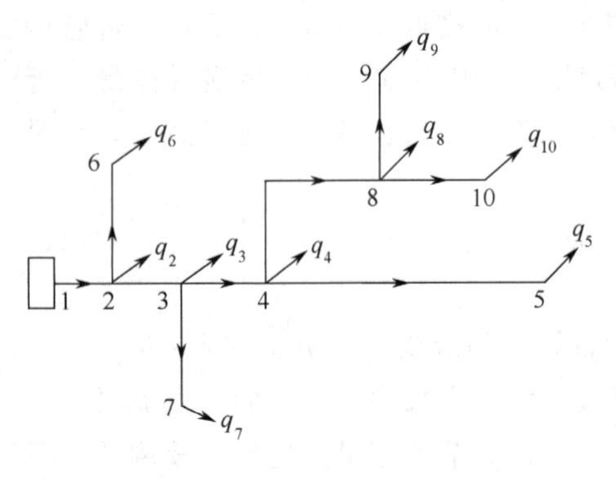

图3-9 树状网流量分配

3.3.4.1 树状网流量分配和管段设计流量

单水源的树状网的流量分配，因为从水源（二级泵站，高地水池等）供水到各节点只有一个水流方向，如果管网中任一管段发生事故，则该管段以后的地区就会断水，因此树状网在任一节点满足节点流量平衡方程，任一管段的计算流量可以从管网末端节点列出节点流量平衡方程，逐段向前推求；也可以按等于该管段以后（顺水流方向）所有节点流量的总和推求。对于树状网，每一管段只有唯一的流量值。例如图3-9中管段3—4、4—8的流量为

$$q_{3-4}=q_4+q_{4-8}+q_{4-5}=q_4+q_5+q_8+q_9+q_{10}$$

$$q_{4-5}=q_5$$

$$q_{4-8}=q_8+q_{8-9}+q_{8-10}=q_8+q_9+q_{10}$$

$$q_{8-9}=q_9$$

$$q_{8-10}=q_{10}$$

3.3.4.2 环状网流量分配和管段设计流量

对于环状网的流量分配，因在一个节点上连接几条管段，任一节点的流量由三部分组

成：节点流量、流向和流离该节点的几条管段流量。为了得到正确的管段流量分配，除了需要满足节点流量平衡外，还必须满足各环路的能量平衡，所以，环状网不可能像树状网一样，仅采用节点流量平衡方程由末端向前推算得到每一管段的唯一流量值。

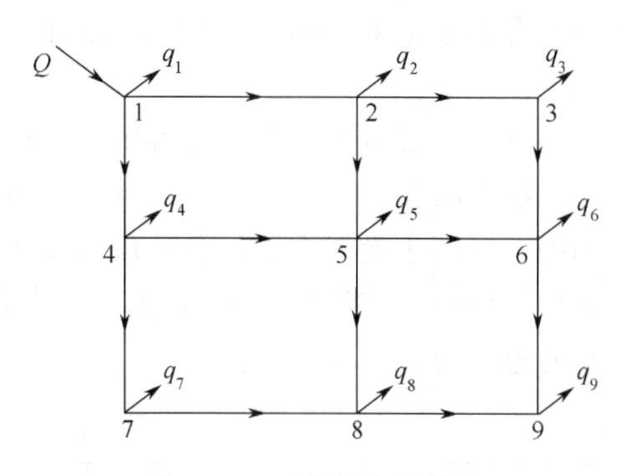

图 3-10　环状网流量分配

以图 3-10 所示管网中节点 5 为例，流离节点的流量为 q_5、q_{5-6}、q_{5-8}，流向节点的流量为 q_{2-5}、q_{4-5}，根据式（3-3）得：$q_5+q_{5-6}+q_{5-8}-q_{2-5}-q_{4-5}=0$。

同理，节点 1 为：$-Q+q_1+q_{1-2}+q_{1-4}=0$。

分析节点 1 的流量，进入管网的总流量 Q 和节点流量 q_1 已知，而管段 1—2、1—4 的流量 q_{1-2}、q_{1-4} 未知，在满足 1 节点流量平衡的条件下，q_{1-2}、q_{1-4} 可以有多种不同的流量分配，也就是有多种不同的管段流量。如果在分配流量时，对管段 1—2 分配很大的流量 q_{1-2}，而另一管段 1—4 分配很小的流量 q_{1-4}，使 $q_{1-2}+q_{1-4}$ 等于 $Q-q_1$，满足流量平衡，即保持水流的连续性，但这种流量分配明显和安全供水产生矛盾，因为当流量很大的管段 1—2 损坏需要检修时，全部流量必须在管段 1—4 中通过，使该管段的水头损失过大，从而影响到整个管网的供水量或水压。

环状网可以有许多不同的流量分配方案，但是都应保证供给用户以所需的水量，并且同时满足节点流量平衡和环能量平衡的条件。因为流量分配的不同，所以每一方案所得的管径也有差异，管网总造价也不相等，为减少明显的差别，流量分配应合理。

根据研究结果，认为在现有的管线造价指标下只能得到环状网近似而不是优化的经济流量分配（详见第 4 章）。如在流量分配时，使环状网中某些管段的流量为零，即将环状网改成树状网，才能得到最经济的流量分配，但是树状网的供水可靠性较差。

综上所述，环状网流量分配时，应同时照顾经济性和可靠性。经济性是指流量分配后得到的管径，应使一定年限内的管网建造费用和管理费用为最小。可靠性是指能向用户不间断地供水，并且保证应有的水量、水压和水质。事实上，很难同时兼顾经济性和可靠性，一般只能在满足可靠性的要求下，力求管网最为经济。

环状网流量分配的步骤如下。

① 按照管网的主要供水方向，初步拟定各管段的水流方向，并选定整个管网的控制点。

② 为了可靠供水，从二级泵站到控制点之间选定几条主要的平行干管线，在这些平行干管中尽可能均匀地分配流量，并且满足节点流量平衡的条件。这样，当其中一条干管损坏，流量由其他干管转输时，不会使这些干管中的流量增加过多。

③ 布置与干管线相垂直的连接管，其作用主要是沟通平行干管之间的流量，有时起一些输水作用，有时只是就近供水到用户，平时流量一般不大，只有在干管损坏时才转输较大的流量，因此连接管中可分配较少的流量。

由于实际管网的管线错综复杂，大用户位置不同，上述原则必须结合具体条件，分析水流情况加以运用。

多水源的管网，应由每一水源的供水量定出其大致供水范围，初步确定各水源的供水分界线，然后从各水源开始，循供水主流方向按每一节点符合节点流量平衡的条件，同时考虑经济和安全供水，进行流量分配。位于分界线上各节点的流量，往往由几个水源同时供给。

各水源供水范围内的全部节点流量加上分界线上由该水源供给的节点流量之和，应等于该水源的供水量。

环状网流量分配后即可得出各管段的计算流量，由此流量即可初步确定管径。

【例 3-2】 某单水源给水系统，其给水管网布置定线后，经过简化，得如图 3-11 所示管网图，管网中设置水塔，各管段长度和配水长度见表 3-1，最高时用水流量为 231.50L/s，其中集中用水流量见表 3-2，用水量变化曲线及泵站供水曲线设计见图 3-12。试计算节点流量并进行管段流量分配。

表 3-1 各管段长度与配水长度

管段编号	1	2	3	4	5	6	7	8	9	10	11	12
管段长度/m	320	650	550	270	330	350	360	590	490	300	290	520
配水长度/m	0	650	550	0	165	350	180	590	490	150	290	360

表 3-2 最高时集中用水量

集中用户名称	工厂 A	火车站	宾馆	工厂 B	学校	工厂 C	工厂 D
集中用水量/(L·s⁻¹)	8.85	14.65	7.74	15.69	16.20	21.55	12.06
所处位置节点编号	3	3	4	8	9	10	11

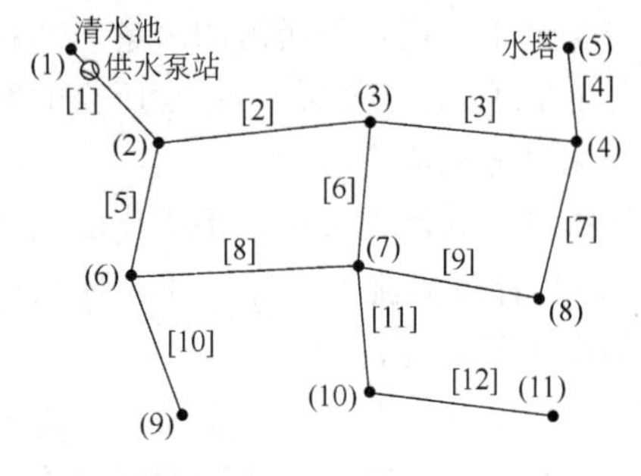

图 3-11 某城市给水管网

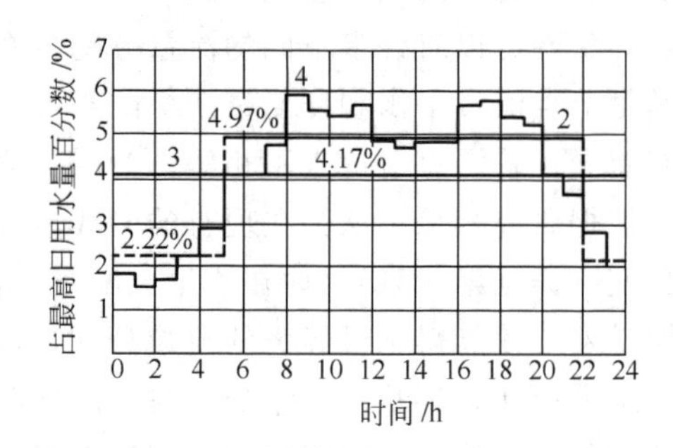

图 3-12 某城市最高日用水量变化曲线

【解】 ① 计算比流量

$$q_s=\frac{Q_{hmax}-\sum q}{\sum l_{计}}$$

$$=\frac{231.50-(8.85+14.65+7.74+15.69+16.20+21.55+12.06)}{650+550+165+350+180+590+490+150+290+360}$$

$$=0.0357\ [L/(s\cdot m)]$$

② 确定管网最高用水时泵站的设计流量　根据图 3-12 所示的二泵站供水线，可得管网在最高日最高时用水量时泵站设计供水量为

$$q_{二泵}=Q_{hmax}\times\frac{4.97\%}{5.92\%}=231.50\times\frac{4.97\%}{5.92\%}=194.35\ (L/s)$$

③ 确定水塔设计供水流量

$$q_{水塔}=Q_{hmax}-q_{二泵}=231.50-194.35=37.15\ (L/s)$$

④ 计算各管段沿线流量

$$q_l=q_s l$$

⑤ 计算各节点流量

$$q_i=\frac{1}{2}\sum q_l$$

各管段沿线流量、各节点设计流量见表 3-3 和图 3-13。

表 3-3 最高时管段沿线流量和节点流量计算

节点编号	管段编号	管段配水长度/m	管段沿线流量/(L·s⁻¹)	集中流量/(L·s⁻¹)	节点流量/(L·s⁻¹)	供水流量/(L·s⁻¹)	节点总流量/(L·s⁻¹)
(1)	[1](1)—(2)	0	0.00		0.00	194.35	−194.35
(2)	[2](2)—(3)	650	23.21		14.55		14.55
(3)	[3](3)—(4)	550	19.63	23.50	27.67		51.17
(4)	[4](4)—(5)	0	0.00	7.74	13.03		20.77
(5)	[5](2)—(6)	165	5.89		0.00	37.15	−37.15
(6)	[6](3)—(7)	350	12.50		16.15		16.15
(7)	[7](4)—(8)	180	6.43		30.70		30.70
(8)	[8](6)—(7)	590	21.06	15.69	11.96		27.65
(9)	[9](7)—(8)	490	17.49	16.20	2.68		18.88
(10)	[10](6)—(9)	150	5.35	21.55	11.60		33.15
(11)	[11](7)—(10)	290	10.35	12.06	6.42		18.48
	[12](10)—(11)	360	12.85	—	—	—	—
合计		3775	134.76	96.74	134.76	231.50	0.00

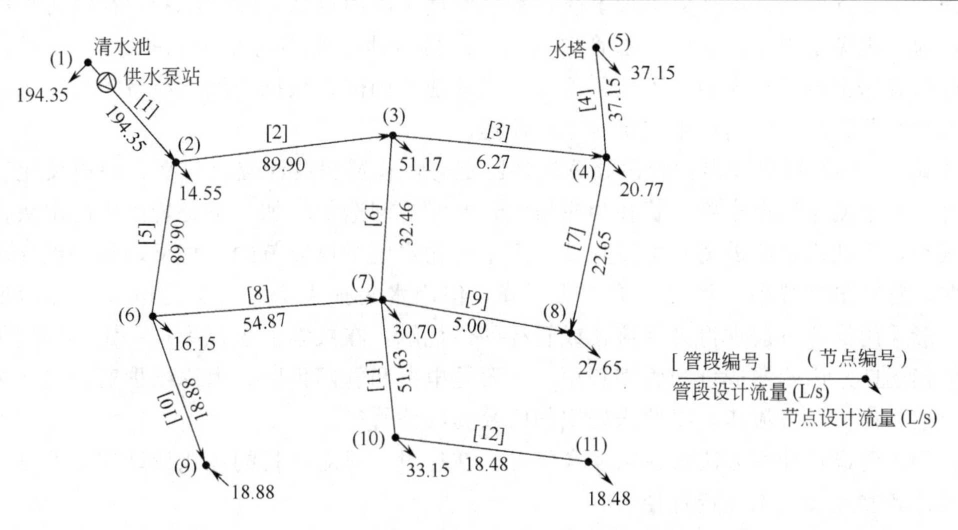

图 3-13 节点流量、管段流量分配结果

⑥ 管段流量分配 管网有两条平行的主要供水方向，一条为供水泵站节点 (1)—管段[1]—[2]—[3]—[4]—水塔节点 (5)；另一条为供水泵站节点 (1)—管段 [1]—[5]—[8]—[11]—[12]—节点 (11)。

首先确定环状网的管段计算流量，根据节点流量连续性方程，管网中的 [1]、[4]、[10]、[11]、[12] 为枝状管段，它们的设计流量可以分别用节点 (1)、(5)、(9)、(11) 和 (10) 的流量连续性方程确定。

然后，从节点 (2) 出发，进行环状管网流量分配，[2] 和 [5] 管段均属于主要供水方向，因此两者可分配大致相同的流量，管段［6］虽为垂直主要供水方向的管段，但其设计流量不能太小，因为要考虑到主要供水方向上管段［8］发生事故时，流量必须从管段［6］转输至［9］、［11］、［12］。另外，管段［3］虽然位于主要供水方向上，但它与管段［9］及水塔共同承担（4）、（8）两节点供水，如果其流量太大，必然造成管段［9］逆向流动。

管段流量分配的最终结果见图 3-13。

3.4 管径设计

确定管网中每一管段的直径是管网设计计算的主要课题之一，管段的直径应按分配后的管段流量确定。管径与管段计算流量的关系为

$$q=Av=\frac{\pi D^2}{4}v \tag{3-15}$$

或

$$D=\sqrt{\frac{4q}{\pi v}} \tag{3-16}$$

式中 A——管段过水断面面积，m^2；

D——管段直径，m；

q——管段计算流量，m^3/s；

v——流速，m/s。

从式（3-16）可知，管径不但和管段计算流量有关，而且和流速的大小有关。如管段的计算流量确定，但是流速未定，管径还是无法确定。因此要确定管径必须先选定流速。

为了防止管网因水锤现象出现事故，最大流速不应超过 2.5～3.0m/s；在输送浑浊的原水时，为了避免水中悬浮物质在水管内沉积，最低流速通常不得小于 0.6m/s。可见，技术上允许的流速幅度是较大的。因此，需在上述流速范围内，根据当地的经济条件，考虑管网的造价和经营管理等费用，来选定合适的流速。

从式（3-16）可以看出，管段计算流量已定时，管径和设计流速的平方根成反比。流量相同时，如果流速取得小些，管径相应增大，此时管网造价增加，可是管段中的水头损失却相应减小，因此水泵所需扬程可以降低，经常的输水电费可以节约。相反，如果设计流速用得大些，管径虽然减小，管网造价有所下降，但因水头损失增大，运行电费势必增加。因此，一般采用优化方法求得设计流速或管径的最优解，在数学上表现为求一定年限 t 年（称为投资偿还期）内管网造价和管理费用（主要是电费和管网折旧、大修维护费）之和为最小时的流速，称为经济流速，以此来确定的管径为经济管径。

管径优化设计计算方法将在第 4 章学习，在这里，只对管径的优化设计作定性分析，以指导设计者靠经验人工确定管径。

设管网一次性投资的总造价为 C，每年的管理费用为 M，投资偿还期为 t 年，则管网每年的折算费用为

$$W=\frac{C}{t}+M \tag{3-17}$$

其中每年的管理费用 M 包括管网年运行费用 M_1（主要考虑泵站的年运行总电费，其他费用相对较少，可忽略不计）和年折旧费、大修费 M_2，因 M_2 和管网造价有关，可按管网造价的百分数 p 计，则 M 可表示为

$$M=M_1+M_2=M_1+\frac{C}{100}p \tag{3-18}$$

式中　p——管网的年折旧和大修费率，%。

由式（3-17）和式（3-18）得管网年折算费用为

$$W=\left(\frac{1}{t}+\frac{p}{100}\right)C+M_1 \tag{3-19}$$

式中管网造价 C 和年运行费用 M_1 都与管径和流速有关，当流量一定时，C 随着管径的增加或设计流速的减小而增加，而 M_1 则随着管径的增加或流速的减小而减小，如图 3-14、图 3-15 所示。

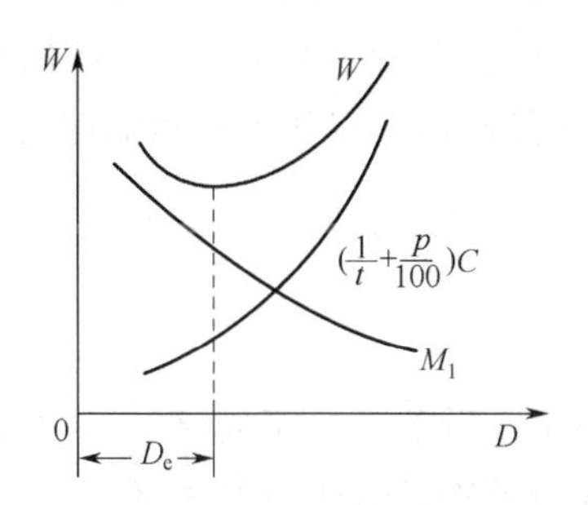

图 3-14　年折算费用和管径的关系

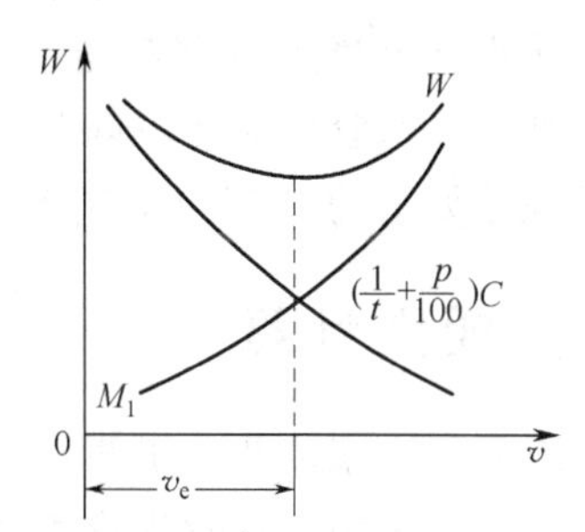

图 3-15　年折算费用和流速的关系

根据图 3-14、图 3-15，年折算费用 W 随管径和流速的改变而变化，相应于曲线最小纵坐标值的管径和流速是经济管径 D_e、经济流速 v_e。经济流速和经济管径与当地的管材价格、管线施工费用、电价等有关，不能直接套用其他城市的数据。另一方面，管网中各管段的经济流速也不一样，需随管网图形、该管段在管网中的位置、该管段流量与管网总流量的比例等决定。

由于实际管网的复杂性，加之情况在不断变化，例如用水量在不断增长，管网逐步扩展，许多经济指标如管材价格、电费等也随时在变化，要从理论上计算管网造价和年管理费用相当复杂，且有一定的难度。在条件不具备时，设计中也可采用由各地统计资料计算出的平均经济流速来确定管径，得出的是近似经济管径，见表 3-4。

表 3-4　平均经济流速

管径/mm	平均经济流速/($m\cdot s^{-1}$)
100～400	0.6～0.9
>400	0.9～1.4

选取经济流速和确定管径时，可以考虑以下原则。

① 一般大管径可取较大的经济流速，小管径可取较小的经济流速。

② 管段设计流量占整个管网供水流量比例较小时取较大的经济流速，反之取较小的经济流速。

③ 从供水泵站到控制点（即供水压力要求较难满足的节点，可能有多个）的管线上的管段可取较小的经济流速，其余管段可取较大的经济流速，如输水管位于供水泵站到控制点的管线上，则输水管所取经济流速应比管网中的管段的流速小。

④ 管线造价（含管材价格、施工费用等）较高而电价相对较低时取较大的经济流速，反之取较小的经济流速。

⑤ 重力供水时，各管段的经济管径或经济流速按充分利用地形高差来确定，即应使输

水管渠和管网通过设计流量时的水头损失总和等于或略小于可以利用的水压标高差。

⑥ 根据经济流速计算出的管径如果不符合市售标准管径时，可以选用相近的标准管径。

⑦ 当管网有多个水源或设有对置水塔时，在各水源或水塔供水的分界区域，管段设计流量可能特别小，选择管径时要适当放大，因为当各水源供水流量比例变化或向水塔转输流量时，这些管段可能需要输送较大的流量。

⑧ 重要的输水管，如从水厂到用水区域的输水管，或向远离主管网大用户供水的输水管，在未连成环状网且输水末端没有保证供水可靠性的储水设施时，应采用平行双条管道，每条管道直径按设计流量的50%确定。另外，对于较长距离的输水管，中间应设置两处以上的连通管（即将输水管分为三段以上），并安装切换阀门，以便事故时能够实现局部隔离，保证达到设计规范要求的70%以上供水量。

3.5 水头损失计算

水的流动有层流、紊流及介于两者之间的过渡流三种流态，不同流态下的水流阻力特性不同，给水管网进行水力计算时均按紊流考虑，紊流流态又分为三种情况：

① 阻力平方区（又称粗糙管区），管渠水头损失与流速平方成正比。

② 过渡区，管渠水头损失与流速的1.75～2.0次方成正比。

③ 水力光滑管区，管渠水头损失约与流速的1.75次方成正比。

紊流三个阻力区的划分，需要使用水力学的层流底层理论进行判别，主要与管径（或水力半径）及管壁粗糙度有关。

在给水管网中，旧铸铁管和旧钢管在流速$v \geqslant 1.2$m/s时或金属内壁无特殊防腐措施时，水流多处于阻力平方区；而旧铸铁管和旧钢管在流速$v < 1.2$m/s时，以及石棉水泥管在各种流速时，水流多处于过渡区；塑料管则多处于水力光滑区。

从给水管网整体来看，各管段的水力因素随时间和空间变化，实际水流状态复杂和多变，多为非恒定非均匀流，精确的计算每一管段的水头损失，需要大量的水流和边界条件参数，在实际应用中很难做到；但是为了便于分析计算，通常假设它们处于恒定均匀流状态，长期的实践表明，这一假设所带来的误差一般在工程允许的范围内，水头损失的计算，就是建立在这一假设的基础上。

在给水输配水系统中，管（渠）道总水头损失为管（渠）道沿程水头损失和管（渠）道局部损失之和。

$$h_z = h_y + h_j \tag{3-20}$$

式中 h_z——管（渠）道总水头损失，m；

h_y——管（渠）道沿程水头损失，m；

h_j——管（渠）道局部水头损失，m。

3.5.1 管（渠）到沿程水头损失

3.5.1.1 塑料管

塑料管的沿程水头损失用达西公式计算，即：

$$h_y = \lambda \frac{l}{d_j} \frac{v^2}{2g} \tag{3-21}$$

式中 h_y——沿程水头损失，m；

λ——沿程阻力系数；

l——管渠长度，m；

d_j——管道计算内径，m；

v——管道过水断面平均流速，m/s；

g——重力加速度，m/s²。

用流量表示为：

$$h_y=\lambda\frac{8}{\pi^2 g}\frac{l}{d_j^5}q^2 \tag{3-22}$$

式中 q——管段流量，L/s。

达西公式是半理论半经验的水力计算公式，适用于层流和紊流，也适用于管流和明渠。塑料管材的管壁光滑，管内水流大多处于水力光滑区和紊流过渡区，塑料管沿程阻力系数 λ 的计算，应根据不同材质的管材，选择相应的计算公式。

3.5.1.2 混凝土管（渠）及采用水泥砂浆内衬的金属管道

$$i=\frac{h_y}{l}=\frac{v^2}{C^2R} \tag{3-23}$$

式中 i——管道单位长度的水头损失（水力坡降）；

C——流速系数；

R——过水断面水力半径，m。

其中

$$C=\frac{1}{n}R^y \tag{3-24}$$

式中 n——管（渠）道的粗糙系数，混凝土管和钢筋混凝土管一般为 0.013～0.014，水泥砂浆内衬为 0.012；

y——指数，当 $0.011\leqslant n\leqslant 0.040$，$0.1\leqslant R\leqslant 3$ 时，$y=2.5\sqrt{n}-0.13-0.75(\sqrt{n}-0.10)\sqrt{R}$，当 $n<0.02$ 时，可采用 $y=1/6$。

3.5.1.3 输配水管道、配水管网水力平差计算公式［海曾-威廉（Hazen-Williams）公式］

$$i=\frac{h_y}{l}=\frac{10.67q^{1.852}}{C_h^{1.852}d_j^{4.87}} \tag{3-25}$$

式中 q——管段流量，m³/s；

C_h——海曾-威廉系数，其值见表 3-5；

d_j——管道计算内径，m；

l——管渠长度，m。

表 3-5 海曾-威廉公式的系数 C_h 值

水管种类	C 值	水管种类	C 值
玻璃管、塑料管、铜管	145～150	新焊接钢管	110
铸铁管，最好状态	140	旧焊接钢管	95
新铸铁管、涂沥青或水泥铸铁管	130	衬橡胶消防软管	110～140
旧铸铁管、旧钢管	100	混凝土管、石棉水泥管	130～140
严重腐蚀铸铁管	90～100		

3.5.2 管（渠）道局部水头损失

$$h_j=\sum\xi\frac{v^2}{2g} \tag{3-26}$$

式中　ξ——管（渠）道局部水头损失系数。

管道局部水头损失和管线的水平及竖向平顺等情况有关。由于管道长度较大，沿程水头损失一般远大于局部水头损失，所以在计算时一般将局部阻力转换成等效长度的管道沿程水头损失进行计算。局部水头损失通常取沿程水头损失的5%～10%。

3.5.3　沿程水头损失公式的指数形式

$$h_h = kl\frac{q^n}{D^m} = alq^n = sq^n \tag{3-27}$$

式中　k，m，n——常数和指数。在海曾-威廉公式 $k=\frac{10.67}{C_w^{1.852}}$，$m=4.87$，$n=1.852$；

a——比阻，即单位管长的摩阻，$a=\frac{k}{D^m}$；

s——水管摩阻，$s\cdot L^{-2}\cdot m$，$s=al$。

3.6　树状网水力计算

多数小型给水和工业企业给水在建设初期往往采用单水源树状网，以后随着城市和用水量的发展，可根据需要逐步连接成为环状网并建设多水源。

对于单水源树状网的计算比较简单，主要原因是树状网中每一管段的流量容易确定，只要在每一节点应用节点流量平衡条件，无论从二级泵站起顺水流方向推算或从控制点起向二级泵站方向推算，只能得出唯一的管段流量，或者可以说树状网只有唯一的流量分配。

单水源树状网的水力计算步骤如下。

① 在求得管网的最高日最高时流量和整个管网各管段配水长度或供水面积的基础上，进行比流量、沿线流量计算。

② 求管网各节点流量。

③ 确定管网的控制点（最不利点）。控制点的选择很重要，在保证该点水压达到最小服务水头时，整个管网不会出现水压不足地区，一般选择几个点进行比较确定。如果控制点选择不当而出现某些地区水压不足时，应重新选定控制点进行计算。

④ 选定管网的主干管线。

⑤ 求管网的各管段流量，根据节点流量平衡原理，无论从二级泵站起顺水流方向推算或从控制点起向二级泵站方向推算，只能得出唯一的各管段流量。

⑥ 管网的主干管线上各管段的流量确定后，即可按经济流速确定管径，并确定管网的主干管线上各管段的水头损失和节点水压。

⑦ 将主干管线上各管段的水头损失相加，求出总水头损失，计算二级泵站所需扬程或水塔所需的高度。

⑧ 确定支管线的起点、终点的水压标高，将主干管线计算出的干管上有支管线接出的节点的水压标高（等于节点处地面标高加服务水头）作为计算支管线起点的水压标高，而支线终点的水压标高等于终点的地面标高与最小服务水头之和。

⑨ 求支管线的水力坡度，将支线起点和终点的水压标高差除以支管线长度即得。

⑩ 确定支管线的各管段管径，根据支管线每一管段的流量并参照该管段水力坡度选定相近的标准管径。

【例 3-3】 某城市供水区用水人口 3.5 万人，最高日用水量定额为 150L/(人·d)，生活用水时变化系数为 1.428，要求最小服务水头为 160kPa（16.0m）。节点（5）接某工厂，工业用水量为 $400m^3/d$，两班制，每班用水时间为 8h，均匀使用，城市地面标高见表 3-6，管网布置见图 3-16，根据清水池高程设计，清水池的最低水位标高为 6.50m，泵站内和到水塔的管线总水头损失为 3.0m，水塔水柜有效水深 3.0m，计算各管段流量、管径、水塔高度和二泵站扬程。

表 3-6　节点地面标高

节点编号	泵站	水塔(0)	(1)	(2)	(3)	(4)	(5)	(6)	(7)	(8)	(9)
地面标高/m	9.80	17.50	12.50	12.80	15.20	15.40	13.30	12.80	13.70	12.50	15.00

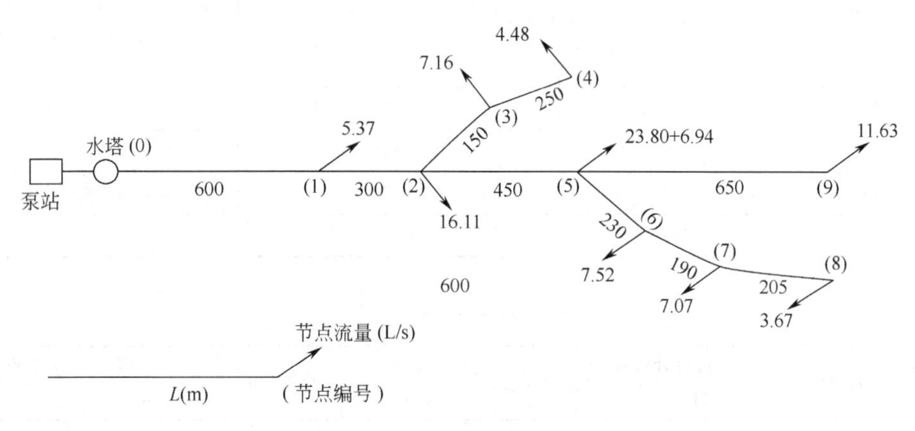

图 3-16　单水源树状网计算图

【解】 管网设计流量应采用最高日最高时总用水量。

① 最高日最高时总用水量

最高日最高时生活用水量：$35000\times0.15\times1.428=7500(m^3/d)=312.5(m^3/h)=86.81$(L/s)。

工业用水量：$\frac{400}{16}=25(m^3/h)=6.94$（L/s）。

总水量为：$Q_{hmax}=86.81+6.94=93.75$（L/s）。

② 管线总配水长度：$\sum L=3025m$，其中水塔（0）到节点（1）为输水管，管段两侧不配水。

③ 比流量：$q_s=\frac{93.75-6.94}{3025-600}=\frac{86.81}{2425}=0.0358$ [L/(s·m)]。

④ 沿线流量、节点流量：见表 3-7。

⑤ 管段设计流量：见表 3-7。

⑥ 控制点选择：节点（9）的地面标高较高，离泵站的距离最远，故选为控制点。

⑦ 流速选择：参照平均经济流速（表 3-4）确定。

⑧ 干管水力计算：见表 3-8。因为控制点为节点（9），则管段（1)—(2)—(5)—(9）为干管，根据已求得的管段设计流量和相应的平均经济流速，查相应的铸铁管水力计算表，定出干管管径和水头损失，管径的选取应注意符合市售标准管径的规格。水塔的水压标高为：$16.00+15.00+3.95+1.75+0.56+1.27=38.53$（m）。

表 3-7 沿线流量、节点流量计算

节点编号	管段编号	管段长度/m	沿线流量/(L·s^{-1})	节点流量/(L·s^{-1})	管段设计流量/(L·s^{-1})
(1)	(0)—(1)	600	—	0.5×10.74=5.37	$q_{(0)-(1)}+q_{(1)-(2)}+q_{(2)-(3)}+\cdots+q_{(7)-(8)}+q_{(5)-(9)}=93.75$
(2)	(1)—(2)	300	300×0.0358=10.74	0.5×(10.74+5.37+16.11)=16.11	$q_{(1)-(2)}+q_{(2)-(3)}+\cdots+q_{(7)-(8)}+q_{(5)-(9)}=88.38$
(3)	(2)—(3)	150	150×0.0358=5.37	0.5×(5.37+8.95)=7.16	$q_{(2)-(3)}+q_{(3)-(4)}=11.64$
(4)	(3)—(4)	250	250×0.0358=8.95	0.5×8.95=4.48	$q_{(3)}-q_{(4)}=4.48$
(5)	(2)—(5)	450	450×0.0358=16.11	0.5×(16.11+23.27+8.23)=23.81	$q_{(2)-(5)}+q_{(5)-(6)}+\cdots+q_{(7)-(8)}+q_{(5)-(9)}=60.63$
(6)	(5)—(6)	230	230×0.0358=8.23	0.5×(8.23+6.80)=7.52	$q_{(5)-(6)}+q_{(6)-(7)}+q_{(7)-(8)}=18.26$
(7)	(6)—(7)	190	190×0.0358=6.80	0.5×(6.80+7.34)=7.07	$q_{(6)-(7)}+q_{(7)-(8)}=10.74$
(8)	(7)—(8)	205	205×0.0358=7.34	0.5×7.34=3.67	$q_{(7)-(8)}=3.67$
(9)	(5)—(9)	650	650×0.0358=23.27	0.5×23.27=11.63	$q_{(5)-(9)}=11.63$
合计		3025	86.81	86.81	—

表 3-8 干管水力计算

节点编号	管段编号	管段设计流量/(L·s^{-1})	管长/m	流速/(m·s^{-1})	管径/mm	水头损失/m	节点水压标高/m
(1)	(0)—(1)	93.75	600	0.75	400	1.27	37.26
(2)	(1)—(2)	88.38	300	0.70	400	0.56	36.70
(5)	(2)—(5)	60.63	450	0.86	300	1.75	34.95
(9)	(5)—(9)	11.63	650	0.66	150	3.95	31.00

⑨ 支管水力计算：见表 3-9。参照水力坡度和流量选定支线各管段的管径，还应注意支线各管段水头损失之和不得大于允许的水头损失。

表 3-9 支管水力计算

节点编号	管段编号	管段设计流量/(L·s^{-1})	管长/m	水力坡度 i	水头损失/m	管径/mm	流速/(m·s^{-1})	节点水压标高/m
(3)	(2)—(3)	11.64	150	0.00619	0.93	150	0.66	35.77
(4)	(3)—(4)	4.48	250	0.00829	2.07	100	0.58	33.7
(6)	(5)—(6)	18.26	230	0.00337	0.77	200	0.58	34.18
(7)	(6)—(7)	10.74	190	0.00537	1.02	150	0.62	33.16
(8)	(7)—(8)	3.67	205	0.00581	1.19	100	0.48	31.97

支管线允许的总水头损失=支管线起点水压标高－该管线中水压标高最高点的水压标高

$$H_{(2)}-H_{(4)}=36.7-15.4-16.0=5.3\ (\text{m})$$

$$H_{(5)}-H_{(7)}=34.95-13.7-16.0=5.25\ (\text{m})$$

水力坡度：
$$i=\frac{\text{总水头损失}}{\text{支管线总长}}$$

$$i_{(2)-(4)}=\frac{5.3}{150+250}=0.01325$$

$$i_{(5)-(7)}=\frac{5.25}{230+190+205}=0.0084$$

⑩ 水塔高度、水泵扬程计算

水塔高度按式（2-14）确定，即

$$H_t=H_c+h_n-(Z_t-Z_c)=16.00+3.95+1.75+0.56+1.27-(17.5-15.0)=21.03\ (m)$$

水泵扬程按式（2-15）确定，即

$$H_p=H_t+H_{柜}+Z_t-Z_{清}+h_s+h_c=21.03+3.00+17.5-6.50+3.0=38.03\ (m)$$

式中　H_c——控制点C要求的最小服务水头，m；

h_n——按最高时用水量计算的从水塔到控制点的管网水头损失，m；

Z_t——设置水塔处的地面标高，m；

Z_c——控制点的地面标高，m；

$Z_{清}$——清水池最低水位的标高，m；

$H_{柜}$——水塔水柜的有效水深，m；

h_s+h_c——泵站吸压水管和泵站到水塔的管线总水头损失，按题意为3.0m。

3.7　环状网水力计算

3.7.1　环状网计算方法

3.7.1.1　流量法——哈代-克罗斯法

环状网在初分流量时，已经满足连续性方程 $q_i+\sum q_{ij}=0$ 的条件，但根据初分流量选定的管径及计算相应的水头损失后，往往不能满足环的能量方程 $\sum h_{ij}=0(\sum s_{ij}q_{ij}^2=0)$ 的要求。应用流量法进行环状网水力计算的目的是：在根据初分流量确定管径、计算相应的水头损失不满足能量方程的基础上，重新分配各管段的流量，以同时满足连续性方程和能量方程。也就是联立求解 $J-1$ 个线性流量连续性方程、L 个环非线性的能量方程，以求出未知的 $P=L+J-1$ 个管段设计流量 q_{ij} 的过程。

L 个非线性能量方程可表示为

$$\left.\begin{aligned}F_1(q_1,q_2,q_3,\cdots,q_f)=0\\F_2(q_g,q_{g+1},\cdots,q_j)=0\\\vdots\\F_L(q_m,q_{m+1},\cdots,q_p)=0\end{aligned}\right\}\tag{3-28}$$

方程数等于环数。函数 F 有相同形式的 $\sum s_{ij}\,|q_{ij}|^{n-1}q_{ij}=0$，方程组包括环状管网中全部管段设计流量，公共管段的流量同时出现在两个相邻环的方程中。

已知管网各管段的初分流量 $q_{ij}^{(0)}$，$q_{ij}^{(0)}$ 满足节点流量平衡方程，按经济流速确定各管段 $q_{ij}^{(0)}$ 对应的管径，求出各管段的水头损失，判断各环的能量方程是否满足式（3-28），若不满足，增加校正流量 Δq_i，将 $q_{ij}^{(0)}+\Delta q_i$ 代入式（3-28）中，得

$$\left.\begin{aligned}F_1(q_1^{(0)}+\Delta q_1,q_2^{(0)}+\Delta q_2,\cdots,q_f^{(0)}+\Delta q_f)=0\\F_2(q_g^{(0)}+\Delta q_g,q_{g+1}^{(0)}+\Delta q_{g+1},\cdots,q_j^{(0)}+\Delta q_j)=0\\\vdots\\F_L(q_m^{(0)}+\Delta q_m,q_{m+1}^{(0)}+\Delta q_{m+1},\cdots,q_p^{(0)}+\Delta q_p)=0\end{aligned}\right\}\tag{3-29}$$

将函数 F 展开，保留线性项得

$$\left.\begin{aligned}&F_1(q_1^{(0)},q_2^{(0)},\cdots,q_f^{(0)})+\left(\frac{\partial F_1}{\partial q_1}\Delta q_1+\frac{\partial F_1}{\partial q_2}\Delta q_2+\cdots+\frac{\partial F_1}{\partial q_h}\Delta q_f\right)=0\\&F_2(q_g^{(0)},q_{g+1}^{(0)},\cdots,q_j^{(0)})+\left(\frac{\partial F_2}{\partial q_1}\Delta q_g+\frac{\partial F_2}{\partial q_{g+1}}\Delta q_{g+1}+\cdots+\frac{\partial F_2}{\partial q_j}\Delta q_j\right)=0\\&\qquad\vdots\\&F_L(q_m^{(0)},q_{m+1}^{(0)},\cdots,q_p^{(0)})+\left(\frac{\partial F_L}{\partial q_m}\Delta q_m+\frac{\partial F_L}{\partial q_{m+1}}\Delta q_{m+1}+\cdots+\frac{\partial F_L}{\partial q_p}\Delta q_p\right)=0\end{aligned}\right\}\tag{3-30}$$

式（3-30）中第一项与式（3-28）相同，只是用流量 $q_i^{(0)}$ 代替 q_i，并且都表示各环在初分流量条件下各管段水头损失的代数和，即闭合差 $\Delta h^{(0)}$。

$$\sum h_i^{(0)}=\sum s_i\left|q_i^{(0)}\right|^{n-1}q_i^{(0)}=\Delta h_i^{(0)}$$

闭合差 $\Delta h^{(0)}$ 越大，说明初分流量和实际流量相差越大。

式（3-30）中，未知量已不是管段设计流量而是校正流量 Δq_i（$i=$Ⅰ，Ⅱ，Ⅲ，…，L），它的系数是 $\frac{\partial F_i}{\partial q_i}$，即对应环对 q_i 的偏导数。代入初分流量 $q_i^{(0)}$，相应的系数为 $ns_i(q_i^{(0)})^{n-1}$。

由上求得的是 L 个线性的 Δq_i 方程组，而不是 L 个非线性的 q_i 方程组。

$$\left.\begin{aligned}&\Delta h_1+ns_1(q_1^{(0)})^{n-1}\Delta q_{\text{Ⅰ}}+ns_2(q_2^{(0)})^{n-1}\Delta q_{\text{Ⅱ}}+\cdots+ns_f(q_f^{(0)})^{n-1}\Delta q_f=0\\&\qquad\vdots\\&\Delta h_L+ns_m(q_m^{(0)})^{n-1}\Delta q_m+ns_{m+1}(q_{m+1}^{(0)})^{n-1}\Delta q_{m+1}+\cdots+ns_p(q_p^{(0)})^{n-1}\Delta q_p=0\end{aligned}\right\}\tag{3-31}$$

综上所述，管网计算的任务是解 L 个线性方程，每一方程表示一个环的校正流量，求解的是满足能量方程时的校正流量 Δq_i。由于初分流量时已满足连续性方程，故求解式（3-31）时，也需同时满足 $J-1$ 个连续性方程。解线性方程有多种方法，其中逐步近似法（迭代法）应用很广。但是对于环数很多的管网，计算是很繁琐的。

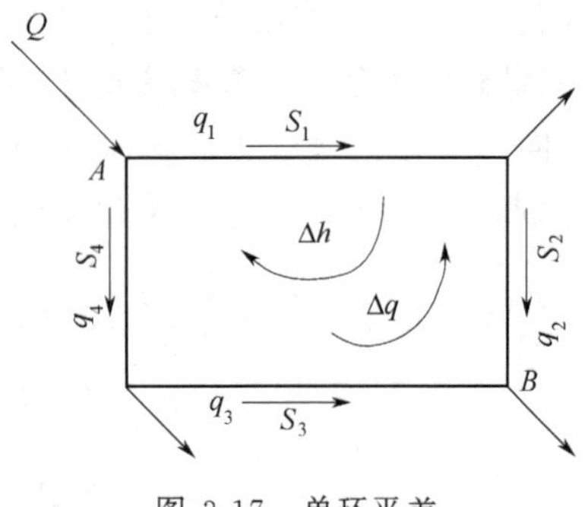

图 3-17　单环平差

哈代-克罗斯（Hardy Cross）和洛巴切夫（В. Т. Лобачев）同时提出了各环的管段流量用校正流量 Δq_i 调整的迭代方法。具体运算以图 3-17 的单环为例，说明哈代-克罗斯解法。

设各管段分配流量为 $q_1^{(0)}$、$q_2^{(0)}$、$q_3^{(0)}$、$q_4^{(0)}$，根据 $h_i=s_iq_i^n$，计算闭合环各管段的水头损失。假定水流顺时针方向的管段中，流量和水头损失为正；流向为逆时针方向的管段中，流量和水头损失为负。则环水头损失闭合差为

$$\sum h^{(0)}=s_1q_1^{(0)^n}+s_2q_2^{(0)^n}-s_3q_3^{(0)^n}-s_4q_4^{(0)^n}=\Delta h^{(0)}\tag{3-32}$$

当 $\Delta h^{(0)}\neq0$，则要通过增加校正流量 Δq_L（下标 L 标示环号），调整各管段的流量分配，使环闭合差 $\Delta h_L\to0$。

假定 $\Delta h^{(0)}$ 为负值，说明管段初分流量为 $q_1^{(0)}$、$q_2^{(0)}$ 的管段要增加 Δq，而 $q_3^{(0)}$、$q_4^{(0)}$ 对应的管段流量则应减少 Δq，则调整后的环闭合差为

$$\sum h^{(1)}=s_1(q_1^{(0)}+\Delta q)^n+s_2(q_2^{(0)}+\Delta q)^n-s_3(q_3^{(0)}-\Delta q)^n-s_4(q_4^{(0)}-\Delta q)^n=\Delta h^{(1)}\tag{3-33}$$

对上式中 $s_i(q_i^{(0)}\pm\Delta q)^n$ 项进行二项式展开，并略去 Δq^2 之后所有项，得

$$\sum h^{(1)}=(s_1q_1^{(0)^n}+s_2q_2^{(0)^n}-s_3q_3^{(0)^n}-s_4q_4^{(0)^n})+n\Delta q(s_1q_1^{(0)^{n-1}}+s_2q_2^{(0)^{n-1}}+s_3q_3^{(0)^{n-1}}+s_4q_4^{(0)^{n-1}})=\Delta h^{(1)} \tag{3-34}$$

将式（3-32）代入式（3-34）中，得

$$\sum h^{(1)}=\Delta h^{(0)}+n\Delta q(s_1q_1^{(0)^{n-1}}+s_2q_2^{(0)^{n-1}}+s_3q_3^{(0)^{n-1}}+s_4q_4^{(0)^{n-1}})=\Delta h^{(1)} \tag{3-35}$$

若经过这次调整环闭合差 $\Delta h^{(1)}\to 0$，符合精度要求，计算结束，则

$$\Delta q=-\frac{\Delta h^{(0)}}{n(s_1q_1^{(0)^{n-1}}+s_2q_2^{(0)^{n-1}}+s_3q_3^{(0)^{n-1}}+s_4q_4^{(0)^{n-1}})}=-\frac{\Delta h^{(0)}}{n\sum\limits_{i=1}^{4}s_iq_i^{(0)^{n-1}}} \tag{3-36}$$

写成通式则为

$$\Delta q_i=-\frac{\Delta h_i}{n\sum|s_{ij}q_{ij}^{n-1}|} \tag{3-37}$$

应该注意，上式中 Δq_i 和 Δh_i 的符号相反。

当 $n=2$ 时，式（3-37）变为

$$\Delta q_i=-\frac{\Delta h_i}{2\sum|s_{ij}q_{ij}|} \tag{3-38}$$

上式中，Δh_i 是该环内各管段的水头损失代数和，分母总和项内是该环所有管段的 $s_{ij}q_{ij}$ 绝对值之和。

计算时，可在管网示意图上注明闭合差 Δh_i 和校正流量 Δq_i 的方向与数值。当闭合差 Δh_i 为正时，用顺时针方向的箭头表示，反之用逆时针方向的箭头表示。校正流量 Δq_i 的方向和闭合差 Δh_i 的方向相反。

若环闭合差 $\Delta h^{(1)}$ 不符合精度要求，则重复上述步骤，对校正流量继续修正，直至各环的闭合差满足精度要求为止。手工计算时，每基环闭合差 Δh 要求小于 0.5m，大环闭合差小于 1.0m。计算机计算时，环闭合差 Δh 的大小可以达到任何要求的精度，但可考虑采用 0.01～0.05m。

哈代-克罗斯法管网平差的框图见图 3-18。

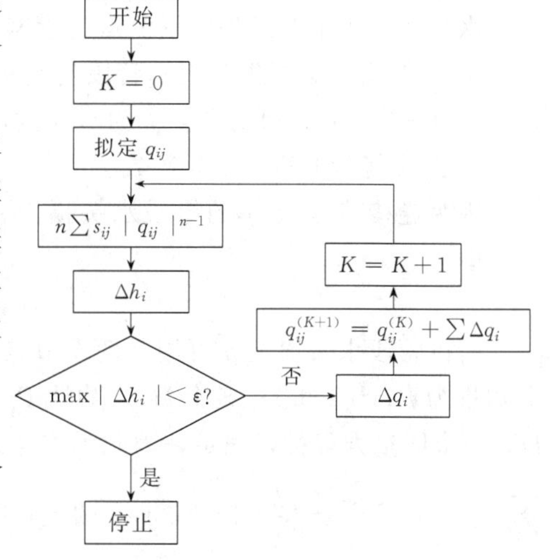

图 3-18 哈代-克罗斯法管网平差的框图

【例 3-4】 如图 3-19 所示的管网，设由初步分配流量求出的两环闭合差都是正，即

$$\Delta h_{\text{I}}=(h_{1-2}+h_{2-5})-(h_{1-4}+h_{4-5})>0$$

$$\Delta h_{\text{II}}=(h_{2-3}+h_{3-6})-(h_{2-5}+h_{5-6})>0$$

在图 3-19 中，闭合差 Δh_{I} 和 Δh_{II} 用顺时针方向的箭头表示。因闭合差 Δh_{I} 和 Δh_{II} 的方向是正，因此校正流量 Δq_{I} 和 Δq_{II} 的方向为负，在图上用逆时针方向的箭头表示。

校正流量为

$$\Delta q_{\text{I}}=\frac{-\Delta h_{\text{I}}}{2|s_{1-2}q_{1-2}+s_{2-5}q_{2-5}+s_{1-4}q_{1-4}+s_{4-5}q_{4-5}|}$$

$$\Delta q_{\text{II}}=\frac{-\Delta h_{\text{II}}}{2|s_{2-3}q_{2-3}+s_{3-6}q_{3-6}+s_{2-5}q_{2-5}+s_{5-6}q_{5-6}|}$$

调整管段的流量时，在环Ⅰ内，因管段 1—2 和 2—5 的初步分配流量与 Δq_{I} 方向相反，

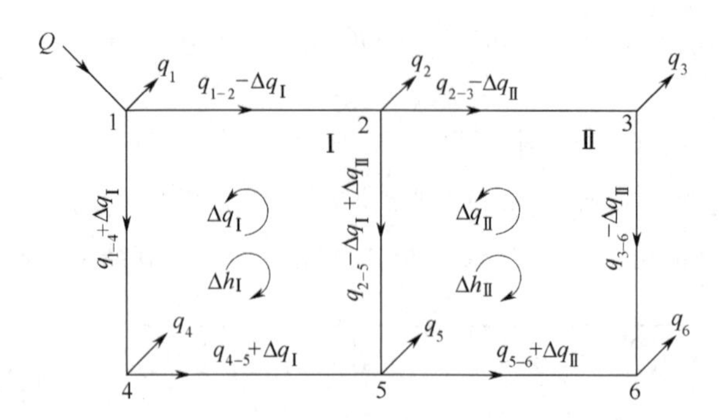

图 3-19　两环管网的流量调整

需减去 Δq_{I}，管段 1—4 和 4—5 则加上 Δq_{I}；在环Ⅱ内，管段 2—3 和 3—6 的流量需减去 Δq_{II}，管段 2—5 和 5—6 则加上 Δq_{II}。因公共管段 2—5 同时受到环Ⅰ和环Ⅱ校正流量的影响，调整后的流量为 $q'_{2-5}=q_{2-5}-\Delta q_{\mathrm{I}}+q_{\mathrm{II}}$。由于初步分配流量时，已经符合节点流量平衡条件，即满足了连续性方程，所以每次调整流量时能自动满足此条件。

流量调整后，各环闭合差将减小，如仍不符要求的精度，应根据调整后的新流量求出新的校正流量，继续平差。在平差过程中，某一环的闭合差可能改变符号，即从顺时针方向改为逆时针方向，或相反，有时闭合差的绝对值反而增大，这是因为推导校正流量公式时，略去了包括 Δq_i^2 项以后的高次项以及各环相互影响的结果。

3.7.1.2　水压法——哈代-克罗斯法

水压法是用水头损失表示流量的管网计算方法。基础方程有以下几个。

① P 个用水头损失 h 表示管段流量 q 称为压降方程的关系式，P 为管段数。

② J—S 个连续性方程，J 为节点数，S 为配水源数。

③ L 个能量方程，L 为环数。

因为连接节点 i、j 的管段水头损失 h_{ij}，等于该管段两端节点的水压高程 H_i、H_j 之差，即

$$h_{ij}=H_i-H_j \tag{3-39}$$

所以管段水头损失 h 可用其两端节点的水压 H 表示。将上式代入以上基础方程中，则未知量为 P 个 q_{ij} 和 J—S 个 H_i，共计 $P+J-S$ 个。由于未知量是从水头损失 h 转变为水压 H，L 个能量方程可以满足，因此无需考虑能量方程。平差时，每一节点的流量应满足 $q_i+\sum_j q_{ij}=0$ 即 $\Sigma\pm\left(\frac{h_{ij}}{s_{ij}}\right)^{\frac{1}{n}}+q_i=0$ 的流量平衡条件。在每次迭代时，能量方程可以满足，并且经过计算，每一节点上各管段的流量得到平衡。

据上所述，用水压法计算管网时的方程如下。

① 用节点水压 H 表示管段流量 q 的流量式。

② 连接在节点 i 上各管段的流量应满足节点流量连续性方程。

③ 无需考虑能量方程，因为在拟定节点水压时，已满足能量方程条件。

应用指数型水头损失公式时，连接节点 i、j 的管段流量 q_{ij} 和水头损失 h_{ij} 之间的关系为

$$q_{ij}=R_{ij}\left|h_{ij}\right|^{a-1}h_{ij} \tag{3-40}$$

与 $h=sq^n$ 式相比，$a=\frac{1}{n}$，$R=s^{\frac{1}{n}}$。

式（3-39）代入式（3-40），得

$$q_{ij}=R_{ij}\left|H_i-H_j\right|^{n-1}(H_i-H_j) \tag{3-41}$$

因此，水压法是将管段流量表达式（3-41）代入 $J-S$ 个连续性方程中，即

$$q_i+\sum_j q_{ij}=0 \tag{3-42}$$

并以节点水压 H_i 为未知量，解 $J-S$ 个方程组，从而求出各节点水压的过程。

应用水压法平差管网时，哈代-克罗斯法是解下列非线性方程组，以求得水头损失未知量。

$$\left.\begin{aligned}&\varphi_{\mathrm{I}}(h_1,h_2,\cdots,h_p)=0\\&\varphi_{\mathrm{II}}(h_1,h_2,\cdots,h_p)=0\\&\quad\vdots\\&\varphi_{J-1}(h_1,h_2,\cdots,h_p)=0\end{aligned}\right\} \tag{3-43}$$

以上任一方程只表示连接在该节点上的各管段水头损失。当管网总供水量已给时，方程数为 $J-1$ 个。

按照管网起点水压和终点的水压高差，从满足能量方程 $\sum h_{ij}=0$ 的条件，拟定各管段的 h_{ij} 值，然后求出各管段流量，核算环内各节点的 $q_i+\sum\limits_j q_{ij}$ 即 $\sum s_{ij}^{-\frac{1}{n}}h_{ij}^{\frac{1}{n}}+q_i$ 值是否为零；如不为零，则由流量闭合差算出水头损失校正值，代入式（3-43）得以下方程组。

$$\left.\begin{aligned}&\varphi_{\mathrm{I}}(h_1+\Delta h_1,h_2+\Delta h_2,\cdots,h_p+\Delta h_p)=0\\&\varphi_{\mathrm{II}}(h_1+\Delta h_1,h_2+\Delta h_2,\cdots,h_p+\Delta h_p)=0\\&\quad\vdots\\&\varphi_{J-1}(h_1+\Delta h_1,h_2+\Delta h_2,\cdots,h_p+\Delta h_p)=0\end{aligned}\right\} \tag{3-44}$$

展开函数 φ_J，只取前两项，得

$$\left.\begin{aligned}&\varphi_{\mathrm{I}}(h_1,h_2,\cdots,h_p)+\left(\frac{\partial\varphi_{\mathrm{I}}}{\partial h_1}\Delta h_1+\frac{\partial\varphi_{\mathrm{I}}}{\partial h_2}\Delta h_2+\cdots+\frac{\partial\varphi_{\mathrm{I}}}{\partial h_p}\Delta h_p\right)=0\\&\varphi_{\mathrm{II}}(h_1,h_2,\cdots,h_p)+\left(\frac{\partial\varphi_{\mathrm{II}}}{\partial h_1}\Delta h_1+\frac{\partial\varphi_{\mathrm{II}}}{\partial h_2}\Delta h_2+\cdots+\frac{\partial\varphi_{\mathrm{II}}}{\partial h_p}\Delta h_p\right)=0\\&\quad\vdots\\&\varphi_{J-1}(h_1,h_2,\cdots,h_p)+\left(\frac{\partial\varphi_{J-1}}{\partial h_1}\Delta h_1+\frac{\partial\varphi_{J-1}}{\partial h_2}\Delta h_2+\cdots+\frac{\partial\varphi_{J-1}}{\partial h_p}\Delta h_p\right)=0\end{aligned}\right\} \tag{3-45}$$

上式中的第一项为初始拟定的 h_{ij} 值时的 φ_i 值，函数 φ_i 的显式是节点 i 的流量闭合差

$$\Delta q=\sum\left(s_{ij}^{-\frac{1}{n}}h_{ij}^{\frac{1}{n}}\right)_i+q_i \tag{3-46}$$

式中 q_i——节点 i 的流量；

s_{ij}——节点 i 上各管段的水力摩阻。

求导数得 $\dfrac{\partial\varphi}{\partial h_{ij}}=\dfrac{1}{n}s_{ij}^{-\frac{1}{n}}h_{ij}^{\left(\frac{1}{n}-1\right)}$，当 $n=2$ 时，则为

$$\frac{\partial\varphi}{\partial h_{ij}}=\frac{1}{2}s_{ij}^{-\frac{1}{2}}h_{ij}^{-\frac{1}{2}}=\frac{1}{2\sqrt{s_{ij}h_{ij}}} \tag{3-47}$$

管网各节点的水压用 ΔH_i 校正，以代替管段水头损失校正，也就是各管段的水头损失校正值 Δh_{ij} 改用节点水压校正值 ΔH_i 表示，这里 $\Delta h_{ij}=\Delta H_i-\Delta H_j$。经过变换后，上述方程组用流量闭合差代替 $\varphi_i(h_{ij})$，得

$$\left.\begin{aligned}
&\left(\frac{1}{2}s_{ij}^{-\frac{1}{2}}h_{ij}^{-\frac{1}{2}}\right)_{\mathrm{I}}\Delta H_{\mathrm{I}}+\left(\frac{1}{2}s_{ij}^{-\frac{1}{2}}h_{ij}^{-\frac{1}{2}}\right)_{\mathrm{K1}}\Delta H_{\mathrm{K1}}+\left(\frac{1}{2}s_{ij}^{-\frac{1}{2}}h_{ij}^{-\frac{1}{2}}\right)_{\mathrm{L1}}\Delta H_{\mathrm{L1}}+\cdots=-\Delta q_{\mathrm{I}}\\
&\left(\frac{1}{2}s_{ij}^{-\frac{1}{2}}h_{ij}^{-\frac{1}{2}}\right)_{\mathrm{II}}\Delta H_{\mathrm{II}}+\left(\frac{1}{2}s_{ij}^{-\frac{1}{2}}h_{ij}^{-\frac{1}{2}}\right)_{\mathrm{K2}}\Delta H_{\mathrm{K2}}+\left(\frac{1}{2}s_{ij}^{-\frac{1}{2}}h_{ij}^{-\frac{1}{2}}\right)_{\mathrm{L2}}\Delta H_{\mathrm{L2}}+\cdots=-\Delta q_{\mathrm{II}}\\
&\qquad\vdots\\
&\left(\frac{1}{2}s_{ij}^{-\frac{1}{2}}h_{ij}^{-\frac{1}{2}}\right)_{J-1}\Delta H_{J-1}+\left(\frac{1}{2}s_{ij}^{-\frac{1}{2}}h_{ij}^{-\frac{1}{2}}\right)_{\mathrm{K}J-1}\Delta H_{\mathrm{K}J-1}+\left(\frac{1}{2}s_{ij}^{-\frac{1}{2}}h_{ij}^{-\frac{1}{2}}\right)_{\mathrm{L}J-1}\Delta H_{\mathrm{L}J-1}+\cdots=-\Delta q_{J-1}
\end{aligned}\right\}\tag{3-48}$$

每一方程的第一项为未知的节点水压校正值 ΔH_i，其系数是连接在该节点上全部管段的$\frac{1}{2}s_{ij}^{-\frac{1}{2}}h_{ij}^{-\frac{1}{2}}$总和。其余各项表示相邻节点的水压校正值，其系数是与相邻节点连接管段$\frac{1}{2}s_{ij}^{-\frac{1}{2}}h_{ij}^{-\frac{1}{2}}$的值。$\Delta q_i$ 为各节点的流量闭合差，这里所用的负号是有条件的，表示初始拟定的节点水压使所有顺时针方向管段的流量过大。

解上述方程组即可得出各节点的水压校正值 ΔH_i。据此修正节点水压，由修正后 H_i 值求得各管段的水头损失和相应的流量，并逐步满足节点流量平衡和各环水头损失平衡的条件。

应用哈代-克罗斯迭代法求解时，可略去式（3-48）中相邻节点的校正水压值，由此得出任一节点的水压校正值，即

$$\Delta H_i=\frac{-\Delta q_i}{\frac{1}{n}\sum\left(s_{ij}^{-\frac{1}{n}}h_{ij}^{-\frac{1}{n}}\right)}\tag{3-49}$$

当 h 和 q 为平方关系时，上式成为

$$\Delta H_i=\frac{-2\Delta q_i}{\sum\frac{1}{\sqrt{s_{ij}h_{ij}}}}=\frac{-2\left(\sum\pm q_{ij}+q_i\right)}{\sum\frac{1}{\sqrt{s_{ij}h_{ij}}}}\tag{3-50}$$

应用式（3-50）求出节点校正水压，通过管网计算逐步接近真正的水头损失和流量。

应用水压法时，需先拟定管段水头损失或节点水压，由水泵供水的管网，因为缺乏拟定水压的足够依据，所以要确定节点水压是有困难的。

水压已定的管网系统，例如重力给水系统或利用原有水泵供水的系统，易于初步拟定各中间节点的水压，以求出管段水头损失和流量。这种情况下，起点（配水源）和终点（控制点）的水压在平差过程中，保持不变。

计算开始时所拟定的节点水压，决定了管段的初始水头损失和流量（管段摩阻已知时）。如果管段的摩阻未知，在用水压法平差时，需进行流量分配以确定管径和摩阻，这样才有可能对总水压未知的管网进行计算。

在对管网进行初步流量分配后，确定各管段的流量和管径，并计算各管段的水头损失，得出各环的水头损失闭合差$\sum h_{ij}$。根据闭合差大小，调整各管段的水头损失，使其最终满足$\sum h_{ij}=0$ 的要求。然后按调整的 h_{ij} 算出管段流量 $q_{ij}=\sqrt{\frac{h_{ij}}{s_{ij}}}$，这时已不再满足节点流量连续性方程而出现流量闭合差 $\Delta q_i=\sum q_{ij}+q_i$。

按新的节点水压 H_i 改变各管段的 h_{ij} 值，直到相应的流量满足连续性方程为止。按式（3-50）校正节点水压，各环可以自动满足$\sum h_{ij}=0$，也即保持管网中测压管线的连续性。

由管网水压平差的结果，管网总供水量可能和初始值不同，如果限于实际情况必须使两者相等时，则由平差得出的全部管段流量应按比例调整。所以按水压法计算时，只能得出管段流量的比例而不是绝对值。正如流量法计算一样，得到的只是管网节点的相对水压差，而不是实际的水压值。

哈代-克罗斯法的计算步骤归纳如下。

① 除了水压已定的节点，例如配水源和控制点外，需先假定各节点的初始水压，假定的值越接近实际，则计算时收敛越快，越易得到计算结果。

② 由初始假定的节点水压，按 $h_{ij}=H_i-H_j$ 和 $q_{ij}=\sqrt{\frac{h_{ij}}{s_{ij}}}$ 算出管段流量。

③ 假定流向节点的管段流量和水头损失为负，离开节点的管段流量和水头损失为正，算出各节点相连的管段流量，如连接在该节点的各管段流量及节点流量的代数和不等于零，则按式（3-49）计算校正水压 ΔH_i。

④ 据 ΔH_i 值修正每一节点（除水压已定的节点外）的水压。

$$H_i^{(n+1)}=H_i^{(n)}+\Delta H_i \tag{3-51}$$

按第③、④步重复计算，直到全部节点的流量平衡条件达到预定精确度为止。

应用水压法的管网计算程序框图见图 3-20。

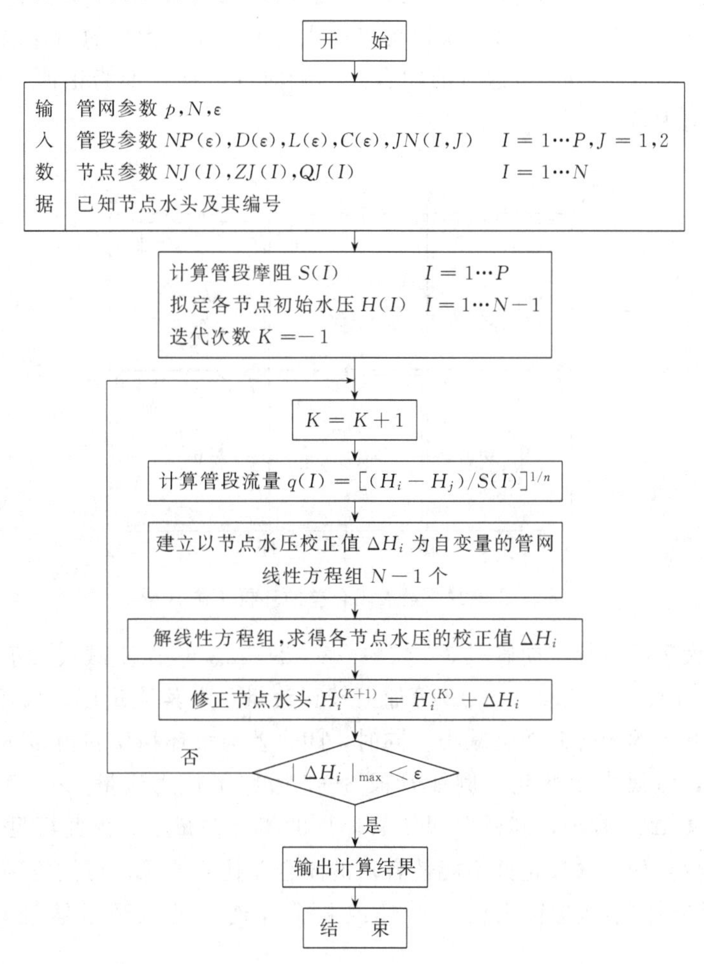

图 3-20　水压法计算管网的程序框图

3.7.1.3　最大闭合差的环校正法

管网计算过程中，在每次迭代时，可对管网各环同时校正流量，但也可以只对管网中闭合差最大的一部分环进行校正，称为最大闭合差的环校正法。

前述哈代-克罗斯法是指由初步分配流量求出各环闭合差 Δh_i，由此得出各环的校正流量 Δq_i。各环的管段流量经 Δq_i 校正后，得到新的计算管段流量，然后应用这一流量重复以上计算过程，迭代计算到各环闭合差小于允许值为止。

最大闭合差的环校正法和哈代-克罗斯法不同的是：平差时只对闭合差最大的一个环或若干环进行计算，而不是全部环。该法在手工计算时，对技术比较熟练的人来说可以减少平差的时间。该法首先按初步分配流量求得各环的水头损失闭合差大小和方向，然后选择水头损失闭合差大的一个环或将闭合差较大且方向相同的相邻基环连成大环。对于环数较多的管网可能会有几个大环，只需对在大环上的各管段进行平差计算。通过平差后，和大环异号的各邻环，闭合差会同时相应减小，所以选择大环是加速得到计算结果的关键。

选择大环时应该注意的是，决不能将闭合差方向不同的几个基环连成大环，否则计算过程中会出现这种情况，即和大环闭合差相反的基环其闭合差反而增大，致使计算不能收敛。

如图 3-21 所示的多环管网，闭合差 Δh_i 方向如图示。因环Ⅲ、Ⅴ、Ⅵ的闭合差较大且方向相同，并且与邻环Ⅱ、Ⅳ异号，所以可以连成一个大环，大环的闭合差等于各基环闭合差之和，即 $\Delta h_{\text{Ⅲ}}+\Delta h_{\text{Ⅵ}}+\Delta h_{\text{Ⅴ}}$。这时因闭合差为顺时针方向，即为正值，所以校正流量为逆时针方向，其值为负。

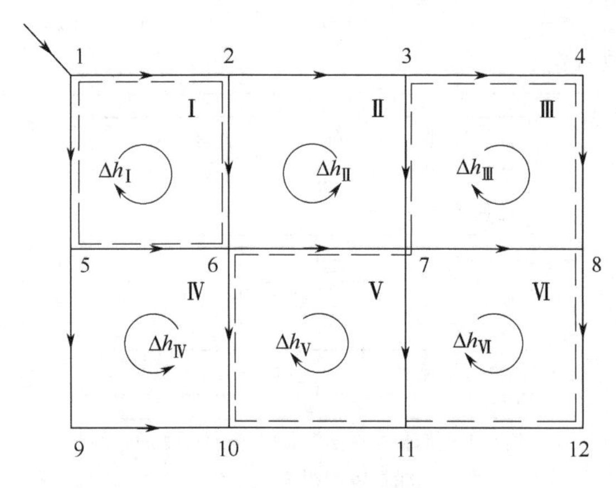

图 3-21　最大闭合差的环校正法

这时，应在大环顺时针方向管段 3—4、4—8、8—12、6—7 上减去校正流量，逆时针方向管段 3—7、6—10、10—11、11—12 等加上校正流量，调整流量后，大环闭合差将减小，相应地大环内各基环的闭合差随之减小。同时，闭合差与大环相反的相邻环环Ⅱ因受到大环流量校正的影响，流量发生变化，例如管段 3—7 增加了校正流量 Δq，管段 6—7 减去了 Δq，因而使闭合差 $\Delta h_{\text{Ⅱ}}$ 减小，同样原因使邻环Ⅳ的闭合差减小。由此可见，计算工作量较逐环平差方法为少。如一次校正并不能使各环的闭合差达到要求，可按第一次校正后的水头损失闭合差重新选择闭合差较大的一个环或几个环连成的大环继续计算，直到满足要求为止。

大型管网如果同时可连成几个大环平差时，应先计算闭合差最大的环，使对其他的环产生较大的影响，有时甚至可使其他环的闭合差改变方向。如先对闭合差小的大环进行计算，则计算结果对闭合差较大的环影响较小，为了反复消除闭合差，将会增加计算的次数。使用本法计算时，同样需反复计算多次，每次计算需重新选定大环。

校正流量值可以按式（3-38）估算或凭计算者经验拟定 Δq 值。

应用本法计算需有一定的技巧与经验，手工计算较复杂的管网时，有经验的计算人员可用这种方法缩短计算时间。

3.7.2 环状网计算

在城市中心地区和供水安全性要求较高的工业企业，环状网是主要的管网形式，环状网的水力计算是管网计算的重点。

单水源环状网的流量法水力计算步骤如下。

（1）根据城镇的供水情况，拟定环状网各管段的水流方向，按每一节点满足 $q_i+\sum q_{ij}=0$ 的条件，并考虑供水可靠性要求分配流量，得初步分配的各管段流量 $q_{ij}^{(0)}$。这里 i、j 表示管段两端的节点编号。

（2）由 $q_{ij}^{(0)}$ 计算各管段的摩阻系数（$s_{ij}=a_{ij}l_{ij}$）和水头损失 $h_{ij}^{(0)}=s_{ij}q_{ij}^{n(0)}$。

（3）假定各环内水流顺时针方向管段中的水头损失为正，逆时针方向管段中的水头损失为负，计算该环内各管段的水头损失代数和$\sum h_{ij}^{(0)}$，如$\sum h_{ij}^{(0)}\neq 0$，其差值即为第一次闭合差$\sum h_{ij}^{(0)}$。

如$\sum h_{ij}^{(0)}>0$，说明顺时针方向各管段中初步分配的流量多了些，逆时针方向管段中分配的流量少了些；反之，如$\sum h_{ij}^{(0)}<0$，则顺时针方向管段中初步分配的流量少了些，而逆时针方向管段中的流量多了些。

（4）计算每环内各管段的 $|s_{ij}q_{ij}^{(0)}|$ 及其总和$\sum|s_{ij}q_{ij}^{(0)}|$，按式（3-38）求出校正流量。如闭合差为正，校正流量即为负，反之则校正流量为正。

（5）设图上的校正流量 Δq_i 符号以顺时针方向为正，逆时针方向为负，凡是流向和校正流量 Δq_i 方向相同的管段，加上校正流量，否则减去校正流量，据此调整各管段的流量，得第一次校正的管段流量为

$$q_{ij}^{(1)}=q_{ij}^{(0)}+\Delta q_{\mathrm{s}}^{(0)}+\Delta q_{\mathrm{n}}^{(0)} \tag{3-52}$$

式中 $\Delta q_{\mathrm{s}}^{(0)}$——本环的校正流量；

$\Delta q_{\mathrm{n}}^{(0)}$——邻环的校正流量。

按此流量再行计算水头损失，如闭合差尚未达到允许的精度，再从第（2）步起按每次调整后的流量反复计算，直到每环的闭合差达到精度要求为止。

【例 3-5】 某城市管网布置成环状网，设置网前水塔（采用高地水池）。最高时用水量 97.1L/s，其中工业企业集中用水量为 49.8L/s，具体位置见表 3-10。所需自由服务水压 0.2MPa。计算图 3-22 所示的管网。

表 3-10 工业企业集中流量

节点	1	2	3	4	5	6	7	8
节点流量/(L·s^{-1})	0	2.08	4.98	7.42	1.69	2.86	0.60	0
节点	9	10	11	12	13	14	15	总计
节点流量/(L·s^{-1})	14.73	5.20	0.89	0.85	1.40	5.93	1.17	49.8

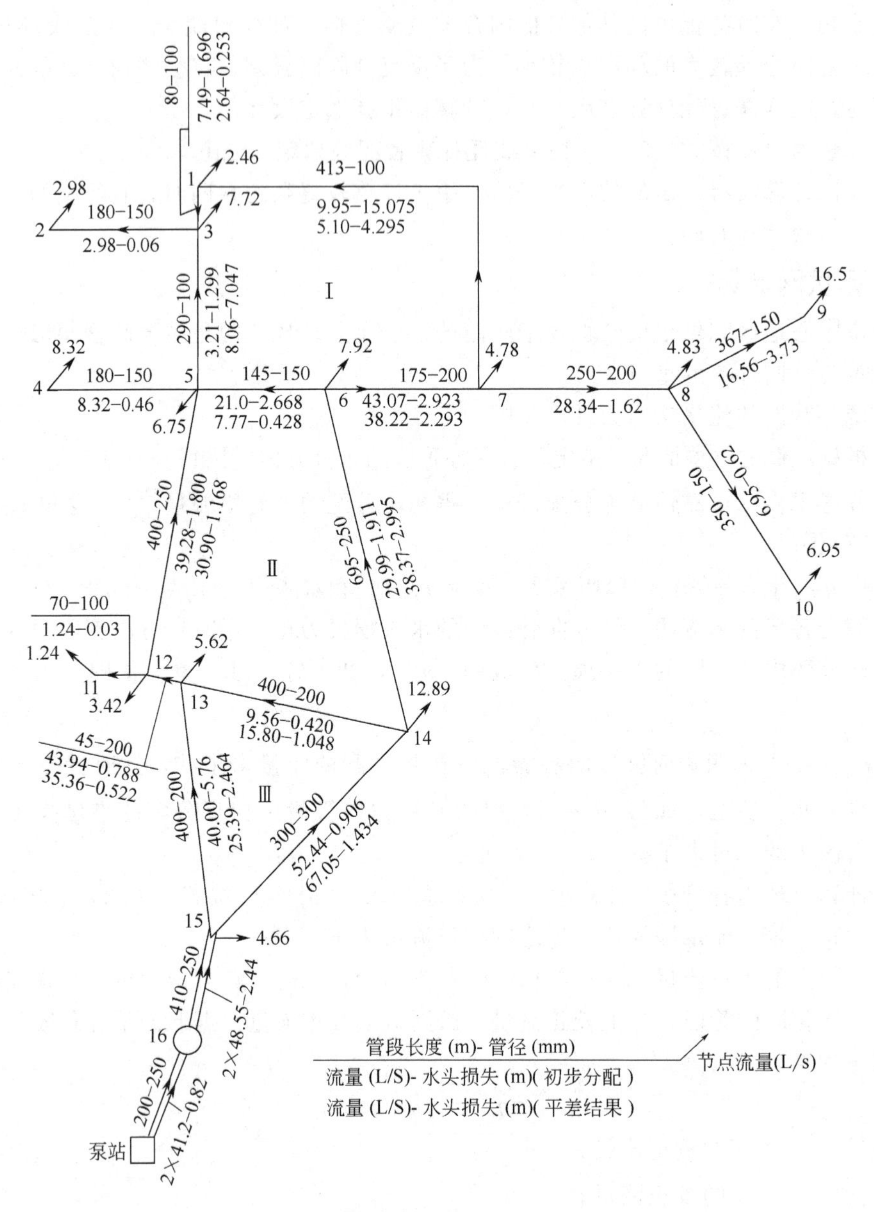

图 3-22 例 3-5 图

【解】 ① 求比流量、沿线流量和节点流量

比流量 $$q_s=\frac{97.1-49.8}{4740}=\frac{47.3}{4740}=0.00998\ [\mathrm{L/(s\cdot m)}]$$

沿线流量计算方法同【例 3-3】，计算结果见表 3-11；节点流量计算结果见表 3-12（节点流量＝集中流量＋沿线流量化为节点流量）。

② 流量初次分配　根据用水情况，拟定各管段的流向。因大用户集中在节点 9、10，因此整个管网的供水方向从高地水池 16 到这些节点。按每一节点符合流量节点平衡条件 $q_i+\sum q_{ij}=0$ 进行流量分配。两条干管 15—14—6 和 15—13—5 分配流量大致相近，以免一条干管损坏时，另一条负担过重。以图 3-22 的节点 15 为例，从高地水池来的流量 97.1L/s 经两条输水管（每条流量为 48.55L/s）到该节点后，管段 14—15 中分配 52.44L/s，管段 13—

表 3-11　沿线流量

管段编号	1—3	2—3	1—7	3—5	4—5	5—6	6—7	7—8	8—9
管段长度/m	80	180	413	290	180	145	175	250	367
沿线流量/(L·s^{-1})	0.798	1.796	4.122	2.894	1.796	1.447	1.747	2.495	3.663
管段编号	8—10	5—12	6—14	11—12	12—13	13—14	13—15	14—15	合计
管段长度/m	350	400	695	70	45	400	400	300	4740
沿线流量/(L·s^{-1})	3.493	3.992	6.936	0.699	0.449	3.992	3.992	2.994	47.3

表 3-12　节点流量

节点	1	2	3	4	5	6	7	8
节点流量/(L·s^{-1})	2.46	2.98	7.72	8.32	6.75	7.92	4.78	4.83
节点	9	10	11	12	13	14	15	总计
节点流量/(L·s^{-1})	16.56	6.95	1.24	3.42	5.62	12.89	4.66	97.1

15 中分配 40.0L/s，符合 $q_i+\sum q_{ij}=-97.1+4.66+52.44+40.0=0$ 的条件，其余管段初分流量见图 3-22。

③ 确定管径和水头损失　按经济流速选定管径。对于管段 1—3、5—6 等，平时流量较小，但当管线（如 6—7）损坏时，可能要转输较大的流量，对于城市管网，最小管径不得小于 *DN*100，故采用 *DN*100，经过核算，当管段 6—7 损坏时，节点 7、8、9、10 等用水量将由这些管段（1—3、3—5、1—7）转输，*DN*100 偏小，但考虑到事故损坏时间较短，为了节省投资，不再放大管径。各管段水头损失可查水力计算表求得。

④ 管网平差　从表 3-13 可以看出，按初分流量求出的各基环闭合差都大于要求。经过第一次校正后还有Ⅰ、Ⅱ、Ⅲ环闭合差不满足要求，经过继续平差，直至各基环的闭合差均小于 0.5m，大环闭合差

$$\begin{aligned}\sum h &= h_{13-15}+h_{12-13}+h_{5-12}+h_{3-5}+h_{1-3}+h_{1-7}+h_{6-7}+h_{6-14}+h_{14-15}\\ &=2.464+0.522+1.168+7.047-0.253-4.295-2.293-2.995-1.434\\ &=-0.069\ (\mathrm{m})\end{aligned}$$

也满足小于 1.0m。

对于两环之间的公共管段的流量校正，以管段 5—6 为例，初分流量为 21.0L/s，因环Ⅰ的闭合差为－21.062m，校正流量为＋5.45L/s，环Ⅱ的闭合差为 3.765m，校正流量为－7.44L/s，所以第一次校正后的流量为

$$q_{5-6}-\Delta q_{\mathrm{I}}-\Delta q_{\mathrm{II}}=21.0-5.45-7.44=8.09\ (\mathrm{L/s})$$

这里应注意本环和邻环校正流量的符号。

平差过程中，管段的流向可能改变。

⑤ 树状网部分的计算　该管网为环状网和树状网相结合。树状网部分的计算，在环状网各基环平差满足闭合差精度要求和各管段满足最小流速要求的基础上，确定的环状网的各节点的水压，如节点 3、5、7、12 的水压。这些节点水压即为各树状网起点水压，根据终点的服务水头和地形高差，确定水力坡度，然后求出相应的管径和水头损失。计算方法同树状网的支管线。

计算结果见图 3-22。

表 3-13　环状网计算（最高用水时）

环号	管段	管长/m	管径/mm	初步分配流量				第一次校正				……	第七次校正			
				$q/(L\cdot s^{-1})$	$\|sq\|$	$1000i$	h/m	$q/(L\cdot s^{-1})$	$\|sq\|$	$1000i$	h/m		$q/(L\cdot s^{-1})$	$\|sq\|$	$1000i$	h/m
Ⅰ	1—3	80	100	−7.49	0.187	−21.2	−1.696	−7.49+5.45=−2.04	0.051	−2.010	−0.161		…+…=−2.64	0.066	−3.16	−0.253
	3—5	290	100	+3.21	0.290	4.48	1.299	3.21+5.45=+8.66	0.783	27.700	8.033		…+…=8.06	0.729	24.3	7.047
	5—6	145	150	−21.00	0.113	−18.4	−2.668	−21+5.45+7.46=−8.09	0.044	−3.210	−0.465		…+…=−7.77	0.042	−2.95	−0.428
	6—7	175	200	−43.07	0.061	−16.7	−2.923	−43.07+5.45=−37.62	0.053	−12.800	−2.240		…+…=−38.22	0.054	−13.1	−2.293
	1—7	413	100	−9.95	1.281	−36.5	−15.075	−9.95+5.45=−4.50	0.579	−8.290	−3.424		…+…=−5.10	0.657	−10.4	−4.295
					1.932		−21.062		1.510		1.743			1.547		−0.221
				$\Delta q_{Ⅰ}=-\frac{-21.062}{2\times1.932}=5.45$				$\Delta q_{Ⅰ}=-\frac{1.743}{2\times1.510}=-0.58$								
Ⅱ	5—6	145	150	+21.0	0.113	18.4	2.668	21.0−7.46−5.45=8.09	0.044	3.210	0.465		…+…=7.77	0.042	2.95	0.428
	5—12	400	250	+39.28	0.040	4.50	1.800	39.28−7.46=31.82	0.032	3.060	1.224		…+…=30.90	0.031	2.92	1.168
	6—14	695	250	−29.99	0.053	−2.75	−1.911	−29.99−7.46=−37.45	0.066	−4.120	−2.863		…+…=−38.37	0.068	−4.31	−2.995
	12—13	45	200	+43.94	0.016	17.5	0.788	43.94−7.46=36.48	0.013	12.100	0.545		…+…=35.56	0.013	11.6	0.522
	13—14	400	200	+9.56	0.031	1.05	0.420	9.56−7.4+12.64=14.74	0.048	2.280	0.912		…+…=15.80	0.051	2.62	1.048
					0.253		3.765		0.203		0.283			0.205		0.170
				$\Delta q_{Ⅱ}=-\frac{3.765}{2\times0.253}=-7.44$				$\Delta q_{Ⅱ}=-\frac{0.283}{2\times0.203}=-0.70$								
Ⅲ	13—15	400	200	+40.00	0.129	14.4	5.760	40.00−12.64=27.36	0.089	7.070	2.828		…+…=25.39	0.082	6.16	2.464
	13—14	400	200	−9.56	0.031	−1.05	−0.420	−9.56−12.64+7.46=−14.74	0.048	−2.280	−0.912		…+…=−15.80	0.051	−2.62	−1.048
	14—15	300	300	−52.44	0.015	−3.02	−0.906	−52.44−12.64=−65.08	0.019	−0.450	−0.135		…+…=−67.05	0.019	−4.78	−1.434
					0.175		4.434		0.156		1.781			0.152		−0.018
				$\Delta q_{Ⅲ}=-\frac{4.434}{2\times0.175}=-12.67$				$\Delta q_{Ⅲ}=-\frac{1.781}{2\times0.156}=-5.71$								

⑥ 确定高地水池标高和容积　控制点为节点 9，地面标高为 33.15m，所需自由水压为 20m。从该点到高地水池的平均水头损失为：$\sum h=2.44+1.434+2.995+2.293+1.62+3.73=14.51$（m）

因此高地水池标高应为：$H=33.15+20.0+14.51=67.66$（m）。

该城最高日用水量为 5000m³/d，按其 7%确定水池的调节容积：$V=5000\times7\%=350$（m³）。

另考虑储存该给水管网 10min 消防用水储量 50m³，则采用有效容积为 400m³ 的水池，面积 10m×10m，深 4.0m。

⑦ 选泵　在最高日用水时，假定泵站和高地水池供水量的比例为 0.85∶0.15，泵站到水池用两条输水管，每条流量为：$q=97.1/2\times0.85=41.2$（L/s）。

选用管径 $DN250$，水头损失为：$h=200\times25.28\times10^{-6}\times41.2^2=0.86$（m）。

水泵扬程：$H=67.66+5.8+0.86+2.4-49.2=27.52$（m）。

上式中 5.8m 为水柜有效水深，2.4m 为吸水管和泵站内水头损失，49.2 为吸水井最低水位水面标高。

3.8 多水源管网水力计算

前面讨论的内容，主要是单水源管网的计算方法。但是许多大中城市，随着用水量的增长，往往逐步发展成为多水源（包括泵站、水塔、高地水池等也看做是水源）的给水系统。多水源管网的计算原理虽然和单水源时相同，但有其特点。因这时每一水源的供水量随着供水区用水量、水源的水压以及管网中的水头损失而变化，从而存在各水源之间的流量分配问题。

由于城市地形和保证供水区水压的需要，水塔可能布置在管网末端的高地上，这样就形成对置水塔的给水系统。如图 3-23 所示的对置水塔管网系统，可以有以下两种工作情况。

① 最高用水时　二级泵站供水量小于用水量，管网用水由泵站和水塔同时供给，即成为多水源管网。两者有各自的供水区，在供水区的分界线上水压最低，从管网计算结果，可得出两水源的供水分界线经过 8、12、5 等节点，如虚线所示。

② 最大转输时　一天内有若干小时因二级泵站供水量大于用水量，多余的水通过管网转输入水塔储存，其中转输流量最大的小时流量为最大转输时流量，这时就成为单水源管网，不存在供水分界线。

应用虚环的概念，可将多水源管网转化成为单水源管网。所谓虚环是指在水源之间用无流量的虚管段，将各水源与虚节点用虚线连接，构成管网的一个环，因而增加了能量方程，如图 3-24 所示。它由虚节点 0（各水源供水量的汇合点）、该点到泵站和水塔的虚管段以及泵站到水塔之间的实管段（例如泵站—1—2—3—4—5—6—7—水塔的管段）组成。于是多水源的管网可看成是只从虚节点 0 供水的单水源管网。虚管段中没有流量，不考虑摩阻，只表示按某一基准面算起的水泵扬程或水塔水压。

由上可见，两水源时可形成一个虚环，同理，三水源时可构成两个虚环，依次类推，因此虚环数等于水源（包括泵站、水塔等）数减一。

虚节点 0 的位置可以任意选定，其水压可假设为零。从虚节点 0 流向泵站的流量 Q_p，即为泵站的供水量。在最高用水时，水塔也供水到管网，此时虚节点 0 到水塔的流量 Q_t 即

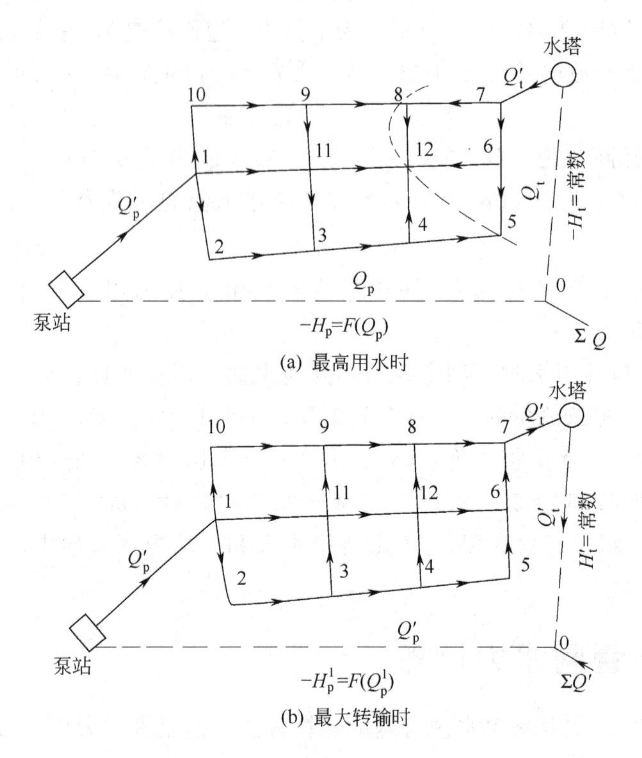

图 3-23 对置水塔的工作情况

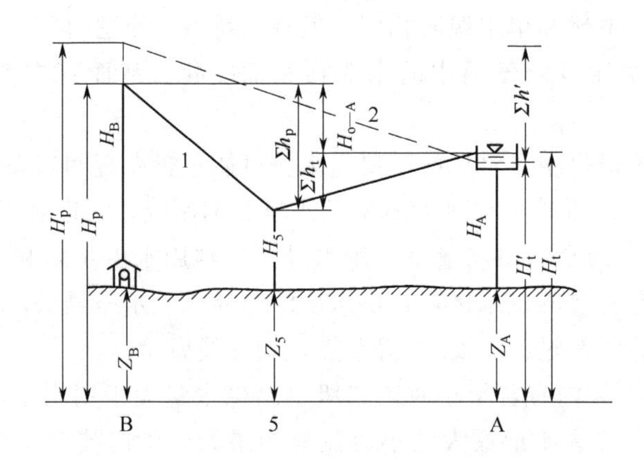

图 3-24 对置水塔管网的水头损失平衡条件

1—最高用水时；2—最大转输时

为水塔供水量。最大转输时，泵站的流量为 Q_p，经过管网用水后，以转输流量 Q'_t 从水塔经过虚管段流向虚节点 0。

最高用水时虚节点 0 的流量平衡条件为

$$Q_p + Q_t = \sum Q \tag{3-53}$$

式中 Q_p——最高用水时泵站供水量，L/s；

Q_t——最高用水时进入水塔的流量，L/s；

$\sum Q$——最高用水时管网的用水量，L/s。

也就是各水源供水量之和等于管网的最高时用水量。

虚管段 0—泵站、0—水塔的流量-水压特性反映水源的特性。虚环水压 H 值的符号规定如下：流向虚节点的管段，其水压为正；流离虚节点的管段，水压为负。因此由水泵供水的虚管段，水流总是离开虚节点，所以水压 H 的符号常为负。

$$+(-H_p)+\sum h_p-\sum h_t-(-H_t)=0$$

或
$$H_p-\sum h_p+\sum h_t-H_t=0 \tag{3-54}$$

式中 H_p——最高用水时的泵站水压，m；

$\sum h_p$——从泵站到分界线上控制点的任一条管线的总水头损失，m；

$\sum h_t$——从水塔到分界线上同一控制点的任一条管线的总水头损失，m；

H_t——水塔水位标高，m。

最大转输时的虚节点流量平衡条件为

$$Q'_p=Q'_t+\sum Q' \tag{3-55}$$

式中 Q'_p——最大转输时的泵站供水量，L/s；

Q'_t——最大转输时进入水塔的流量，L/s；

$\sum Q'$——最大转输时管网的用水量，L/s。

这时，虚环的水头损失平衡条件为（见图 3-24）

$$-H'_p+\sum h'+H'_t=0$$

或
$$H'_p-\sum h'-H'_t=0 \tag{3-56}$$

式中 H'_p——最大转输时的泵站水压，m；

H'_t——最大转输时从泵站到水塔的水头损失，m；

$\sum h'$——最大转输时的水塔水位标高，m。

多水源环状网的计算考虑了泵站、管网和水塔的联合工作情况。这时，管网的水力计算除了要满足 $J-1$ 个节点 $q_i+\sum q_{ij}=0$ 方程和 L 个实环的 $\sum s_{ij}q_{ij}^n=0$ 方程外，还应满足 $S-1$ 个虚环方程，S 为水源数。

在多水源管网的计算过程中，对于每一个由泵站供水的水源，水源供水流量（泵站流量）的变化，都会引起泵站水压 H_p 的改变，通过虚环水头损失平衡方程，进而调整管网各节点的水压。泵站供水的水源，其流量和水压的关系是由该泵站的水泵特性方程来反映的。在管网计算中，水泵特性方程一般用近似抛物线方程来表达，即

$$H_p=H_b-sQ^2 \tag{3-57}$$

式中 H_p——水泵扬程；

H_b——水泵流量为零时的扬程；

s——水泵摩阻；

Q——水泵流量。

为确定 H_b 和 s 值，可在离心泵 H-Q 特性曲线的高效区范围内任选两点，例如图 3-25 中的 1、2 两点，将 Q_1、Q_2、H_1、H_2 代入式（3-57）中，得

$$H_1=H_b-sQ_1^2$$
$$H_2=H_b-sQ_2^2$$

解得
$$s=\frac{H_1-H_2}{Q_2^2-Q_1^2} \tag{3-58}$$

$$H_b=H_1+sQ_1^2=H_2+sQ_2^2 \tag{3-59}$$

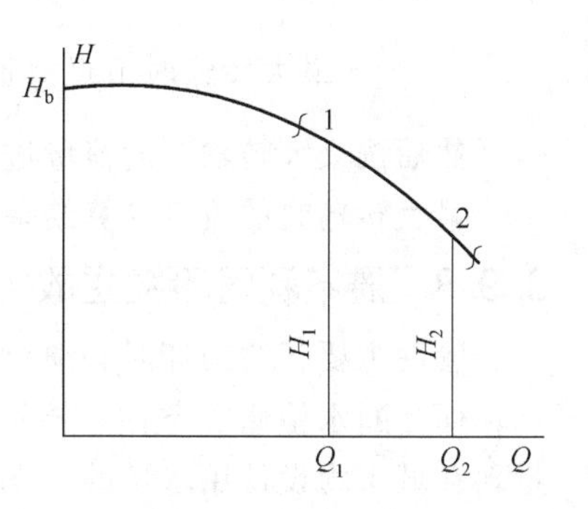

图 3-25 求离心泵特性方程

当几台离心泵并联工作时，应绘制并联水泵的特性曲

线，据此求出并联时的 s 和 H_b 值。

多水源环状网计算时，虚环和实环看成是一个整体，即不分虚环和实环同时计算。闭合差和校正流量的计算方法和单水源管网相同。管网计算结果应满足下列条件。

① 进出每一节点的流量（包括虚流量）总和等于零，即满足连续性方程。

② 每环（包括虚环）各管段的水头损失代数和为零，即满足能量方程。

③ 各水源到分界线上控制点的沿线水头损失之差应等于水源的水压差，如式（3-54）和式（3-56）所示。

3.9 管网校核

管网的管径和水泵扬程，按设计年限内最高日最高时的用水量和水压要求决定。但是用水量是发展的也是经常变化的，为了核算所定的管径和水泵能否满足不同工作情况下的要求，就需进行其他用水量条件下的计算，以确保经济合理地供水。通过核算，有时需将管网中个别管段的直径适当放大，也有可能需要另选合适的水泵。管网的核算条件如下。

3.9.1 消防时的流量和水压核算

消防时的管网核算，是以最高时用水量确定的管径为基础，然后按最高用水时流量另行增加消防时的流量（见附录表 B2）进行流量分配，求出消防时的管段流量和水头损失。计算时只是在控制点另外增加一个集中的消防流量，如按照消防要求同时有两处失火时，则可从经济和安全等方面考虑，将消防流量一处放在控制点，另一处放在离二级泵站较远或靠近大用户和工业企业的节点处。控制点的水压不得低于 10m。虽然消防时比最高用水时所需服务水头要小得多，但因消防时通过管网的流量增大，各管段的水头损失相应增加，按最高用水时确定的水泵扬程有可能不满足消防时的需要，这时需放大个别管段的直径，以减小水头损失。个别情况下因最高用水时和消防时的水泵扬程相差很大，需设专用消防泵供消防时使用。

3.9.2 最大转输时的流量和水压核算

设对置水塔的管网，在最高用水时，由泵站和水塔同时向管网供水，但在水泵供水量大于整个管网的用水量一段时间里，多余的水经过管网送入水塔内储存，因此这种管网还应按最大转输时流量来核算，以确定水泵能否将水送进水塔。核算时节点流量需按最大转输时的用水量求出。因节点流量随用水量的变化成比例地增减，所以最大转输时的各节点流量可按下式计算。

$$\text{最大转输时节点流量}=\frac{\text{最大转输时用水量}}{\text{最高时用水量}}\times\text{最高用水时该节点流量}$$

然后按最大转输时的流量进行分配和计算，方法和最高用水时相同。

最大转输时的流量核算结果，可能会对向水塔主要输水管段的管径适当放大。

3.9.3 最不利管段发生故障时的事故用水量和水压核算

管网主要管线损坏时必须及时检修，在检修时间内供水量允许减少。一般按最不利管段损坏而需断水检修的条件，核算事故时的流量和水压是否满足要求。至于事故时应有的流量，在城市为设计用水量的 70%，工业企业的事故流量按有关规定。这时控制点的水压不得低于 10m。

经过核算不能符合要求时，应在技术上采取措施。如当地给水管理部门有较强的检修力量，损坏的管段能迅速修复，且断水产生的损失较小时，事故时的管网核算要求可适当降低。

3.10　输水管渠计算

在给水系统中，输水管渠是指从水源输水到水厂或从水厂到给水区的管线。水源到水厂的输水管渠应按最高日平均时供水量加水厂自用水量确定。当管网内有水量调节水构筑物时，水厂到给水区管网的输水管渠的设计流量，应按最高日最高时条件下，由水厂所负担供应的水量确定；当无调节水构筑物时，应按最高日最高时供水量确定。当远距离输水时，输水管渠的设计流量还应计入管渠漏失水量；如供应消防用水时，还应包括消防补充流量或消防流量。

由于输水系统通常延伸很长，并且穿越许多障碍物（江河、丘陵、沼泽、公路和铁路等），损坏可能性随输水距离的增加而增加，所以在设计输水系统时，特别要注意安全可靠性。

输水管渠计算的任务是确定平行敷设的输水管渠数量、管径和水头损失。确定大型输水管渠的尺寸时，应考虑到具体埋设条件、所用材料、附属构筑物数量和特点、输水管渠条数等，通过方案比较确定。

3.10.1　输水系统的基本形式

输水系统的形式和许多因素有关，例如输送的水量、输水距离、输水管渠起点和终点的地形高差、给水的用途、沿线地形、输水方式等。对于输水系统的基本要求是：保证输送所需水量、输水过程中保持水质不变、损耗的水量（包括渗漏和蒸发）最少，并且必须保证输水系统工作的可靠性和经济性。

长距离输水时，可采用不同形式的输水构筑物。普遍使用的是压力管，但管径受到商品规格的限制。钢管和铸铁管易于保证施工质量，但造价一般较高，且在使用过程中，水管内壁会腐蚀结垢，阻力增大，因而输水能力下降。目前国内采用铸铁管内壁涂衬、钢管用内外防腐和阴极保护等措施，对延长金属管的使用年限效果明显。预应力钢筋混凝土管的造价较金属管低，内壁很少腐蚀结垢，自重大，接口相对刚性，耐压低。长距离输水管所占投资的比重大，如秦皇岛市给水改造工程，敷设 *DN*1200mm、*DN*1000mm、*DN*800mm 的输水管总长 22.5km，占给水系统工程总投资的 2/3。又如邯郸市引水工程，敷设长度为 40km、*DN*1000mm 的输水管，投资所占比例为 3/4，均可说明正确选用管材的重要性。

大量输水时也可用钢筋混凝土管渠和预应力钢筒混凝土管，近年来，我国长距离输水应用钢筋混凝土管较多。

无压重力流（自流）输水管，其特点是水源高于用水区，输水时无需电能费用。重力输水管的单位长度造价比压力管低，但需有一定的水力坡度，使水能在重力下流动，因而管线长度相应延长，建造费用也随之增加。

无压输水暗渠一般为钢筋混凝土结构，适用于低压下输送大量的水。暗渠占地少，卫生防护条件好，但投资较多。穿越高山和大河时，可建造隧洞，工程造价较高。

明渠通常是人工开挖的管渠，有时也利用天然河道，具有造价低、施工方便等特点。明渠输水时需建造一些特种水工构筑物。输水明渠应尽量专用，并与其他的河、渠立体交叉，互不干扰。明渠的缺点是占地多，水量损耗大，水质易受污染，定线和施工时常受地形和地质条件的限制。

随着我国给水事业的发展，长距离大流量的输水工程将日趋增多，由于工程投资大，所以应充分利用现有明渠或河道。例如大连市碧流河水库输水线路全长 167km，其中利用河道输水 53km。

近代大型输水工程往往是上述各种形式的组合。我国规模巨大、效益显著的输水工程之一——引滦入津工程，是跨流域的城市给水工程，穿山越岭，跨过平原，蜿蜒 236km。该工程从辽宁大黑汀水库坝下引滦总干渠分水闸到天津市西河水厂预沉池，其中穿越地质构造非常复杂的破碎带的输水隧洞长 11.38km，整治利用天然河道 127.41km，新建输水明渠 65km，钢筋混凝土输水暗渠 26km，直径为 2.5m 和 1.8m 的钢管 14.5km，倒虹管共长 2km，此外还有大型泵站 5 座，水闸 7 座，库容为 $4.5\times10^7\mathrm{m}^3$ 的水库一座，是典型的多种形式组合输水的一例。

综上所述，输水系统可按供水方式、水力条件和所用构筑物分类，见表 3-14。

表 3-14 输水系统分类

按供水方式	按水力条件	按构筑物类型
重力(自流)输水管渠	无压流(非满流)	明渠 管道 暗渠
	压力流(满流)	管道
压力输水管	压力流	管道

3.10.1.1 无压重力流输水管渠

水源水位高于配水池水位时，可以采用图 3-26 的布置。如输水管线 2 的沿线地形坡度基本均匀，仅有个别高地或洼地时，用无压明渠或暗渠较为合适，土方量、人工建造的构筑物和费用都较省。为了满足管线水力坡度的要求，有些地方需挖方，有些地方需填方。

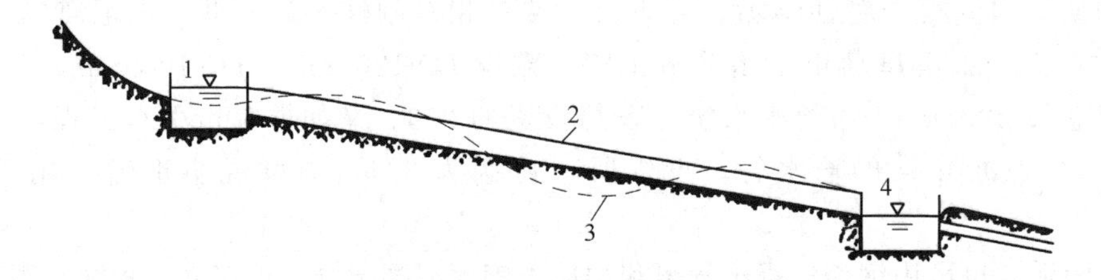

图 3-26 无压重力流输水管渠

1—高位水池；2—明渠；3—原有地形；4—水池

3.10.1.2 无压和有压交替的重力输水管渠

当水源水位高出配水池水位，并且高差可保证以经济的管渠断面输送需要的水量时，可采用此种形式。如图 3-27 所示，管段 1—2 的沿线地形比较平缓，采用无压管渠，可能有少量的填方或挖方；管段 4—5 穿越高地，采用无压隧洞；管段 6—7、8—9 采用倒虹管；管段 2—3、3—4、7—8、9—10 用压力管等。

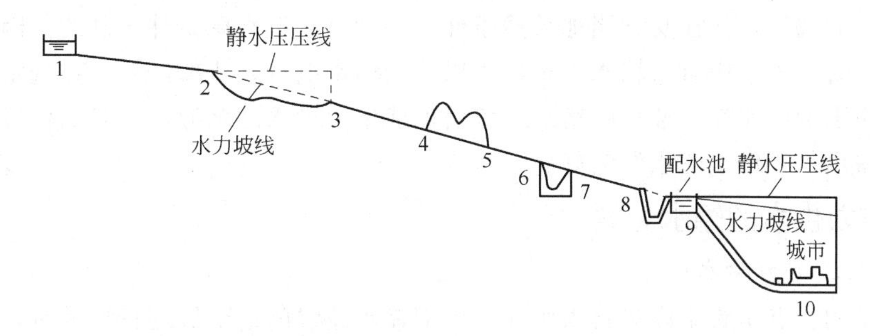

图 3-27 无压和有压交替的重力输水管渠

1—泵站；2—高位水池；3—配水池；4～10—管道

根据地形条件，采用压力管段和无压管段的长度可以相差很大。如图 3-28 所示，泵站的压力输水管先输水到高地水池，再根据地形，采用无压或有压的重力输水管。一般可比全部采用压力管降低费用。

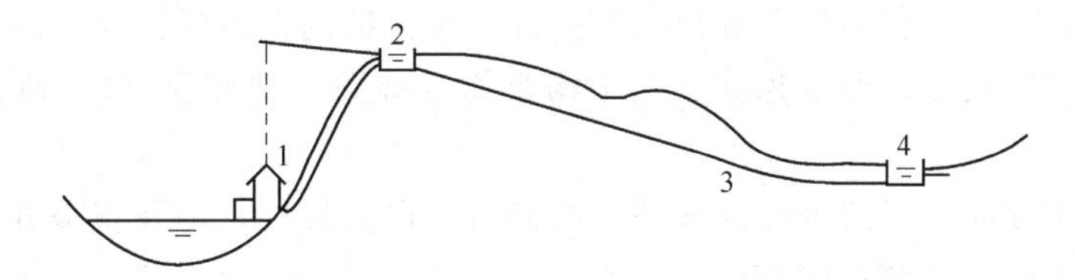

图 3-28 穿越高地的输水管

1—泵站；2—高位水池；3—压力管；4—水池

在地形复杂的地区，长距离输水时，每穿越一处高地，就需建造泵站，从而形成多级输水系统。图 3-29 中，泵站从水源取水，送到高位水池，然后由有压重力输水管流到山脚。再由第二级泵站经压力输水管送到高位水池，然后通过管道或明渠流入配水池。水源可以高于或低于配水池的水位。近代大型输水系统中，这种方式应用较广。

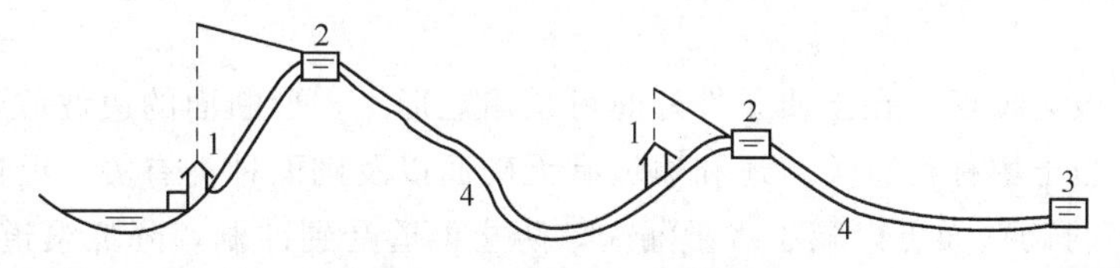

图 3-29 无压和有压管渠多级输水

1—泵站；2—高位水池；3—配水池；4—管道

3.10.1.3 压力输水管渠

压力输水管渠适用于给水区高于或等于水源水位时，或地形沿输水方向上升时（见图 3-30）。

当给水区和水源的高差很大时，为了降低管中的压力，可将压力输水管分成几段，每段有单独的泵站，组成多级输水系统。

给水系统中，输水管渠的费用占很大比例，尤其是长距离输送大流量时，为此，对于输水方式和构筑物的选择，应慎重考虑并必须有充分的技术经济依据。

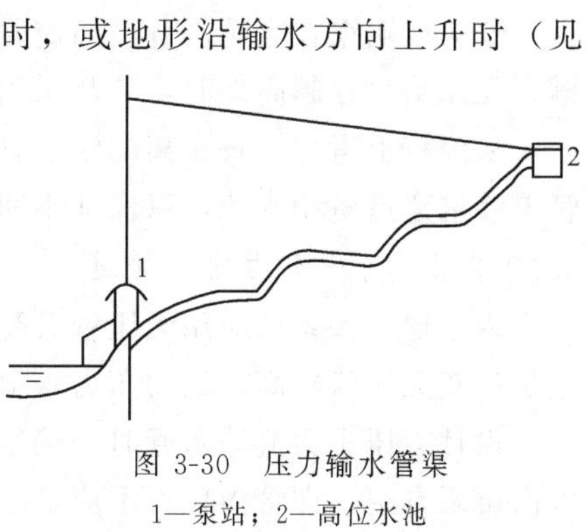

图 3-30 压力输水管渠

1—泵站；2—高位水池

输水方式的选择，往往受到当地自然条件，特别是天然水源条件的制约。因此只有在水源高于给水区时，才采用重力输水方式，可以节约输水电费，比较经济。在选定水源时，应注意到重力输水的可能性。选用距给水区较远但能重力供水的水源，有时比位置接近、取水设施较易但需用水泵供水的水源为好。

3.10.2 重力供水的输水管渠

3.10.2.1 无压重力输水管渠

无压管渠的特点是管渠内有自由水面。当沿输水路线的地形坡度较均匀时，采用无压管渠较为适宜。若地形平坦，则会增大管渠断面和造价。无压管渠的主要优点是单位长度的造价低，并且损坏可能性较小，管理方便。无压管渠包含无压管道和无压渠道两种形式。

无压渠道又分明渠和暗渠，明渠主要适用于输水量大的场合，一般用以输送水质要求不高的工业用水和自来水厂的原水。对于中小流量的输送，因为明渠建造费用高且水量漏失大，不宜采用；暗渠则用以输送清洁的原水或已经处理的水。

管渠定线需在深入进行地形和地质勘察并经多种方案的技术经济比较后才能选定。管渠的建造费用受到管渠长度、断面形式、人工构筑物（隧洞、倒虹管等）、地形、土壤条件等多种因素影响。

在平面图上定线时，尽可能是直线段，在两直线段交接处，即在管渠方向改变之处，用平缓曲线连接。曲线段的管渠断面应稍放大，以免产生壅水现象。若采用明渠输水，则坡度应尽可能做到整条路线均匀，渠底坡度尽可能相接近，即在一定流量下，明渠的断面尺寸、水深等应相接近。明渠的纵向设计坡度应接近于平均地形坡度，但相应的流速不应超越允许限度。纵向坡度过小则流速降低，必然增大明渠的过水断面，造价随之增加；流速过低又会在渠道中出现淤积和水草丛生，常需定期清理，带来管理上的不便。相反，如流速超过允许限度，渠道将受到冲刷。渠道流速的上限由土壤性质、渠壁和渠底是否有砌面及其种类等确定。无砌面的渠道，计算流速一般为0.6～0.7m/s；有砌面时，流速可在1.5～2.0m/s以上。

明渠断面一般为梯形，在土质条件好时可采用矩形。梯形断面的边坡坡度（水平投影长度与高度之比）与土壤种类有关，还和边坡有无砌面以及砌面种类有关。渠道边坡坡度一般可为1.5～3.0。衬砌壁面可以减小水量漏失，防止渠道受到冲刷，降低渠道表面的粗糙度，并可减少水生植物的生长。在密实性、渗水性小的土壤中，渠壁和渠底可不加衬砌。

按照构造形式和水力条件，给水暗渠和排水沟管非常类似。暗渠的计算充满度（水深和管渠断面高度之比）一般为0.75～0.9。

暗渠或明渠在穿越沟谷、河流时需建造倒虹管（有压自流管段），个别情况下需建造渡槽。无压暗渠穿越高地时，广泛采用隧洞。

从经济上考虑，长距离的给水管渠一般只建造一条，为了保证供水的可靠性，一般需在管渠终端建造备用水池，以保证不间断供水。水池容积应满足管渠检修时用户所需的水量。

3.10.2.2 有压重力输水管道

由于地形关系，应用无压管渠受到限制时，可建造有压重力流输水管道。其单位长度的造价虽较无压管渠高，但用压力管道后，长度可以缩短，土方量和输水费用随之降低。

设计有压重力流输水管时，输水管内计算压力不宜过高，以降低建造费用，但也不允许管内出现真空，即管内压力不应低于大气压。因为真空条件下，水中空气大量析出，必须连续排除。否则会积聚在管道的高处，形成气囊而增加输水阻力，带来管理上的不便。

计算时，输水管道的流量、长度以及克服输水管阻力所需的水压为已知，而可以利用的水压等于输水管起端和终端的水位差 H。输水管多半采用圆形断面，计算时需定出管径。重力流有压输水管的经济管径按充分利用现有水压确定，即输水管中的水头损失 $\sum h$ 等于可利用的水压 H。单位长度输水管的水头损失或平均水力坡度为

$$i=\frac{H}{l} \tag{3-60}$$

已知 i 值可求得流量 Q 时的比阻 a 值和管径

$$i=aQ^2=\frac{s}{l}Q^2 \tag{3-61}$$

式中 a——单位长度管道的摩阻，称为比阻。

由于商品管径的限制和输水量的变化，如果还有剩余水压，可通过调节设备消除。有压重力流输水管的条数也需在计算时确定。平行工作的管渠条数，应从可靠性要求和建造费用两方面来比较。如果只有一条管渠输送全部流量，则管渠上任何一段发生事故时，在修复期内会完全停水，但如增加平行管渠数，则当其中一条损坏时，虽然可以提高事故时的供水量，但是建造费用将增加。

以下分析重力供水时，由几条平行的管线组成的压力输水管系统，在事故时所能供应的流量与输水管渠和连接管条数间的关系。设水源为高地蓄水库，输水量为 Q，可利用的水压即位置水头为 H，用于克服输水管的水头损失，假定平行的输水管渠为 n 条，则每条管线的流量为$\frac{Q}{n}$，设平行的各管线的管径和长度相同，则该系统的水头损失为

$$h=s\left(\frac{Q}{n}\right)^2=\frac{s}{n^2}Q^2 \tag{3-62}$$

式中 s——每条管线的摩阻。

当一条管线损坏时，该系统其余 $n-1$ 条管线的水头损失为

$$h_a=s\left(\frac{Q_a}{n-1}\right)^2=\frac{s}{(n-1)^2}Q_a^2 \tag{3-63}$$

式中 Q_a——管线事故时须保证的流量或允许的事故流量。

实际上，为了增加供水可靠性，在平行的输水管之间一般设有连接管，当管线某段损坏时，无需整条管线全部停止工作，而只需用阀门关闭损坏的一段进行检修，因此，事故时供水量不致降低过多。

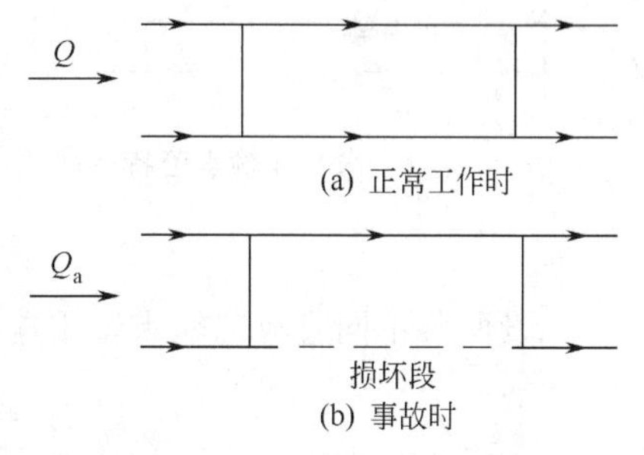

图 3-31 重力输水系统

在重力有压输水系统中，无论正常工作时或事故时，因起点和终点的水位差（即位置水头）H 固定，不受管线损坏的影响，所以 $h=h_a=H$。

为了确定连接管的条数，以下分析重力有压输水管供水系统在正常和事故时的情况。设 n 条输水管被 N 条连接管分成（$N+1$）段（见图 3-31），当每条输水管管径相同，总输水量为 Q，正常供水时，系统的水头损失为

$$h=s(N+1)\left(\frac{Q}{n}\right)^2=s\frac{N+1}{n^2}Q^2 \tag{3-64}$$

事故供水时，系统的水头损失为

$$h_a=s\left(\frac{Q_a}{n}\right)^2N+s\left(\frac{Q_a}{n-1}\right)^2=s\left[\frac{N}{n^2}+\frac{1}{(n-1)^2}\right]Q_a^2 \tag{3-65}$$

则事故时流量 Q_a 和正常时流量 Q 之比为

$$\frac{Q_a}{Q}=\sqrt{\frac{\frac{N+1}{n^2}}{\frac{N}{n^2}+\frac{1}{(n-1)^2}}} \tag{3-66}$$

由此可知，当输水管起点水压一定，平行管线数 $n=2$，若 2 条输水管线中无连接管，其中一条管线损坏，则这时的事故流量 Q_a 只有正常时供水量的一半，即 $Q_a=\frac{1}{2}Q$；若有 $N=2$条连接管，其中一条输水管线损坏（见图 3-31），则

$$\frac{Q_a}{Q}=\sqrt{\frac{3/4}{3/2}}=\sqrt{\frac{1}{2}}\approx 0.7 \tag{3-67}$$

此时的事故流量 $Q_a=0.7Q$，因此，采用 2 条平行的输水管时，只需用 2 条连接管就可满足城市的事故用水量为设计水量的 70％的规定要求。

3.10.3 压力输水管道

用水泵供水的输水管道通常称为压力输水管。水泵供水时，水泵流量 Q 随扬程 H_p 变化而变化，而输水管流量的变化，也会影响到水泵的扬程。因此，压力输水管的实际设计流量，应由水泵特性曲线 $H_p=f(Q)$ 和输水管特性曲线 $H_0+\sum h=f(Q)$ 联合求出。

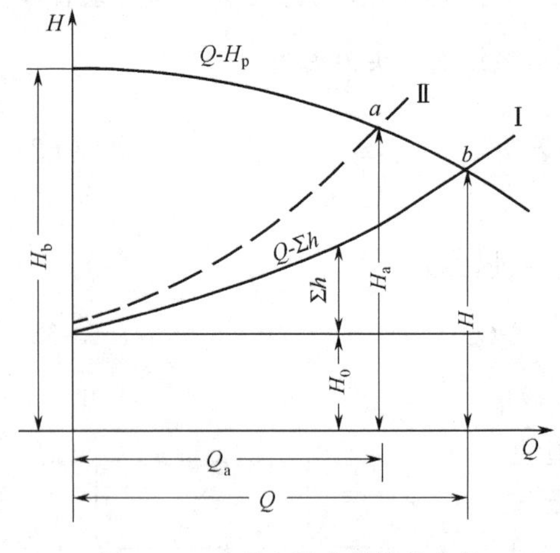

图 3-32　水泵和输水管特性曲线

图 3-32 表示水泵特性曲线 Q-H_p 和输水管特性曲线 Q-$\sum h$ 的联合工作情况，Ⅰ为输水管正常工作时的 Q-$\sum h$ 特性曲线，Ⅱ为事故时。当输水管任一段损坏时，阻力增大，使曲线的交点从正常工作时的 b 点移到 a 点，与 a 点相应的横坐标即表示事故时流量 Q_a。水泵供水时，为保证管线损坏时的事故流量，输水管的分段数计算方法如下。

设压力输水管接入水塔，这时，输水管损坏只影响进入水塔的水量，直到水塔放空无水时，才影响管网用水量。

输水管 Q-$\sum h$ 特性方程表示为

$$H=H_0+(s_p+s_d)Q^2 \tag{3-68}$$

设两条不同直径的输水管用连接管分成 n 段，则任一段损坏时的水泵扬程为

$$H_a=H_0+\left(s_p+s_d-\frac{s_d}{n}+\frac{s_1}{n}\right)Q_a^2 \tag{3-69}$$

其中

$$\frac{1}{\sqrt{s_d}}=\frac{1}{\sqrt{s_1}}+\frac{1}{\sqrt{s_2}}$$

$$s_d=\frac{s_1s_2}{(\sqrt{s_1}+\sqrt{s_2})^2} \tag{3-70}$$

式中　H_0——水泵静扬程，等于水塔水面和泵站吸水井最低水位水面的高差；

s_p——泵站内部管线的摩阻；

s_d——两条输水管的当量摩阻；

s_1，s_2——每条输水管的摩阻；

n——输水管分段数，输水管之间只有一条连接管时，分段数为 2，其余类推；

Q——正常时流量；

Q_a——事故时流量。

连接管的长度与输水管相比很短，其阻力可忽略不计。

水泵 Q-H_p 特性方程为

$$H_p = H_b - sQ^2 \tag{3-71}$$

输水管任一段损坏时的水泵特性方程为

$$H_a = H_b - sQ_a^2 \tag{3-72}$$

式中 s——水泵摩阻。

联立解式（3-68）和式（3-71），得正常时的水泵输水量为

$$Q = \sqrt{\frac{H_b - H_0}{s + s_p + s_d}} \tag{3-73}$$

从式（3-73）看出，因 H_0、s、s_p 已定，故 H_b 减小或输水管当量摩阻 s_d 增大，均可使水泵流量减小。

解式（3-69）和式（3-72），得事故时的水泵输水量为

$$Q_a = \sqrt{\frac{H_b - H_0}{s + s_p + s_d + (s_1 - s_d)\frac{1}{n}}} \tag{3-74}$$

由式（3-73）和式（3-74）得事故时占正常时的流量比例为

$$\frac{Q_a}{Q} = \sqrt{\frac{s + s_p + s_d}{s + s_p + s_d + (s_1 - s_d)\frac{1}{n}}} \tag{3-75}$$

按事故用水量为设计水量的 70%，所需分段数为

$$n = \frac{(s_1 - s_d)0.7^2}{(s + s_p + s_d)(1 - 0.7^2)} = \frac{0.96(s_1 - s_d)}{s + s_p + s_d} \tag{3-76}$$

无论采用重力输水还是压力输水，连接管的条数对输水管工作情况的影响都很大，增加连接管的数量，可降低管段损坏时对输水流量的影响，与无连接管相比，起到了以较小的费用保证输水系统可靠性的作用。

输水管设置连接管后，必须在连接管和输水管的交接处设置阀门。也就是在每条连接管和输水管的节点上各设置 3 个阀门，即在被连接管分隔的输水管段的两端设置阀门，在连接管的两端设置阀门（见图 2-1）。

3.11 应用计算机解管网问题

管网计算是一项复杂而繁琐的工作，对于城市管网的几十个甚至上百个环，人工手算平差几乎不可能。随着计算机技术的迅速发展和普及，应用计算机进行管网计算，代替繁杂的手算，不仅提高了计算的精度和速度，更重要的意义在于能够通过管网图、管段直径、管长、阻力系数、节点流量和地面标高等结构参数和各水源水泵性能参数、运行

调度方案、吸水池水位、水塔（高低水池）水位等运行参数建立的管网稳态方程组，计算出各管段的流量和水头损失、各节点的水压和各水源的供水压力及流量，从而进行管网运行工况的模拟仿真，对管网的优化运行调度、改扩建、制定发展规划等提供科学依据。

目前关于管网平差的软件很多，计算方法按照解水力方程的变量分类主要分为以下几种。

(1) 环方程法　以管网中每环的校正流量为未知变量。该方法方程阶数低，比较简单，但计算收敛速度较慢，甚至不能收敛。

(2) 管段方程法　以管网中管段流量为未知量。该方法方程阶数最高，计算准备工作较繁。

(3) 节点方程法　以管网中节点压力值为未知量。该方程阶数较低，计算收敛性较好，计算准备工作少，为目前常用的计算机计算方法。

目前，无论是国内还是国外，有关给水管网的水力分析的计算机算法、模型及应用程序均已相当成熟，本书在这里不再展开，有关部分请参阅相关书籍。

思考题

1. 什么是管网的控制点？每个管网有几个控制点？
2. 节点、管段数、环数、水源数之间有什么关系？
3. 什么叫比流量？计算方法有几种？比流量是否随用水量变化而变化？
4. 沿线流量化节点流量的原理是什么？其折减系数 α 值的范围是多少？
5. 为什么要进行管网节点流量的计算？
6. 树状网计算时，主干管和支管如何划分？
7. 单水源环状网计算应满足的水力条件是什么？
8. 环状网计算有哪些方法？
9. 应用哈代-克罗斯法解环方程的步骤如何？
10. 校正流量的含义是什么？如何求出校正流量？与环闭合差有何关系？
11. 多水源管网与单水源管网应满足的水力条件有何异同？
12. 如何构成虚环？解释虚节点的流量平衡条件和虚环的水头损失平衡条件。
13. 管网计算的校核条件有哪些？为什么？
14. 输水系统的基本形式有哪些？
15. 平行敷设的输水管之间为何要加连接管？怎样计算分段数？

习　题

1. 江苏江南某镇，规划人口5000人，建筑以5～7层的多层建筑物为主，有少量别墅，用水量变化规律见表3-15第（1）、（2）项。该镇有甲、乙2个工业企业，甲企业生产水量为300m^3/d，均匀使用，有职工120人，分3班，每班40人（其中每班高温作业26人），每班后有高温作业工人9人及一般作业工人10人淋浴；乙企业的生产水量为150m^3/d，均匀使用，有职工90人，分2班，每班45人（其中每班高温作业9人），每班后有高温作业工人9人及一般作业工人26人淋浴。试求该镇的最高日逐时用水量、最高日用水量、最高日最高时用水量，并绘出最高日用水量变化曲线。

表 3-15 江苏江南某镇最高日逐时用水量计算

时段	居民生活用水		甲企业用水						乙企业用水						逐时用水量计算	
	占全日用水量百分数/%	用水量 $/(m^3 \cdot h^{-1})$	高温作业生活用水		一般作业生活用水		淋浴用水 $/(m^3 \cdot h^{-1})$	生产用水 $/(m^3 \cdot h^{-1})$	高温作业生活用水		一般作业生活用水		淋浴用水 $/(m^3 \cdot h^{-1})$	生产用水 $/(m^3 \cdot h^{-1})$	用水量之和 $/(m^3 \cdot h^{-1})$	用水量百分数/%
			小时用水系数	用水量 $/(m^3 \cdot h^{-1})$	小时用水系数	用水量 $/(m^3 \cdot h^{-1})$			小时用水系数	用水量 $/(m^3 \cdot h^{-1})$	小时用水系数	用水量 $/(m^3 \cdot h^{-1})$				
(1)	(2)	(3)	(4)	(5)	(6)	(7)	(8)	(9)	(10)	(11)	(12)	(13)	(14)	(15)	(16)	(17)
0～1	1.10		0.96		1.0											
1～2	0.70		0.96		1.0											
2～3	0.90		0.96		1.5											
3～4	1.10		0.96		0.5											
4～5	1.30		0.96		1.0											
5～6	3.91		0.96		1.0											
6～7	6.61		1.28		1.5				0.96		0.5					
7～8	5.84		0.96		0.5				0.96		1.0					
8～9	7.04		0.96		1.0				0.96		1.0					
9～10	6.69		0.96		1.0				0.96		1.5					
10～11	7.17		0.96		1.5				0.96		0.5					
11～12	7.31		0.96		0.5				0.96		1.0					
12～13	6.62		0.96		1.0				0.96		1.0					
13～14	5.23		0.96		1.0				1.28		1.5					
14～15	3.59		1.28		1.5				0.96		0.5					
15～16	4.76		0.96		0.5				0.96		1.0					
16～17	4.24		0.96		1.0				0.96		1.0					
17～18	5.99		0.96		1.0				0.96		1.5					
18～19	6.97		0.96		1.5				0.96		0.5					
19～20	5.66		0.96		0.5				0.96		1.0					
20～21	3.05		0.96		1.0				0.96		1.0					
21～22	2.01		0.96		1.0				1.28		1.5					
22～23	1.42		1.28		1.5											
23～24	0.79		0.96		0.5											
Σ	100		24		24				16		16					

注：3 班制上班时间为 6 时～14 时、14 时～22 时、22 时～6 时；2 班制上班时间为 6 时～14 时、14 时～22 时，淋浴均在下班后 1h 内进行。

2. 某市最高日最高时用水量为 284.7L/s，其中工业用水量 189.2L/s，各管段编号及长度 (m) 标注于图 3-33 上。试求：(1) 管网的长度比流量；(2) 各管段沿线流量；(3) 节点流量；(4) 各管段流量。

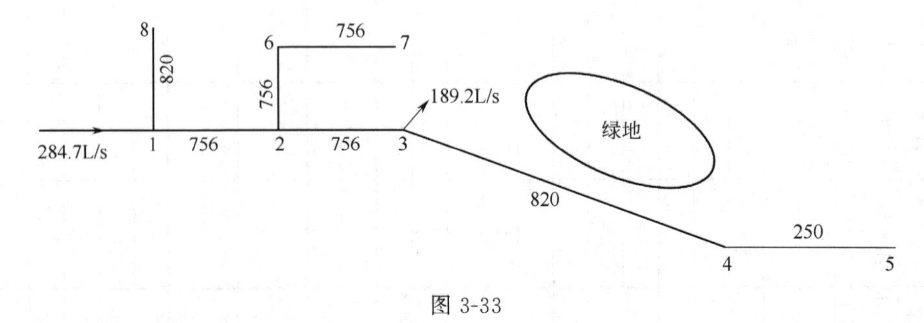

图 3-33

3. 如图 3-34 所示的环状网，已知各管段长度 (m) 和节点供水情况 (L/s)，管材为铸铁管，试进行流量分配并确定各管段的管径。

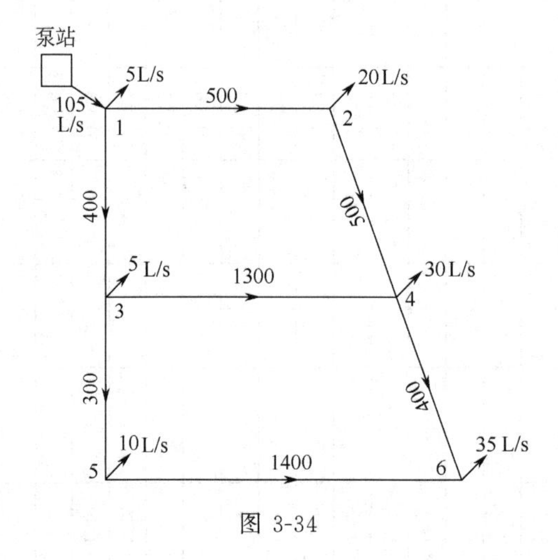

图 3-34

4 给水管网技术经济计算

给水管网技术经济计算是在保证供水水压、水量和供水安全可靠性的前提下，使管网总费用最小。管网技术经济计算过程就是以管网费用为目标函数，以管网供水量、水压和供水安全可靠性为约束条件的优化计算过程。因此，管网技术经济计算又可以称为管网的优化设计。

4.1 管网费用函数

4.1.1 管网费用函数的组成

管网费用包括管网建设费用和运行管理费用，建设费用是在建设期一次性投入，而运行管理费用是在管网运行期间逐年发生的。为了使两者具有可比性，便于管网技术经济计算，将建设费用平摊到其投资偿还期内的每一年。平摊后的管网建设费用与年运行管理费用之和称为管网年费用折算值，可用下式表示。

$$W=\frac{C}{T}+Y_1+Y_2 \tag{4-1}$$

式中 W——管网年费用折算值，元/a；

C——管网一次性投资建设费用，元；

T——管网建设投资偿还期，a；

Y_1——管网年折旧和大修费用，元/a，该项费用一般按管网建设费用的一个固定比率计算，可表示为

$$Y_1=pC \tag{4-2}$$

p——管网年折旧和大修费率，一般取 p 为 2.5%～3.0%；

Y_2——管网年运行费用，元/a，主要考虑泵站的年运行电费，其他费用相对较少，可忽略不计。

4.1.2 管网费用计算

4.1.2.1 管网建设费用计算

管网建设费用应含所有管网设施造价之和，其中包括所有管道、泵站、调节水塔和水池、其他附属构筑物等造价。考虑到安全可靠性及泵站、水塔与水池等在优化计算中的造价变化不易定量表达，且它们随着流量和压力因素的变化不显著，所以不计入费用函数中。因此，管网建设费用只考虑管道建设的造价。

管道建设的造价中包括材料费和施工费两部分，材料费包括管道、配件、附件等材料的费用，施工费包括挖沟埋管、接口、试压、管线消毒等施工费用。管道造价一般按管道单位长度造价与管道长度的乘积计算。单位长度管道造价与管道直径、地区经济因素等有关，可用下式表示。

$$c=a+bD^{\alpha} \tag{4-3}$$

式中　c——单位长度管道的造价，元/m；

D——管道直径，m；

a，b，α——单位长度管道造价公式统计参数。

管道造价公式参数 a、b、α 与管材、埋深、地区经济因素有关，只要有足够多的实际造价资料（c 和对应的 D），就可采用统计方法求得参数 a、b 和 α。以下通过例题说明其求解方法。

【例 4-1】 一地区给水管网采用某材质的管道，埋深为 1m 时单位长度管道造价见表 4-1，试确定该地区这种管材在埋深 1m 时的管道造价公式参数 a、b 和 α。

表 4-1　单位长管道造价

D_i/m	0.1	0.2	0.3	0.4	0.5	0.6	0.7	0.8	0.9	1.0	1.1	1.2
c_i/(元·m^{-1})	213	380	601	880	1238	1530	1920	2290	2730	3180	3670	4190

【解】 可采用作图法和最小二乘法确定 a、b 和 α。

作图法分两步，第一步确定参数 a，第二步确定参数 b 和 α。第一步将表 4-1 中数据（D_i，c_i）点绘在直角坐标系中，D 为横坐标、c 为纵坐标。用光滑的连线绘制 c-D 曲线，延长该曲线交与 c 轴，如图 4-1 所示。由式（4-3）可知，曲线与 c 轴交点处的 c 值即为 a，该例中得 $a\approx120$。

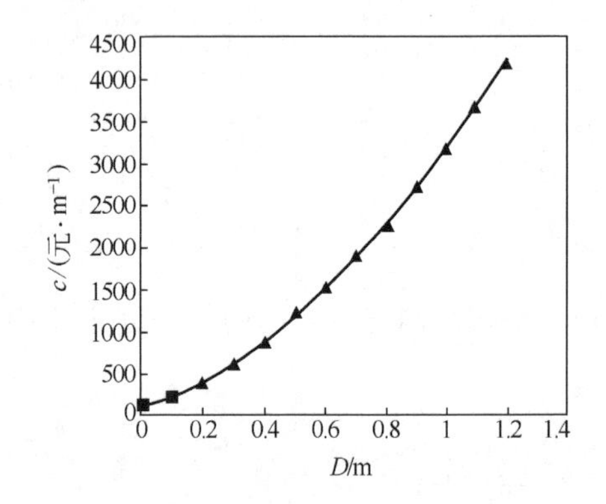

图 4-1　求单位长度管道造价公式参数 a

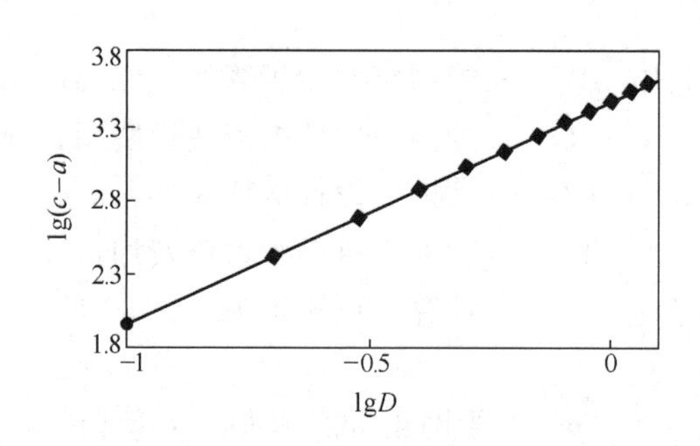

图 4-2　求单位长度管道造价公式参数 b 和 α

第二步，将管道造价公式 $c=a+bD^{\alpha}$ 两边取对数，得到 $\lg(c-a)=\lg b+\alpha\lg D$ 的关系，利用表 4-1 中的费用资料及已求得的 a 计算 $\lg(c_i-a)$ 和 $\lg D_i$，以 $\lg D$ 为横坐标、$\lg(c-a)$ 为纵坐标，点绘 $\lg(c-a)-\lg D$ 关系曲线，如图 4-2 所示。该曲线为一条直线，其斜率即为 $\alpha\approx1.52$；当 $\lg D=0$ 时对应的 $\lg(c-a)$ 即等于 $\lg b$，由此得到 $\lg b\approx3.49$，$b=3090.3$。则用作图法得到的该管道造价公式为 $c=120+3090.3D^{1.52}$。

最小二乘法的求解原理是：由 a、b、α 确定的管道造价公式，其计算得到的管道造价 $a+bD_i^{\alpha}$ 应最接近实际的管道造价 c_i，即要求 $a+bD_i^{\alpha}-c_i$ 的绝对值之和最小，也就是要求图 4-1 中拟合的曲线与实际的点尽可能接近。管道造价计算值和实际值的差值可用两者的残差平方和表示如下。

$$\sigma=\sqrt{\frac{\sum_{i=1}^{N}(a+bD_i^{\alpha}-c_i)^2}{N}} \tag{4-4}$$

式中 N——数据点数。

最合适的 a、b、α 值应使 σ 值最小。按照最小二乘法原理，在假设 α 值已知的条件下，a、b 值可用以下两式计算。

$$a=\frac{\sum c_i-b\sum D_i^{\alpha}}{N} \tag{4-5}$$

$$b=\frac{N\sum D_i^{\alpha}c_i-\sum c_i D_i^{\alpha}}{N\sum D_i^{2\alpha}-(\sum D_i)^2} \tag{4-6}$$

式中 D_i，c_i——已知的管道直径（m）及其1m长的造价（元）。

用假设的 α 值计算出的 a、b 值不一定使 σ 值最小，即 α 值不是最优的。因此，需要假定一系列 α 值，并计算对应的 a、b 值，以便搜索最小的 σ 值及对应的最优 a、b、α。因为 α 值的取值范围一般在1.0～2.0之间，可用黄金分割法搜索最优的 α 值，其思想是：用两个黄金分割点 α_1、α_2 将搜索区间 $[A，B]$ 划分成三段，α_1、α_2 满足

$$\frac{B-\alpha_2}{\alpha_2-A}=\frac{\alpha_2-A}{B-A}=\frac{\alpha_1-A}{B-\alpha_1}=\frac{B-\alpha_1}{B-A}\approx 0.618034$$

用最小二乘法计算 α 值为 α_1、α_2 时的 a、b 值及 $\sigma(\alpha_1)$ 和 $\sigma(\alpha_2)$，则在连续的三点函数值 $\sigma(A)$、$\sigma(\alpha_1)$、$\sigma(\alpha_2)$ 或 $\sigma(\alpha_1)$、$\sigma(\alpha_2)$、$\sigma(B)$ 中，总是会出现 σ 值两边高中间低的情况。那么这个区域（$[A,\alpha_2]$ 或 $[\alpha_1,B]$）包括 σ 极小值点，它也就成为了新的搜索区域，进而使搜索区域逐步缩小。在新的搜索区域中，α_1 或 α_2 仍然是其中的一个黄金分割点。如此往复计算，直到 α 步距足够小（手工计算可取0.05，计算机计算可取0.01）。取最终的 a、b 和 α 值作为管道造价公式的参数。本例的计算过程及结果见表4-2。从表中可以得到用最小二乘法计算的管道造价公式为：$c=120.76+3072.69D^{1.52}$。

表 4-2 给水管道造价公式参数计算

计算序号	α	a	b	σ	计算序号	α	a	b	σ
1	1	−466.49	3643.57	166.33	7	1.472	82.46	3112.30	21.40
2	2	418.70	2738.10	128.14	8	1.562	153.32	3038.56	21.10
3	1.382	3.68	3192.15	43.67	9	1.507	110.38	3083.48	17.08
4	1.618	193.72	2995.54	33.05	10	1.541	137.24	3055.48	18.07
5	1.764	289.19	2890.48	69.94	11	1.52	120.76	3072.69	16.78
6	1.528	127.10	3066.08	17.03					

有了管道单位长度造价公式后，管网造价可表示为

$$c=\sum_{i=1}^{P}c_i l_i=\sum_{i=1}^{P}(a+bD_i^{\alpha})l_i \tag{4-7}$$

式中 D_i——管段 i 的直径，m；

c_i——管段 i 的单位长度造价，元/m；

l_i——管段 i 的长度；

P——管网管段总数；

其余符号意义同前。

4.1.2.2 管网年运行费用计算

管网年运行费主要指泵站年运行电费，可根据泵站提水流量和扬程计算泵站运行功率，再乘以运行时间和电价得到总电费。由于管网全年各时段的流量、扬程、电价不同，故应分

时段统计计算，可用下式计算。

$$Y_2=\sum_{t=1}^{24\times365}\frac{\rho g q_{pt}h_{pt}E_t}{\eta_t}=\frac{86000\gamma E}{\eta}Q_pH_p=KQ_pH_p \tag{4-8}$$

式中 ρ——水的密度，t/m^3；

g——重力加速度，m/s^2；

q_{pt}——t 时段泵站流量，m^3/s；

h_{pt}——t 时段泵站扬程，m；

E_t——t 时段电价，元/(kW・h)；

η_t——t 时段泵站总效率，包括变压器效率、电机效率、传动效率、水泵效率；

η——最高日最高时泵站总效率；

E——最高日最高时电价，元/(kW・h)；

Q_p——最高时泵站供水流量，m^3/s；

H_p——最高时泵站扬程，m，H_p 可表示为

$$H_p=H_0+\sum_{i\in LM}h_i$$

H_0——泵站静扬程，m；

$\sum_{i\in LM}h_i$——从泵站到控制点的任一条管线上所有管段水头损失之和，m；

h_i——i 管段的水头损失，m；

LM——从泵站到控制点的任一条管线上所有管段的集合；

γ——泵站年内供水能量不均匀系数，即泵站全年平均时耗电费与最大时耗电费的比值，对无水塔的管网或网前水塔管网的输水管，γ 为 0.1～0.4；网前水塔管网，γ 为 0.5～0.75；

K——与抽水费用有关的经济指标，即输送 $1m^3/s$ 的水到 1m 高度的每年电费，元/[(m^3/s)・m・a]。

将式（4-2）、式（4-7）、式（4-8）代入式（4-1），将管网费用函数表示为

$$W=\sum_{i=1}^{P}\left(\frac{1}{T}+\frac{p}{100}\right)(a+bD_i^{\alpha})l_i+K(H_0+\sum_{i\in LM}h_i)Q_p \tag{4-9}$$

4.2 管网优化设计目标函数

4.2.1 目标函数及约束条件

管网优化设计追求的是管网总的年费用最小，因此目标函数应为

$$\min W=\sum_{i=1}^{P}\left(\frac{1}{T}+\frac{p}{100}\right)(a+bD_i^{\alpha})l_i+K(H_0+\sum_{i\in LM}h_i)Q_p \tag{4-10}$$

该目标函数表达的意义是：在管网平面布局确定的条件下，合理确定各管段管径 D_i，使得管网在保证供水水压、供水流量和供水可靠性的前提下，管网建设费用和运行费用之和最小。目标函数中的第一项表示管网建设费用，它只与管径 D_i 有关，第二项表示运行电费，它与管段水头损失 h_i 或管段流量 q_i 有关，鉴于管段水头损失、管段流量、管径三者之间的关系，它仍然与管径 D_i 有关。

目标函数中，管网费用的最小化计算过程，就是要不断调整管径、管段水头损失，使管

网费用最小，但管径、水头损失等变量的调整变化不是无限制的，它们受到允许变化范围、变量之间的相互关系的制约，需要满足供水压力、供水流量、供水可靠性、管网水力关系等的要求，因此目标函数有以下约束条件。

（1）节点水压约束条件　各节点水压应满足当地最小服务水头，则水压约束条件可表示为

$$H_j \geqslant Z_j + H_c \qquad j=1,2,\cdots,J \tag{4-11}$$

式中　H_j——j 节点水压，m；

Z_j——j 节点地面高程，m；

H_c——j 节点处最小服务水头，m；

J——管网节点数。

（2）供水可靠性约束条件　为了保证环状管网的供水可靠性，不能使环状网退化为树状网，各管段管径均不得为零，则有

$$D_i > 0 \qquad i=1,2,\cdots,P \tag{4-12}$$

$$q_i > 0 \qquad i=1,2,\cdots,P \tag{4-13}$$

$$h_i > 0 \qquad i=1,2,\cdots,P \tag{4-14}$$

（3）水力约束条件　水力约束条件包括反映管段流量、直径和水头损失关系的管路方程、节点连续方程、环能量方程，可依次表示为

$$h_i = \frac{kq_i^n}{D_i^m} l_i \qquad i=1,2,\cdots,P \tag{4-15}$$

$$\sum_{i \in Pj} q_i + Q_j = 0 \qquad j=1,2,\cdots,J \tag{4-16}$$

$$\sum_{i \in PL} (h_i)_p = 0 \qquad p=1,2,\cdots,L \tag{4-17}$$

式中　h_i——i 管段水头损失，m；

q_i——i 管段流量，m^3/s；

D_i——i 管段直径，m；

l_i——i 管段长度，m；

n，m——水头损失计算公式指数；

k——水头损失计算公式系数；

Q_j——j 节点流量，m^3/s；

P——管网管段总数；

J——管网节点总数；

L——管网环数；

Pj——与 j 节点直接相连的管段的集合；

PL——p 环内管段的集合。

4.2.2 目标函数的求解讨论

在目标函数式（4-10）中，管网年费用表达成管径 D_i 和管段水头损失 h_i 的函数，由于管径、管段流量、管段水头损失存在着式（4-15）所示的关系，该关系还可以转换为

$$D_i = \left(k \frac{q_i^n}{h_i} l_i\right)^{\frac{1}{m}} \tag{4-18}$$

将式（4-15）、式（4-18）代入式（4-10），可将管网年费用表达成 q_i 和 h_i 的函数，或

表达成 D_i 和 q_i 的函数，如以下两式所示。

$$\min W=\sum_{i=1}^{P}\left(\frac{1}{T}+\frac{p}{100}\right)\left[a+b\left(k\frac{q_i^n}{h_i}l_i\right)^{\frac{\alpha}{m}}\right]l_i+K(H_0+\sum_{i\in LM}h_i)Q_p \tag{4-19}$$

$$\min W=\sum_{i=1}^{P}\left(\frac{1}{T}+\frac{p}{100}\right)(a+bD_i^{\alpha})l_i+K\left(H_0+\sum_{i\in LM}k\frac{q_i^n}{D_i^m}l_i\right)Q_p \tag{4-20}$$

式（4-10）、式（4-19）、式（4-20）三种形式的目标函数是等价的，原则上可以选择其中任何一种进行优化计算，但针对具体的问题，选择不同的目标函数可简化计算。从形式上看，上述三种形式的目标函数中有三类优化变量：管径 D_i、管段流量 q_i、管段水头损失 h_i，三类变量没有主次之分。但对于一个平面布置和节点流量已定的管网，一旦选定了各管段管径，则管段流量和管段水头损失就是唯一确定的，这种关系在第3章环状网平差计算中已得到印证。反过来，也可以用管段流量和管段水头损失两类变量推求管径。管径是影响管网费用的决定性因素，是独立变量，优化计算时可直接优化管径，再计算水头损失，确定最小的管网费用，也可以先优化计算管段流量和水头损失，再计算管径，确定最小的管网费用。

以下对优化计算的极值问题进行分析。式（4-19）已将费用函数表达成了管段流量和水头损失的函数，对该式，设管段水头损失 h_i 不变，以各管段流量 q_i 为优化变量，分析管网费用 W 的极值。求管网费用 W 关于 q_i 的二阶偏导数

$$\frac{\partial^2 W}{\partial q_i^2}=\left(\frac{1}{T}+\frac{p}{100}\right)\frac{n\alpha}{m}\times\frac{n\alpha-m}{m}b\left(k\frac{l_i}{h_i}\right)^{\frac{\alpha}{m}}q_i^{\frac{n\alpha-2m}{m}}l_i$$

若取 $n=2$，$\alpha=1.52$，$m=5.33$，则 $\frac{n\alpha-m}{m}=-0.43$。

由此可见，$\frac{\partial^2 W}{\partial q_i^2}<0$，$W$ 有极大值而没有极小值。因此，在管段水头损失确定的条件下，只能求得最不利的流量分配，而无法求得最经济的流量分配和管径。

再设管段流量 q_i 不变，以各管段水头损失 h_i 为优化变量，分析管网费用 W 的极值。求 W 关于 h_i 的一阶和二阶偏导数

$$\frac{\partial W}{\partial h_i}=-\left(\frac{1}{T}+\frac{p}{100}\right)\frac{\alpha}{m}bk^{\frac{\alpha}{m}}q_i^{\frac{n\alpha}{m}}h_i^{-\frac{\alpha+m}{m}}l_i^{\frac{\alpha+m}{m}}+KQ_p$$

$$\frac{\partial^2 W}{\partial h_i^2}=\left(\frac{1}{T}+\frac{p}{100}\right)\frac{\alpha}{m}\times\frac{\alpha+m}{m}bk^{\frac{\alpha}{m}}q_i^{\frac{n\alpha}{m}}h_i^{-\frac{\alpha+2m}{m}}l_i^{\frac{\alpha+m}{m}}$$

因 $\frac{\alpha+m}{m}=\frac{1.52+5.33}{5.33}\approx 1.3$，$\frac{\partial^2 W}{\partial h_i^2}>0$，所以 W 有极小值，即在各管段流量 q_i 确定的情况下，可求得经济的管段水头损失 h_i，进而确定经济管径 D_i，使管网费用 W 最小。对于输水管或树状管网，各管段流量是确定的，因而可直接采用上述方法求解经济的管段水头损失 h_i 和经济管径 D_i。对于环状管网，在管网未设计时，管段流量是不确定的，必须事先人为分配，而不同的流量分配方案将影响后续的优化计算，最终影响管网费用，因此，环状网的优化设计必须从流量分配开始。管网流量分配除了要考虑经济因素外，还要考虑供水的安全性和可靠性，详细要求和分配方法将在环状网优化设计部分介绍。

4.3 输水管的技术经济计算

4.3.1 压力输水管的技术经济计算

设压力输水管由 P 根管段串联而成，起点设泵站，沿途各节点没有支管分出，但有出

流，中途各节点只有出流要求而无水压要求，控制点为最末点，如图 4-3 所示。

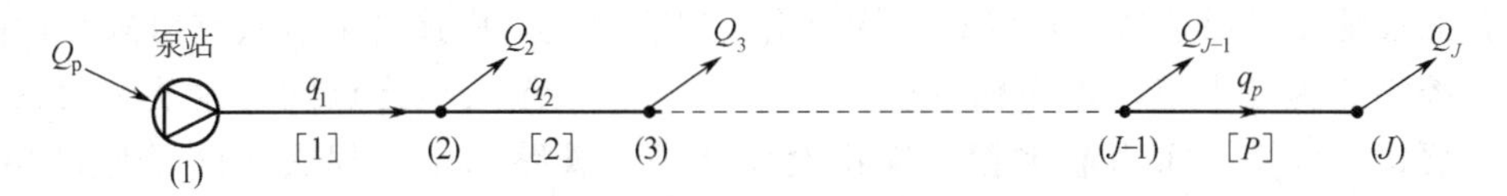

图 4-3 压力输水管优化设计示意

输水系统的各管段流量为定值，需要优化各管段管径，使管网费用最小，可采用式（4-20）所示的目标函数。求 W 关于 D_i 的一阶和二阶偏导数

$$\frac{\partial W}{\partial D_i}=\left(\frac{1}{T}+\frac{p}{100}\right)\alpha b D_i^{\alpha-1}l_i-mKkQ_{\mathrm{p}}q_i^n D_i^{-(m+1)}l_i$$

$$\frac{\partial^2 W}{\partial D_i^2}=\left(\frac{1}{T}+\frac{p}{100}\right)(\alpha-1)\alpha b D_i^{\alpha-2}l_i+(m+1)mKkQ_{\mathrm{p}}q_i^n D_i^{-(m+2)}l_i$$

由上式可见，$\frac{\partial^2 W}{\partial D_i^2}>0$，所以存在着最优的管径，使 W 取得极小值。在本问题中，式（4-11）～式（4-17）所列的约束条件均满足。因此，本优化计算成为无约束优化问题，可直接令 $\frac{\partial W}{\partial D_i}=0$，从而求得最优的管径

$$D_i=\left[\frac{mKk}{\left(\frac{1}{T}+\frac{p}{100}\right)\alpha b}\right]^{\frac{1}{\alpha+m}}Q_{\mathrm{p}}^{\frac{1}{\alpha+m}}q_i^{\frac{n}{\alpha+m}}=(fQ_{\mathrm{p}}q_i^n)^{\frac{1}{\alpha+m}} \tag{4-21}$$

式中，f 为经济因素，它包括多种经济参数，如下式所示。

$$f=\frac{86000\gamma Emk}{\eta\alpha b\left(\frac{1}{T}+\frac{p}{100}\right)}$$

当输水管全线流量不变时，$q_i=Q_{\mathrm{p}}$，式（4-21）成为

$$D=(fQ_{\mathrm{p}}^{n+1})^{\frac{1}{\alpha+m}} \tag{4-22}$$

【例 4-2】 某压力输水管由 4 段组成，起点设泵站，总供水流量为 280L/s，分别在其后的 4 点上流出，出流量依次为 80L/s、50L/s、55L/s、95L/s。有关的经济指标为：$a=120.76$，$b=3072.69$，$\alpha=1.52$，$T=15\mathrm{a}$，$p=2.5$，$E=0.6$，$\gamma=0.5$，$\eta=0.6$，$n=2$，$k=0.00177$，$m=5.33$。试确定各管段管径。

【解】 4 段输水管设计流量依次为 280L/s、200L/s、150L/s、95L/s。经济因素 f 为

$$f=\frac{86000\gamma Emk}{\eta\alpha b\left(\frac{1}{T}+\frac{p}{100}\right)}=\frac{86000\times0.5\times0.6\times5.33\times0.00177}{0.6\times1.52\times3072.69\times\left(\frac{1}{15}+\frac{2.5}{100}\right)}=0.948$$

$$fQ_{\mathrm{p}}=0.948\times0.28=0.265$$

代入式（4-21）得

$D_1=(fQ_{\mathrm{p}}q_1^n)^{\frac{1}{\alpha+m}}=(0.265\times0.28^2)^{\frac{1}{1.52+5.33}}=0.568$，选用 600mm 管径。

$D_2=(fQ_{\mathrm{p}}q_2^n)^{\frac{1}{\alpha+m}}=(0.265\times0.2^2)^{\frac{1}{1.52+5.33}}=0.515$，选用 500mm 管径。

$D_3=(fQ_{\mathrm{p}}q_3^n)^{\frac{1}{\alpha+m}}=(0.265\times0.15^2)^{\frac{1}{1.52+5.33}}=0.473$，选用 450mm 管径。

$D_4=(fQ_{\mathrm{p}}q_4^n)^{\frac{1}{\alpha+m}}=(0.265\times0.095^2)^{\frac{1}{1.52+5.33}}=0.414$，选用 400mm 管径。

4.3.2 重力输水管的技术经济计算

仍然假设输水管沿途各节点没有支管分出，但有出流，中途各节点只有出流要求而无水压要求，控制点为最末点。重力输水管不设泵站，依靠起点和终点间的水头差 ΔH 输水，因而不需要运行电费。重力输水管的优化设计就是在管路总水头损失 ΔH 给定的条件下，优化分配各管段的水头损失 h_i，依据各管段水头损失 h_i 和管段流量 q_i 确定各管段管径 D_i，使输水管总投资最小，如图 4-4 所示。

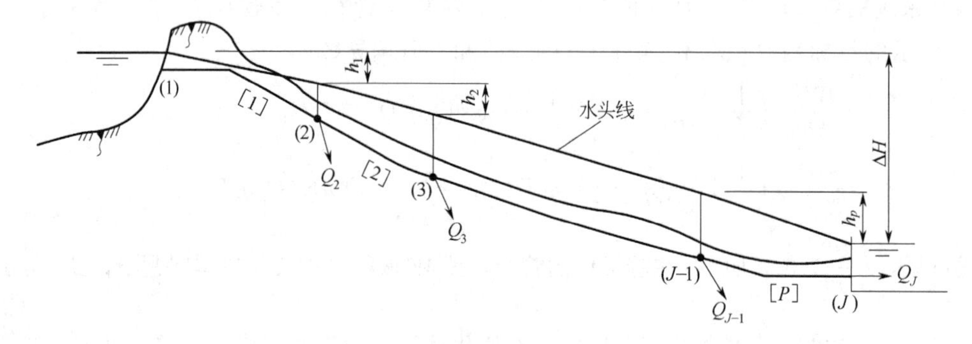

图 4-4　重力输水管优化设计示意

将式（4-19）略去第二项，得到重力输水管优化设计目标函数为

$$\min W=\sum_{i=1}^{P}\left(\frac{1}{T}+\frac{p}{100}\right)\left[a+b\left(k\frac{q_i^n}{h_i}l_i\right)^{\frac{\alpha}{m}}\right]l_i \tag{4-23}$$

约束条件

$$\sum_{i=1}^{P}h_i=\Delta H \tag{4-24}$$

因此，重力输水管的优化设计是一个具有等式约束的条件极值问题，可用拉格朗日乘数法求解。引入拉格朗日乘子 λ，构成新的无约束函数

$$F(h)=W+\lambda\left(\Delta H-\sum_{i=1}^{P}h_i\right)$$

$F(h)$ 有极值的必要条件是：$\dfrac{\partial F}{\partial h_i}=0$，$\dfrac{\partial F}{\partial \lambda}=0$。则有

$$\begin{cases}\dfrac{\partial F}{\partial h_1}=-\dfrac{\alpha}{m}\left(\dfrac{1}{T}+\dfrac{p}{100}\right)bk^{\frac{\alpha}{m}}q_1^{\frac{n\alpha}{m}}l_1^{\frac{\alpha+m}{m}}h_1^{-\frac{\alpha+m}{m}}-\lambda=0\\ \dfrac{\partial F}{\partial h_2}=-\dfrac{\alpha}{m}\left(\dfrac{1}{T}+\dfrac{p}{100}\right)bk^{\frac{\alpha}{m}}q_2^{\frac{n\alpha}{m}}l_2^{\frac{\alpha+m}{m}}h_2^{-\frac{\alpha+m}{m}}-\lambda=0\\ \vdots\\ \dfrac{\partial F}{\partial h_p}=-\dfrac{\alpha}{m}\left(\dfrac{1}{T}+\dfrac{p}{100}\right)bk^{\frac{\alpha}{m}}q_p^{\frac{n\alpha}{m}}l_p^{\frac{\alpha+m}{m}}h_p^{-\frac{\alpha+m}{m}}-\lambda=0\\ \Delta H-\displaystyle\sum_{i=1}^{P}h_i=0\end{cases} \tag{4-25}$$

由上述方程组的前 P 个方程变形得

$$\frac{q_1^{\frac{n\alpha}{m}}l_1^{\frac{\alpha+m}{m}}}{h_1^{\frac{\alpha+m}{m}}}=\frac{q_2^{\frac{n\alpha}{m}}l_2^{\frac{\alpha+m}{m}}}{h_2^{\frac{\alpha+m}{m}}}=\cdots=\frac{q_p^{\frac{n\alpha}{m}}l_p^{\frac{\alpha+m}{m}}}{h_p^{\frac{\alpha+m}{m}}}=-\frac{\lambda}{\dfrac{\alpha}{m}\left(\dfrac{1}{T}+\dfrac{p}{100}\right)bk^{\frac{\alpha}{m}}}$$

一般地，输水管各管段的 α、b、T、p、m、k 相同，由上式得到

$$\frac{q_i^{\frac{n\alpha}{\alpha+m}}}{i_i}=\text{常数} \tag{4-26}$$

式中 i_i——i 管段的水力坡度，$i_i=h_i/l_i$。

将式（4-25）中最后一个方程变形为

$$\sum_{i=1}^{P} i_i l_i=\Delta H \tag{4-27}$$

联立式（4-26）和式（4-27），可解得各管段水力坡度。

【例 4-3】 某重力输水管由 3 段管道组成，各段长度分别为 $l_1=1500\text{m}$、$l_2=1800\text{m}$、$l_3=2200\text{m}$，各管段设计流量分别为 $q_1=150\text{L/s}$、$q_2=100\text{L/s}$、$q_3=40\text{L/s}$，起点和终点间的水头差为 10.5m，计算参数取值为 $\alpha=1.52$、$n=2$、$m=5.33$、$k=0.00148$。试计算各管段经济管径。

【解】 $\frac{n\alpha}{\alpha+m}=\frac{2\times1.52}{1.52+5.33}=0.444$

由式（4-26）得

$$\frac{q_1^{0.444}}{i_1}=\frac{q_2^{0.444}}{i_2}=\frac{q_3^{0.444}}{i_3}$$

则有 $i_2=\left(\frac{q_2}{q_1}\right)^{0.444}i_1$，$i_3=\left(\frac{q_3}{q_1}\right)^{0.444}i_1$。将该关系代入式（4-27）得

$$i_1l_1+\left(\frac{q_2}{q_1}\right)^{0.444}i_1l_2+\left(\frac{q_3}{q_1}\right)^{0.444}i_1l_3=i_1\left[1500+\left(\frac{100}{150}\right)^{0.444}1800+\left(\frac{40}{150}\right)^{0.444}2200\right]=10.5$$

解得 $i_1=2.49‰$，$i_2=2.09‰$，$i_3=1.38‰$。

由式 $D_i=\left(k\frac{q_i^n}{i_i}\right)^{\frac{1}{m}}$ 计算得到各管段管径如下。

$D_1=0.445\text{m}$，选用 450mm 管道，实际水力坡度 2.35‰。

$D_2=0.395\text{m}$，选用 400mm 管道，实际水力坡度 1.96‰。

$D_3=0.303\text{m}$，选用 300mm 管道，实际水力坡度 1.45‰。

校核总水头损失如下。

$i_1l_1+i_2l_2+i_3l_3=1.5\times2.35+1.8\times1.96+1.45\times2.2=10.24(m)<\Delta H=10.5(\text{m})$

符合要求。

4.4 环状管网技术经济计算

4.4.1 管段设计流量的近似优化分配

由 4.2 节对管网优化设计目标函数的讨论可知，管网的优化设计必须在管段设计流量已确定的条件下才能进行。对于环状网，管段流量在管网设计前是不确定的，必须人为分配管段流量，再确定管径。从第 3 章有关环状管网水力计算的内容可知，人为分配的管段流量将指导后续管径的确定、水头损失的计算。不同的流量分配产生的管网费用不同，管段流量分配必将影响到管网的优化设计。因此，环状网的优化设计必须从管段流量的分配开始，首先对管段流量进行优化分配，获得相对经济的管段流量分配方案，再在此基础上进行优化设计。

管段流量分配除了要考虑输配水的经济性外，还要考虑供水的可靠性，而且两者是一对

矛盾，即按照经济的流量分配方案设计的管网供水可靠性差，而供水可靠性好的管网不经济。因而，管段流量分配需要在经济性和可靠性之间寻找平衡，获得既经济又可靠的流量分配。由于供水可靠性很难量化，因此，管段流量分配只能定性地获得近似的优化方案。

按照输配水的经济要求，管段流量分配应遵循的原则是：水流以最短的路径流到各用水点。这一原则是说，水流不应舍近求远，绕弯路向用水点供水，否则将会使具有较长距离的弯路上的管径扩大，增加了一次性投资；同时，较长的距离也增加了水头损失，进而增加了供水动力费用。按照这一原则，流量应集中在从水源到主要用水区的干管上，而干管间的连接管中将没有流量，管网退化为树状网，供水可靠性差。如图 4-5 所示，按照最短路径原则，节点流量 Q_2、Q_3 从管路 (1)—(2)—(3) 获得，共 100L/s，节点流量 Q_4、Q_5、Q_6 从管路 (1)—(4)—(5)—(6) 获得，共 300L/s，管段 [3]、[7]、[8] 流量为零。由于节点流量 Q_2、Q_3 之和远小于节点流量 Q_4、Q_5、Q_6 之和，因而管路 (1)—(2)—(3) 分配的流量远小于管路 (1)—(4)—(5)—(6) 的流量，相差悬殊。照此流量进行管径设计会带来两个供水安全问题，一是两条基本对称的管路 (1)—(2)—(3) 和 (1)—(4)—(5)—(6) 的设计管径大小相差悬殊，(1)—(2)—(3) 管路的管径远小于 (1)—(4)—(5)—(6) 管路的管径，当 (1)—(4)—(5)—(6) 管路出现事故时，(1)—(2)—(3) 管路难以承担事故流量，供水可靠性差。二是管段 [3]、[7]、[8] 分配流量为零，设计管径为零，管网退化为树状网，供水可靠性更差。

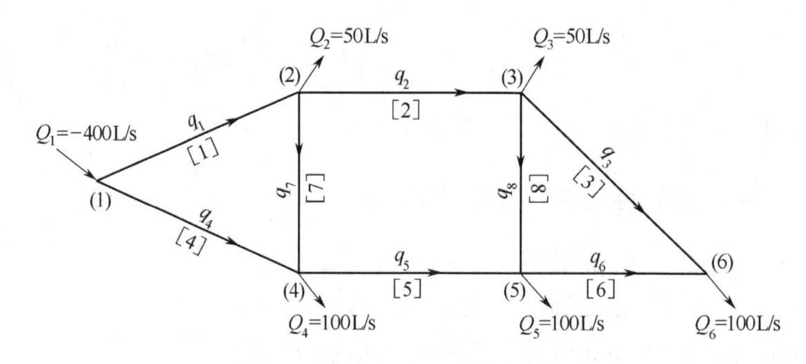

图 4-5 管段流量近似优化分配

管网费用与管道直径和长度均有关，因此，流量优化分配的经济性原则可近似概化为下列数学模型。

$$\min \sum_{i=1}^{P} (|q_i|^{\beta_1} l_i) \tag{4-28}$$

约束条件 $\sum_{i \in Pj} q_i + Q_j = 0 \qquad j=1,2,\cdots,J$

式中 β_1 是一个 (0,1) 区间的指数，其值大于零，反映了管网费用随着管段设计流量的增加而增加；其值小于 1，反映管网费用增加速度小于管段设计流量增加的速度，即输送大流量比输送小流量更经济。约束条件为节点流量连续方程。可以证明，上述流量分配经济模型的解为树状网，这与上述流量分配最短路径原则是一致的。

按照输配水的可靠性要求，管段流量分配应遵循的原则是：对称管道分配流量应相当。按照该原则，对称管道的设计管径也相当，各管道均匀分摊输水量，当一条管道损坏时，损失的输水能力较小，其余管道能最大限度地输送事故流量，供水可靠性好。因此，供水可靠性要求流量分配均匀，管径大小相当，没有主次之分。供水可靠性只与管径有关，而与管长无关，因而供水可靠性要求可以近似概化为下列数学模型。

$$\min \sum_{i=1}^{P} |q_i|^{\beta_2} \tag{4-29}$$

约束条件 $\sum_{i \in Pj} q_i + Q_j = 0 \qquad j=1,2,\cdots,J$

该模型的关键之处是 β_2 为大于 1 的指数，反映输配水可靠性增大速度大于管段设计流量增大速度，这将使管网流量均匀分配到各管段上。β_2 越大，流量分配均匀性越高，但计算表明，其值大于 2 以后均匀性几乎不再增大，所以 β_2 一般取 2。约束条件仍然是节点流量连续方程。

管段流量优化分配应综合考虑经济性和供水可靠性要求，其数学模型是经济性模型和可靠性模型的综合，其形式如下。

$$\min W_q = \sum_{i=1}^{P} (|q_i|^{\beta} l_i^x) \tag{4-30}$$

约束条件 $\sum_{i \in Pj} q_i + Q_j = 0 \qquad j=1,2,\cdots,J$

式中，指数 β 为前两个模型中 β_1 和 β_2 的综合，其取值介于 β_1 和 β_2 之间，一般在（1，2）区间取值。x 指数也是前两个模型中管长指数的综合，经济模型指数为 1，可靠性模型为 0，因此 x 在（0,1）区间取值，一般取 0.5 左右。

式（4-28）所示模型是带等式约束的最小值问题，可用传统最优化方法直接求解。

实践表明，利用优化模型进行流量优化分配对整个系统的经济性影响并不显著，主要是影响供水可靠性，在工程设计中，依靠人工经验进行管段流量分配是能够满足要求的。依照上述经济原则和可靠性原则，流量分配时应满足下列要求。

① 满足节点流量连续方程。

② 主要流量以较短的路线流向大用户和主要用水区，多水源管网应首先确定各水源供水量，然后再根据各水源供水量和节点用水量分布拟定各水源的供水范围及供水分界线。

③ 对于多条平行的干管，设计流量相差不要太大（如不超过 25%），以保证一条管道发生事故时不要损失太多的输水能力，以便其余管道能供应事故流量。

④ 主干管间的连通管上应有一定的流量，以保证事故时能将流量转输到其他干管，但连通管的流量也不应过大（如不大于主干管设计流量的 75%）。

⑤ 要避免出现设计流量特别小的管段和明显不合理的管段流向。

4.4.2 起点水压未给的管网

所谓起点水压未给的管网，是指管网起点水压在管网设计前是未定的，在管网设计后，由控制点水压和管段水头损失计算确定。该起点水压将由水泵供应，其高低直接影响水泵的扬程，进而影响供水费用。简单地说，起点水压未给的管网就是压力供水管网，设计管径不仅影响管网建设费用，还影响运行电费。管网总费用中包括建设费用、维修折旧费用和运行电费，管网优化设计目标函数采用式（4-19）的形式。用管网起点水压减去泵站吸水井水位表达水泵扬程，得到起点水压未给的环状管网优化设计目标函数，如下式所示。

$$\min W = \sum_{i=1}^{P} \left(\frac{1}{T}+\frac{p}{100}\right)\left[a+b\left(k\frac{q_i^n}{h_i}l_i\right)^{\frac{\alpha}{m}}\right]l_i + K(H_q - Z_0)Q_p \tag{4-31}$$

约束条件 $\sum_{i \in PL} (h_i)_p = 0 \qquad p=1,2,\cdots,L$

$$H_j \geqslant Z_j + H_c \qquad j=1,2,\cdots,J$$

式中　H_q——管网起点水压，m；

　　Z_0——泵站吸水井水位，m。

式（4-11）～式（4-17）所列的约束条件中，式（4-12）～式（4-14）和式（4-16）在分配管段流量时已满足，式（4-15）已包含在目标函数的变量转换中。因此，本优化模型中只存在环能量方程和节点最低水压两类约束条件，如式（4-17）和式（4-11）所示。节点最小水压约束条件可以通过保证控制点最小水压及起点水压实现，如下式所示。

$$H_q = \sum_{i \in LM} h_i + H_{控} \tag{4-32}$$

式中　$H_{控}$——控制点水压，等于控制点地面高程加控制点最小服务水头，m。

节点最小水压约束条件经上述变换后，本优化模型成为具有等式约束条件的最小值问题，优化变量为各管段水头损失 h_i 和起点水压 H_q。该模型可采用拉格朗日未定乘数法求解。以下以一个简单管网为例，说明模型的求解过程。

管网图形如图 4-6 所示。管网起点为节点（1），控制点为节点（6），控制点水压高程 H_6 已知，总供水量为 Q。首先构建拉格朗日函数式

$$F(h)=\sum_{i=1}^{7}\left(\frac{1}{T}+\frac{p}{100}\right)\left[a+b\left(k\frac{q_i^n}{h_i}l_i\right)^{\frac{\alpha}{m}}\right]l_i+KQ(H_1-Z_0)+$$
$$\lambda_{\mathrm{I}}(h_1+h_4-h_3-h_6)+\lambda_{\mathrm{II}}(h_2+h_5-h_4-h_7)+\lambda_{\mathrm{H}}(H_1-h_1-h_2-h_5-H_6)$$

式中　λ_{I}，λ_{II}，λ_{H}——拉格朗日未定乘数；

　　H_1，H_6——分别为（1）、（6）节点水压；

其余符号意义同前。

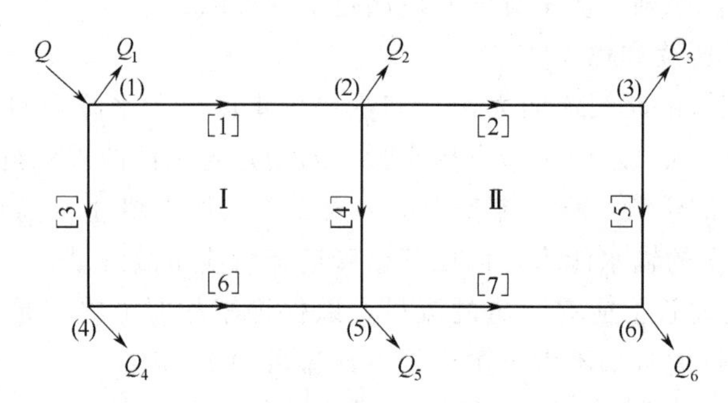

图 4-6　起点水压未给管网的优化计算简图

由极值存在的必要条件$\dfrac{\partial F}{\partial h_i}=0$、$\dfrac{\partial F}{\partial H_q}=0$ 得

$$\frac{\partial F}{\partial H_1}=KQ+\lambda_{\mathrm{H}}=0$$

$$\frac{\partial F}{\partial h_1}=-\frac{\alpha}{m}\left(\frac{1}{T}+\frac{p}{100}\right)bk^{\frac{\alpha}{m}}q_1^{\frac{n\alpha}{m}}h_1^{-\frac{\alpha+m}{m}}l_1^{\frac{\alpha+m}{m}}+\lambda_{\mathrm{I}}-\lambda_{\mathrm{H}}=0$$

$$\frac{\partial F}{\partial h_2}=-\frac{\alpha}{m}\left(\frac{1}{T}+\frac{p}{100}\right)bk^{\frac{\alpha}{m}}q_2^{\frac{n\alpha}{m}}h_2^{-\frac{\alpha+m}{m}}l_2^{\frac{\alpha+m}{m}}+\lambda_{\mathrm{II}}-\lambda_{\mathrm{H}}=0$$

$$\frac{\partial F}{\partial h_3}=-\frac{\alpha}{m}\left(\frac{1}{T}+\frac{p}{100}\right)bk^{\frac{\alpha}{m}}q_3^{\frac{n\alpha}{m}}h_3^{-\frac{\alpha+m}{m}}l_3^{\frac{\alpha+m}{m}}-\lambda_{\mathrm{I}}=0$$

$$\frac{\partial F}{\partial h_4}=-\frac{\alpha}{m}\left(\frac{1}{T}+\frac{p}{100}\right)bk^{\frac{\alpha}{m}}q_4^{\frac{n\alpha}{m}}h_4^{-\frac{\alpha+m}{m}}l_4^{\frac{\alpha+m}{m}}+\lambda_{\mathrm{I}}-\lambda_{\mathrm{II}}=0$$

$$\frac{\partial F}{\partial h_5}=-\frac{\alpha}{m}\left(\frac{1}{T}+\frac{p}{100}\right)bk^{\frac{\alpha}{m}}q_5^{\frac{n\alpha}{m}}h_5^{-\frac{\alpha+m}{m}}l_5^{\frac{\alpha+m}{m}}+\lambda_{\mathrm{II}}-\lambda_{\mathrm{H}}=0$$

$$\frac{\partial F}{\partial h_6}=-\frac{\alpha}{m}\left(\frac{1}{T}+\frac{p}{100}\right)bk^{\frac{\alpha}{m}}q_6^{\frac{n\alpha}{m}}h_6^{-\frac{\alpha+m}{m}}l_6^{\frac{\alpha+m}{m}}-\lambda_{\mathrm{I}}=0$$

$$\frac{\partial F}{\partial h_7}=-\frac{\alpha}{m}\left(\frac{1}{T}+\frac{p}{100}\right)bk^{\frac{\alpha}{m}}q_7^{\frac{n\alpha}{m}}h_7^{-\frac{\alpha+m}{m}}l_7^{\frac{\alpha+m}{m}}-\lambda_{\mathrm{II}}=0$$

以节点为统计单元，将与该节点相连的管段的偏导数相加减，消去λ，得到5个独立的方程如下。

节点（1）：

$$\frac{\partial F}{\partial H_1}+\frac{\partial F}{\partial h_1}+\frac{\partial F}{\partial h_3}=-\frac{\alpha}{m}\left(\frac{1}{T}+\frac{p}{100}\right)bk^{\frac{\alpha}{m}}\left(q_1^{\frac{n\alpha}{m}}l_1^{\frac{\alpha+m}{m}}h_1^{-\frac{\alpha+m}{m}}+q_3^{\frac{n\alpha}{m}}l_3^{\frac{\alpha+m}{m}}h_3^{-\frac{\alpha+m}{m}}\right)+KQ=0$$

节点（2）：

$$\frac{\partial F}{\partial h_2}+\frac{\partial F}{\partial h_4}-\frac{\partial F}{\partial h_1}=-\frac{\alpha}{m}\left(\frac{1}{T}+\frac{p}{100}\right)bk^{\frac{\alpha}{m}}\left(q_2^{\frac{n\alpha}{m}}l_2^{\frac{\alpha+m}{m}}h_2^{-\frac{\alpha+m}{m}}+q_4^{\frac{n\alpha}{m}}l_4^{\frac{\alpha+m}{m}}h_4^{-\frac{\alpha+m}{m}}-q_1^{\frac{n\alpha}{m}}l_1^{\frac{\alpha+m}{m}}h_1^{-\frac{\alpha+m}{m}}\right)=0$$

节点（3）：$\frac{\partial F}{\partial h_5}-\frac{\partial F}{\partial h_2}=-\frac{\alpha}{m}\left(\frac{1}{T}+\frac{p}{100}\right)bk^{\frac{\alpha}{m}}\left(q_5^{\frac{n\alpha}{m}}l_5^{\frac{\alpha+m}{m}}h_5^{-\frac{\alpha+m}{m}}-q_2^{\frac{n\alpha}{m}}l_2^{\frac{\alpha+m}{m}}h_2^{-\frac{\alpha+m}{m}}\right)=0$

节点（4）：$\frac{\partial F}{\partial h_6}-\frac{\partial F}{\partial h_3}=-\frac{\alpha}{m}\left(\frac{1}{T}+\frac{p}{100}\right)bk^{\frac{\alpha}{m}}\left(q_6^{\frac{n\alpha}{m}}l_6^{\frac{\alpha+m}{m}}h_6^{-\frac{\alpha+m}{m}}-q_3^{\frac{n\alpha}{m}}l_3^{\frac{\alpha+m}{m}}h_3^{-\frac{\alpha+m}{m}}\right)=0$

节点（5）：

$$\frac{\partial F}{\partial h_7}-\frac{\partial F}{\partial h_4}-\frac{\partial F}{\partial h_6}=-\frac{\alpha}{m}\left(\frac{1}{T}+\frac{p}{100}\right)bk^{\frac{\alpha}{m}}\left(q_7^{\frac{n\alpha}{m}}l_7^{\frac{\alpha+m}{m}}h_7^{-\frac{\alpha+m}{m}}-q_4^{\frac{n\alpha}{m}}l_4^{\frac{\alpha+m}{m}}h_4^{-\frac{\alpha+m}{m}}-q_6^{\frac{n\alpha}{m}}l_6^{\frac{\alpha+m}{m}}h_6^{-\frac{\alpha+m}{m}}\right)=0$$

令 $A=\dfrac{mK}{\left(\frac{1}{T}+\frac{p}{100}\right)b\alpha k^{\frac{\alpha}{m}}}$，$a_i=q_i^{\frac{n\alpha}{m}}l_i^{\frac{\alpha+m}{m}}$，将上述方程组简化为

$$\begin{cases}a_1h_1^{-\frac{\alpha+m}{m}}+a_3h_3^{-\frac{\alpha+m}{m}}-AQ=0\\ a_2h_2^{-\frac{\alpha+m}{m}}+a_4h_4^{-\frac{\alpha+m}{m}}-a_1h_1^{-\frac{\alpha+m}{m}}=0\\ a_5h_5^{-\frac{\alpha+m}{m}}-a_2h_2^{-\frac{\alpha+m}{m}}=0\\ a_6h_6^{-\frac{\alpha+m}{m}}-a_3h_3^{-\frac{\alpha+m}{m}}=0\\ a_7h_7^{-\frac{\alpha+m}{m}}-a_4h_4^{-\frac{\alpha+m}{m}}-a_6h_6^{-\frac{\alpha+m}{m}}=0\end{cases}\tag{4-33}$$

从式（4-33）看出，该方程组类似于节点连续方程，每个方程包含了与该节点相连的所有管段，例如节点（2）对应的方程，表示该节点与管段［1］、［2］、［4］相连，管段［2］、［4］流出该节点，标以正号，管段［1］流向该节点，标以负号。所以该方程组称为节点方程。

节点方程共有$J-1$个，加上约束条件L个能量方程 $\sum\limits_{i\in PL}h_i=0$，共计$J+L-1=P$个方程，可以求出$P$个管段的水头损失$h_i$。

虽然联立式（4-17）和式（4-33）可以解得h_i，但该方程组为多元非线性方程组，需用计算机求解。以下介绍一种近似简化方法，可以人工求解。

首先变换节点方程（4-33），将方程两边同除以AQ，并令

$$x_i=\frac{a_ih_i^{-\frac{\alpha+m}{m}}}{AQ}=\frac{q_i^{\frac{n\alpha}{m}}l_i^{\frac{\alpha+m}{m}}h_i^{-\frac{\alpha+m}{m}}}{AQ}\tag{4-34}$$

方程式（4-33）转化为

$$\begin{cases} x_1+x_3=1 \\ x_2+x_4-x_1=0 \\ x_5-x_2=0 \\ x_6-x_3=0 \\ x_7-x_4-x_6=0 \end{cases} \tag{4-35}$$

式（4-35）中，除第一个方程外，具有 $\sum\limits_{i\in Pj} x_i=0$ 的形式，类似于节点连续方程 $\sum\limits_{i\in Pj} q_i=-Q_j$。因此，可将 x_i 看成管段虚流量，式（4-35）看成是管网起点输入流量为 1、最末节点输出流量为 1、其余节点流量为零时的节点连续方程。可称式（4-35）为虚节点连续方程。

再变换能量方程式（4-17），将式（4-34）变形为

$$h_i=\frac{q_i^{\frac{n\alpha}{\alpha+m}}l_i}{(AQ)^{\frac{m}{\alpha+m}}}x_i^{-\frac{m}{\alpha+m}} \tag{4-36}$$

将式（4-36）代入式（4-17），得

$$\sum_{i\in PL}\frac{q_i^{\frac{n\alpha}{\alpha+m}}l_i}{(AQ)^{\frac{m}{\alpha+m}}}x_i^{-\frac{m}{\alpha+m}}=0$$

将上式两边同乘以 $(AQ)^{\frac{m}{\alpha+m}}$，并且令

$$h_\Phi=q_i^{\frac{n\alpha}{\alpha+m}}l_ix_i^{-\frac{m}{\alpha+m}}=S_\Phi x_i^{-\frac{m}{\alpha+m}} \tag{4-37}$$

则式（4-17）变换为

$$\sum_{i\in PL}h_\Phi=\sum_{i\in PL}S_\Phi x_i^{-\frac{m}{\alpha+m}}=0 \tag{4-38}$$

与管段虚流量 x_i 类似，h_Φ 称为虚水头损失，S_Φ 称为虚摩阻，式（4-38）称为虚能量方程。虚节点连续方程式（4-35）和虚能量方程式（4-38）类似于节点连续方程和环能量方程，可以用于求解管段虚流量 x_i，一旦求出了 x_i，即可用式（4-36）求得管段经济水头损失 h_i。

求解 x_i 的方法及步骤与哈代-克罗斯法求解管段流量类似，首先进行管段虚流量初步分配，初步分配的唯一目的是使管段虚流量满足虚节点连续方程式（4-35）。设管网起点流入流量和最末点流出流量均为 1，其余节点除了与之直接相连的管段外没有流量的流进流出。从管网起始节点开始，逐个分配确定管段虚流量，使其满足虚节点连续方程式（4-35）。用初步分配的虚流量计算管段虚水头损失 h_Φ。以环为单位，统计各环内管段虚水头损失之和，该统计值不一定满足虚能量方程式（4-38）的要求，可在各环内施加虚校正流量 Δx_L，校正各管段虚流量。虚校正流量可用下式计算。

$$\Delta x_L=\frac{\sum\limits_{i\in PL}\left(q_i^{\frac{n\alpha}{\alpha+m}}l_ix_i^{-\frac{m}{\alpha+m}}\right)}{\frac{m}{\alpha+m}\sum\limits_{i\in PL}\left(q_i^{\frac{n\alpha}{\alpha+m}}l_ix_i^{-\frac{\alpha+2m}{\alpha+m}}\right)} \tag{4-39}$$

用虚校正流量 Δx_L 叠加到初步分配的管段虚流量上，得到新的管段虚流量，再重新计算虚水头损失 h_Φ 和环内闭合差 $\sum h_\Phi$。如此反复计算，直到 $\sum h_\Phi$ 足够小。解得 x_i 后，可利用式（4-18）和式（4-36）计算各管段经济管径

$$D_i=\left(AQx_ik^{\frac{\alpha+m}{m}}q_i^n\right)^{\frac{1}{\alpha+m}}=\left(fQx_iq_i^n\right)^{\frac{1}{\alpha+m}} \tag{4-40}$$

$$f=Ak^{\frac{\alpha+m}{m}}$$

由式（4-40）求得的经济管径不一定恰好是标准管径，需选用规格相近的标准管径。

4.4.3　起点水压已给的管网

所谓起点水压已给的管网，是指管网起点水压在管网设计前已经确定，设计管径的大小只影响管网造价，而不影响管网的起点水压，因此不影响运行费用。这类管网主要是指重力供水管网，其水源为高地水池或水库，靠重力自流至各用水点，不需泵站提升，因此，此类管网费用中不包括年运行电费。起点水压已给的管网优化设计目标函数与起点水压未给的管网的类似，只是不包括第二项运行电费，其形式如下。

$$\min W=\sum_{i=1}^{P}\left(\frac{1}{T}+\frac{p}{100}\right)\left[a+b\left(k\frac{q_i^n}{h_i}l_i\right)^{\frac{\alpha}{m}}\right]l_i \tag{4-41}$$

约束条件

$$\sum_{i\in PL}(h_i)_p=0\qquad p=1,2,\cdots,L \tag{4-42}$$

$$H=\sum_{i\in LM}h_i \tag{4-43}$$

式中　H——水源水位与控制点最小水压的差值，$H=H_q-H_{控}$；

LM——从控制点至水源的任一条管线上所有管段的集合；

其余符号意义同前。

式（4-42）所列约束条件是环能量方程；式（4-43）所列约束条件表示应充分利用水源已提供的水压，将其消耗在从水源至控制点的管路上，选用尽可能小的管径。

求解上述优化模型仍可采用拉格朗日乘数法，拉格朗日函数式如下。

$$F(h)=\sum_{i=1}^{7}\left(\frac{1}{T}+\frac{p}{100}\right)\left[a+b\left(k\frac{q_i^n}{h_i}l_i\right)^{\frac{\alpha}{m}}\right]l_i+$$
$$\lambda_{\mathrm{I}}\sum_{i\in PL}(h_i)_{\mathrm{I}}+\lambda_{\mathrm{II}}\sum_{i\in PL}(h_i)_{\mathrm{II}}+\cdots+\lambda_L\sum_{i\in PL}(h_i)_L+\lambda_{\mathrm{H}}\left(H-\sum_{i\in LM}h_i\right)$$

式中　λ_{I}，λ_{II}，λ_L，λ_{H}——拉格朗日未定乘数；

L——管网环数。

利用上式可求解经济水头损失和经济管径，求解方法和步骤与起点水压未给的管网相同。最后解得与式（4-40）类似的经济管径公式，只是经济因素 f 不同，其值推导如下。

由式（4-36）、式（4-37）得

$$h_i=\frac{q_i^{\frac{n\alpha}{\alpha+m}}l_i}{(AQ)^{\frac{m}{\alpha+m}}}x_i^{-\frac{m}{\alpha+m}}=\frac{h_{\Phi i}}{(AQ)^{\frac{m}{\alpha+m}}} \tag{4-44}$$

代入式（4-43）得

$$H=\sum_{i\in LM}h_i=\frac{\sum\limits_{i\in LM}h_{\Phi i}}{(AQ)^{\frac{m}{\alpha+m}}}$$

$$A=\frac{\left(\sum\limits_{i\in LM}h_{\Phi i}\right)^{\frac{\alpha+m}{m}}}{H^{\frac{\alpha+m}{m}}Q}$$

由此得到起点水压已给时，环状管网的经济因素 f 为

$$f=Ak^{\frac{\alpha+m}{m}}=\frac{\left(\sum\limits_{i\in LM}h_{\Phi i}\right)^{\frac{\alpha+m}{m}}}{H^{\frac{\alpha+m}{m}}Q}k^{\frac{\alpha+m}{m}}=\frac{1}{Q}\left(\frac{k\sum\limits_{i\in LM}h_{\Phi i}}{H}\right)^{\frac{\alpha+m}{m}} \tag{4-45}$$

代入式（4-40），得到起点水压已给的管网经济管径计算公式为

$$D_i=(fQx_iq_i^n)^{\frac{1}{\alpha+m}}=\left(\frac{k\sum\limits_{i\in LM}h_{\Phi i}}{H}\right)^{\frac{1}{m}}(x_iq_i^n)^{\frac{1}{\alpha+m}}$$

$$=\left(\frac{k\sum\limits_{i\in LM}(q_i^{\frac{n\alpha}{\alpha+m}}l_ix^{-\frac{m}{\alpha+m}})}{H}\right)^{\frac{1}{m}}(x_iq_i^n)^{\frac{1}{\alpha+m}} \tag{4-46}$$

综上所述，环状管网优化设计的步骤如下。

① 优化分配各管段流量 q_i，流量分配应使管网经济上节省，运行安全可靠。

② 初步分配管段虚流量 x_i，满足虚节点连续方程式（4-35）。

③ 计算各管段虚水头损失 h_Φ，利用式（4-38）计算环内闭合差 $\sum\limits_{i\in PL}h_\Phi$。

④ 利用式（4-39）计算环内虚校正流量 Δx_L，并校正管段虚流量 x_i，直至满足式（4-38）的要求。

⑤ 依据校正后管段虚流量 x_i，利用式（4-40）和式（4-46）计算节点水压未给和已给管网的经济管径。

依照上述方法计算得到的经济管径不一定是标准管径，应就近选用标准管径。

4.5 近似优化计算

管网的优化设计是建立在管段流量优化分配的基础上的，而设计流量的规划计算、优化分配本身的精确度是有限的，且最终计算所得的经济管径也不是标准管径，还需要采用就近的标准管径，也就偏离了原有的计算结果，所以优化设计本身存在着一定的误差范围。因此，在保证应有精度的前提下选择管径，可用近似的优化计算方法，以减轻计算工作量。

近似计算时，仍采用经济管径公式式（4-40）和式（4-46），分配管段虚流量时需满足 $\sum x_i=0$ 的条件，但不进行虚流量平差。用近似优化法计算得出的管径，只是个别管段与精确算法的结果不同。为了进一步简化计算，还可使每一管段的 $x_i=1$，就是将它看成是与管网中其他管段无关的单独工作管段，由此算出的管径，对于距离二级泵站较远的管段，误差较大。

为了求出单独工作管段的经济管径，可应用界限流量的概念。按经济管径公式式（4-22）求出的管径，是在某一流量下的经济管径，但不一定等于市售的标准管径。由于市售水管的标准管径分档较少，因此，每种标准管径不仅有相应的最经济流量，并且有其经济的界限流量范围，在此范围内用这一管径都是经济的，超出界限流量范围就需采用大一号或小一号的标准管径。根据相邻两标准管径 D_{n-1} 和 D_n 的年折算费用相等的条件，可以确定界限流量。这时相应的流量 q_1 即为相邻管径的界限流量，也就是说 q_1 为 D_{n-1} 的上限流量，又是 D_n 的下限流量。用同样方法求出相邻管径 D_n 和 D_{n+1} 的界限流量 q_2，这时 q_2 是 D_n 的上限流量，又是 D_{n+1} 的下限流量。凡是管段流量在 q_1 和 q_2 之间的，应选用 D_n 的管径，否则就不经济。如果流量恰好等于 q_1 或 q_2，则因两种管径的年折算费用相等，都可选用。标准管径的分档规格越少，则每种管径的界限流量范围越大。

为求出各种标准管径的界限流量，可将相邻两档标准管 D_{n-1} 和 D_n 分别代入年折算费用式（4-9），并取式（4-40）中的 $n=2$，得

$$W_{n-1}=\left(\frac{1}{T}+\frac{p}{100}\right)(a+bD_{n-1}^{\alpha})l_{n-1}+Kkq_1^3l_{n-1}D_{n-1}^{-m}$$

$$W_n=\left(\frac{1}{T}+\frac{p}{100}\right)(a+bD_n^{\alpha})l_n+Kkq_1^3l_nD_n^{-m}$$

按相邻两档管径的年折算费用相等条件，即从 $W_{n-1}=W_n$ 可得（管段长度 l 相同）

$$b\left(\frac{1}{T}+\frac{p}{100}\right)\ (D_n^{\alpha}-D_{n-1}^{\alpha})\ =Kkq_1^3\ (D_{n-1}^{-m}-D_n^{-m})$$

化简后得 D_{n-1} 和 D_n 两挡管径的界限流量 q_1 为

$$q_1=\left(\frac{m}{f\alpha}\right)^{\frac{1}{3}}\left(\frac{D_n^{\alpha}-D_{n-1}^{\alpha}}{D_{n-1}^{-m}-D_n^{-m}}\right)^{\frac{1}{3}} \tag{4-47}$$

流量为 q_1 时，选用 D_{n-1} 或 D_n 管径都是经济的。

以同样方法，可从相邻标准管径 D_n 和 D_{n+1} 的年折算费 W_n 和 W_{n+1} 相等的条件求出界限流量 q_2。对标准管径 D_n 来说，界限流量在 q_1 和 q_2 之间，即在流量 q_1 和 q_2 范围内，选用管径 D_n 都是经济的。

城市的管网造价、电费、用水规律和所用水头损失公式等均有不同，所以不同城市的界限流量不同，决不能任意套用。即使同一城市，管网建造费用和动力费用等也有变化，因此，必须根据当时当地的经济指标和所用水头损失公式，求出 f、k、α、m 等值，代入式（4-47）中确定界限流量。

设 $x_i=1$、$\frac{\alpha}{m}=\frac{1.8}{5.33}$ 和 $f=1$，代入式（4-47），即得界限流量（见表 4-3）。例如 150mm 管径和 200mm 管径的界限流量为

$$q=\left(\frac{5.33}{1.8\times1}\right)^{\frac{1}{3}}\left(\frac{0.2^{1.8}-0.15^{1.8}}{0.15^{-5.33}-0.2^{-5.33}}\right)^{\frac{1}{3}}=0.015(\mathrm{m^3/s})=15\ (\mathrm{L/s})$$

当 $f=1$、$x_i=1$ 时，通过流量 q_0 时的经济管径为

$$D_i=q_0^{\frac{3}{\alpha+m}}$$

当 $f\neq1$、$x_i\neq1$ 时，必须将该管段流量化为折算流量后，再查表 4-3。令式（4-22）等于式（4-40），得折算流量为

$$q_0=\sqrt[3]{f}q_i\sqrt[3]{\frac{Qx_i}{q_i}} \tag{4-48}$$

对于单独的管段，即不考虑与管网中其他管段的联系时，折算流量为

$$q_0=\sqrt[3]{f}q_i \tag{4-49}$$

式（4-48）和式（4-49）的区别在于：前者考虑到管网内各管段之间的相互关系，此时需通过管网技术经济计算求得管段的 x_i 值；而后者指单独工作的管线，并不考虑该管段与管网中其他管段的关系。根据上两式求得的折算流量 q_0，查表 4-3 即得经济的标准管径。

表 4-3 界限流量

管径/mm	界限流量/(L·s⁻¹)	管径/mm	界限流量/(L·s⁻¹)	管径/mm	界限流量/(L·s⁻¹)
100	<9	350	68～96	700	355～490
150	9～15	400	96～130	800	490～685
200	15～28.5	450	130～168	900	685～822
250	28.5～45	500	168～237	1000	822～120
300	45～68	600	237～355		

思　考　题

1. 什么是年费用折算值？如何导出重力供水时管网的年费用折算值表达式？
2. 为什么流量分配后才可求得经济管径？
3. 压力输水管的经济管径公式是根据什么概念导出的？
4. 重力输水管的经济管径公式是根据什么概念导出的？
5. 经济因素 f 和哪些技术经济指标有关？各城市的 f 值可否任意套用？
6. 重力输水管如有不同流量的管段，它们的流量和水力坡度之间有什么关系？
7. 说明经济管径 $D_i=(fQx_iq_i^n)^{\frac{1}{\alpha+m}}$ 公式的推导过程。
8. 起点水压已知和未知的两种管网，求经济管径的公式有哪些不同？
9. 怎样应用界限流量表？

习　　题

1. 重力输水管由三管段组成：$l_{1-2}=300\text{m}$，$q_{1-2}=100\text{L/s}$；$l_{2-3}=250\text{m}$；$q_{2-3}=80\text{L/s}$；$l_{3-4}=200\text{m}$，$q_{3-4}=40\text{L/s}$。设起端和终端的水压差 $H_{1-4}=H_1-H_4=8\text{m}$，$n=2$，$m=5.33$，$\alpha=1.7$，试求各管段经济直径。

2. 设经济因素 $f=0.86$，$\frac{\alpha}{m}=\frac{1.7}{5.33}$，试求 300mm 和 400mm 两种管径的界限流量。

3. 用表 4-4 所列数据求承插式预应力混凝土管的水管建造费用公式 $c=a+bD^{\alpha}$ 中的 a、b、α 值。

表 4-4

管径 D_i/mm	500	600	700	800	900	1000	1200	1400
造价 c_i/(元·m^{-1})	273.03	341.91	421.11	495.90	603.01	715.72	921.20	1258.84

5 分区给水的能量分析和设计

5.1 分区给水的技术与能量分析

5.1.1 分区给水系统概述

在城市局部地区高差显著，或者城市沿水源地狭长发展，或在区域给水系统中，对输水管线较长、给水区面积宽广的给水管网，有必要考虑将整个给水系统分成几区，每分区有独立的泵站和管网，同时各区之间又有适当的联系，以保证供水可靠和调度灵活。分区给水的技术依据是使管网的水压不超过水管能承受的压力，以免损坏管道、附件并可减少漏水量；分区给水的经济原因是降低供水能量费用。

分区给水系统有并联分区和串联分区两种布置形式。

图 5-1 表示给水区地形起伏、高差很大时采用的给水系统。图 5-1（a）是由同一泵站内的高压和低压水泵分别供给高区①和低区②的管网用水，这种给水方式称为并联分区，它的特点是各区用水自成供水系统，可靠性好；各区供水水泵集中管理，比较方便；但是由于增加了输水管长度，增加了造价，高区输水管承压大，对管材的要求较高。图 5-1（b）中，高区①和低区②两区用水总量均由低区泵站输出，而高区用水再由高区泵站 4 加压，这种给水方式称为串联分区。在大城市或区域供水系统中，由于供水管线长，水头损失大，而在管网中间设置加压泵站或水库泵站加压，也是串联分区的一种形式。串联分区的供水可靠性较差，但是各区输水管承受的水压力较均衡。

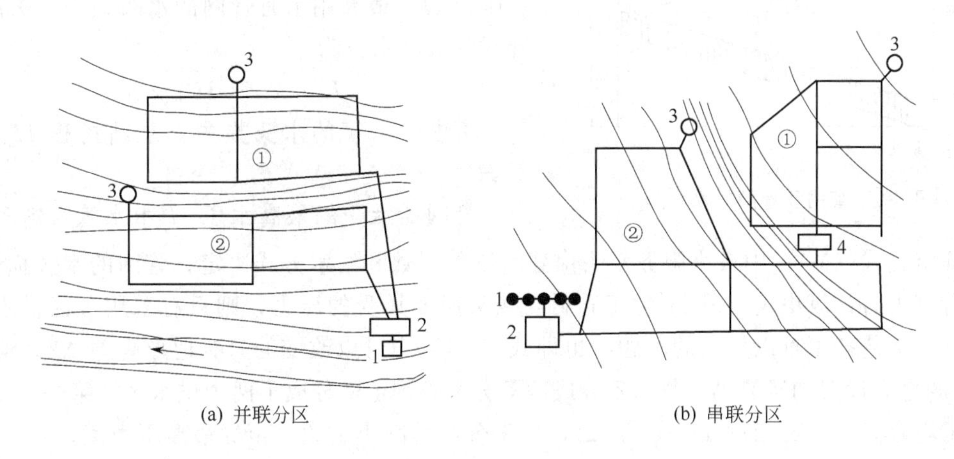

(a) 并联分区　　(b) 串联分区

图 5-1　分区给水系统

①高区；②低区；1—取水构筑物；2—水处理构筑物和二级泵站；3—水塔或水池；4—高区泵站

图 5-2 表示远距离重力输水管，从水库 A 输水至水池 B，为防止水管中压力过高，将输水管适当分段（分区），在分段处建造水池，以降低管网的水压，保证正常工作，这种减压供水是分区供水的另一种形式。在图 5-2 中，如不设中间降压水池，全线采用相同的管径，

则水力坡度为 $i=\frac{\Delta Z}{L}$，这时部分管线所承受的正压较高，而在地形高于水力坡线的D点附近又将出现负压，设计显然不合理。如图所示，经过分析，在C和D处设置水池，则整个管线不出现负压，各管段承受的最大静水压力也显著减少。

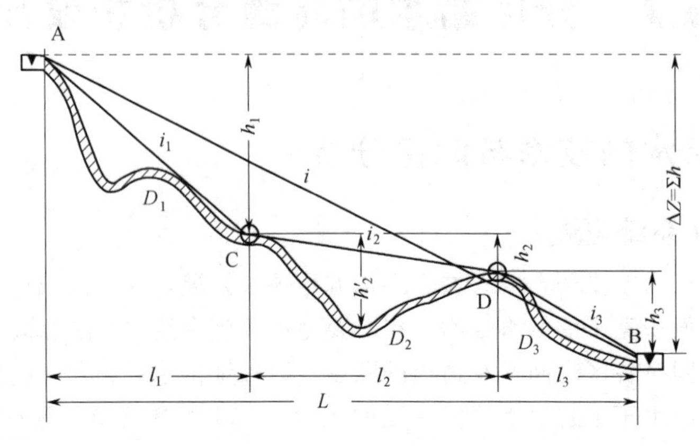

图 5-2　重力输水管分区

5.1.2 技术上要求分区给水的分析

给水管网使用的各种管材和接口形式承受内水压力的大小是有限度的。当给水范围过于宽广、供水地形高差过大，使得在仅采用二泵站一级供水时可能造成管道爆裂的情况下，要考虑分区供水。

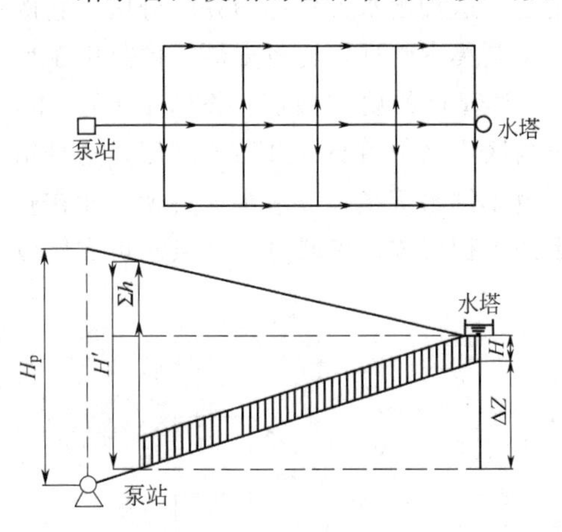

图 5-3　管网及管网供水水压

图 5-3 所示的给水系统，水由泵站经输送管供水至管网，这时管网中的水压在靠近泵站处最高。设给水区的地形高差为 ΔZ，管网要求的最小服务水压为 H，最高用水时管网的水头损失为 $\sum h$，则管网中最高水压为

$$H'=\Delta Z+H+\sum h \tag{5-1}$$

考虑输水管的水头损失，泵站扬程 H_p 应大于 H'。

管网能承受的最高水压 H' 由水管材料和接头形式确定；式（5-1）中最小服务水头由建筑物的层数和给水方式决定；管网的水头损失 $\sum h$ 根据管网水力计算决定。若 H' 大于管材与接头所能承受的压力，则只有采用分区供水方式解决这一工艺技术难以解决的问题，也即式（5-1）中可以改变的只有地形高差 ΔZ，假如在 $\Delta Z/2$ 的地方设置加压泵站，将 ΔZ 分成两等分，管网也就分成了两个供水区，第一、二区最高水压均为 $H'=(\Delta Z/2)+H+(\sum h/2)$，比未分区前减小了约一半的最高压力值。

在地势平坦地区，管网较大时由于管网水头损失过大，则需在管网中设置水库泵站或加压泵站，形成分区给水。

5.1.3 分区给水的能量分析

多数情况下，除了技术上的因素外，还由于经济上的考虑而采用分区给水系统，目的是降低供水的动力费用。在给水系统的运行费用中，动力费用占很大比重，故从分区给水的能量分析来评价给水系统具有实用意义，也即需对管网进行能量分析，找出哪些是浪费的能量，分区后如何减少这部分能量，以此作为选择分区给水的依据。

以图 5-4 沿途供水的输水管为例，各管段的流量 q_{ij} 和管径 D_{ij} 随着与泵站（节点 5 处）距离的增加而减小。

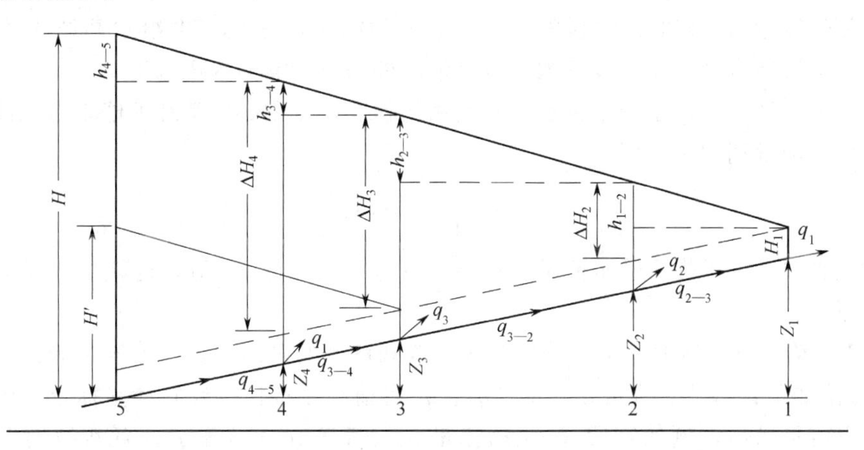

图 5-4 输水管供水能量分析

不分区时，泵站供水的能量为

$$E=\rho g q_{4-5}(Z_1+H_1+\sum h_{ij}) \tag{5-2}$$

式中 q_{4-5}——泵站总供水量，L/s；

Z_1——控制点地面标高与泵站吸水井最低水位之间的高差，m；

H_1——控制点所需最小服务水头，m；

$\sum h_{ij}$——从泵站到控制点的总水头损失，m；

ρ——水的密度，kg/L；

g——重力加速度，m/s^2。

泵站供水能量 E 由以下三部分组成。

① 保证最小服务水头所需的能量

$$E_1=\sum_{i=1}^{4}\rho g(Z_i+H_i)q_i=\rho g[(Z_1+H_1)q_1+(Z_2+H_2)q_2+(Z_3+H_3)q_3+(Z_4+H_4)q_4] \tag{5-3}$$

② 克服水管摩阻所需的能量

$$E_2=\sum_{i=1}^{4}\rho g q_{ij}h_{ij}=\rho g(q_{1-2}h_{1-2}+q_{2-3}h_{2-3}+q_{3-4}h_{3-4}+q_{4-5}h_{4-5}) \tag{5-4}$$

③ 未利用的能量，它是因各用水点的水压过剩而浪费的能量

$$\begin{aligned}E_3&=\sum_{i=1}^{4}\rho g q_i\Delta H_i\\&=\rho g[(H_1+Z_1+h_{1-2}-H_2-Z_2)q_2+\\&(H_1+Z_1+h_{1-2}+h_{2-3}-H_3-Z_3)q_3+\\&(H_1+Z_1+h_{1-2}+h_{2-3}+h_{3-4}-H_4-Z_4)q_4]\end{aligned} \tag{5-5}$$

式中 ΔH_i——过剩水压。

单位时间内水泵的总能量等于上述三部分能量之和，即

$$E=E_1+E_2+E_3 \tag{5-6}$$

总能量中只有保证最小服务水头的能量 E_1 得到有效利用。由于给水系统设计时，泵站流量和控制点水压 Z_i+H_i 已定，所以 E_1 不能减小。

第二部分能量 E_2 消耗于输水过程不可避免的水管摩阻。为了降低这部分能量，必须减小 h_{ij}，其措施是适当放大管径，但会增加管网造价，所以这并不是一种经济的解决方法。

第三部分能量 E_3 未能有效利用，属于浪费的能量，这是集中给水系统无法避免的缺点，因为泵站必须将全部流量按最远或位置最高处用户所需的水压输送。

集中（未分区）给水系统中供水能量利用的程度，可用必须消耗的能量占总能量的比例来表示，称为能量利用率，即

$$\Phi=\frac{E_1+E_2}{E}=1-\frac{E_3}{E} \tag{5-7}$$

从上式看出，为了提高输水能量利用率，只有设法降低 E_3 值，这就是从经济上考虑管网分区的原因。

图 5-4 的输水管分区时，为了确定分区界线和各区的泵站位置，需绘制能量分配图，见图 5-5。方法如下：将节点流量 q_1、q_2、q_3、q_4 等值顺序按比例绘在横坐标上。各管段流量可以从节点流量求出，例如管段 3—4 的流量 q_{3-4} 等于 $q_1+q_2+q_3$，泵站的供水量即管段 4—5 的流量 q_{4-5} 等于 $q_1+q_2+q_3+q_4$ 等。

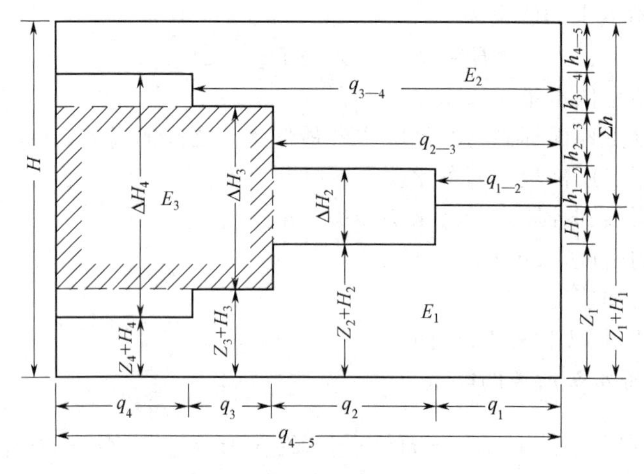

图 5-5 泵站供水能量分配图

在图 5-5 的纵坐标上按比例绘出各节点的地面标高 Z_i 和所需最小服务水头 H_i，得到若干以 q_i 为底、H_i+Z_i 为高的矩形面积，这些面积的总和等于保证最小服务水头所需的能量，即图 5-5 中的 E_1 部分。

为了供水到控制点 1，泵站 5 的扬程应为

$$H=H_1+Z_1+\sum h_{ij}$$

式中，$\sum h_{ij}$ 为泵站到控制点的各管段水头损失总和，在纵坐标上再绘出各管段的水头损失 h_{1-2}、h_{2-3}、h_{3-4}、h_{4-5} 等，纵坐标总高度为 H。

因此，每一管段流量 q_{ij} 和相应水头损失 h_{ij} 所形成的矩形面积总和等于克服水管摩阻所需的能量，即图中的 E_2 部分。

由于泵站总能量为 $q_{4-5}H$，所以除了 E_1 和 E_2 外，其余部分面积就是无法利用而浪费的能量。它等于以 q_i 为底，过剩水压 ΔH_i 为高的矩形面积之和，在图 5-5 中用 E_3 表示。

下面进一步分析分区给水后对减少未加利用的能量 E_3 的作用。

假定在图 5-5 中节点 3 处加设泵站，将输水管分成两区。分区后，泵站 5 的扬程只需满足节点 3 处的最小服务水头，因此可从未分区时的 H 降低到 H'。从图 5-5 看出，此时过剩水压 ΔH_3 消失，ΔH_4 减少，因而减少了一部分未利用的能量。减少值如图 5-5 中 E_3 阴影部分面积所示，等于

$$(Z_1+H_1+h_{1-2}+h_{2-3}-Z_3-H_3)(q_3+q_4)=\Delta H_3(q_3+q_4)$$

但是，当一条输水管的管径和流量相同时，即沿线无流量分出时，分区后非但不能降低能量费用，甚至基建和设备等项费用反而增加，管理也趋于复杂。这时只有在输水距离远、管内的水压过高时，才因为技术原因考虑分区供水。

远距离输水管是否分区，分区后设多少泵站等问题，需通过方案的技术经济比较才可确定。

5.1.4　管网的供水能量分析

以图 5-6 所示城市给水管网进行配水管网的能量利用分析。假定给水区地形从泵站起均匀升高，全区用水量均匀，要求的最小服务水头相同。设管网的总水头损失为 $\sum h$，泵站吸水井最低水位和控制点地面高差为 ΔZ。未分区时，泵站的流量为 Q，扬程为

$$H_{\mathrm{p}}=\Delta Z+H+\sum h \tag{5-8}$$

如果等分成为两区，则第Ⅰ区管网的水泵扬程为

$$H_{\mathrm{I}}=\frac{\Delta Z}{2}+H+\frac{\sum h}{2} \tag{5-9}$$

如第Ⅰ区的最小服务水头 H 与泵站总扬程 H_{p} 相比极小时，则 H 可以略去不计，得

$$H_{\mathrm{I}}=\frac{\Delta Z}{2}+\frac{\sum h}{2} \tag{5-10}$$

第Ⅱ区泵站能利用第Ⅰ区的水压 H_{I} 时，则该区的泵站扬程 H_{II} 等于$\frac{\Delta Z}{2}+\frac{\sum h}{2}$。所以等分成两区后，所节约的能量为 $\rho g\frac{Q}{2}\left(\frac{\Delta Z+\sum h}{2}\right)$，如图 5-7 的阴影部分矩形面积所示，即比不分区时最多可以节约 1/4 的供水能量。

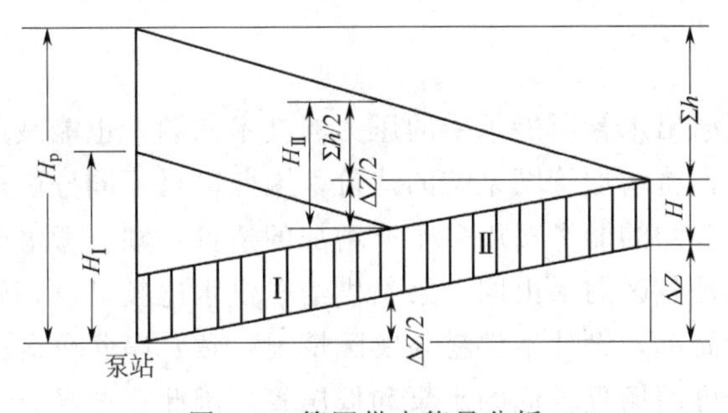

图 5-6　管网供水能量分析

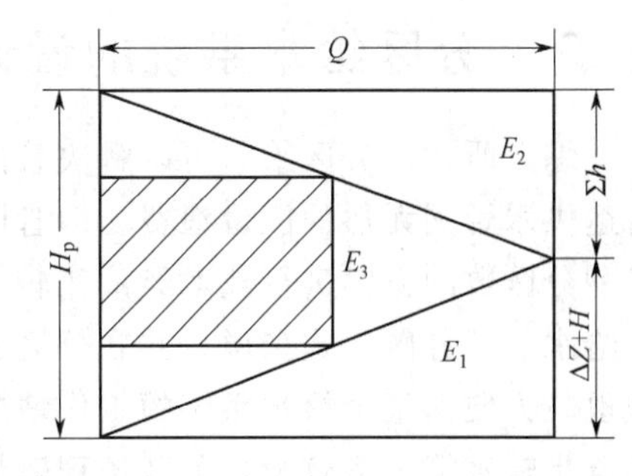

图 5-7　管网分区能量分析

由此可见，对于沿线流量均匀分配的管网，将加压泵站设在给水区中部的情况，也就是分成相等的两区时，最大可能节约的能量为 E_3 部分中的最大内接矩形面积。

依此类推，当给水系统分成 n 区时，供水能量如下。

① 串联分区时，根据全区用水量均匀的假定，则各区的用水量分别为 Q，$\frac{n-1}{n}Q$，$\frac{n-2}{n}Q$，…，$\frac{Q}{n}$，各区的水泵扬程为$\frac{H_{\mathrm{p}}}{n}=\frac{\Delta Z+\sum h}{n}$，分区后的供水能量为

$$E_n=\rho g\left(Q\frac{H_p}{n}+\frac{n-1}{n}Q\frac{H_p}{n}+\frac{n-2}{n}Q\frac{H_p}{n}+\cdots+\frac{Q}{n}\times\frac{H_p}{n}\right) \tag{5-11}$$
$$=\rho g\frac{1}{n^2}[n+(n-1)+(n-2)+\cdots+1]QH_p$$
$$=\rho g\frac{1}{n^2}\times\frac{n(n+1)}{2}QH_p$$
$$=\frac{n+1}{2n}E$$

式中，$E=\rho gQH_p$ 为未分区时供水所需总能量。

等分成两区时，因 $n=2$，代入式（5-11），得 $E_2=\frac{3}{4}QH$，即较未分区时节约 1/4 的能量。分区数越多，能量节约越多，但最多只能节约 1/2 的总能量。

② 并联分区时，各区的流量等于$\frac{Q}{n}$，各区的泵站扬程分别为 H_p，$\frac{n-1}{n}H_p$，$\frac{n-2}{n}$，…，$\frac{H_p}{n}$。分区后的供水能量为

$$E_n=\rho g\left(\frac{Q}{n}H_p+\frac{Q}{n}\times\frac{n-1}{n}H_p+\frac{Q}{n}\times\frac{n-2}{n}H_p+\cdots+\frac{Q}{n}\times\frac{H_p}{n}\right)$$
$$=\frac{\rho g}{n^2}[n+(n-1)+(n-2)+\cdots+1]QH_p=\frac{n+1}{2n}E \tag{5-12}$$

由式（5-11）与式（5-12）可以看出，从经济上来说，无论串联分区或并联分区，分区后可以节省的供水能量相同。通常按节约能量的多少来划定分区界线，因为管网、泵站和水池的造价受分界线位置变动的影响较小，所以考虑是否分区以及选择分区形式时，应根据地形、水源位置、用水量分布等具体条件，拟定若干方案，进行比较。串联或并联分区所节约的能量相近，但分区后相应增加了基建投资和管理的复杂性，并联分区增加了输水管长度，串联分区增加了泵站，因此两种布置方式的造价和管理费用并不相同，选择哪种分区方式也需要通过方案的技术经济比较确定。

5.2 分区给水系统的设计

综上所述，分区给水可以解决管网水压超出水管所能承受的压力的技术问题，也能减少沿途供水管网无形的能量浪费。但管网分区，将增加管网系统的造价，因此需对不同分区形式和分区数的方案进行技术经济比较。如所节约的能量费用多于所增加的造价，则可考虑分区给水。就分区形式来说，并联分区的优点是各区用水由同一泵站供给，供水比较可靠，管理也较方便，整个给水系统的工作情况较为简单，设计条件易与实际情况一致。串联分区的优点是输水管长度较短，各区扬程较均衡，可用扬程较低的水泵和低压管。因此在选择分区形式时，应考虑到并联分区会增加输水管造价，串联分区将增加泵站的造价和管理费用等问题。

在给水系统中，传统二次加压给水方式中需设置水池或水箱，存在占地面积大、易产生水质污染、原有管网余压不能利用、水泵扬程高、运行噪声高等缺点。无负压供水系统是近年来出现的一种新型给水加压系统，它直接串接在给水管网加压，充分利用自来水管网的原有压力，又保证了用户供水压力恒定。系统在运行过程中时刻监测供水管网和用户系统压力，自动控制真空抑制器及稳流补偿器来抑制负压的产生，既充分利用了供水管网的压力，

又不产生负压，不对供水管网产生任何不良影响，保证了用水的安全生。无负压供水系统既能利用供水管网的原有压力，又能动用足够的储存水量满足高峰期用水，系统全封闭式结构运行，完全杜绝水质污染，并可充分利用进水口原有管网压力，系统运行节能显著。

城市地形对分区形式的影响是：当城市狭长发展时，宜采用并联分区，因增加的输水管长度不多，而高、低两区的泵站可以集中管理；与此相反，城市垂直于等高线方向延伸的，串联分区更为适宜。

水厂位置往往影响到分区形式，水厂靠近高区时，宜采用并联分区。水厂远离高区时，采用串联分区较好，以免到高区的输水管过长，增加造价。

在分区给水系统中，可以采用高地水池或水塔作为水量调节设备。当具有可利用的高地、容量相同时，高地水池的造价比水塔便宜。但水池标高应保证该区所需的水压。采用水塔或水池需通过方案比较后确定。

思考题

1. 给水系统在什么情况下要进行分区供水？
2. 分区给水有哪些基本形式？各种形式的优缺点和使用条件如何？
3. 泵站供水时所需要的能量由哪几部分组成？分区给水后可以节约哪部分能量？
4. 输水管全长流量不变时，分区给水的目的是什么？
5. 对配水管网，为什么并联分区和串联分区给水分区数相同，节约的能量相同？

6 水量调节设施及给水管网材料、附属设施

6.1 水量调节设施

由于给水系统的取水构筑物和水厂水处理构筑物是按最高日平均时供水量加上水厂自用水量设计的，而配水设施则需要满足供水区的逐时用水量的变化，因此需要设置水量调节设施。

水量调节设施的设置方式对配水管网的造价以及运行电费均有较大的影响，常见水量调节设施有水厂内的清水池、水塔、高位水池和调节（水池）泵站。

6.1.1 清水池

给水工程中，常用钢筋混凝土水池、预应力钢筋混凝土水池和砖石水池等，其中以钢筋混凝土水池使用最广。一般做成圆形或矩形，当有效容积小于 2500m^3 时，采用圆形较经济（见图 6-1），而当有效容积大于等于 2500m^3 时，采用矩形较经济。

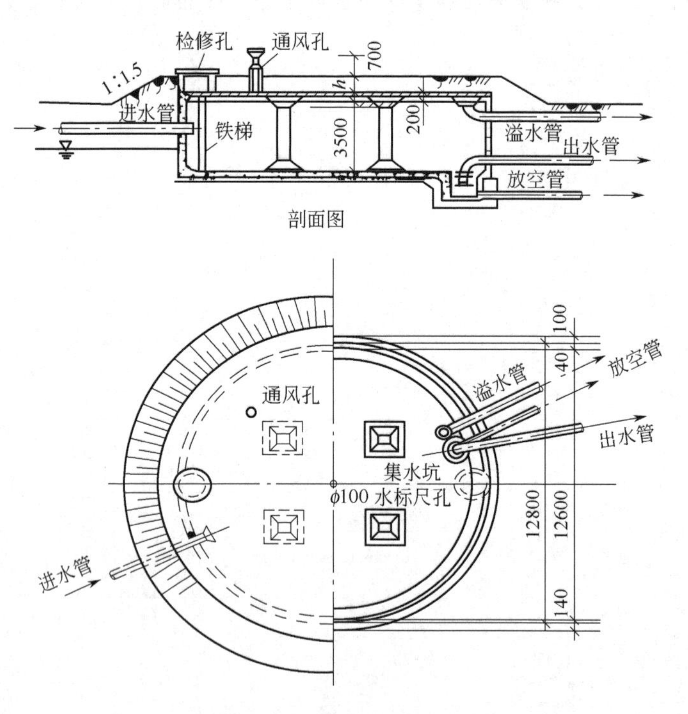

图 6-1　圆形钢筋混凝土水池

水池应单独设置进水管和出水管，安装位置应结合导流墙的布置，保证池内水流的流通，避免死水区。进水管管径设计时，设计流速一般取 0.5～1.0m/s（小管径取低值，大管径取高值）。出水管设计流速宜与进水管流速相同，但因设计流量不同，一般出水管管径大于进水管管径。此外应有溢水管，管径和进水管相同，管端有喇叭口，管上不设阀门。水池

的排水管接到集水坑内，管径一般按 2h 内将池水放空计算，也有清水池不设专用排水管，临时架设潜水泵抽排。容积在 1000m^3 以上的水池，至少应设两个检修孔。为使池内自然通风，应设若干通风孔，高出水池覆土面 0.7m 以上。池顶覆土的作用为保温和抗浮，厚度一般在 0.5～1.0m 之间。为便于观测池内水位，可装置浮标水位尺或水位传示仪。

预应力钢筋混凝土水池也可做成圆形或矩形，它的水密性高，对于大型水池，较钢筋混凝土水池节约造价。

装配式钢筋混凝土水池近年来也有采用。水池的柱、梁、板等构件事先预制，各构件拼装完毕后，外面再加钢箍，并加张力，接缝处喷涂砂浆防渗漏。砖石水池具有节约木材、钢筋、水泥，能就地取材，施工简便等特点，但这种水池的抗拉、抗渗、抗冻性能差，所以在湿陷性的黄土地区、地下水过高地区或严寒地区不宜采用。

在同时储存消防用水的水池，为了避免平时取用消防用水，可采取图 6-2 所示各种措施。

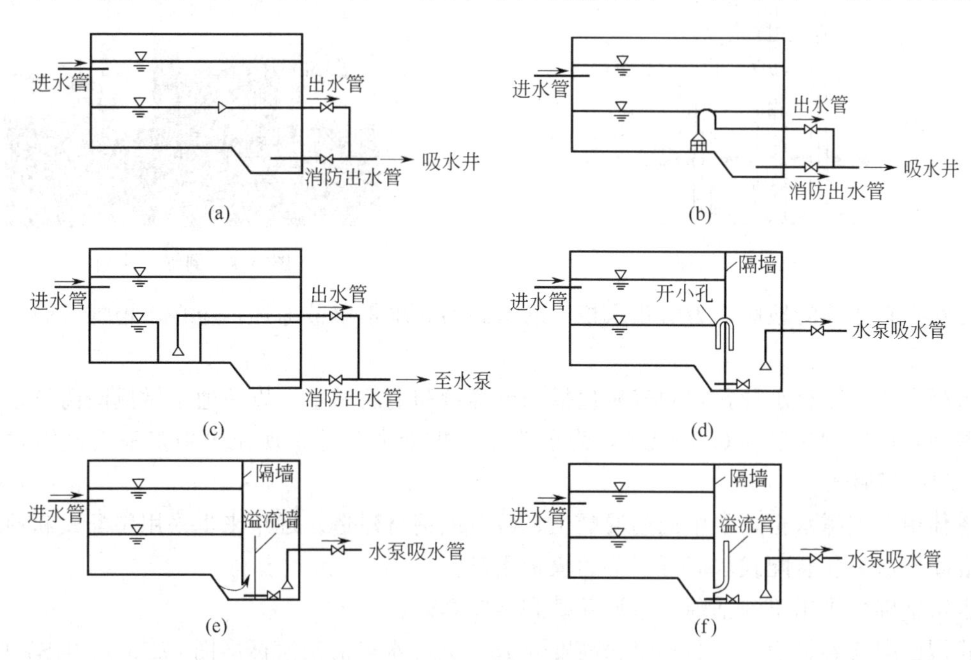

图 6-2 防止取用消防储水的措施

6.1.2 水塔及高位水池

水塔和高位水池一般设置在水厂外，用来调节管网的流量。高地水池建于城市高地，其作用和水塔相同，既调节流量，又可保证所需的水压。当城市或工业区靠山或有高地时，可根据地形建造高地水池。如果城市地势平坦，可建水塔。在城市的大型居住区、中小城镇和工矿企业为了保证水压而建水塔。

多数水塔采用钢筋混凝土或砖石等建造，但以钢筋混凝土水塔或砖支座的钢筋混凝土水柜用得较多。钢筋混凝土水塔的构造如图 6-3 所示，主要由水柜（或水箱）、塔体、管道及基础组成。进、出水管可以合用，也可以分别设置。进水管应设在水柜中心并伸到水柜的高水位附近，出水管可靠近柜底，以保证水柜内的水流循环。为防止水柜溢水和将柜内存水放空，需要设置溢水管和排水管，管径可和进、出水管相同。溢水管上不应设阀门。排水管从水柜底接出，管上设阀门，并接到溢水管上。和水柜连接的水管上应安装伸缩接头，以适应温度变化或水塔下沉时产生的微小位移。为观察水柜内的水位变化，应设浮标水位尺或电传水位计。水塔顶应有避雷设施。

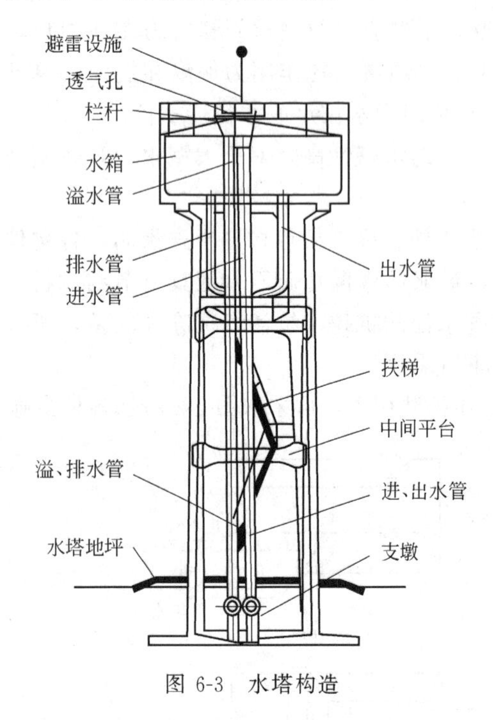

图 6-3 水塔构造

图 6-4 倒锥式水塔

在寒冷有冰冻的地区，为防止水柜中的水冻结和水柜壁被冻坏，应在水柜外壁做保温防冻层。

水柜主要是贮存水量，它的容积包括调节容量和消防贮量，以往通常做成圆筒形，其有效水深和直径比例一般为 0.5～1.0，为了改善水柜受力条件，现在水柜多采用倒锥式（图 6-4）、球形等形式。

塔体用以支撑水柜，常用钢筋混凝土、砖石或钢材建造。近年来也采用装配式和预应力钢筋混凝土水塔。装配式水塔可以节约模板用量。

水塔基础可采用单独基础、条形基础和整体基础。

我国已编有容量为 50～300m^3、高度为 15～35m 水塔的国家标准图 07S906、04S801—1、04S801—2、04S802—1、04S802—2。

6.1.3 调节（水池）泵站

调节（水池）泵站主要由调节水池和加压泵房组成。

对于大中城市的配水管网，为了降低水厂出厂压力，一般在管网的适当位置设置调节（水池）泵站，兼起调节水量和增加水压的作用。另外调节（水池）泵站还设置在管网中供水压力相差较大的地区和管网末端的延伸地区。

由于进入水池前管内水流具有一定压力，为了节约电能，一般应尽可能减少水池埋深和加高池深。

6.2 常用给水管道材料及配件

6.2.1 管材

输配水管道材质的选择，应根据管径、内压、外部荷载和管道敷设区的地形、地质、管材的供应，按照运行安全、耐久、减少漏损、施工和维护方便、经济合理以及清水管道防止二次污染的原则，进行技术、经济、安全等综合分析确定。

目前，国内输水管道管材一般采用预应力钢筒混凝土管、预应力钢筋混凝土管、玻璃纤维增强树脂夹砂管等。配水管道管材一般采用球磨铸铁管、钢管、聚乙烯管、硬质聚氯乙烯管等。

6.2.1.1 铸铁管

根据铸铁管制造过程中采用的材料和工艺的不同，可分为灰口铸铁管和球墨铸铁管，后者的质量和价格比前者高得多，但产品规格基本相同。

(1) 灰口铸铁管　连续铸造的铸铁管称灰口铸铁管，有较强的耐腐蚀性，以往使用最广。但由于连续铸管工艺的缺陷，质地较脆，抗冲击和抗震能力较差，重量较大，并且经常发生接口漏水、水管断裂和爆管事故，给生产带来很大的损失。灰口铸铁管已被建设部列为被淘汰的供水管材，不得城市给水管网中使用。

(2) 球墨铸铁管　球墨铸铁管主要成分石墨为球状结构，较石墨为片状结构的灰口铸铁管的强度高，故其管壁较薄，重量较轻，同样管径比灰口铸铁管省材 30%～40%。球墨铸铁管既具有灰口铸铁管的许多优点，而且力学性能又有很大提高，其耐压力高达 3.0MPa 以上，是灰口铸铁管的多倍，抗腐蚀性能远高于钢管，使用寿命是灰口铸铁管的 1.5～2.0 倍，是钢管的 3～4 倍。很少发生爆管、渗水和漏水现象，可以减少管网漏损率和管网维修费用，据统计，球墨铸铁管的爆管事故发生率仅为普通灰口铸铁管的 1/16。

球墨铸铁管在给水工程中已有 50 多年的使用历史，在欧美发达国家已基本取代了灰口铸铁管。近年来，随着工业技术的发展和给水工程质量要求的提高，目前，球墨铸铁管已被国内建设主管部门和供水企业选定为首选的管道材料，已成为给水管道的主要管材。产品规格 DN200～1400mm，有效长度 4～6m。

6.2.1.2 钢管

钢管有无缝钢管和焊接钢管两种。钢管的特点是能耐高压、耐震动、重量较轻、单管的长度大和接口方便，但承受外荷载的稳定性差，耐腐蚀性差，管壁内外都需有防腐措施，并且造价较高。在给水管网中，通常只在管径大和水压高处，以及因地质、地形条件限制或穿越铁路、河谷和地震地区时使用。

普通钢管的工作压力不超过 1.0MPa，加强钢管工作压力可达 1.5MPa，高压管道可以采用无缝钢管。产品规格一般为 DN100～2200mm，长度 4～12m。

6.2.1.3 钢筋混凝土管

钢筋混凝土管在 20 世纪 70 年代和 80 年代在给水工程中应用比较普遍，常见的有自应力钢筋混凝土管和预应力钢筋混凝土管，但由于这类管材施工比较困难，接口处因材料刚性和强度方面比较脆弱，容易出现脱节和开裂，在给水管材应用上受到一定限制。

(1) 自应力钢筋混凝土管　自应力钢筋混凝土管是借膨胀水泥在养护过程中发生膨胀，张拉钢筋，而混凝土则因钢筋所给予的张拉反作用力而产生压应力。自应力钢筋混凝土管在给水管网中使用容易出现管子接口漏水、管身渗水开裂和横向断裂等问题。目前属于淘汰产品，不得城市给水管网中使用。

(2) 预应力钢筋混凝土管　预应力钢筋混凝土管是在管身预先施加纵向与环向应力制成的双向预应力钢筋混凝土管，具有良好的抗裂性能，其耐土壤电流侵蚀的性能远较金属管好。预应力钢筋混凝土管分普通和加钢套筒两种，其特点是造价低，抗震性能强，管壁光滑，水力条件好，耐腐蚀，爆管率低，但重量大，不便于运输和安装。预应力钢筋混凝土管在设置阀门、弯管、排气、放水等装置处，仍需采用钢管配件。近年来，一种新型的钢板套筒加强混凝土管（称为PCCP管）正在大型输水工程项目中得到应用，受到设计和工程主管部门的重视。钢筒预应力管是管芯中间夹有一层1.5mm左右的薄钢筒，然后在环向施加一层或二层预应力钢丝。这一技术是法国Bonna公司最先研制的。世界上使用钢筒预应力管最多的国家是美国和加拿大，目前世界上规模最大的钢筒预应力管工程在利比亚，全长1900km，直径4m，工作压力2.8MPa，现工程已全部完工。国内在20世纪90年代引进这一制管工艺，目前制造的最大管径达*DN*2600mm，单根管材长度为6m，工作压力0.2～2.5MPa。其用钢量比钢管省，价格比钢管便宜。接口为承插式，承口环和插口环均用扁钢压制成型，与钢筒焊成一体。

6.2.1.4 玻璃钢管

玻璃钢管是一种新型的非金属材料，也叫玻璃纤维增强树脂塑料管（GRP），是以玻璃纤维和环氧树脂为基本原料预制而成，耐腐蚀，内壁光滑，不结垢，重量轻。在管径相同的条件下，其重量是钢管的40%、预应力钢筋混凝土管的20%，其综合造价介于钢管和球墨铸铁管之间。

按制管工艺有离心浇铸玻璃纤维增强树脂砂浆复合管（HOABS管）和玻璃纤维缠绕夹砂复合管两大类（加砂的玻璃钢管，统称为RPM），据有关资料介绍，HOBAS管销售量已占全部玻璃钢管的80%左右，在我国给水管道中也开始得到应用。HOBAS管用高强度的玻纤增强塑料作内、外面板，中间以廉价的树脂和石英砂作芯层组成一夹芯结构，以提高弯曲刚度，并辅以防渗漏和满足功能要求（例如达到食品级标准或耐腐蚀）的内衬层形成复合管壁结构，满足地下埋设的大口径供水管道和排污管道使用要求。

HOBAS管的公称直径*DN*600～2500mm，工作压力0.6～2.4MPa（4～6倍的安全系数）；标准的刚度等级为2500、5000、10000、15000N/m^2，内压可从无压至2.5MPa，达八个等级。HOBAS管的配件如三通、弯管等可用直管切割加工并拼接黏合而成。直管的连接可采用承插口和双“O”形橡胶圈密封，也可将直管与管件的端头都制成平口对接，外缠树脂与玻璃布。拼合处需用树脂、玻璃布、玻璃毡和连续玻璃纤维等局部补强。玻璃钢管亦可制成法兰接口，与其他材质的法兰连接。

6.2.1.5 塑料管

塑料管具有表面光滑、不易结垢、水头损失小、耐腐蚀、重量轻、加工和接口方便等优点，但是管材的强度较低，膨胀系数较大，用于长距离管道时，需考虑温度补偿措施，例如伸缩节和活络接口。与铸铁管相比，塑料管的水力性能较好，由于管壁光滑，在相同流量和水头损失情况下，塑料管的管径可比铸铁管小；塑料管相对密度在1.4左右，比铸铁管轻，又可采用胶圈柔性承插接口，抗震和水密性较好，不易漏水，既提高了施工效率，又可降低施工费用。可以预见，塑料管将成为城市供水中中小口径管道的一种主要管材。

塑料管有多种，如聚氯乙烯塑料管（PVC）、聚乙烯管（PE）、聚丙烯腈-丁二烯-苯乙烯塑料管（ABS）和聚丙烯塑料管（PP-R）等。目前在市政供水管道中常用的塑料管材有以下几种。

（1）聚氯乙烯管道（PVC） PVC管道是国内最早推广使用的塑料管。近年来，由于加工PVC管材时使用了对人体有害的铅稳定剂，PVC管道用于城市供水受到了社会各界的质疑。目前国家已出台有关政策禁止使用铅盐稳定剂的 PVC 管道用于给水管道；另外，制备 PVC 的单体聚乙烯（VCM）可能会对人体有害问题（国际规定 VCM 单体含量应不大于 1.0mg/kg），也应引起注意。

（2）聚乙烯管（PE） PE 管道目前是我国许多城市供水管网中管径为 *DN*200 和 *DN*200 以下管道系统的首选管材。目前管材生产执行的国家标准为《给水用聚乙烯（PE）管材》（GB/T 13663—2000），管道施工执行的是行业标准《埋地用聚乙烯给水管道工程技术规程》（CJ 101—2004），以上规定对聚乙烯（PE）管的原材料和产品质量、生产过程、工程安装等提出了规范性要求。

6.2.2 给水管配件

水流方向改变或者管径改变时，管道之间、或管道与附件之间衔接时采用的管件称为管配件，例如，管线转弯处采用的各种弯头、管径变化处采用的变径管等。

钢管所用管件如三通、四通、弯管和渐缩管等，由钢板卷焊而成，也可直接用标准铸铁配件连接；球墨铸铁管件执行的是《水及燃气管道用球墨铸铁管、管件和附件》（GB/T 13295—2003）标准；预应力钢筋混凝土管一般采用特制的钢配件或铸铁配件；塑料管配件的种类也逐渐开发齐全。

6.3 管网附属设施

为了保证管网的正常运行、消防和维修管理工作，管网上必须装设一些附件。

6.3.1 阀门及阀门井

6.3.1.1 阀门

阀门是控制水流、调节管道内的流量和水压的重要设备。阀门通常放在管网节点及分支管处、穿越障碍物和过长的管线上。配水干管上装设阀门的距离一般为 400～1000m，并不应超过三条配水支管。主要管线和次要管线交接处的阀门通常设在次要管线上。承接消火栓的水管上要安装阀门，配水支管上的阀门不应隔断 5 个以上消火栓。

阀门的口径一般和水管的直径相同，但当管径较大阀门价格较高时，可以安装口径为 0.8 倍水管直径的阀门，以降低造价。

在给水管网中最常见的是闸阀和蝶阀，*DN*100～600 以闸阀为主，*DN*600～1000 使用蝶阀较多，*DN*1200 以上基本都使用蝶阀。

（1）闸阀 闸阀由闸壳内的闸板上下移动来控制流量。根据阀内闸板的不同，分为楔式和平行式两种，根据闸阀使用时阀杆是否上下移动，又可分为明杆和暗杆两种。明杆式闸阀的阀杆随闸板的启闭而升降，从阀杆位置的高低可看出阀门开启程度，适用于明装的管道；暗杆式闸阀的闸板在阀杆前进方向留一个圆形的螺孔，当闸阀开启时，阀杆螺丝进人闸板孔内而提起闸板，阀杆不露出外面，有利于保护阀杆，通常适用于安装和操作地位受到限制之处，闸阀构造见图 6-5。

给水管网中的阀门宜用暗杆式，一般手动操作，大型闸阀的过水面积很大，开启时由于闸板上游面受到很大内水压力，开启比较困难。一般常附有旁通阀，连通主阀两边水管，在开主阀前，先开旁通阀，减低阀两边水压差，便于开启。大型闸阀用人工启闭困难时，可在阀门上安装伞形齿轮传动装置、电动、气动或水力传动启闭装置。应该注意，在压力较高的水管上，阀门应缓慢关闭，以免引起水锤，影响水管的安全使用。

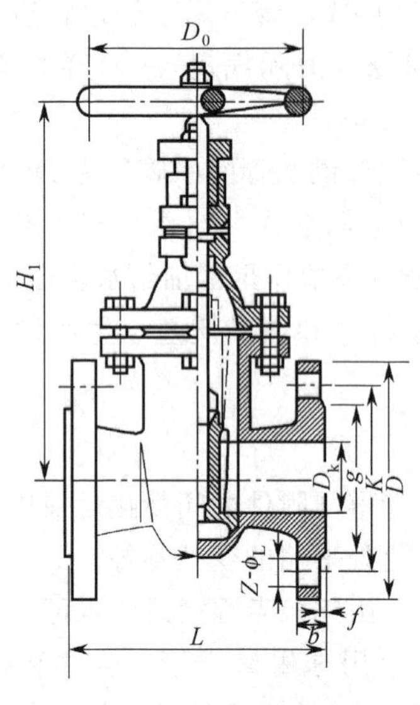

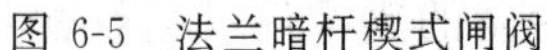
图 6-5　法兰暗杆楔式闸阀

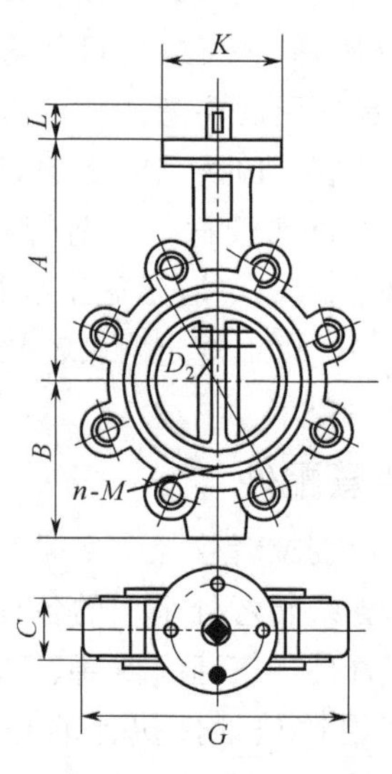

图 6-6　对夹式蝶阀

(2) 蝶阀　蝶阀具有结构简单、尺寸小、重量轻、90°回转开启迅速等优点，价格同闸阀差不多，目前应用也很广泛。蝶阀是由阀体内的阀板在阀杆作用下旋转来控制或截断水流的。按照连接形式的不同，分为对夹式和法兰式。按照驱动方式不同分为手动、电动、气动等。对夹式蝶阀构造见图 6-6。

(3) 单向阀　单向阀也叫止回阀或逆止阀，主要功能是限制水流朝一个方向流动，若水从反方向流来，阀门则自动关闭。止回阀常安装在水压大于 196kPa 的水泵压水管上，防止突然停电或其他事故时水倒流。

单向阀的形式很多，主要分为旋启式和升降式两大类。旋启式单向阀如图 6-7 所示，阀瓣可绕轴转动。当水流方向相反时，阀瓣依靠自重和水压作用关闭。

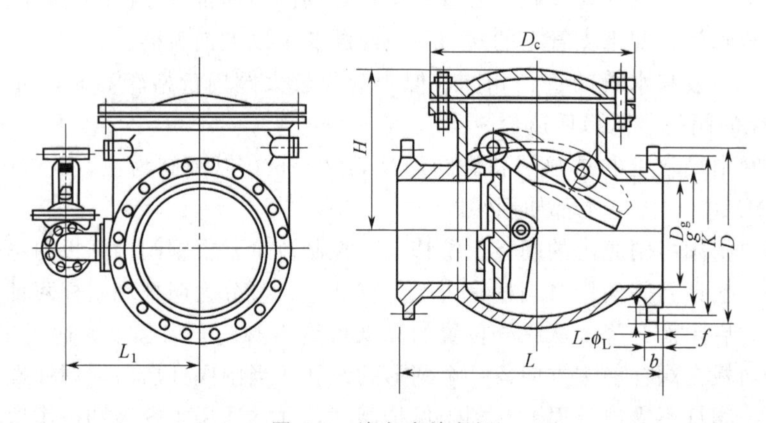

图 6-7　旋启式单向阀

在直径较大的管线上，例如工业企业的冷却水系统中，常用多瓣阀门的单向阀，由于几个阀瓣不同时闭合，所以能有效地减轻水锤破坏。

6.3.1.2　阀门井

为便于操作和维护，输配水管道上的各种阀门，一般应设在专用地下的阀门井（图6-8）内。为了降低造价，配件和附件应布置紧凑。井的平面尺寸，取决于水管直径以及附件的种类和数量，应满足操作阀门及拆装管道阀件所需的最小尺寸。井的深度由管道埋设深度确定。地下井类一般用砖砌，也可用石砌或钢筋混凝土建造。

地下井的形式，可根据所安装的阀件类型、大小和路面材料来选择。阀门井参见给水排水标准图 05S502。

位于地下水位较高处的井，井底和井壁应不透水，在水管穿越井壁处应保持足够的水密性，地下井应具有抗浮稳定性。

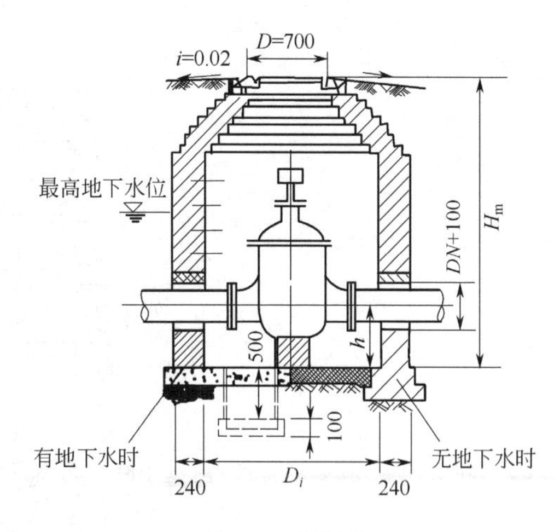

图 6-8　阀门井

6.3.2　排气阀及排气阀井

排气阀安装在管线的隆起部分，应设置能自动进气和排气的排气阀，平时用以排除从水中释出的气体，以免空气积存管中、减小管道过水断面积，增加管道的水流阻力；并在管道需要检修、放空时进入空气，保持排水顺畅；同时，在产生水锤时可使空气自动进入，避免产生负压。如图 6-9（a）所示，排气阀内有浮球，当水管内不积存气体时，浮球上浮封住排气口。随着气量的增加，阀内水位下降，浮球随之落下，气体就经排气口排出。排气阀适用于工作压力小于 1.0MPa 的管道。单口排气阀用在直径小于 400mm 的水管上，排气阀直径 16～25mm。双口排气阀直径 50～200mm，装在大于或等于 400mm 的水管上，排气阀口径与管线直径之比一般采用 1∶8～1∶12。

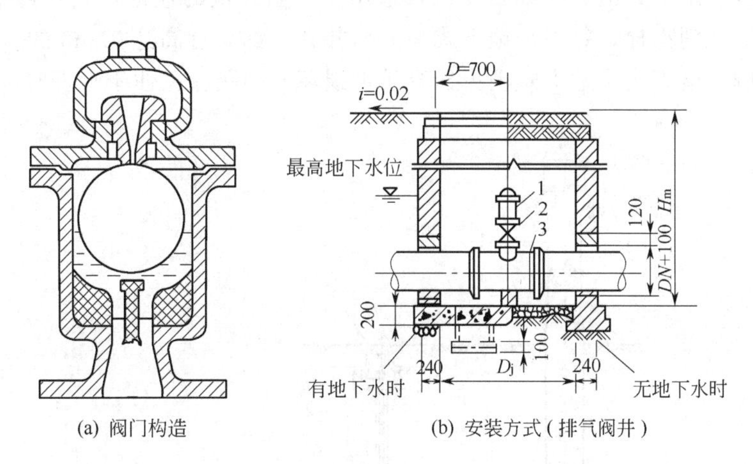

(a) 阀门构造　　(b) 安装方式（排气阀井）

图 6-9　排气阀

1—排气阀；2—阀门；3—排气丁字管

排气阀应垂直安装，如图 6-9（b）所示。地下管线的排气阀应做排气阀井，以便维修，在有可能冰冻的地方应有适当的保温措施。排气阀井参见给水排水标准图集 05S502。

6.3.3　泄水阀、泄水管及排水井

在管线低处和两阀门之间的低处，应安装泄水阀，用来在检修时放空管内存水或平时用来排除管内的沉淀物。泄水阀和泄水管的直径由所需放空时间决定。由管线放出的水可直接排入水体或沟管，或排入排水井内，再用水泵排除如图 6-10。排水井参见给水排水标准图集 05S502。

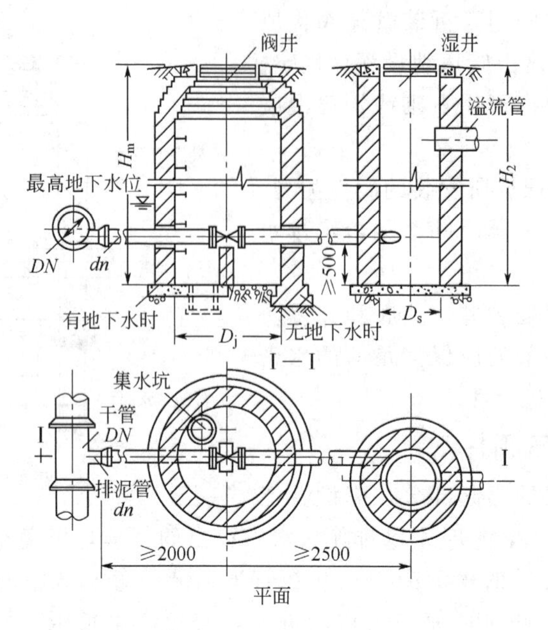

图 6-10 泄水阀及排水井

6.3.4 消火栓

消火栓是发生火警时的取水龙头，分地上式和地下式两种。

地上式消火栓装于地面上如图 6-11，目标明显，易于寻找，但较易损坏，一般适用于气温较高的地区。地下式消火栓如图 6-12，适用于气温较低的地区，装于地下消火栓井内。日本均采用地下式消火栓，每一个地下式消火栓井旁边都立有高达 3.0m 的、书有消火栓字样的红色标志牌，既解决了地上式消火栓容易被损坏的问题，又便于火警时寻找消火栓位置

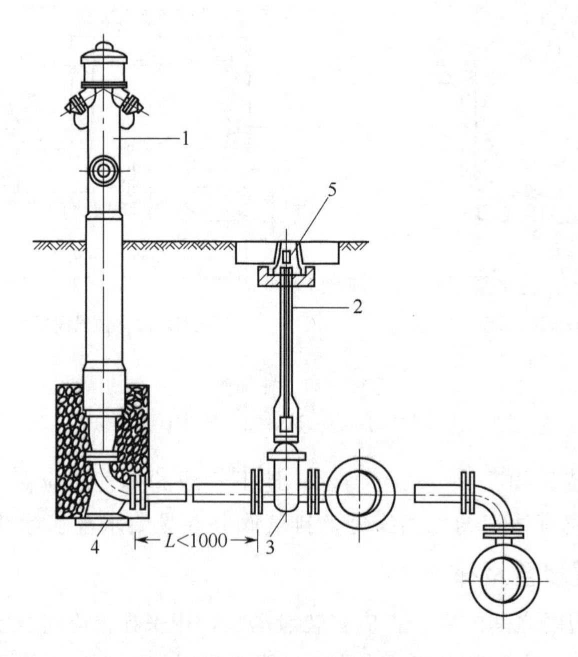

图 6-11 地上式消火栓

1—SS100 地上式消火栓；2—阀杆；3—阀门；4—弯头支座；5—阀门套筒

如图 6-13。消火栓与配水管的连接有直通及旁通两种。前者直接从分配管的顶部接出，后者是从分配管接出支管，再和消火栓接通。支管上设阀门，以便检修。室外消火栓安装参见标准图 01S201。

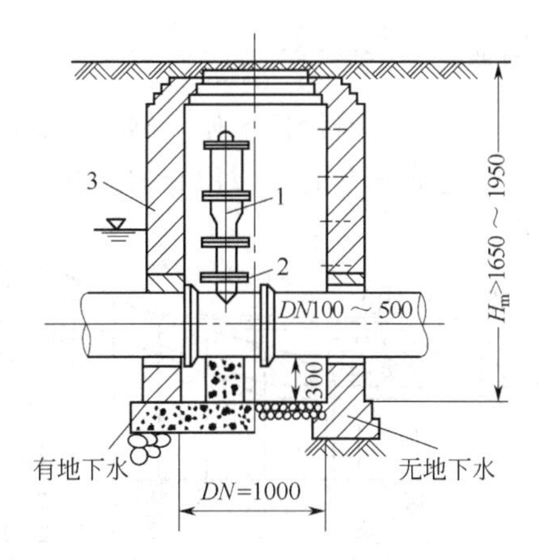

图 6-12 地下式消火栓

1—SX100 消火栓；2—消火栓三通；3—阀门井

图 6-13 日本消火栓位置标示

6.3.5 倒虹吸和管桥

给水管道在穿越各种障碍物，如过铁路、公路、河道及深谷时必须采取适当的工程措施。管道穿越铁路或公路时，其穿越地点、方式和施工方法，应满足有关技术规范要求。根据其重要性可采取如下措施：穿越临时铁路、一般公路或非主要路线且管道埋设较深时，可不设套管，但应尽量将铸铁管接口放在轨道中间，并用青铅接口，钢管则应有防腐措施；穿越较重要的铁路或交通频繁的公路时，必须在路基下设钢管或钢筋混凝土套管，套管直径根据施工方法而定，大开挖施工时，应比给水管直径大 300mm，顶管法施工时套管直径可参见《给水排水设计手册》的有关规定。套管应有一定的坡度以便排水。路的两侧，应设检查井，内设阀门及支墩，并根据具体情况在低的一侧设泄水阀、排水管或集水坑，参见图 6-14。穿越铁路或公路时，管顶（设套管时为套管管顶）在铁路轨底或公路路面的深度不得小于 1.2m，以减轻动荷载对管道的冲击。

管线穿越河道或深谷时，可以根据具体条件利用现有桥梁架设给水管、敷设倒虹管或建造专用管桥。

采用倒虹管，如图 6-15，一般用钢管并加强防腐处理。为保证安全供水，倒虹管一般设两条，两端应设阀门井，井内安装闸门、泄水阀和两个倒虹管的连通管，以便放空检修或冲洗倒虹管。阀门井顶部标高应保证洪水时不致淹没。倒虹管管顶在河床下的埋深，应根据水流冲刷情况而定，不得小于 0.5m，在航线范围内不得小于 1.0m。倒虹管管径可小于上下游管道的直径，以便管内流速较大而不易沉积泥沙，但若两条管道中一条发生事故时，另一

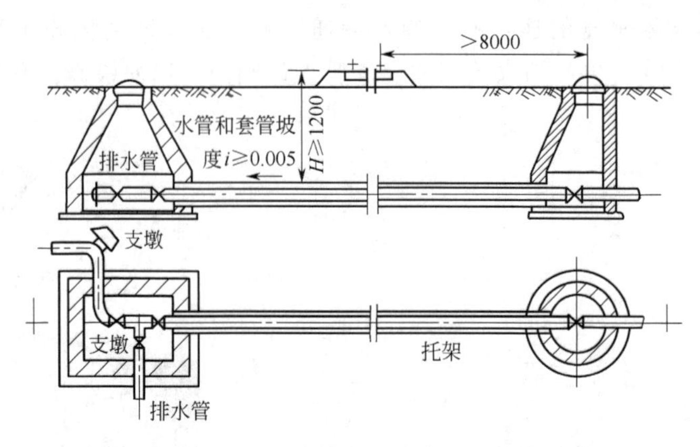

图 6-14　设套管穿越铁路的给水管

条管中流速不宜超过 2.5～3.0m/s。倒虹管的优点是隐蔽，但检修不便。倒虹管应选择在地质条件较好，河床及河岸不受或少受冲刷处，若河床土质不良时，应作管道基础。

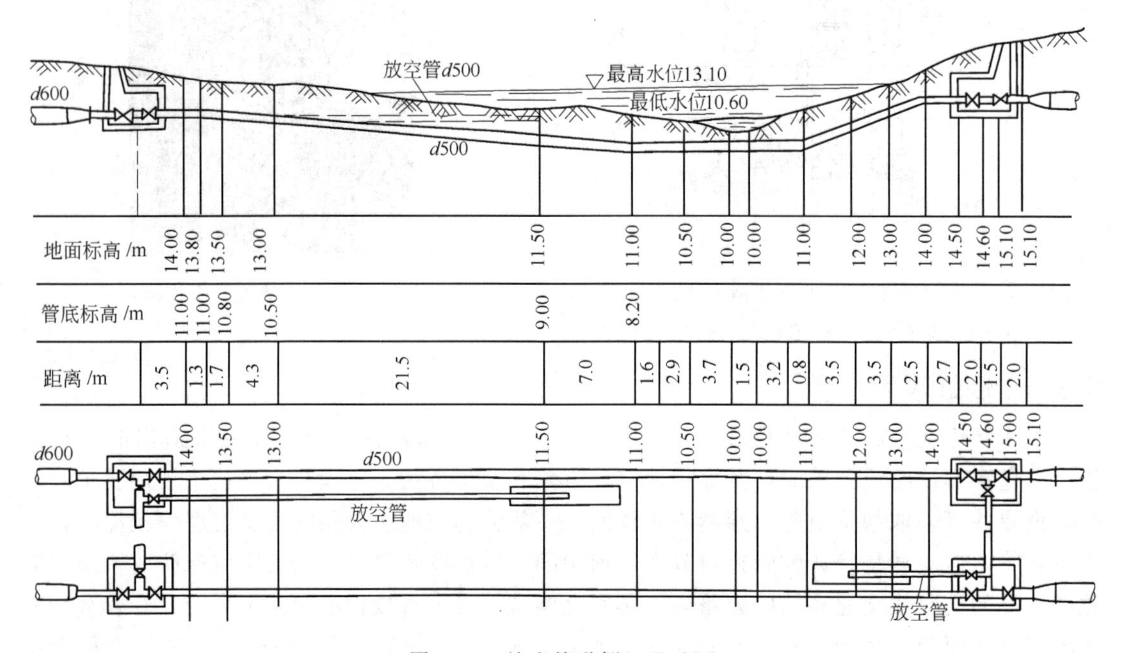

图 6-15　给水管道倒虹吸过河

给水管架设在现有桥梁下穿越河流最为经济，施工和检修比较方便，但应注意防振动和防冰冻。通常给水管架在桥梁的人行道下。若无桥梁可以利用，则可考虑设置倒虹管或架设管桥。

大口径水管由于重量大，架设在桥下有困难时，可建专用管桥，见图 6-16、图 6-17。

管桥应有适当高度，以免影响航运。在过桥水管的最高点设排气阀，两端设置伸缩接头。在冰冻地区，应有适当的防冻措施。钢管过河时，本身也可作为承重结构，称为拱管。拱管施工简便，并可节省架设水管桥所需的支撑材料。一般拱管的矢高和跨度比约为（1/6）～（1/8），常用的是 1/8。拱管一般由每节长度为 1～1.5m 的短管焊接而成，焊接的要求较高，以免吊装时拱管下垂或开裂。拱管必须在两岸设置承受作用在拱管上各种作用力的支座。

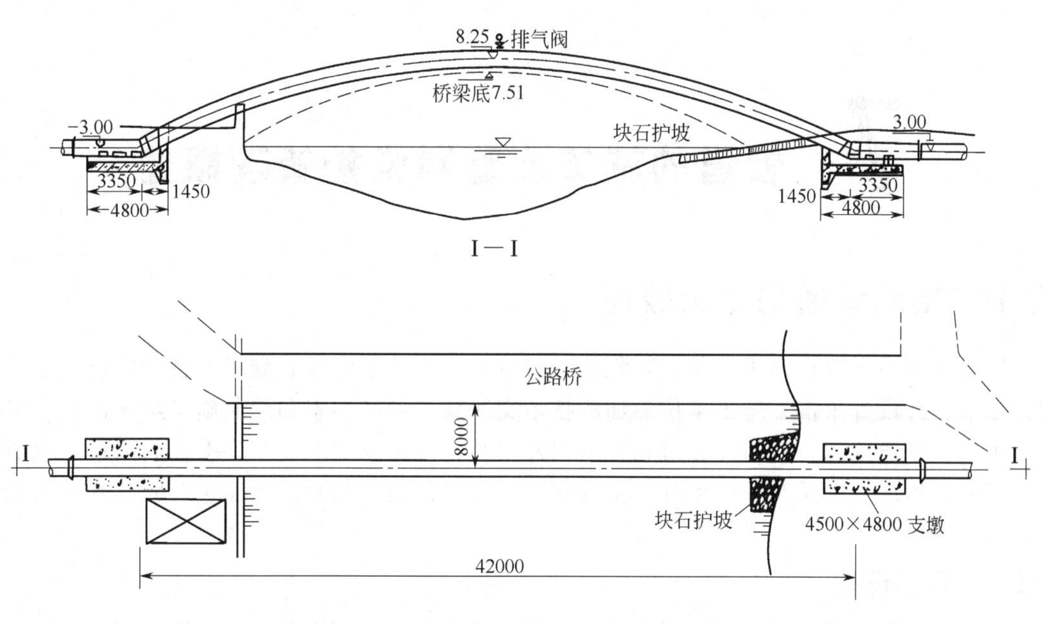

图 6-16　拱管过河

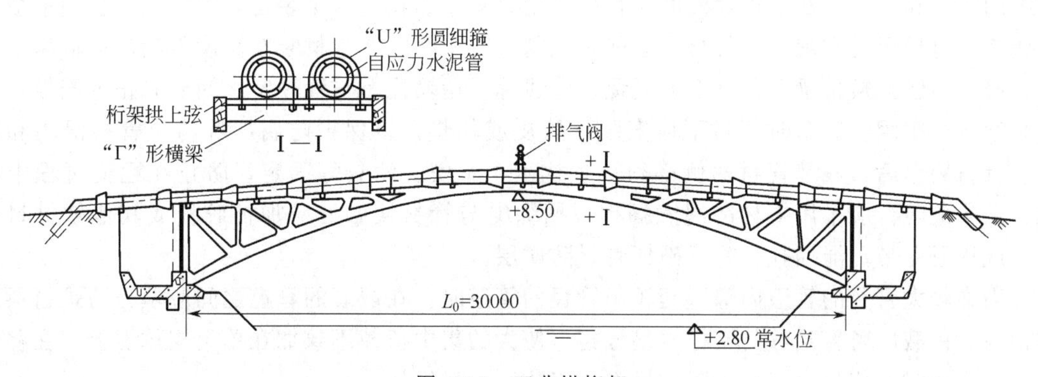

图 6-17　双曲拱桁架

7 管道的施工及管网维护管理概述

7.1 给水管道的施工概述

给水管网施工包括施工准备、工程施工与竣工验收三个阶段。施工准备阶段包括工程正式开工前召开设计单位、施工单位参加的技术交底会、现场勘察和编制施工组织设计；工程施工主要为管道施工、阀门井砌筑和管道附件安装，管道施工取决于许多控制因素，包括管材、槽深、地形、土质及操作条件；工程完工后要进行竣工验收。下面主要介绍管道施工的要点。

7.1.1 管道运输

交付管材到施工现场是施工程序的一部分。运输期间的管道包装，堆垛和绑扎，安装过程中的卸车和搬运，都是很重要的。管材可用火车、船舶、卡车装运，大多数管材用平板卡车或拖车直接运送到现场。管材拉运前必须制订行车路线，管材装车高度需满足运输净空要求，避免碰触低矮桥梁和公路上方电缆、电线等。运输拖车与驾驶室之间要有止推挡板，立柱必须齐全牢固。装车时管材下应安装厚胶皮或软垫，以保护防腐层和防止管材滑动和窜管。管材装车后，底部管材两侧必须放置枕木、木楔、沙袋等固定，防止在运输过程中滚动，发生危险；应采用柔韧的绳索捆绑，捆绑绳与管材接触处应加橡胶板或其他软材料衬垫，或用尼龙带、绳捆扎，防止破坏管材防腐层。

当在较大管径的管道内部嵌套较小管径的管道时，在嵌套的管道之间应填充防护材料以防损坏。荷载应备置足够的支撑木垫分担，使大的集中荷载不致加在单个支撑点上。在移送管材至沟槽时，应尽可能减少附加操作，以防止管材损坏。

7.1.2 沟槽施工

沟槽施工包括管道施工定线，施工降排水，沟槽开挖和支护以及沟槽回填。

7.1.2.1 管道施工定线

在沟槽施工前，施工方应根据设计图纸，在施工现场定出埋管沟槽位置，同时设置高程参考桩。施工定线按照主干管线、干管线、支管线、接户管线顺序进行。

开槽敷设管道的沿线需布设临时水准点，且每200m不宜少于1个；临时水准点和管道轴线控制桩的设置应便于观察，且必须牢固不易被扰动，并应采取保护措施；对于临时水准点、管道轴线控制桩、高程桩必须经过复核方可使用，且应经常校核；与拟建工程相衔接的已建管道和构筑物等的平面位置和高程，开工前必须校核。

7.1.2.2 施工降排水

地下水严重妨碍沟槽开挖、管道敷设和回填。在施工全过程中，要保证地下水位在基坑（槽）范围内不应高于基坑（槽）底面以下0.5m，以提供一个稳定的槽底，并预防板桩后面冲刷。在可能的情况下，沟槽降水应一直维持到管道安装到规定的基床及回填到至少高于地下水位的高度。

对于流量较小的地下水，沟槽可以超挖，并按坡度回填碎石或砾石，以便于排水和集中排水。若排除大量的地下水，则需要采用明沟排水或井点排水系统。明沟排水是将流入基坑或沟槽中的地下水经明沟汇集到排水井中，然后用水泵抽走；排水井宜布置在沟槽范围以外，其间距不宜小于150m。井点排水则是在基坑或沟槽周围埋入一组连续的多孔管，打入含水层，连接到总管及水泵。

为了避免破坏沟槽底部、沟墙、基础或其他填埋区，应始终重视控制来自地面的排水或者析出的地下水流。有时，为了提高输送水流的能力，可以用级配良好的材料围填在多孔的排水暗沟周围。排水材料的级配，应尽量减少细骨料从周围材料中流失，在管道安装好以后，回填全部沟槽，防止干扰管道和填埋土壤。

7.1.2.3　沟槽开挖及支护

在开槽施工中，管道基槽底部的宽度应取决于打夯装置所需的有效操作空间，在沟槽的侧帮要提供合理的侧向支撑空间，不管开挖的深度如何，沟槽在管顶以上必须保持的槽宽，必须要能满足夯实管道区域的垫层及回填土的最窄可行宽度。管道与槽帮之间的距离，必须宽于用管区的打夯设备。一般管道沟槽底部的开挖宽度可按式（7-1）计算。

$$B=D_1+2(b_1+b_2+b_3) \tag{7-1}$$

式中　B——管道沟槽底部的开挖宽度，mm；

D_1——管外径，mm；

b_1——管道一侧的工作面宽度，mm，可按表7-1采用；

b_2——有支撑要求时，管道一侧的支撑厚度，可取150～200mm；

b_3——现场浇筑混凝土或钢筋混凝土管渠一侧模板的厚度，mm。

表7-1　管道一侧的工作面宽度

管道外径 D_1/mm	管道一侧的工作面宽度 b_1/mm			管道外径 D_1/mm	管道一侧的工作面宽度 b_1/mm		
	混凝土类管道		金属类管道 化学建材管道		混凝土类管道		金属类管道 化学建材管道
	刚性接口	柔性接口			刚性接口	柔性接口	
$D_1 \leqslant 500$	400	300	300	$1000 < D_1 \leqslant 1500$	600	500	500
$500 < D_1 \leqslant 1000$	500	400	400	$1500 < D_1 \leqslant 3000$	800～1000	600	700

沟槽的开挖应确保沟底土层不被扰动，当无地下水时，通常挖至设计标高以上5～10cm停挖，当遇到地下水时，可挖至设计标高以上10～15cm，待到下管之前平整沟底。若遇到坚硬的岩石或沟底有大颗粒石块等开槽需要爆破作业时，因槽底含有可能损害管道的锋利岩石，应将其开挖至沟底设计标高以下0.2m，再用粗砂或软土夯实至沟底设计标高。当人工开挖沟槽的槽深超过3m时，应分层开挖，每层深度不超过2m。当采用机械开挖沟槽时，为保证不破坏基底土的结构，应在基底标高以上预留一层用人工清理，使用拉铲、正铲或反铲施工时，应保留20～30cm厚土层不挖，待下一工序开始前挖除。

沟槽的底部应采取足够措施保持坡度。在把槽底铺到符合坡线的材料中，应移出其中全部石头及硬块。垫层的材料应坚实，稳定，且沿管长均匀一致。垫层由人工在沟槽内平整，使之符合坡线。

在沟槽内安装管道及配件时，管内底应按所需标高、坡度及定线进行。在管道垫层中设的承口坑应不大于所需尺寸，以保证管道的均匀支承。用垫层中的材料填满承口下面的所有空隙。在特殊情况下，管道按曲线敷设时，应在设计的许可范围之内，保持节点折角（轴相连接）或管道弯曲半径。

在沟槽深度较大且土质较差或地下水位较高的无黏性土壤中开槽施工时，为防止沟槽壁坍塌，一般需设置支撑，以保证施工的安全，减少挖方量和施工占地面积。沟槽支撑形式一般有撑板支撑和钢板桩支撑。施工期间，应经常检查支撑，尤其是雨季和春季解冻时期，发现支撑构件有弯曲、松动、移位或劈裂等现象时，应及时处理，拆换受损部件，加设支撑。拆除支撑前，应对沟槽两侧的建（构）筑物和槽壁进行安全检查，制定拆除支撑的作业要求和安全措施；支撑的拆除应与回填土的填筑高度配合进行，且在拆除后及时回填。

7.1.2.4 沟槽回填

管道施工完毕并验收合格后，应及时进行沟槽回填，以保证管道的正常安装位置。压力管道在水压试验前，除接口处以外，管道两侧及管顶以上回填高度不应小于 50cm，试压合格后，应及时回填沟槽其余部分。无压管道在闭水或闭气试验合格后应及时回填。

沟槽回填前应先检查管道有无损伤及变形，有损伤管道应修复或更换；将沟槽内砖、石、木块等杂物清除干净；保持降排水系统正常运行，不能带水回填回填土。回填时需采取防止管道发生位移和损伤的措施。回填土通常采用沟槽原土。槽底至管顶以上 50cm 范围内，不得含有机物、冻土以及大于 5cm 的砖、石头等硬块；管道防腐绝缘层周围应采用细粒土回填。管道两侧及管顶以上 50cm 范围内的回填材料，应在沟槽两侧对称运入槽内，不能直接回填在管道上，其他部位应均匀运入槽内。采用分层回填，每层回填土的虚铺厚度应根据所采用的压实机具选取。回填压实应逐层进行，不得损伤管道。化学建材管道或管径大于 900mm 的钢管、球墨铸铁管等柔性管道，回填时应在管中设置竖向支撑，控制管道的竖向变形。

7.1.3 管道施工

7.1.3.1 埋设深度

各种材料的给水管多数埋在道路下。管道的埋设深度可以用两种方法表示：①管道外壁顶部到地面的距离称为覆土厚度；②管道内壁底部到地面的距离称为埋深。见图 7-1。

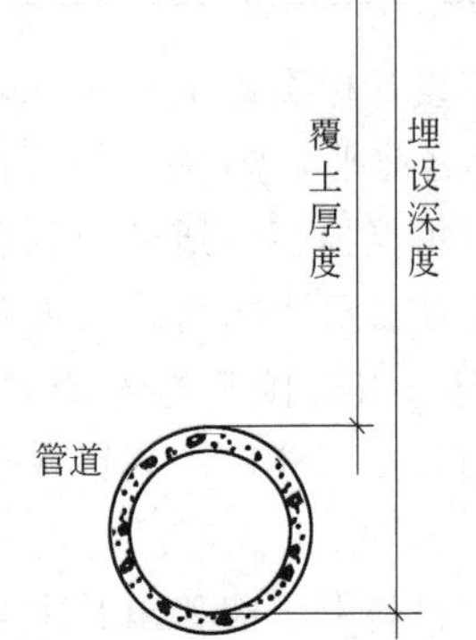

图 7-1 管道埋设示意图

非冰冻地区管道的覆土厚度，主要由外部荷载、管材性能、抗浮要求、管道交叉情况以及土壤地基等因素决定，给水管道的最小覆土厚度一般人行道下不小于 0.6m；车行道下不小于 0.7m，覆土必须夯实以免受到动荷载的作用而影响其强度；冰冻地区管道的埋深除决定于上述因素外，还需考虑土壤的冰冻深度。管道的埋设深度一般应在冰冻线以下。

7.1.3.2 管道基础

管底应有适当的基础，管道基础的作用是防止管底只支在几个点上，甚至整个管段下沉，这些情况都会引起管道破裂，根据原状土情况，常用的基础有三种，即天然基础、砂基础和混凝土基础，见图 7-2。当土壤耐压力较高和地下水位较低时，可不做基础处理，管道可直接埋在管沟中未扰动的天然地基上；在岩石或半岩石地基处，管道下方应铺设砂垫层，其厚度应符合表 7-2 要求；在土壤松软的地基处，应采用强度不小于 C8 的混凝土基础。若遇土壤特别松软或流砂或通过沼泽地带，承载能力达不到设计要求时，根据一些地区的经验，可采用各种桩基础。

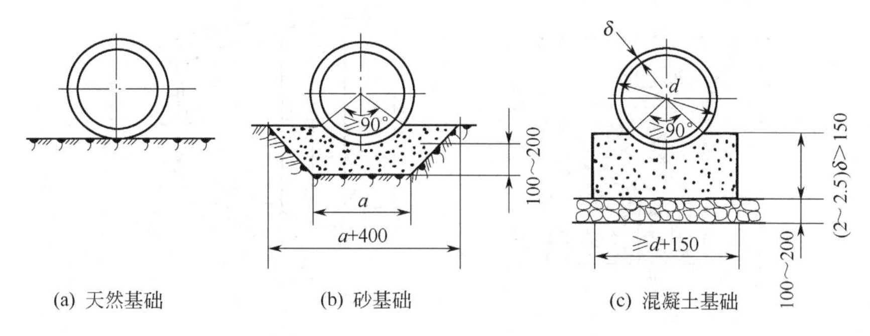

图 7-2　管道基础

表 7-2　砂垫层厚度

管道外径/mm	砂垫层厚度/mm	
	柔性管道	柔性接口的刚性管道
D≤500	≥100	150～200
500<D≤1000	≥150	
D>1000	≥200	

在粉砂、细砂地层中或天然淤泥层土壤中埋管，同时地下水位又高时，应在埋管时排水，降低地下水位或选择地下水位低的季节施工，以防止流砂，影响施工质量。这时，管道基础土壤应该加固，可采用换土法，即挖掉淤泥层，填入砂砾石、砂或干土夯实；或填块石法，即施工时一面挖土，一面抛入块石到发生流砂的土层中，厚度约为0.3～0.6m，块石间的缝隙较大，可填入砂砾，或在流砂层上铺草包和竹席，上面放块石加固，再做混凝土基础。

7.1.3.3　管道支墩

承插式接口的给水管线，在弯头、三通及管端盖板等处，均能产生向外的推力，当推力较大时，会引起承插接头松动甚至脱节，造成漏水，因此必须设置支墩以保持管道输水安全：但当管径小于400mm或管道转弯角度小于5°～10°，且试验压力不超过980kPa时，因接头本身足以承受外推力，可不设支墩。

在管道水平转弯处设侧面支墩（见图7-3）；在垂直向下转弯处设垂直向下弯管支墩（见图7-4）；在垂直向上转弯处用拉筋将弯管和支墩连成一个整体（见图7-5）。

7.1.3.4　排管与下管

（1）排管　在将管道下入沟槽之前，应先在沟槽上将管道排列成行，称为排管或摆管。在排管前，应按设计将三通、阀门等先行定位，并逐个定出接口工作坑的位置。沟边排管时，需考虑不得堵塞交通，不影响沟槽安全，施工方便等因素。

对承插接口的管道，一般情况下宜使承口迎着水流方向排列，这样可以减小水流对接口填料的冲刷，避免接口漏水；在斜坡地区，以承口朝上坡为宜。但在实际工程中，考虑到施工的方便，在局部地段，有时亦可采用承口背着水流方向排列。

承插式接口的管道排管组合，直线上应满足环向间隙与对口间隙要求。一般情况下，可采用90°弯头、45°弯头、22.5°弯头、11.25°弯头进行管道平面转弯，如果弯曲角度小于11°时，则可采用管道自弯作业，但是要满足允许的转角和间距要求。当遇到地形起伏变化较

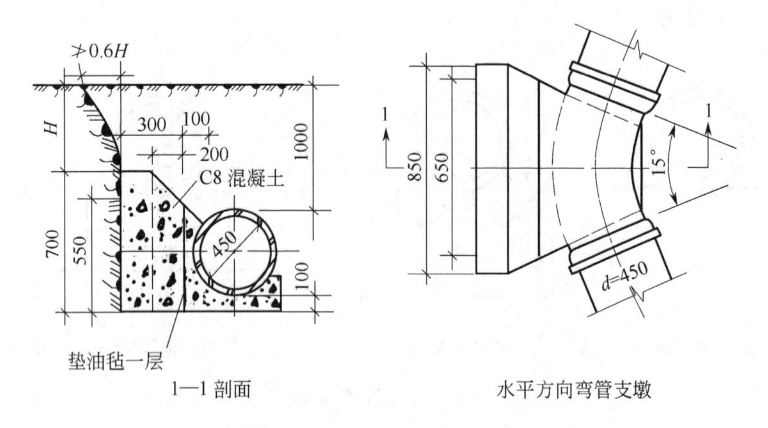

图 7-3　水平方向弯管支墩

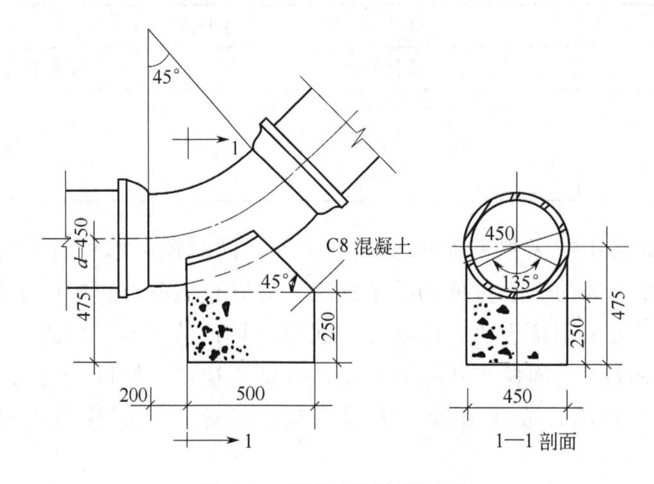

图 7-4　垂直向下弯管支墩

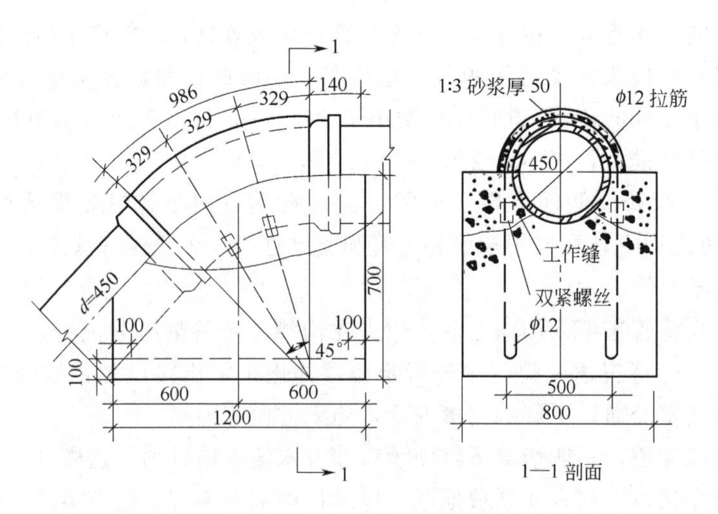

图 7-5　垂直向上弯管支墩

大，新旧管道接通或翻越其他地下设施等情况时，可采用管道反弯借高找正作业。

（2）下管　开槽下管应以施工安全，操作方便，经济合理为原则，考虑管径、管长、沟深等条件选定下管方法。下管作业要特别注意安全问题，应有专人指挥，认真检查下管用的绳、钩、杠、铁环桩等工具是否牢靠。在混凝土基础上下管时，混凝土强度必须达到设计强度的50%才可下管。

下管方法有人工下管和吊车下管两种下管形式。人工下管法包括压绳下管法、后蹬施力下管法和木架下管法。采用吊车下管时，作业班班长应与司机一起踏勘现场，根据沟深、土质等定出吊车距沟边的距离、管材堆放位置等。吊车往返线路应事先予以平整、清除障碍。一般情况下多采用汽车吊下管，土质松软地段宜采用履带吊下管。吊车不能在架空输电线路下作业，在架空输电线一侧作业时，起重臂、钢绳和管子与线路的垂直及水平安全距离应符合施工规范要求。

7.1.3.5 管道接口

(1) 铸铁管接口

① 承插式刚性接口　承插式铸铁管刚性接口（见图7-6）常用填料有麻-石棉水泥、石棉绳-石棉水泥、麻-膨胀水泥砂浆、麻-铅等几种。

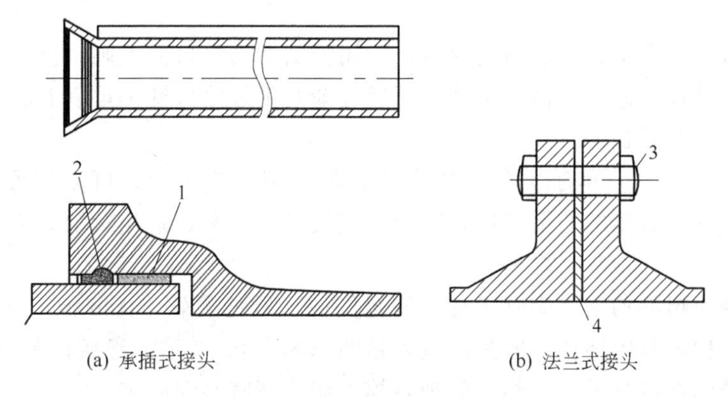

(a) 承插式接头　(b) 法兰式接头

图7-6 铸铁管接头形式

1—麻丝；2—膨胀性填料等；3—螺栓；4—垫片

a. 麻及其填塞　麻是广泛采用的一种挡水材料，以麻辫形状塞进承口与插口间环向间隙。麻辫的直径约为缝隙宽的1.5倍，其长度较管口周长长10～15cm作为搭接长度，用錾子填打紧密。

石棉绳作为麻的代用材料，具有良好的水密性与耐高温性。但是，对于长期和石棉接触而造成的水质污染尚待进一步研究。

b. 石棉水泥接口　石棉水泥是纤维加强水泥，有较高抗压强度，石棉纤维对水泥颗粒有很强吸附能力，水泥中掺入石棉纤维可提高接口材料的抗拉强度。水泥在硬化过程中收缩，石棉纤维可阻止其收缩，提高接口材料与管壁的黏着力和接口的水密性。打口时，应将填料分层填打，每层实厚不大于25mm，接口完毕之后，应立即在接口处浇水养护，养护时间为24～48h。

石棉水泥接口的抗压强度甚高，接口材料成本较低，材料来源广泛。但其承受弯曲应力或冲击应力性能很差，并且存在接口劳动强度大，养护时间较长的缺点。

c. 膨胀水泥砂浆接口　膨胀水泥在水化过程中体积膨胀，增加其与管壁的黏着力，提高了水密性，而且产生封密性微气泡，提高接口抗渗性能。

膨胀水泥由作为强度组分的硅酸盐水泥和作为膨胀剂的矾土水泥及二水石膏组成。用做接口的膨胀水泥水化膨胀率不宜超过150%，接口填料的线膨胀系数控制在1%～2%，以免胀裂管口。

接口操作时，不需要打口，可将拌制的膨胀水泥砂浆分层填塞，用錾子将各层捣实，最外一层找平，比承口边缘凹进 1～2mm。膨胀水泥水化过程中硫酸铝钙的结晶需要大量的水，因此，其接口应采用湿养护，养护时间为 12～24h。

d. 铅接口　铅接口具有较好的抗震、抗弯性能，接口的地震破坏率远较石棉水泥接口低。铅接口操作完毕便可立即通水。由于铅具有柔性，接口渗漏可不必剔口，仅需锤铅堵漏。因此，尽管铅的成本高，毒性大，一般情况下不作为管道接口填料；但是在管道过河、穿越铁路、地基不均匀沉陷等特殊地段，及新旧管道连接、开三通等抢修工程时，仍采用铅接口。

铅的纯度应在 90％以上。铅经加热熔化后灌入接口内，其熔化温度在 320K 左右，当熔铅呈紫红色时，即为灌铅适宜温度，灌铅的管口必须干燥，雨天时禁止灌铅，否则易引起溅铅或爆炸。灌铅前应在管口安设石棉绳，绳与管壁间的接触处敷泥堵严，并留出灌铅口。

每个铅接口应一次浇完，灌铅凝固后，先用铅钻切去铅口的飞刺，再用薄口钻子贴紧管身，沿插口管壁敲打一遍，一钻压半钻，而后逐渐改用较厚口钻子重复上法各打一遍至打实为止，最后用厚口钻子找平。

e. 橡胶圈及其填塞　由于麻易腐烂和填打油麻劳动强度大，可采用橡胶圈代替油麻。橡胶圈富弹性，且具有足够的水密性，因此，当接口产生一定量相对轴向位移和角位移时也不致渗水。

橡胶圈外观应粗细均匀，椭圆度在允许范围内，质地柔软，无气泡，无裂缝，无重皮，接头平整牢固，橡胶圈内环径一般为插口外径的 0.86～0.87 倍，橡胶圈的压缩率以 35％～40％为宜。橡胶圈接口外层的填料一般为石棉水泥或膨胀水泥砂浆。

② 承插式柔性接口　上述几种承插式刚性接口，抗应变能力差，受外力作用容易产生填料碎裂与管内水外渗等事故，尤其在软弱地基地带和强震区，接口破碎率高。为此，可采用以下柔性接口。

a. 楔形橡胶圈接口　如图 7-7 所示，承口内壁为斜形槽，插口端部加工成坡形，安装时于承口斜槽内嵌入起密封作用的楔形橡胶圈，由于斜形槽的限制作用，橡胶圈在管内水压的作用下与管壁压紧，具有自密性，使接口对于承插口的椭圆度、尺寸公差、插口轴向相对位移及角位移具有一定的适应性。

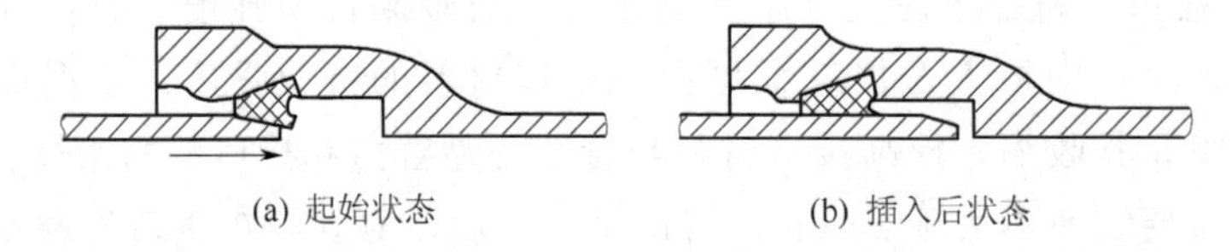

图 7-7　承插口楔形橡胶圈接口

工程实践表明，此种接口抗震性能良好，并且可以提高施工速度，减轻劳动强度。

b. 其他形式橡胶圈接口　为了改进施工工艺，铸铁管可采用角唇形、圆形、螺栓压盖形和中缺形橡胶圈接口，如图 7-8 所示。

比较图 7-8 所示四种胶圈接口可以看出，螺栓压盖形的主要优点是抗震性能良好，安装与拆修方便，缺点是配件较多，造价较高；中缺形是插入式接口，接口仅需一个胶圈，操作简单，但承口制作尺寸要求较高；角唇形的承口可以固定安装胶圈，但胶圈耗胶量较大，造

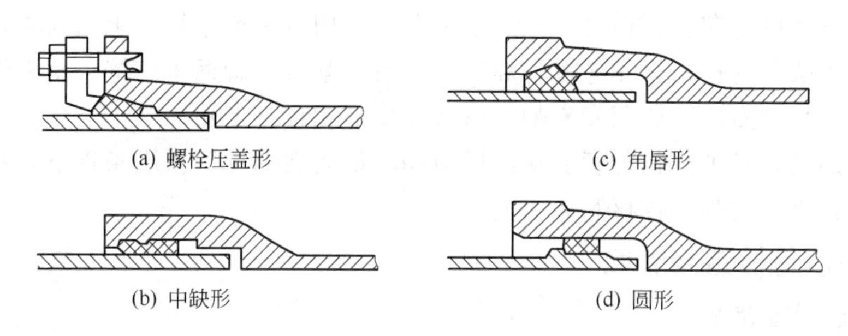

图 7-8 其他橡胶圈接口形式

价较高；圆形则具有耗胶量小，造价较低的优点，但其仅适用于离心铸铁管。

（2）钢筋混凝土压力管接口 认真反复地进行钢筋混凝土管外观检查是管道敷设前应把住的质量大关，否则会产生渗漏等问题。例如，西安地区淬河预应力输水管道施工时，由于没有进行外观检查，而是管道随到随安，造成管道渗漏严重。

钢筋混凝土压力管的接口形式多采用承插式橡胶圈接口，其胶圈断面多为圆形，能承受1MPa的内压力及一定量的沉陷、错口和弯折；抗震性能良好；胶圈埋置地下耐老化性能好，使用期可长达数十年。

承插式钢筋混凝土压力管是靠挤压在环向间隙内的橡胶圈来密封，为了使胶圈能均匀而紧密地达到工作位置，必须具有产生推力或拉力的安装工具，如撬杠顶力法、拉链顶力法与千斤顶顶入法等，均系在工程实践中摸索出来的施工装置。

（3）钢管接口 钢管主要采用焊接口，还有法兰接口及各种柔性接口。焊接口通常采用气焊、手工电弧焊和自动电弧焊、接触焊等方法。

手工电弧焊依据电焊条与管道间的相对位置分为平焊、立焊、横焊与仰焊等（见图7-9），焊缝分别称为平焊缝、立焊缝、横焊缝及仰焊缝。平焊易于施焊，焊接质量易得到保证，焊管时应尽量采用平焊。

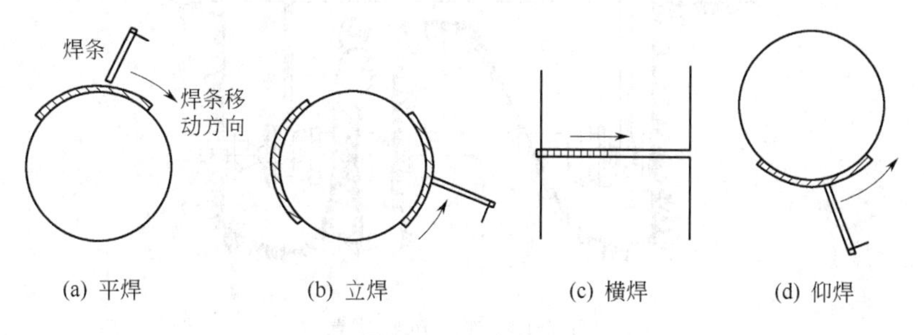

图 7-9 焊接方法

因为槽内操作困难，钢管一般在地面上焊成一长段后下到沟槽内。

焊接完毕后进行的焊缝质量检查包括外观检查和内部检查。对焊缝内部缺陷通常可采用煤油检查方法进行检查：在焊缝一侧（一般为外侧）涂刷大白浆，在焊缝另一侧涂煤油。经过一定时间后，若在白面上渗出煤油斑点，表明焊缝质量有缺陷。

对于壁厚小于4mm的临时性给水管道，以及在某些场合因条件限制而不能采用电焊作业的场合，可采用气焊接口，也可用气焊焊接较大壁厚的钢管接口。

气焊是借助氧气和气体燃料的混合燃烧形成的火焰熔化焊条来进行焊接的。一般采用乙炔气和氧气混合燃烧产生的高温火焰来熔接金属。

（4）塑料管接口　塑料管道接口在无水情况下可用胶黏剂粘接，承插式管可用橡胶圈柔性接口，也可用法兰连接、丝扣连接、焊接、热熔压紧及钢管插入搭接。塑料管在运输和堆放过程中，应防止剧烈碰撞和阳光暴晒，以防止变形和加速老化。

应该注意的是，各种材料的管道在出厂前和埋设后在部分回填土条件下，都要进行管道的试压，以进行管道的强度校核和渗水量控制。

7.1.4 管道质量检查与验收

7.1.4.1 给水管道试压

管道试压是管道施工质量检查的重要措施，其目的是衡量施工质量，检查接口质量，暴露管材及管件强度、缺陷、砂眼、裂纹等弊病，以达到设计质量要求，符合验收条例。

进行管道试压，应先做好水源引接及排水疏导路线的设计，根据设计要求确定试验压力值及试验方法。当管道工作压力大于或等于 0.1MPa 时，应按压力管道的规定，进行强度及严密性水压试验。

埋设在地下的管道必须在管道基础检查合格，回填土厚度不小于 50cm 后进行水压试验；架空、明装及安装在地沟的管道，应在外观检查合格后进行水压试验。

管道应分段进行水压试验，每试验管段的长度不宜大于 1km，非金属管道应短些，试验管段的两端均应以管堵封堵，并加支撑撑牢，以免接头脱开发生意外。

水压试验装置如图 7-10 所示。管道在测压前，打开 6、7 号阀，关闭 5 号阀，然后向试验段充水，同时排除管内空气。管内充水浸泡时间满足表 7-3 规定后，即可进行强度试验。

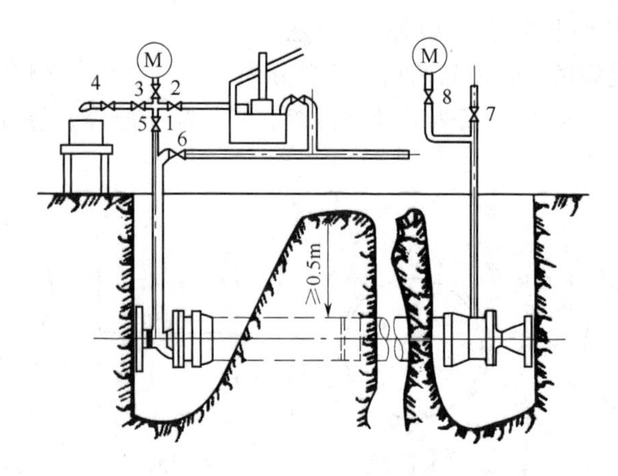

图 7-10　水压试验装置

从自来水管向试验管道通水时，开放 6、7 号阀门，关闭 5 号阀门；用水泵加压时，开放 1、2、5、8 号阀门，关闭 4、6、7 号阀门；不用量水槽测渗水量时，开放 2、5、8 号阀门，关闭 1、4、6、7 号阀门；用量水槽测渗水量时，开放 2、4、5、8 号阀门，关闭 1、6、7 号阀门；用水泵调整 3 号调节阀时，开放 1、2、4 号阀门，关闭 5 号阀门

埋设在地下的管道在进行水压试验时，按规范规定（打开 1、2、5、8 号阀，关闭 4、6、7 号阀）用试压泵将试验管段升压到试验压力（见表 7-3），稳定 15min 后，压力下降不超过表 7-3 规定；将试验压力将至工作压力并保持恒压 30min，检查管道、附件和接口，若未发现上述部件破坏和发生严重渗漏现象，则认为水压试验合格，即可进一步进行渗水量试验——严密性试验。

表 7-3　压力管道水压试验

管材种类	工作压力 p/MPa	试验压力/MPa	试压前管道浸泡时间/h	允许压力降/MPa
钢管	p	$p+0.5$，且不小于 0.9	≥24（有水泥砂浆衬里）	0
球墨铸铁管	$p\leqslant 0.5$	$2p$	≥24（有水泥砂浆衬里）	0.03
	$p>0.5$	$p+0.5$		
预(自)应力混凝土管	$p\leqslant 0.6$	$1.5p$	≥48（管道内径≤1000mm）	
预应力钢筒混凝土管	$p>0.6$	$p+0.3$		
现浇钢筋混凝土管渠	$p\geqslant 0.1$	$1.5p0$	≥72（管道内径>1000mm）	
化学建材管	$p\geqslant 0.1$	$1.5p$，且不小于 0.8	≥24	0.02

严密性试验方法通常采用注水法试验，仍然以图 7-10 示意：测定试验管段长度，然后用试压泵将水压升至试验压力，关闭试压泵的 1 号阀，开始计时，每当压力下降，及时向管道内补水，但最大压降不得大于 0.03MPa，保持管道试验压力恒定，恒压延续时间不得小于 2h，并记录恒压延续时间，以及计量恒压时间内补入试验管段内水量，则试验管段的渗水量可按式（7-2）计算。

$$q=\frac{V}{TL}\times 1000 \tag{7-2}$$

式中　q——试验管道渗水量，L/(min·km)；

V——补入试验管段内水量，L；

T——恒压延续时间，min；

L——试验管段长度，m。

若试验过程中管道未发生破坏，且渗水量不超过规范规定数值，则认为试验合格。

当管道工作压力小于 0.1MPa 时，除设计另有规定外，应按无压力管道规定，进行强度及严密性试验。

7.1.4.2　管道安装允许偏差与检验方法

管道安装的允许偏差和检验方法见表 7-4。

表 7-4　管道安装的允许偏差与检验方法

检查项目			允许偏差/mm	检验方法
水平轴线		无压管道	15	经纬仪测量或挂中线用钢尺量测
		压力管道	30	
管底高程	$D\leqslant 1000$mm	无压管道	±10	水准仪测量
		压力管道	±30	
	$D>1000$mm	无压管道	±15	
		压力管道	±30	

当管道沿曲线安装时，接口的允许转角见表 7-5。

7.1.4.3　管道冲洗与消毒

给水管道水压试验后，竣工验收前应利用城市管网中的自来水或清洁水源水进行冲洗消毒。

（1）管道冲洗　验收前，应冲洗管内的污泥、脏水及杂物，冲洗时一般避开用水高峰夜间作业，以流速大于 1.0m/s 的冲洗水连续冲洗，直至出水口处水样浊度小于 3NTU 为止。若排除口设于管道中间，应自两端冲洗。

表 7-5 沿曲线安装接口的允许转角

管材种类	管径 D/mm	允许转角/(°)
球墨铸铁管	75～600 700～800 ≥900	3 2 1
预应力混凝土管	500～700 800～1400 1600～3000	1.5 1.0 0.5
自应力混凝土管	500～800	1.5
预应力钢筒混凝土管	600～1000 1200～2000 2200～4000	1.5 1.0 0.5
玻璃钢管	400～500 $500<D\leqslant1000$ $1000<D\leqslant1800$ $D>1800$	1.5(承插式接口)/3.0(套筒式接口) 1.0(承插式接口)/2.0(套筒式接口) 1.0 0.5

(2) 管道消毒　管道去污冲洗后，将管道放空，注入有效氯离子含量不低于 20mg/L 的清洁水浸泡 24h，然后将管内含氯水放掉，再用清洁水进行冲洗，水流速度可稍低些，直至水质管理部门取样化验合格为止。

7.1.4.4　工程验收

给水管道工程施工应经过竣工验收合格后方可投入使用。

竣工验收时，应提供竣工图及设计变更文件，主要材料和制品的合格证或试验记录，管道的位置及高程的测量记录，混凝土、砂浆、防腐、防水及焊接检验记录，管道的水压试验记录，中间验收记录及有关资料，回填土压实度的检验记录，工程质量检验评定记录，工程质量事故处理记录，给水管道的冲洗及消毒记录等资料。并且应对竣工验收资料进行核实，进行必要的复验和外观检查。应对管道的位置及高程，管道及附属构筑物的断面尺寸，给水管道配件安装的位置和数量，给水管道的冲洗及消毒，外观等项目作出鉴定，并填写竣工验收鉴定书。

给水管道工程竣工验收后，建设单位应将有关设计、施工及验收的文件和技术资料列卷归档。

7.2　给水管网的维护管理概述

建立健全管网的技术档案资料，对于科学管理和维护管网是至关重要的。内容包括：

① 建立完整和准确的技术档案及查询系统；

② 管道检漏和修漏；

③ 管道清垢和防腐蚀；

④ 用户接管的安装、清洗和防冰冻；

⑤ 管网事故抢修；

⑥ 管道设备的维护和检修；

⑦ 管网的日常运行调度。

为了做好上述工作，必须熟悉管网的情况、各项设备的安装部位和性能、用户接管的位置等，以便及时处理。平时要准备好各种管材、阀门、配件和修理工具等，便于紧急事故的抢修。

7.2.1 管网技术档案管理

管网的技术档案资料包括管网现状、设计资料、竣工资料三部分。技术管理部门应将工程各阶段的批复文件及标明管线、泵站、阀门、消火栓等位置和尺寸的给水管网设计图列卷归档，作为信息数据查询的索引目录。

管网技术资料主要包括以下内容：

① 管网工程的规划、设计、施工文件批复及前期的审批文件等；

② 管网设计文件，包括设计任务书，管道测量成果及技术报告，管网设计图，管网平差计算书，工程概预算书，以及设计变更等；

③ 管网施工技术文件及施工原始记录；

④ 管网竣工资料。管线埋在地下，施工完毕覆土后难以看到，因此应及时绘制竣工图，将施工中的修改部分随时在设计图纸中订正，竣工图应在管沟口填土以前绘制，图中标明给水管线位置、管径、埋管深度、承插口方向、配件形式和尺寸，阀门形式和位置、其他有关管线（例如排水管线）的直径和埋深等。竣工图上的管线和配件位置可用搭角线表示，注明管线上某一点或某一配件到某一目标的距离，便于及时进行养护检修。具体包括：

a. 管线图。表明管线的直径、位置、埋深以及阀门、消火栓等的布置，用户接管的直径和位置等，它是管网养护检修的基本资料。

（a）管网总平面图　管网总平面图应绘制在供水区域地形图上，应能包括整个给水系统的各个组成部分及用户情况。图中应明确标明主要干线的走向、管径及与其相关的管道附属设备及主要用户等。

（b）管线带状平面图与管线高程　管线带状平面图与管线高程图比总平面图的比例尺要大些，内容更为翔实。图中应准确标出管线的具体位置、高程，附属设备节点位置，用户节点位置等（见图 7-11～图 7-13）。

（c）节点详图　节点详图有附属设备节点详图与用户节点详图。节点详图应能准确反映附属设备及用户节点与管网的连接情况。节点详图不必按比例绘制，但管线方向和相对位置须与管网总图一致，图的大小根据节点构造的复杂程度而定。图 7-14 为给水管网中某一环的节点详图，图中标明消火栓的位置、各节点上所需的阀门和配件，管线旁注明管线长度（m）和管径（mm）。工程上常常在节点详图上为每一个管配件进行编号，名称和型号相同的标注同一个号码，然后做材料表，表中分为管配件名称、型号、数目和材料等项目，作为施工安装及抢修和概预算的依据。

（d）管线过河、过铁路和公路的构造详图。

b. 各种管网附件及附属设施的记录数据和图文资料，包括安装年月、地点、口径、型号、检修记录等。

（a）闸门管理卡　闸门管理卡主要记录闸门（包括消火栓、测流装置、泄水阀、排气阀等）的运行与完好状况，其主要内容有闸门编号、闸门型号、口径、安装日期、准确位置；闸门井构造与平面布置；闸门启闭方向与转数、启闭人等。

（b）用户管理卡　用户管理卡主要记录用户与管网的关系，其主要内容有进户管的管径、管材、埋深、准确位置；用户闸门与水表的型号、口径、进户管安装与使用的日期等。

（c）管网运行、改建及维护记录数据和文档资料。

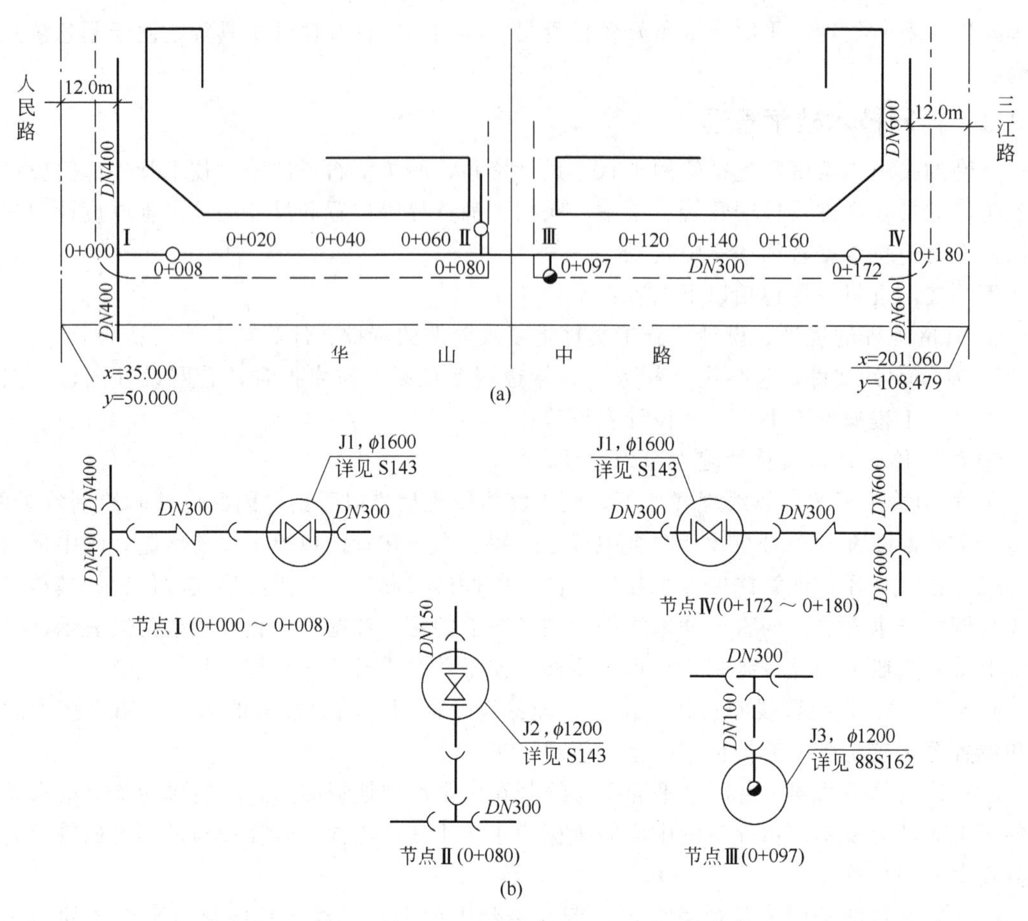

图 7-11 管道带状平面图及节点大样图

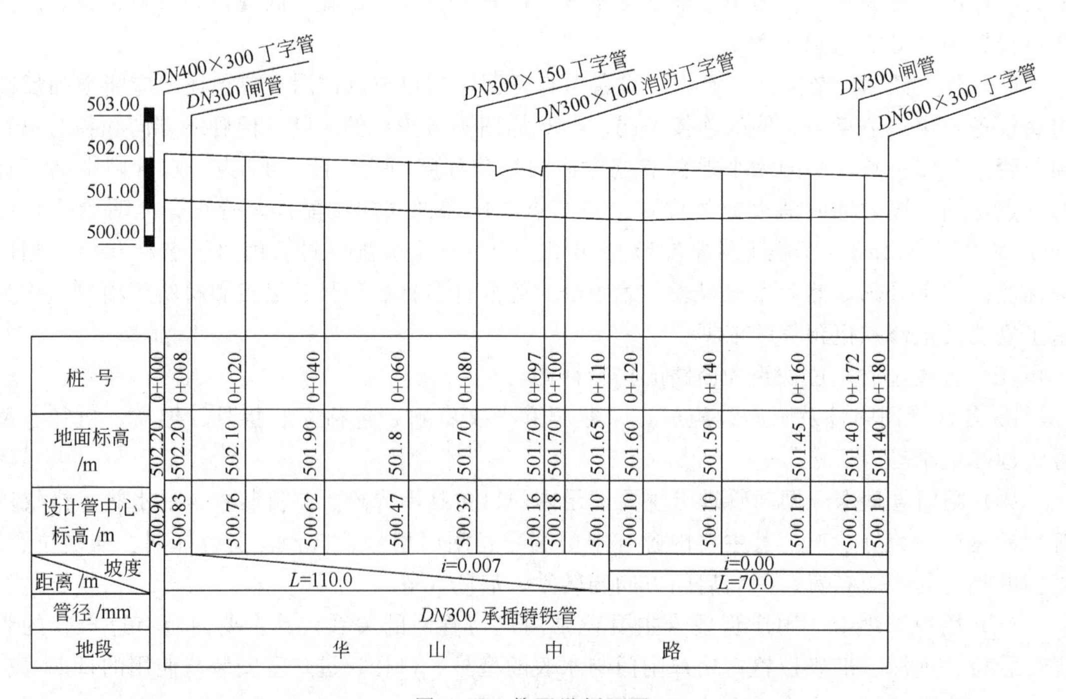

图 7-12 管网纵剖面图

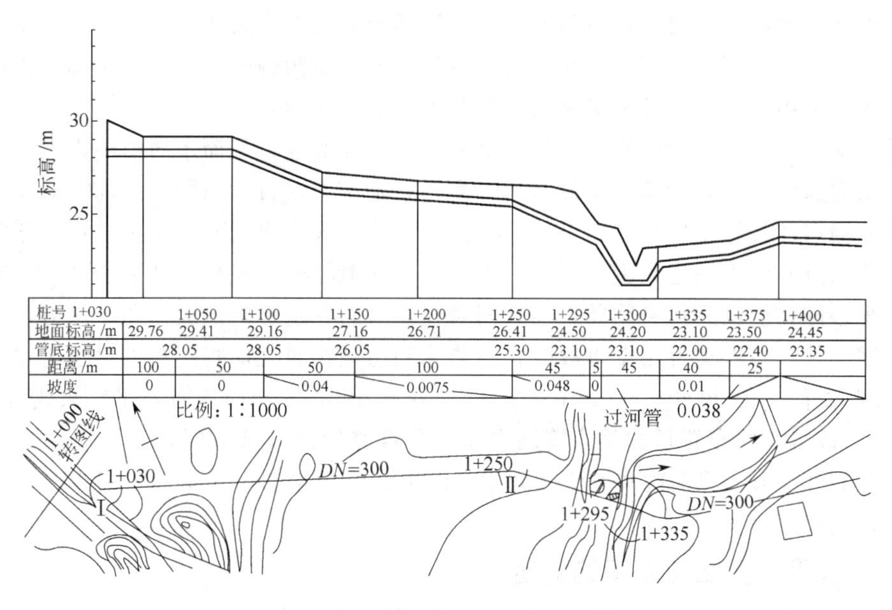

图 7-13　输水管平面和纵断面图

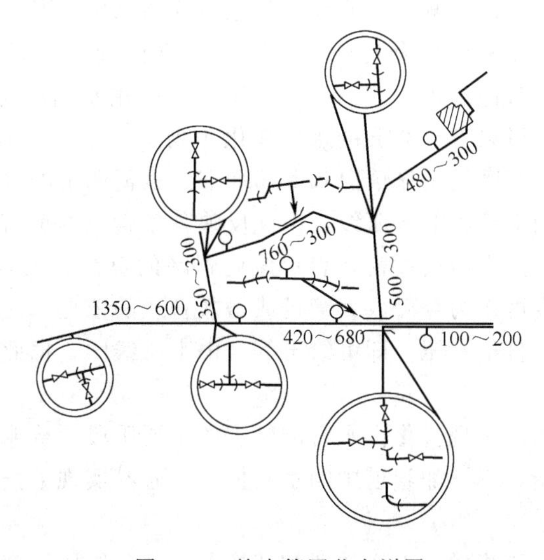

图 7-14　给水管网节点详图

7.2.2　给水管网水质监测

自来水出厂后由供水管网输送至用户。在自来水的长距离连续输送过程中，存在诸多因素会导致水受到二次污染，例如管材质量问题，给水管道的锈蚀结垢，管道的检漏修复、中途提升泵站的影响等。

进行管网水质监测，可及时分析水质变化的有关因素，并将结果反馈给自来水公司，指导和改进制水过程，及时制定管网污染的防护方案；并可通过长期的水质监测，积累监测数据，为建立符合实际的管网水质模型提供资料，优化管网布置及管网的运行管理。

根据《城市供水水质标准》（CJ/T 206—2005）规定，管网水质监测项目包括浑浊度、色度、臭和味、余氯、细菌总数、总大肠菌群、COD_{Mn}（管网末梢点）。在这 7 项指标中，浑浊度和余氯量的变化可以直接反应供水水质的变化。通常浑浊度的变化必然伴随污染物进入水中，以及微生物、细菌、病原菌的滋生；管网中的余氯可防止输水过程中微生物、细菌的再生长，因此，管网中游离余氯量的变化也是指示水质污染的一项重要指标。为此，在日常管网水质监测中，浑浊度及余氯是两个非常重要的监控指标。

水质监测点的布置影响分析整个管网水质状况的真实性，从而水质监测点的布置需具有代表性。水质监测点的布置需考虑的因素较多，它是一个多目标问题。目前，对于常规污染管网水质监测点的设置主要是基于 1991 年 Lee. B. H 等人提出的覆盖水量法；对于防范突发污染事件监测点布置方案主要是根据 1998 年 Avner Kessler 等人提出了的“q 体积服务水平”的概念，即在监测到污染物质之前管网对外供出的总水量的最大体积。该方法的布置目的是当管网中任一节点突发污染事故时，在监测到污染物质之前管网对外供出的水量不超过“q 体积服务水平”；1999 年，Arun Kumar 等人又提出用“t 小时服务水平”来代替“q 体积服务水平”。该方法的布置目的是当管网中任一节点突发污染事故时，至少有一个监测站点在 t 小时内发出警报。但是这些方法在数学求解上都较为复杂，在实际工程中应用困难，还待进一步讨论和解决。

7.2.3 给水管网水压与流量的测定

测定管网的水压，应在有代表性的测压点进行。测压点的选定既要能真实反映水压情况，又要均匀合理布局，使每一测压点能代表附近地区的水压情况。测压点以设在大中口径的干管线上为主，不宜设在进户支管上或有大量用水的用户附近。测压时可将压力表安装在消火栓或给水龙头上，定时记录水压（一般一季度一次，用水高峰可加密监测频度），能有自动记录压力仪则更好，可以得出 24h 的水压变化曲线。

测定水压有助于了解管网的工作情况和薄弱环节。根据测定的水压资料，按 0.5～1.0m 的水压差，在管网平面图上绘出等水压线，由此反映各条管线的负荷。整个管网的水压线最好均匀分布，如某一地区的水压线过密，表示该处管网的负荷过大，提示所用的管径偏小。所以，水压线的密集程度可作为今后放大管径或增敷管线的依据。另外，由等水压线标高减去地面标高，得出各点的自由水压，即可绘出等自由水压线图，据此可了解管网内是否存在低水压区。

给水管网中的流量测定是现代化供水管网管理的重要手段，普遍采用电磁流量计或超声波流量计，安装使用方便，不增加管道中的水头损失，容易实现数据的计算机自动采集和数据库管理。

（1）电磁流量计　电磁流量计由变送器和转换器两部分组成，变送器被安装在被测介质的管道中，将被测介质的流量变换成瞬时的电信号，而转换器将瞬时电信号转换成 0～10mA 或 4～20mA 的统一标准直流信号，作为仪表指示、记录、传送或调节的基础信息数据。

电磁流量计有如下主要特点：电磁流量变送器的测量管道内无运动部件，因此使用可靠，维护方便、寿命长，而且压力损失很小，也没有测量滞后现象，可以用它来测量脉冲流量；在测量管道内有防腐蚀衬里，故可测量各种腐蚀性介质的流量；测量范围大，满刻度量程连续可调，输出的直流毫安信号可与电动单元组合仪表或工业控制机联用等。

（2）超声波流量计　超声波流量计的测量原理主要是利用声波传播速度差（见图 7-15）。将流体流动时与静止时超声波在流体中传播的情形进行比较，由于流速不同会使超声波的传播速度发生变化。若静止流体中的声速为 c，流体流动的速度为 v，当声波的传播方向与流体流动方向一致（顺流方向）时，其传播速度为（$c+v$），而声波传播方向与流体流动方向相反（逆流方向）时，其传播速度为（$c-v$）。在距离为 L 的两点上放两组超声波发生器与接收器，可以通过测量声波传播时间差求得流速 v。传播速度法从原理上看是测量超声波传播途径上的平均流速，因此，该测量值是平均值。所以，它和一般的面平均（真平均流速）不同，其差异取决于流速的分布。将用超声波传播速度差测量的流速 v 与真正的平均流速之比称为流量修正系数，其值用作为雷诺数 Re 的函数表示，其中一个简单公式为：

$$k=1.119-0.11\lg Re \tag{7-3}$$

式中　k——流量修正系数；

Re——雷诺数。

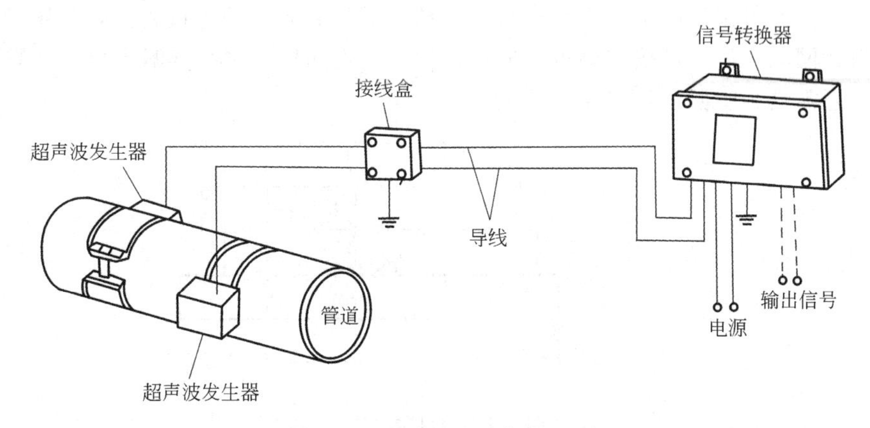

图 7-15　超声波流量仪原理图

瞬时流量可以用经修正后的平均流速和传播速度差与水流的横截面积的乘积来表示。

$$Q=\frac{\pi D^2}{4k}v \tag{7-4}$$

超声波流量计的主要优点是在管道外测流量，实现无妨碍测量，只要能传播超声波的流体皆可用此法来测量流量，也可以对高黏度液体、非导电性液体或者气体进行测量。

7.2.4 管道检漏

给水系统的漏损会造成供水量的减少，水资源、能源和药物的浪费，同时危及公共建筑和道路交通等。因此，检漏工作非常重要。水管损坏引起漏水的原因很多，例如：因管道质量差或使用期长而破损；由于管线接头不密实或基础不平整引起的损坏；因使用不当（例如阀门关闭过快产生水锤）以致破坏管线；因阀门锈蚀、阀门磨损或污物堵住无法关紧等，都会导致漏水。

检漏方法中应用较广且费用较省的有直接观察和听漏法，个别城市采用分区装表和分区检漏，可根据具体条件选用先进且适用的检漏方法。

（1）实地观察法　从地面上观察漏水迹象，如排水窨井中有清水流出，局部路面发现下沉，路面积雪局部融化，晴天出现湿润的路面等。本法简单易行，但较粗略。

（2）音听法　听漏法使用最久，听漏工作一般在深夜进行，以免受到车辆行驶和其他杂声的干扰。所用工具为一根听漏棒，使用时棒一端放在水表、阀门或消火栓上，即可从棒的另一端听到漏水声。这一方法的听漏效果凭各人经验而定。

检漏仪是比较好的检漏工具，所用仪器有电子放大仪和相关检漏仪等。前者是一个简单的高频放大器，利用晶体探头将地下漏水的低频振动转化为电信号，放大后即可在耳机中听到漏水声，也可从输出电表的指针摆动看出漏水情况。相关检漏仪是由漏水声音传播速度，即漏水声传到两个拾音头的时间先后，通过计算机算出漏水地点，该类仪器价格昂贵，使用时需较多人力，对操作人员的技术要求高，国内正在推广使用。管材、接口形式、水压、土壤性质等都会影响检漏效果。优点是适用于寻找疑难漏水点，如穿越建筑物和水下管道的漏水。

(3) 分区检漏　用水表测出漏水地点和漏水量，一般只在允许短期停水的小范围内进行。方法是把整个给水管网分成小区，凡是和其他地区相通的阀门全部关闭，小区内暂停用水，然后开启装有水表的一条进水管上的阀门，使小区进水。如小区内的管网漏水，水表指针将会转动，由此可读出漏水量。水表装在直径为10～20mm的旁通管上，如图7-16所示。查明小区内管网漏水后，可按需要再分成更小的区，用同样方法测定漏水量。这样逐步缩小范围，最后还需结合听漏法找出漏水的地点。

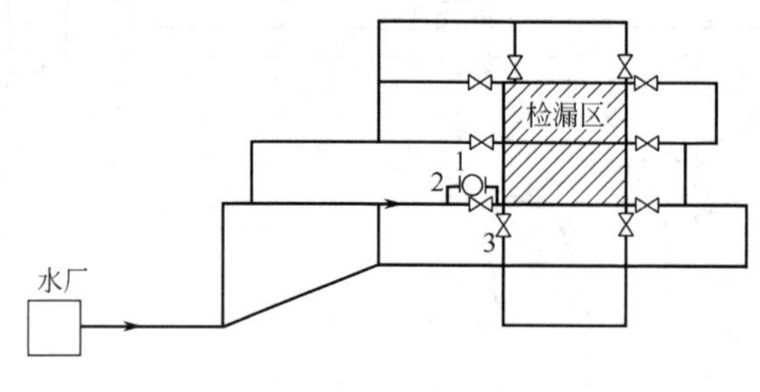

图 7-16　分区检漏法

1—水表；2—旁通管；3—阀门

(4) 区域装表法　将供水区划分为若干小区，根据经验，每个小区内以2000～5000户最为适宜。在进入小区的总管上安装总水表，如果总管经该区后还需供下游的小区用水时，则在流入其他小区的水管上再装水表，抄表员在固定日期抄录该区域内的用户水表，加抄少量检漏专用的总水表后，即能计算出该区域是否有大的漏水。此法可减小音听检漏的范围。但投资较大，水表故障或估表会影响漏水的判断，最终确定漏点还需用音听法。

(5) 地表雷达测漏法（雷达探测仪测漏法）　地表雷达法主要是利用无线电波对地下管线进行测定，可以精确地绘制出现有路面下管线的横断面图，它亦可根据水管周围的图像判断是否有漏水和漏水的情况。它的缺点是一次搜索的范围极小。目前我国使用还很少。

(6) 浮球测漏法　浮球测漏法是针对塑料管的测漏技术，由英国Bristol电子公司开发。检漏仪为一个便携式信号定位器和一个简易的信号发生器。测试时，先关闭测漏管段上下游阀门，在上游消火栓或阀门处将已封入信号发生器的泡沫塑料浮球塞入管道内，调节上下游阀门，使浮球在水压作用下以一定的速度向下游移动，便携式信号定位器随时监测信号发生器所在位置。若有漏水点，当浮球移动至漏水点时，由于水压的减小，浮球将停止不前或移动速度减缓，则该点即为漏水点。这一方法的检漏准确性较高。

7.2.5　管道的维修与养护

管道的维护是保证管网正常运行的一项重要工作，主要包括管道的防腐及管道的漏水修复。

7.2.5.1　管道腐蚀及外壁防腐蚀

腐蚀是金属管道的变质现象，其表现方式有生锈、坑蚀、结瘤、开裂或脆化等。金属管道防腐蚀处理非常重要，它将直接影响输配水的水质卫生安全以及管道使用寿命和运行可靠。金属管道与水或潮湿土壤接触后，因化学作用或电化学作用产生的腐蚀而遭到损坏。按照腐蚀过程的机理，可分为没有电流产生的化学腐蚀，以及形成原电池而产生电流的电化学腐蚀（氧化还原反应）。给水管网在水中和土壤中的腐蚀，以及流散电流引起的腐蚀都是电化学腐蚀。影响电化学腐蚀的因素很多，例如钢管和铸铁管氧化时，管壁表面可生成氧化膜，腐蚀速度因氧化膜的作用而越来越慢，有时甚至可保护金属不再进一步腐蚀，但是氧化膜必须完全覆盖管壁，并且附着牢固、没有透水微孔的条件下，才能起保护作用。水中溶解氧可引起金属腐蚀，一般情况下，水中含氧越多，腐蚀越严重，但对钢管来说，此时在内壁产生保护膜的可能性越大，因而可减轻腐蚀。水的 pH 值明显影响金属管的腐蚀速度，pH 值越低腐蚀越快，中等 pH 值时不影响腐蚀速度，pH 值高时因金属管表面形成保护膜，腐蚀速度减慢。水的含盐量对腐蚀的影响是：含盐量越高则腐蚀加快。

防止给水管道外壁腐蚀的方法有以下几种。

① 采用非金属管材，如预应力或自应力钢筋混凝土管、玻璃钢管、塑料管等。

② 在金属管表面上涂油漆、水泥砂浆、沥青等，以防止金属和水相接触而产生腐蚀。例如可将明设钢管表面打磨干净后，先刷 1～2 遍红丹漆，干后再刷两遍热沥青或防锈漆；埋地钢管可根据周围土壤的腐蚀性，分别选用各种厚度的正常、加强和特强防腐层。

③ 阴极保护。采用管壁涂保护层的方法并不能做到非常完美。这就需要进一步寻求防止管道腐蚀的措施。阴极保护是保护管道的外壁免受土壤侵蚀的方法。根据腐蚀电池的原理，两个电极中只有阳极金属发生腐蚀，所以阴极保护的原理就是使金属管成为阴极，以防止腐蚀。

阴极保护有两种方法。一种是使用消耗性的阳极材料，如铝、镁等，隔一定距离用导线连接到管线（阴极）上，在土壤中形成电路，结果是阳极腐蚀，管线得到保护，如图 7-17（a）所示。这种方法常在缺少电源、土壤电阻率低和水管保护涂层良好的情况下使用。

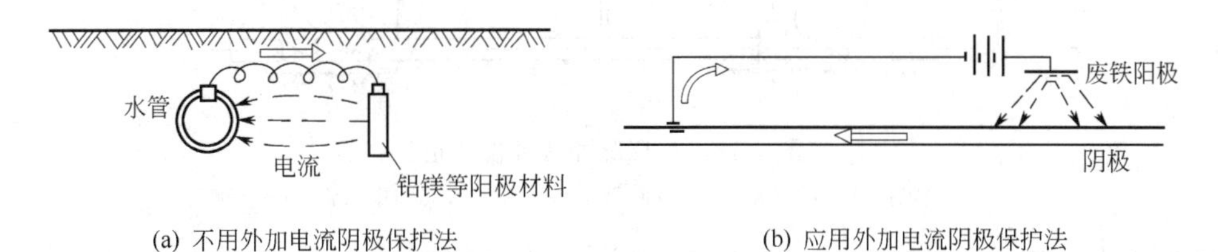

图 7-17　金属管道阴极保护

另一种是通入直流电的阴极保护法，如图 7-17（b）所示，埋在管线附近的废铁和直流电源的阳极连接，电源的阴极接到管线上，可防止腐蚀，在土壤电阻率高（约 2500Ω · cm）或金属管外露时使用较宜。

但是，有了阴极保护措施仍须同时重视管壁保护涂层的作用，因为阴极保护也不是完全可靠的。

7.2.5.2　管道内壁的清垢涂衬

由于输水水质、管道材料、流速等因素，金属管内壁产生腐蚀，水中的碳酸钙沉淀，水中的悬浮物沉淀，水中的铁、氯化物和硫酸盐的含量过高，以及铁细菌、藻类等微生物的滋长繁殖等，管道内壁会逐渐结垢而增加水流阻力，使水头损失逐渐增大，输水能力下降。根据有些地方的经验，内壁未涂水泥砂浆的铸铁管，使用 1～2 年后粗糙系数 n 值即达到 0.025，而涂水泥砂浆的铸铁管，虽经长期使用，粗糙系数基本上可不变。为了防止金属管道内壁腐蚀或积垢后降低管线的输水能力，除了新敷管线内壁事先采用水泥砂浆涂衬外，对已埋的管线则应有计划地进行刮管涂衬，即清除管内壁积垢并加涂保护层，以恢复输水能力，节省输水能量费用和改善管网水质，这也是管理工作中的重要措施。

(1) 管道内壁清垢　金属管线清垢的方法很多，应根据积垢的性质来选择。

① 管线水力清垢

a. 高压射流清管法　对松软的积垢，可提高流速进行冲洗。冲洗时流速比平时流速提高 3～5 倍，但压力不应高于允许值。每次冲洗的管线长度为 100～200m。冲洗工作应经常进行，以免积垢变硬后难以用水冲去。

b. 加气冲洗法　用压缩空气和水同时冲洗效果更好，具有清洗简便，管道内中无需放入特殊的工具；操作费用比刮管法、化学酸洗法为低；工作进度较其他方法迅速；不会破坏水管内壁的水泥砂浆涂层。

c. 气压脉冲射流法清洗管道　冲洗过程见图 7-18，贮气罐中的高压空气通过脉冲装置 1、橡胶管 3、喷嘴 6 送入需清洗的管道中，冲洗下来的锈垢由排水管 5 排出。该法的设备简单，操作方便，成本不高，效果好。进气和排水装置可安装在检查井中，因而无需断管或开挖路面。

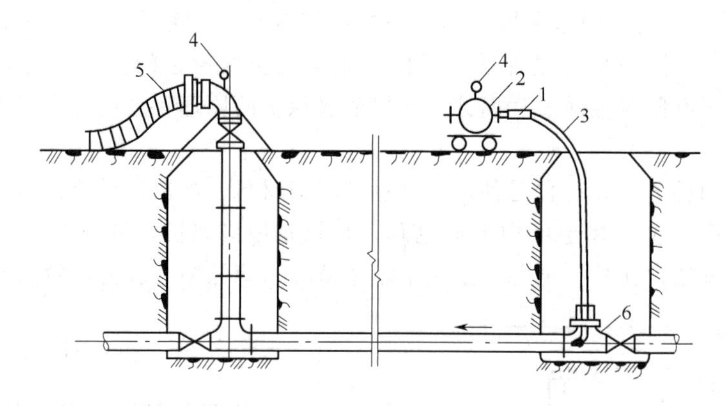

图 7-18　气压脉冲法冲洗管道

1—脉冲装置；2—贮气罐；3—橡胶管；4—压力表；5—排水管；6—喷嘴

管垢随水流排出。起初排出的水浑浊度较高，以后逐渐下降，冲洗工作直到出水完全澄清时为止。

用这种方法清垢所需的时间不长，管内的绝缘层不会破损，所以也可作为新敷设管线的清洗方法。

② 机械刮管清垢　坚硬的积垢须用刮管法清除。刮管法所用刮管器有多种形式，都是用钢绳绞车等工具使其在积垢的水管内来回拖动。图 7-19 所示的一种刮管器是用钢丝绳连接到绞车，适用于刮除小口径水管内的积垢。它由切削环、刮管环和钢丝刷组成。使用时，先由切削环在水管内壁积垢上刻划深痕，然后刮管环把管垢刮下，最后用钢丝刷刷净。

大口径管道刮管时，可用旋转法刮管器（见图 7-20），情况和刮管器相类似，但钢丝绳拖动的是装有旋转刀具的封闭电动机。刀具可用与螺旋桨相似的刀片，也可用装在旋转盘上的链锤，刮垢效果较好。

刮管法的优点是工作条件较好，刮管速度快；缺点是刮管器和管壁的摩擦力很大，往返拖动相当费力，并且管线不易刮净。

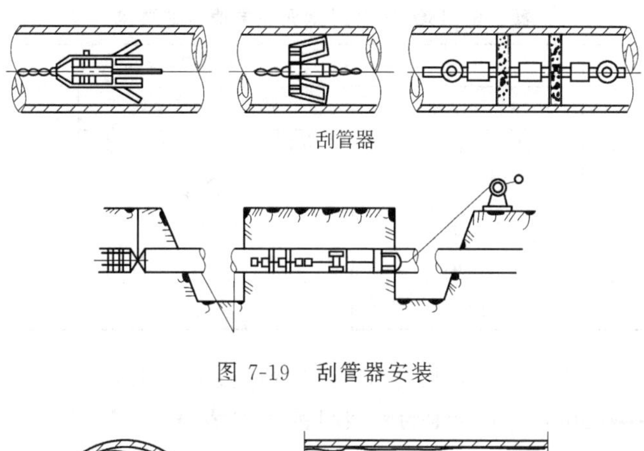

图 7-19 刮管器安装

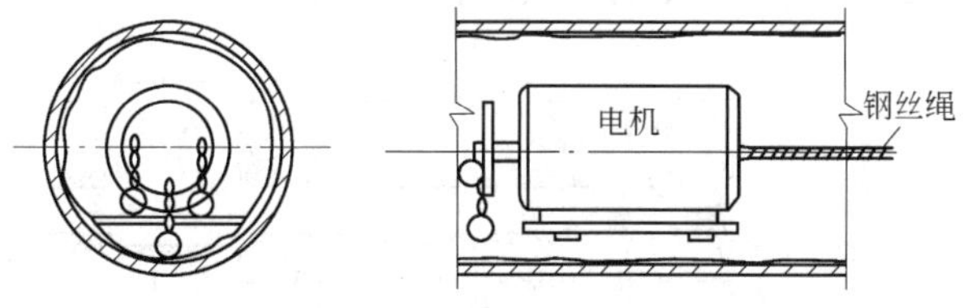

图 7-20 旋转法刮管器

也可采用软质材料制成的清管器清通管道。清管器用聚氨酯泡沫制成，其外表面有高强度材料的螺纹，外径比管道直径稍大，清管操作由水力驱动，大小管径均可适用。其优点是成本低，清管效果好，施工方便，且可延缓结垢期限，清管后如不衬涂也能保持管壁表面的良好状态。它可清除管内沉积物和泥砂，以及附着在管壁上的铁细菌、铁锈氧化物等，对管壁的硬垢如钙垢、二氧化硅垢等也能清除。清管时，通过消火栓或切断的管线，将清管器塞入水管内，利用水压力以 2～3km/h 的速度在管内移动。约有 10%的水从清管器和管壁之间的缝隙流出，将管垢和管内沉淀物冲走。冲洗水的压力随管径增大而减小。软质清管器可任意通过弯管和阀门。这种方法具有成本低、效果好、操作简便等优点。

③ 酸洗法清垢　将一定浓度的盐酸或硫酸溶液放进水管内，浸泡 14～18h 以去除碳酸盐和铁锈等积垢，再用清水冲洗干净，直到出水不含溶解的沉淀物和酸为止。由于酸溶液除能溶解积垢外，也会侵蚀管壁，所以加酸时应同时加入缓蚀剂，以保护管壁少受酸的侵蚀。这种方法的缺点是酸洗后，水管内壁变得光洁，如水质有侵蚀性，以后锈蚀可能更快。

(2) 管道内壁的涂衬

① 水泥砂浆涂衬　管壁积垢清除以后，应在管内衬涂保护涂料，以保持输水能力和延长水管寿命。一般是在水管内壁涂水泥砂浆或聚合物改性水泥砂浆，涂层厚度随着管径的不同而不同（表 7-6），相同管材和管径的情况下，前者的涂层大于后者。水泥砂浆用 M50 硅酸盐水泥或矿渣水泥和石英砂，按水泥：砂：水＝1：1：(0.37～0.4) 的比例拌和而成。聚合物改性水泥砂浆由 M50 硅酸盐水泥、聚醋酸乙烯乳剂、水溶性有机硅、石英砂等按一定比例配合而成。

衬涂砂浆的方法有多种。在埋管前预先衬涂，可用离心法，即用特制的离心装置将涂料均匀地涂在水管内壁上。对已埋管线衬涂时，也有用压缩空气的衬涂设备，利用压缩空气推动胶皮涂管器，借助胶皮的柔顺性，可将涂料均匀抹到管壁上。涂管时，压缩空气的压力为 29.4～49.0kPa。涂管器在管道内的移动速度为 1～12m/s；不同方向反复涂两次。

表 7-6　ISO 4179 对水泥涂层厚度的要求

公称直径 DN/mm	内衬厚度/mm		
	公称厚度	最小平均厚度	某一点最小厚度
≤300	3.0	2.5	1.5
350～600	5.0	4.5	2.5
700～1200	6.0	5.5	3.0
1400～2000	9.0	8.0	4.0
≥2200	12.0	10.0	5.0

在直径 500mm 以上的管道中，可用特制的喷浆机喷涂水管内壁。根据喷浆机的大小，一次喷浆距离约为 20～50m。图 7-21 为喷浆机的工作情况。

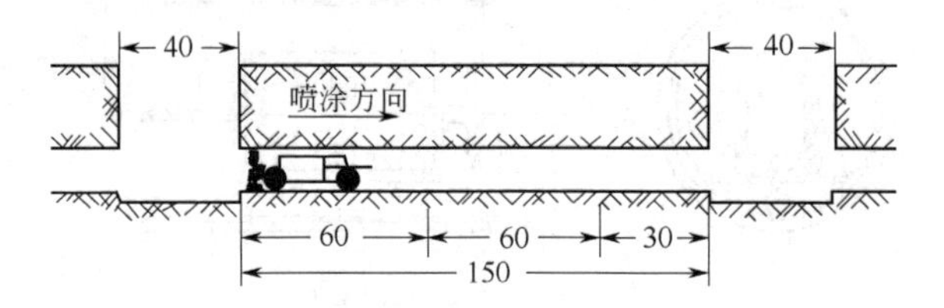

图 7-21　喷浆机工作情况（单位：m）

清除水管内积垢和加衬涂料的方法，对恢复输水能力的效果很明显，所需费用仅为新埋管线的 1/10～1/12，亦有利于保证管网的水质。但对地下管线清垢和涂料时，所需停水时间较长，影响供水，使用上受到一定限制。

② 环氧树脂涂衬　环氧树脂具有耐磨性、柔软性、紧密性，使用环氧树脂和硬化剂混合的反应型树脂，可以形成快速、强度高、耐久的涂膜。环氧树脂涂衬方法是采用高速离心喷射原理，喷涂厚度为 0.5～1.0mm。环氧树脂涂衬不影响水质，施工期短，当天即可恢复通水，但是该法设备复杂，操作技术要求高。

③ 内衬软管　内衬软管即在旧管内衬套管，有滑衬法、反转衬里法、“袜法”及用弹性清管器拖带聚氨酯薄膜等方法，该法形成“管中有管”的防腐结构，防腐效果好，但造价高。

7.2.5.3　管网漏水的修复

（1）水泥压力管的修理　水泥压力管因裂缝而漏水，可采用环氧砂浆进行修补（图 7-22）。修补时，先将裂口凿成宽约 15～25mm，深 10～15mm，长出裂缝 50～100mm 的矩形浅槽，刷净后，用环氧底胶和环氧砂浆填充。较大的裂缝，还可用包贴玻璃纤维布和贴钢板的方法堵漏（图 7-22、图 7-23）。玻璃纤维布的大小与层数应视裂缝大小而定，一般为 4～6 层。严重损坏的管段，可在损坏部位管外焊制一钢套管，内填油麻及石棉水泥。

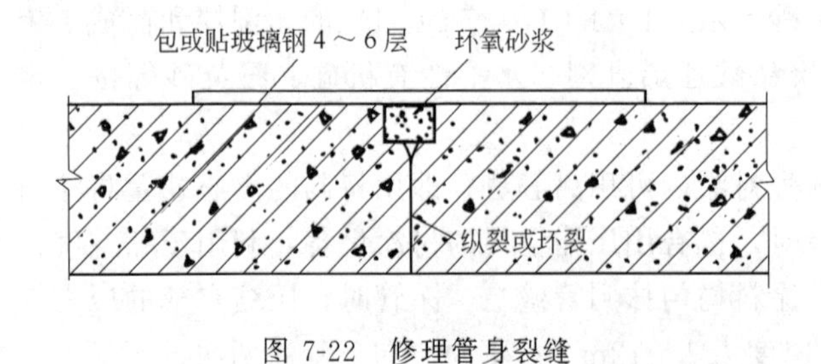

图 7-22　修理管身裂缝

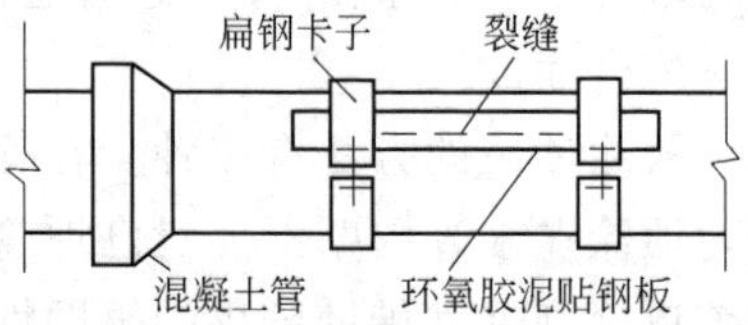

扁钢卡子　裂缝　混凝土管　环氧胶泥贴钢板

图 7-23　管身外贴钢板修补

管段砂眼漏水处理方法与裂缝相同。

如果管道接口漏水，多采用填充封堵的方法。在一般情况下需停水操作。

由于胶圈密封不严产生的漏水，可将柔性接口改为刚性接口，重新用石棉水泥打口封堵（图 7-24）；若接口缝隙太小，可采用充填环氧砂浆，然后贴玻璃钢进行封堵（图 7-25）；若接口漏水严重，不易修补，可用钢套管将整个接口包住，然后在腔内填自应力水泥砂浆封堵（图 7-26）。如果接口漏水的修复是带水操作，一般采用柔性材料封堵的方法（图 7-27）。操作时，先将特制的卡具固定在管身上，然后将柔性填料置于接口处，最后上紧卡具，使填料恰好堵死接口。

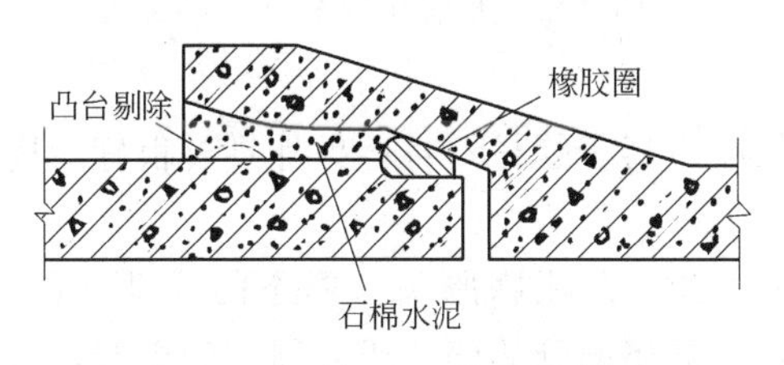

图 7-24　柔性接口改刚性接口

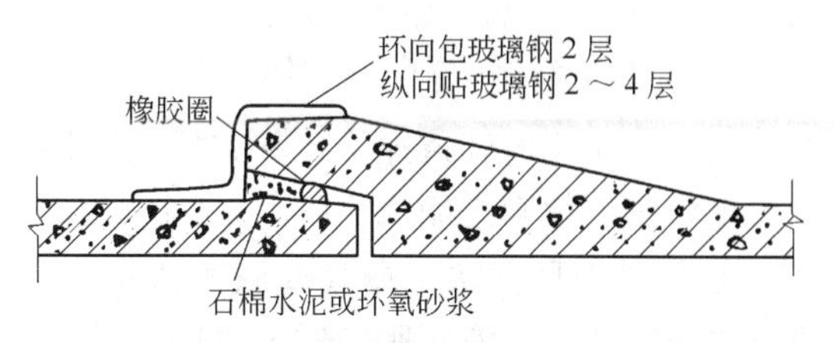

图 7-25　接口用包玻璃钢修理

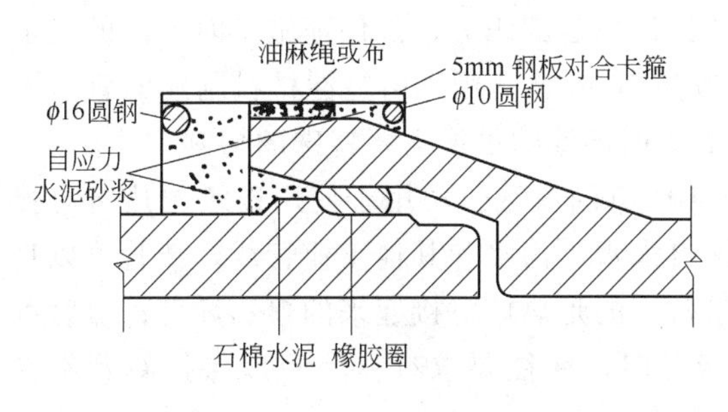

图 7-26　接口管钢管的修理

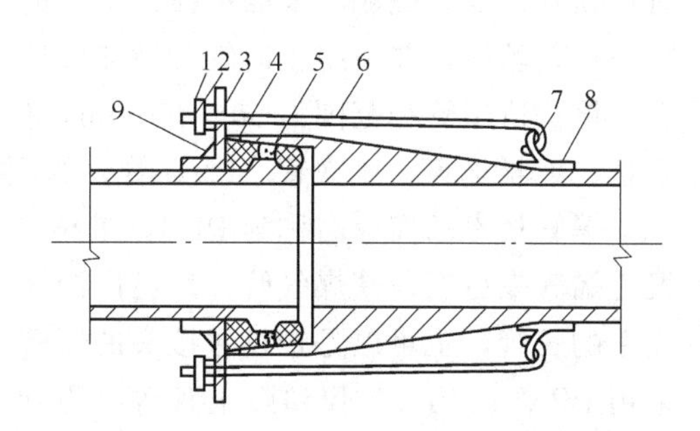

图 7-27　接口带水外加柔口的修理

1—螺母；2—套管；3—胶圈挡板；4—胶圈；5—油麻；6—拉钩螺栓；7—固定拉钩；8—固定卡箍；9—胶圈挡肋

（2）铸铁管件的修理　铸铁管件本身具有一定的抗压强度，裂缝的修复可采用管卡进行（图 7-28）。管卡做成比管径略大的半圆管段，彼此用螺栓紧固。发现裂缝，可在裂缝处贴上 3mm 的橡胶板，然后压上管卡上紧至不漏水即可。

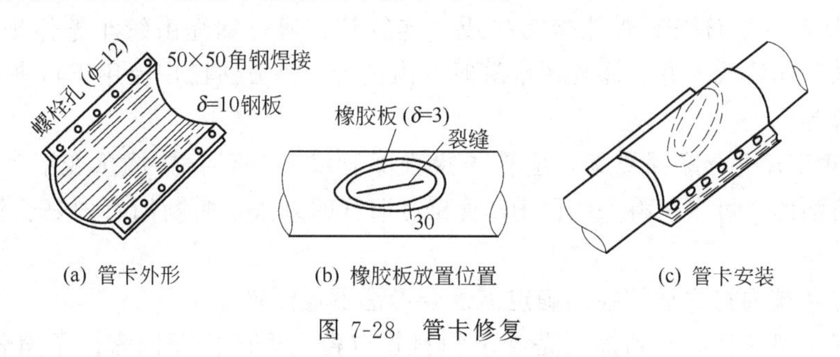

(a) 管卡外形　(b) 橡胶板放置位置　(c) 管卡安装

图 7-28　管卡修复

砂眼的修补可采用钻孔，攻丝，用塞头堵孔的方法进行修补（图 7-29）。

接口漏水，一般可将填料剔除，重新打口即可。

（3）用塑料管进行非开挖技术修复管道　聚乙烯管道特别适于非开挖工程，它重量轻，

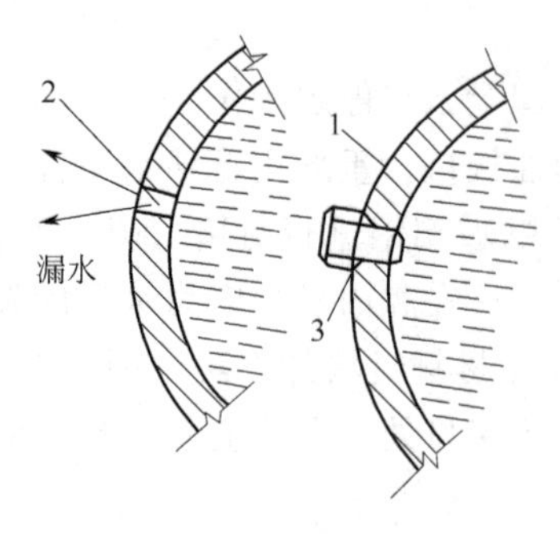

图 7-29　铸铁管塞头堵孔

1—铸铁管；2—砂眼穿孔；3—带丝塞头

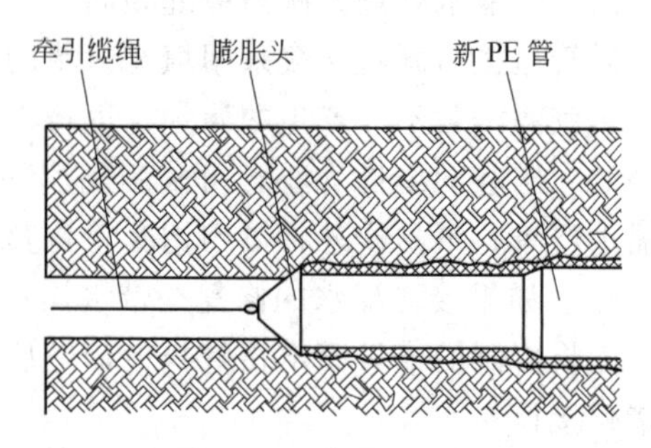

图 7-30　爆管法更新

可以进行一体化的管道连接，其熔接连接接口的抗拉能力高于管材本身；另外具有很好的挠性和良好的抵抗刮痕能力。

① 爆管或胀管法　爆管或胀管法更新管道（图 7-30）采用膨胀头（静态的或动态的，动态的如气动锤、液压胀管器）将旧管破碎，并用扩张器将旧管的碎片压入周围的土层，同时将新管拉入，完成管线的更换。新管的直径可与旧管道相同或更大。施工前，先在旧管内穿一根钢丝绳，并由缆车向气动锤或液压胀管器提供恒定的张力，以保证施工时方向的稳定性。该法适用管径范围为 50～600mm，长度一般为 100m，适用于由脆性材料制成的管（陶土管、混凝土管、铸铁管、PVC 管）的更换，对于旧钢管的更换需要特殊的切割刀片。

爆管技术的商业名称为 PIM，最早是 1980 年由英国煤气公司用于使用连续的热熔对接聚乙烯管来更新铸铁煤气管，现已广泛用于更换自来水、污水和其他工业管线。新管可以是连续的长管，也可以是带机械接头的短管。但最常用的是热熔对接起来的聚乙烯管；短管可采用 PP 管、UPVC 管和陶土管等。更换金属管道时，往往要求有一套管以保护新管不受损坏。

② 传统内衬法　传统内衬法是使用最早的一种非开挖管道修复方法。施工时将一直径较小的新管插入或拉入旧管内。通常，对自来水管道和污水管道要求向环形间隙灌浆固结，而对燃气管道则不需要灌浆。这种方法的优点是施工简单，施工成本相对较低。然而由于直径减小，所以流量的损失较大。但对直径较大的管道来说，这种影响较小。该种方法适用于旧管内无障碍、形状完好，没有过度损坏的管道。传统内衬法可分为连续管法和短管法两类。

a. 连续管法　将 HDPE 管热熔对接成一连续管，通过钢绳由绞车整体地拉入旧管内。安装可在插入工作坑或人井（修复污水管时）内进行。该方法已广泛用于自来水管、重力排污管和燃气管等。

使用 HDPE 管进行穿插更新，应首先检查旧管线中是否存在严重变形和障碍。其次，旧管线应是清洁的。可采用将一小段 PE 管拉过旧管的方法，判断旧管内是否清洁，是否需要清管。

HDPE 管传统内衬穿插管径的确定需综合考虑下述因素。

穿插过程中塑料管会遭到擦伤是确定塑料管口径上限的主要因素。金属管道内壁的毛刺、焊瘤以及管道弯曲都会对塑料管表面造成损伤。塑料管口径越大，穿插越困难，表面擦伤也越大。据国外实践经验及资料介绍，HDPE 管的最大截面可占钢管直径的 85%，对于混凝土管道可以适当放大。

在确定塑料管径下限的时候，主要考虑冰冻影响。地下水会通过腐蚀孔洞、钢管切割端进入塑料管与旧管道的环形空间，水结冰后的膨胀系数为10%，可能会将塑料管挤扁。从理论上计算，塑料管截面不小于旧管截面的40%，即可以有效地避免冰冻的影响。对于埋设在冰冻线以下的管道，可以不受此下限的限制。因此可以得出结论，HDPE管在进行管道穿插时占据的空间应为原管截面的40%～85%。

具体管径应根据流量要求确定。适用的聚乙烯管材可小到25.4mm，大则受到HDPE管材制造能力的限制，通常为1000mm以下。

b. 短管法　这种方法使用的是带接头的短管。在工作坑（或人井）连接后逐节由顶进装置顶入旧管内。现已开发出多种用于污水管修复的塑料短管，包括PVC、PP、PE和玻璃纤维增强聚乙烯管。环形空间一般应灌浆。

③ 改进内衬法　这种管道修复技术是在施工之前，对新的衬管首先减小尺寸（在安装现场或加工厂），随后插入旧管，最后使用热力、压力或自然的方法恢复原来的大小和尺寸，以保证与旧管形成紧密结合。与使新管断面减少的方法不同，这种方法可分为缩径法（拉拔法、冷轧法）和变形法。采用改进内衬法的主要优点是新旧管之间无环形间隙，管道流过断面的损失很小；可在开挖的工作坑内或人井内施工，可长距离修复。主要缺点是施工时可能会引起结构性的破坏。

这种方法形成的内衬既可以作为结构性的内衬（相当于敷设一条新管道），也可以作为非结构性的内衬或薄内衬（主要用于修复出现少量裂缝但结构完整的管道）。

a. 缩径法　该方法是使内衬PE管的直径临时性缩小，然后送入旧管中。有热拔法和冷轧法两种缩径方式。

(a) 热拔法　该方法起源于英国煤气公司，施工时使中高密度聚乙烯管在加热后通过一个加热的模具拉拔新管，使塑料管的管径减小。对100mm管，管径约减小20%；对610mm管，约为7%。管子插入管道就位后，依靠高分子的记忆功能，使其直径逐渐自然恢复。可向其内部施加压力以加速恢复过程。恢复形状之后的管，通常能与旧管形成紧密结合。直径在76～610mm的管均可用该法施工。

热拔法如图7-31所示，设备由加热器、模具、液压推动机、锥形拖头和绞车组成。外径减少的聚乙烯管，借助于液压推动机及绞车的动力，拉过旧管，到达接收井，释放拉力，聚乙烯管冷却复原并紧贴旧管内壁。

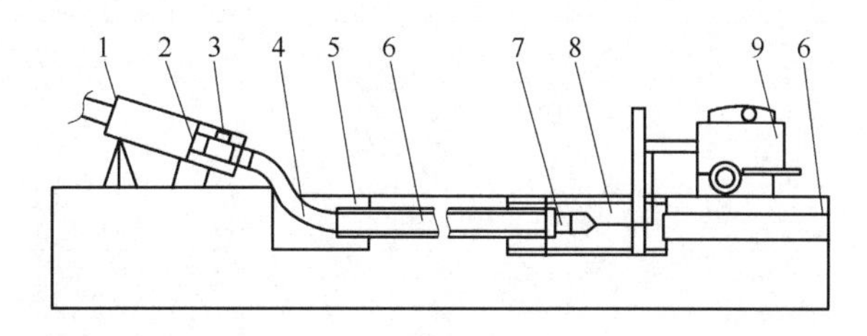

图7-31　热拔法

1—加热器；2—模具；3—液压推动机；4—聚乙烯管；5—发射井；6—旧管；7—锥形拖头；8—接收井撑柱；9—绞车

(b) 冷轧法　施工时，将标准的中或高密度聚乙烯管对焊成适当的长度后，在现场利用一台液压顶推装置向一组滚轧机推送塑料管，进行冷轧，以减少管的直径。插入旧管内就位后，对其施加压力，以恢复原有的尺寸，与旧管形成紧密的结合。

b. 变形法　该方法是由法国研发的，又称U形内衬法（图7-32）。利用机械将加热的连续的聚乙烯管变成U形状态，然后将其插入旧管内，最后使用热气和液压使其恢复成圆形。更换之后可用遥控的切削器在不需要开挖的条件下进行水管的连接。这种方法的优点是U形管可在工厂预制，盘起来运输到工地施工，施工速度快。

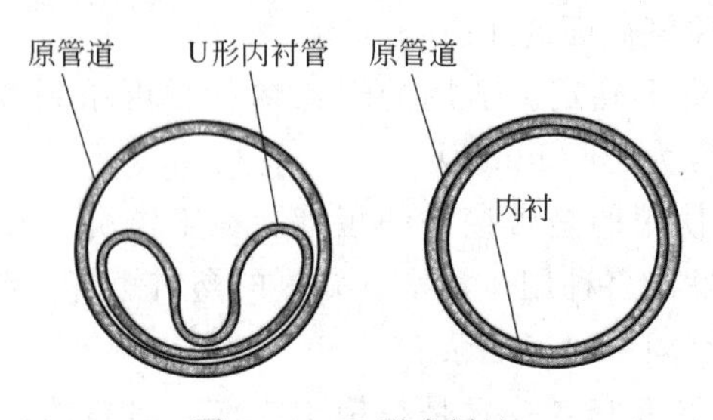

图7-32　U形内衬法

思　考　题

1. 管道施工排水的重要性是什么？
2. 管道埋设的基础形式一般有几种？各适用于什么条件？
3. 什么是管道的覆土厚度和埋深？
4. 管网技术资料管理包括哪些内容？
5. 测试城镇等供水水压线的作用是什么？
6. 管网检漏的重要性和检漏方法有哪些？
7. 管道结垢和腐蚀是如何产生的？常用什么方法防治？
8. 管网漏水修复的方法有哪些？

8 给水管网运行调度及水质控制

8.1 给水管网的运行调度任务与系统组成

8.1.1 给水管网的运行调度任务

大城市的给水管网往往随着城市的发展、用水量的不断增长而逐步形成多水源的给水系统，管网中还有泵站及调节构筑物，需要设立调度管理部门，采用集中调度的措施，协调各方面的工作，保障有效的供水。

给水管网运行调度的任务是安全可靠地将水量、水压、水质符合要求的水送往用户，保证给水系统的运行安全可靠，并最大限度地降低生产成本，取得较好的社会效益和经济效益。

调度管理部门应及时了解整个给水系统的生产情况，熟悉各水厂和泵站中的设备，依靠有效的技术措施，通过管网的集中调度，按照各管网控制点的水压确定各水厂和泵站运行水泵的台数，这样，既能保证管网所需的水压，又可避免因管网水压过高而浪费能量，通过调度管理，可以改善管网运转效率，降低供水的耗电量和生产运行成本。

调度管理部门是整个管网也是整个给水系统的管理中心，不仅要照顾日常的运行管理，还要在管网发生事故时，立即按照应急方案，把事故的影响降至最低程度。

目前，国内许多城市给水管网仍采用传统的人工经验调度的方式，主要依据区域水压分布，利用增加或减少水泵开启的台数，使管网中各区域供水的压力能保持在设定的服务压力范围之内。随着现代科技的迅猛发展，人工经验调度模式已不能适应现代管理的要求。先进的调度管理应充分利用计算机信息技术、通信技术和自动控制技术，对整个给水管网的主要参数、管网信息、设备运行状况进行动态监测，实时调度和自动化控制，实现自动化信息管理。

给水管网运行调度的首要目标是在保证管网中各区域供水压力满足用户要求的条件下，尽量节省输水的能量消耗。在区域供水系统中，还要考虑水资源和制水成本的节省。将每1000m^3 的水提升 1m 扬程的理论有效耗电量是 2.73kW·h，一般城市从水源到用户的供水总提升高度约为 70～80m，按照水泵平均工作效率 85%计算，则耗电量约为每供水 1000m^3需 250kW·h 的电能。我国统计数据表明，在供水区域内的地形标高相差不悬殊的城镇中包括制水工艺和生产管理的用电量在内，每向用户输送 1000m^3 水的平均电能为 300kW·h 左右，供水部门根据压力控制点的压力变化，调整水泵运行状态，将取得明显的节电效果。

现代给水管网调度系统主要基于四项基础技术，即计算机技术（computer）、通信技术（communication）、控制技术（control）和传感技术（sensor），简称 3C+S 技术，也统称为信息与控制技术，而建立在这些基础技术之上的应用技术包括管网模拟、动态仿真、优化调度、实时控制和智能决策等，正在逐步得到应用。

8.1.2 给水管网调度系统组成

管网调度系统可由数据采集与通信网络系统、数据库系统、调度决策系统和调度执行系统组成，如图 8-1 所示。

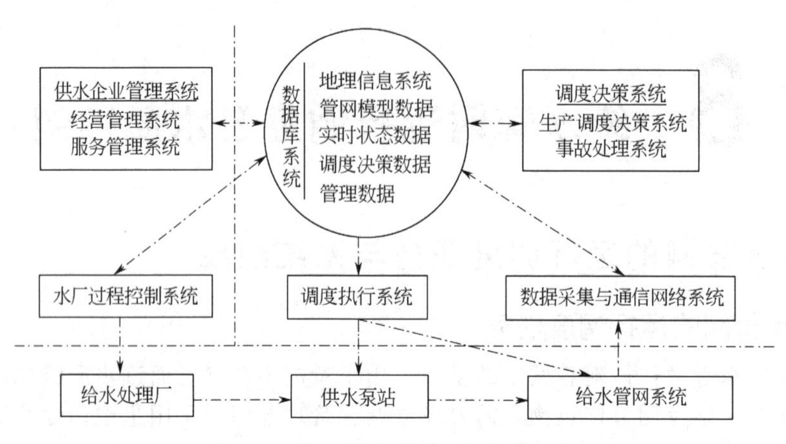

图 8-1 给水管网调度系统组成框图

数据采集与通信网络系统包括检测水压、流量、水质等参数的传感器、变送器；信号隔离、转换、现场显示、防雷、抗干扰等设备；数据传输（有线或无线）设备与通信网络；数据处理、集中显示、记录、打印等软硬件设备。通信网络应与水厂过程控制系统、供水企业生产调度中心等联通，并建立统一的接口标准与通信协议。

数据库系统是调度系统的数据中心，与其他三部分具有紧密的数据联系，具有规范的数据格式（数据格式不统一时要配置接口软件或硬件）和完善的数据管理功能。一般包括：地理信息系统（GIS），存放和处理管网系统所在地区的地形、建筑、地下管线等的图形数据；管网模型数据，存放处理管网图及其构造和水力属性数据；实时状态数据，如各检测点的压力、流量、水质等数据，包括从水厂过程控制系统获得的水厂运行动态数据；调度决策数据，包括决策标准数据（如控制压力、水质等）、决策依据数据、计算中间数据（如用水量预测数据）、决策指令数据等；管理数据，即通过与供水企业管理系统接口获得的用水抄表、收费、管网维护、故障处理、生产核算成本等数据。

调度决策系统是系统的指挥中心，又分为生产调度决策系统和事故处理系统。生产调度决策系统具有系统仿真、状态预测、优化等功能；事故处理系统则具有事件预警、侦测、报警、损失预估及最小化、状态恢复等功能，通常包括爆管事故处理和火灾事故处理两个基本模块。

调度执行系统由各种执行设备或智能控制设备组成，可以分为开关执行系统和调节执行系统。开关执行系统控制设备的开关、启停等，如控制阀门的开闭、水泵机组的启停、消毒设备的运停等；调节执行系统控制阀门的开度、电机转速、消毒剂投量等。调度执行系统的核心是供水泵站控制系统，多数情况下，它也是水厂过程控制系统的组成部分。

以上系统既有硬件，又有软件，各地情况不同，可以强化或简化某些部分。

8.2 给水管网调度系统

给水管网运行调度系统分三个发展阶段：人工经验调度，计算机辅助优化调度，全自动优化调度与控制。实行调度与控制的优化、自动化和智能化，实现管网调度与水厂过程控制系统、供水企业管理系统的一体化是管网调度系统的发展方向。

SCADA（supervisory control and data acquisition）是集成化的数据采集与监控系统。

以该技术的系统能够收集现场数据并通过有线或无线通信传输给控制中心，控制中心根据事先设定的程序控制远程的设备。

GIS（geography information system）是地理信息系统。GIS 作为集计算机科学、地理学、测绘遥控学、环境科学、城市科学、空间科学和管理科学及相关科学等为一体的新兴学科，按新的方式组织和使用地理信息，以便更有效地分析和生产新的地理信息。

国内从 20 世纪 80 年代开始，SCADA 系统在供水行业得到广泛的应用。基于 SCADA 和 GIS 集成的给水管网调度系统是一个现代化的供水管网调度管理系统平台，SCADA 和 GIS 数据的处理在同一个统一的平台上完成，系统同时支持空间和实时数据的处理。系统框图如图 8-2 所示。

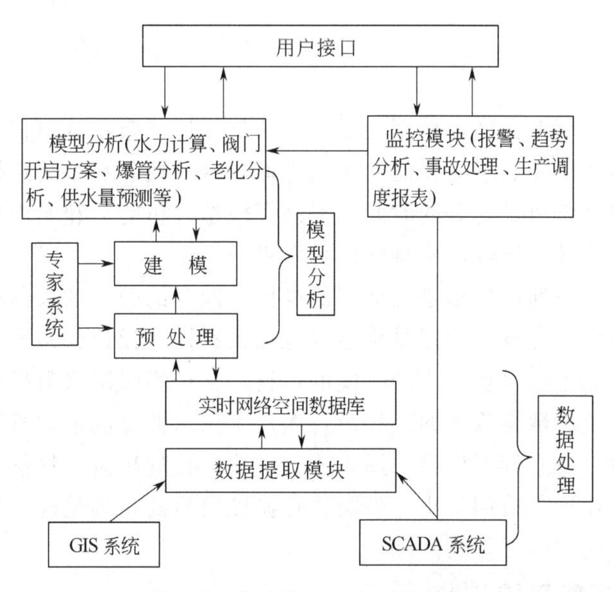

图 8-2　集成供水调度系统框图

8.2.1　给水管网调度系统结构

SCADA 系统由远程终端（RTU）、一级或数级控制站点及相应通信设备及外部设备所组成。

最底层的是数据处理模块。该模块完成与 GIS 和 SCADA 系统的接口转换工作。系统使用通用接口从外界获取所需要的数据，系统采用了新的数据抽取和校验技术，在数据提取子模块中的数据甄别和校验等功能可以大大提高数据提取速度和正确性并维护数据集成。从外部传入的 GIS 空间数据和 SCADA 实时数据通过数据提取模块处理后被规则化，以系统内部格式保存在实时网络数据库中。实时网络数据库保存了供水管网的静态网络数据，也存储了 SCADA 的实时数据，实时网络空间数据库管理模块将是整个系统分析模块的数据基础。

系统中层是模型分析模块。它接受用户提出的分析要求，寻找适当的分析模型，在找到适当的分析模型后，调用建模模块从实时网络数据库中提取数据，完成分析并给出分析结论，分析结果以多种形式返回给用户。对于报警、事故等需要操作人员立刻干预的情况，系统中的监控模块直接接受由 SCADA 系统的数据。在需要进行趋势分析时，也调用系统的模型分析模块完成辅助决策功能。

系统最上层是与用户交互的接口模块。系统提供各种标准的界面便于用户完成供水管网调度的任务。

8.2.2 实时网络数据库

系统的实时网络数据库中的管网空间静态网络数据与来自SCADA系统的实时数据在物理上是分开存放的，但在它们之间建立特殊的索引，通过索引可以很快地在静态的管网空间数据中找到对应的实时数据列表，反之亦然。数据提取模块可以从各种GIS读取空间数据库中的数据，然后转换成系统专有的格式供整个系统使用。SCADA系统传过来的数据首先保存在数据库中，然后根据实时数据中的实体ID与管网静态数据中的对应的实体建立双向索引关系，便于系统对两种数据互查。经过上述处理"实时网络数据库"克服了GIS和SCADA在数据存储中的各种弊端并发挥各自的长处，为上层的模型分析模块提供良好的数据基础。

8.2.3 模型分析

作为一个分析工具模型会经常根据关键性评估指标把复杂系统简化，使人们很好地理解系统、检查系统在不同的参数下运行的效果。专业建模模块和数据处理模块使得模型建立时间大大减少，给模型分析留足充分的时间，提高了模型分析能力和实用性。必须要保证模型数据的正确性和经过检验才能确保模型的模拟效果。

系统中分析模型可以通过模拟泵站动态的操作、阀门的开启度来预测在供水网络中各种不同的水流和压力条件。计算机模拟供水系统能提供有效的设计新系统的方式，以及调查和优化已经存在的系统而不需要扰乱生产系统的运行。基于实时网络数据库分析模型，加快建立模型的速度和减少模型数据输入的工作量，满足了供水调度的迫切管理需求。供水管网优化调度的重要环节就是建立调度模型，用以确定优化运行的决策变量值。其目的就是在满足系统约束的前提下，使运行费用最小。各类优化调度模型的正确是建立供水管网调度系统的关键，是实现系统优化调度工程的基础。

8.2.4 供水管网调度系统特色

基于GIS与SCADA系统的供水管网调度系统有以下优点。

（1）统一的数据管理　将各种图形数据（矢量、栅格）和非图形数据（图片、文档、多媒体）集中统一地存放在关系数据库中。地物图形资料仅是系统中一种背景辅助资料，没有地物图形资料时，在系统图形资料的支持下，系统应用功能仍能照常运行，通常地物图形不经常变动。

（2）查询统计　提供多种手段对图形、属性数据进行交互查询，同时能对所选元素的某个字段按用户指定的统计分类数与分类段的范围，统计图元总数、最大、最小、平均值等。并可用直方图、饼图、折线图等多种形式显示。

（3）管网编辑　系统提供完备的编辑工具，用户可以按自己的要求对管网空间和属性数据进行添加、修改、删除等操作。在编辑时有完备的设备关系规则库系统，确保编辑好的数据正确、完备。

（4）实时反映管网的运行状态　通过从SCADA中导入的数据，在每一条供水管网线路上可显示实时水压、水流、水质信息。

（5）方案模拟　可在供水方案实施确定前，在系统上进行模拟操作，系统从SCADA读入的运行参数进行水流模拟分配，并根据管径大小规格对水流进行校核，发现水压超过管材承压允许的范围时，便会报警，避免管道爆管。

(6) 故障定位　当用水用户出现停水时，只要报出用户名，就可在系统中查出该用户的供水信息，以及阀门在地图上的位置。为快速找到故障点、及时隔离故障创造条件。

(7) 发布停水信息　在关闭阀门时，用户接口模块的地图上由该阀门控制的线路的颜色由红色转为黑色，并列出所有停电的用户。调度员可据此由电视台、传呼台发送停水范围和用户名称。

(8) 管网可靠性统计管理　在系统中每台泵站、阀门、线路与用户均有明确的连接关系，因此，系统可以根据运行方式中停泵、阀门启闭来确定线路的停水范围，自动统计并列出所有特殊用户的清单，同时，根据状态的改变时间，确定该范围的停水时间，确定停水户数。

(9) 老化计算　以管线的材料、埋设环境、年限、维修次数等条件为参数，通过分析模型得出需要维修的管线的紧迫级别，并计算相应工时。

(10) 设备设施管理　管理管网在运行过程中的设备维修、管网改扩建、设备运行等业务，主要包括巡道管理、听漏管理、报修管理、维修派工、停水关闸管理等，还有管网设备质量评估（为改扩建管网提供决策依据）和维修员工考核等。

8.3　用水量预测、水质安全控制

8.3.1　用水量预测

(1) 日用水量预测　城市经济的发展、供水管网的拓展、生活习惯及生活水平的变化必然使用水量发生变化，供水管网调度系统必须适应用水量的变化，只有正确地预测调度各时段的用水量，才能得到该时段最优的调度决策。

管网系统用水量具有以日、周和年为周期的周期性变化规律，根据这些规律和历史用水量资料，可以应用数理统计方法进行各种时段的用水量预测，用水量预测方法有线性回归法、卡尔曼滤波、灰色系统模型等方法。

日用水量存在以下变化规律。

① 晴天较阴雨天用水量大；

② 气温增高，用水量增大；

③ 节假日里，由于大部分工矿企业及事业部门放假，用水量减少。

假定日用水量变化规律服从线性回归模型

$$Q_d = Q_A(1 + B_1\Delta T + B_2 W + B_3 V) \tag{8-1}$$

式中　Q_d——预测日用水量，m^3/d；

Q_A——过去若干日平均用水量，m^3/d；

ΔT——预测日最高气温对于过去若干日最高气温平均值的增量，℃；

W——天气变化因素，拟定晴天 $W=0$，阴天 $W=-1$，雨天 $W=-2$；

V——假日因素，拟定非假日 $V=0$，假日 $V=-1 \sim -2$；

B_1，B_2，B_3——线性回归系数。

W 和 V 值可在使用中加以修正，为保证计算的预测精度，过去若干日的数据以 15～30 日为宜。为求得线性回归参数 B_1、B_2、B_3，根据过去若干日的用水量记录及天气与节假日因素，代入式 (8-1)，即可用最小二乘法原理求得系数，建立预测日用水量方程。

(2) 日用水量动态修正预测方法　根据对日用水量统计资料分析可以得出，日用水量与当日某一时段用水量之间存在较为稳定的比例关系，见式 (8-2)。

$$\frac{\int_0^T Q_t \mathrm{d}t}{Q_\mathrm{d}} = \frac{Q_T}{Q_\mathrm{d}} \approx 常数 = K_T \tag{8-2}$$

式中　Q_t——瞬时用水量，m^3/h；

Q_d——当日统计实际用水量，m^3/d；

T——当日 0～T 时累计供水时间，h；

Q_T——当日 0～T 时累计用水量，m^3；

K_T——当日 0～T 时累计用水量与当日用水量的比值。

可以用 0～T 时的实测累计用水量修正预测当日的用水量，公式为

$$Q_\mathrm{d} = \frac{1}{K_T}\int_0^T Q_t \mathrm{d}t = \frac{1}{K_T} Q_T \quad (\mathrm{m^3/d}) \tag{8-3}$$

(3) 调度时段用水量预测　由式 (8-2) 和式 (8-3)，调度时段 T～$(T+\Delta t)$ 的用水量可写成

$$Q_{T+\Delta t} - Q_T = Q_\mathrm{d}(K_{T+\Delta t} - K_T) \quad (\mathrm{m^3}) \tag{8-4}$$

式中，$K_{T+\Delta t}$，K_T 分别为从 0 时到 $T+\Delta t$ 和从 0 时到 T 的累计用水量占全日用水量的比例。用此式对某城市某日的小时用水量（以小时为调度时段）预测结果与实际用水量的比较见表 8-1。

表 8-1　某城市某日小时用水量预测与实际用水量比较

时　段	预测用水量/$\times 10^4 m^3$	实际用水量/$\times 10^4 m^3$	绝对误差/$\times 10^4 m^3$	相对误差/%
0～1	2.19	2.01	0.18	8.96
1～2	2.02	1.94	0.08	4.12
2～3	1.96	1.76	0.20	11.36
3～4	1.90	1.72	0.18	10.47
4～5	1.99	1.94	0.05	2.58
5～6	2.92	2.98	−0.06	−2.01
6～7	4.90	5.05	−0.15	−2.97
7～8	5.44	5.71	−0.27	−4.73
8～9	5.56	5.71	−0.15	−2.63
9～10	5.32	5.55	−0.23	−4.14
10～11	5.16	5.44	−0.18	−3.31
11～12	5.10	5.03	0.07	1.39
12～13	5.02	5.00	0.02	0.40
13～14	4.93	4.64	0.29	6.25
14～15	4.85	4.84	0.01	0.21
15～16	5.02	5.24	−0.22	−4.20
16～17	5.56	5.61	−0.05	−0.89
17～18	5.74	5.71	0.03	0.53
18～19	5.35	5.35	0.00	0.00
19～20	4.87	4.79	0.08	1.67
20～21	4.11	4.09	0.02	0.49
21～22	3.79	3.71	0.08	2.16
22～23	3.00	2.97	0.03	1.01
23～24	2.41	2.37	0.04	1.69

8.3.2 管网水质安全和水质安全控制

随着水资源的日益短缺和水环境污染的存在，传统的给水处理工艺不能适应水质的变化，城镇供水水质安全正受到严重的威胁。同时人们对管网水质提出了更高的要求。水质安全受到广泛的注意。

(1) 城镇供水管网水质安全面临的主要问题

① 水源受到有机物污染　微污染饮用水源中的主要污染物为有机物，这些有机物若不能在加氯消毒前被有效地去除，将导致有害的消毒副产物的产生，并促进配水管网中微生物的滋生，影响饮用水的安全性和生物稳定性。需要强化原有的水处理工艺或探索新的水处理工艺。

② 给水管道出现锈蚀结垢　我国现有给水管网的管材一般采用钢管、铸铁管，随着运行年限的延长，管道出现锈蚀现象。锈蚀受水中含氧量、pH 值、硬度影响等。当水中含盐量高时，铁细菌繁殖排出的氢氧化铁产生大量沉淀，从而使管道出现结垢。藻类等微生物繁殖也会导致管道内壁结垢。

③ 给水管网水龄过长　水在管网中的停留时间是指从水源节点到各节点的流经时间，称为节点水龄，停留时间的长短反映各节点上水的新鲜程度。

水厂经氯消毒后，在给水干管和支管输送过程中，氯与管道中的杂质及管道材料发生化学反应而消耗氯，氯的消耗速度为一级反应，见式 (8-5)。

$$\frac{dC}{dt}=-kC \tag{8-5}$$

式中　k——反应速率常数，h^{-1}；

C——余氯质量浓度，mg/L。

对式 (8-5) 积分得

$$C=C_0 e^{(-kt)} \tag{8-6}$$

式中　C_0——$t=0$ 时余氯质量浓度，mg/L。

k 值因管道材料不同而异，一般 k 为$(5\sim10)\times10^{-3}h^{-1}$。

在研究管网内的余氯变化情况时，上述反应时间 t 如用管网内水的停留时间 T 代替，则达到允许余氯质量浓度 C_a(mg/L) 时的停留时间为

$$T_a=-\frac{1}{k}\ln\frac{C_a}{C_0} \tag{8-7}$$

T_a 可以作为评价水质安全性的指标。

④ 二次供水影响水质　地下水池和屋顶水箱是常见储水设施，即使自来水经过严格的净化处理及消毒，在管网输送和水池（箱）蓄水过程中，由于外界污染物的进入和内部微生物的大量繁殖与滋生等，依然会造成二次污染。

(2) 加强城镇给水管网水质安全性的技术措施

① 加强水污染控制。加强水污染控制、保护水源是城镇供水水质安全保障的基本对策和根本措施。

② 采用先进合理的水处理技术。采用先进适用的给水处理新理论、新工艺、新材料和新设备，替代传统工艺和技术，对现有给水处理工艺和设备进行更新改造，深化适应处理微

污染水源水的工艺能力，提高处理水质是城镇供水水质控制的有效对策和措施。

③ 强化输送、蓄水过程中的二次污染控制。防治二次污染的主要措施有采用防污染的输配水管材，如塑料给水管；采用防止污染的二次供水设施，改进水池（箱）的结构，保证水的流动性，二次加压采用无负压供水系统结合变频调速装置，省去高位水池（箱），减少污染的机会；采用紫外线二次消毒措施；必要时在用水点采用二次净水措施。

④ 建立城镇供水水质安全检测体系并提高水质检测水平。

第 2 篇
排水管网系统

9 排水管网工程规划与设计

9.1 排水工程规划内容、原则和方法

排水工程规划是城市总体规划的重要组成部分，是城市专业功能规划的重要内容之一。排水工程规划必须与城市总体规划协调，规划内容和深度应与城市规划的步骤一致，充分体现城市规划和建设的合理性、科学性和可实施性。

9.1.1 城市排水工程规划内容

城市排水工程规划是根据城市总体规划要求，制订全市排水方案，使城市有合理的排水条件。其规划的具体内容有下列几个方面。

（1）估算城市各种排水量。要求分别估算生活污水量、工业废水量和雨水径流量。一般将生活污水量和工业废水量之和称为城市总污水量，而雨水量根据气象资料和地形地貌单独估算。

（2）拟订城市污水、雨水的排除方案。包括确定排水区域和排水方向；研究生活污水、工业废水和雨水的排除方式，确定排水体制；对旧城区原有排水设施的利用与改造方案以及确定在规划期限内排水系统的建设要求，近远期结合、分期建设等问题。

（3）研究城市污水处理与利用的方法及污水处理厂、出水口位置的选择。根据国家环境保护规定与城市的具体条件，确定污水处理程度、处理方案及污水、污泥综合利用的途径。

（4）进行排水系统的平面布置。包括确定排水区域，划分排水流域，布置污水管网、雨水管网、防洪沟等。在管网布置中要决定主干管、干管的走向、位置、管径以及提升泵站的位置等。

（5）估算城市排水工程的造价和年经营费用。一般按扩大经济指标粗略估算。

9.1.2 城市排水工程规划原则

排水工程规划应符合国家城市建设的方针政策，遵循下列原则。

（1）满足城市总体规划的原则。排水工程是城市建设的一个组成部分，排水工程规划是城市总体规划中的一项单项规划，应当符合城市总体规划所确定的原则与精神，并和其他单项工程建设密切配合，互相协调。在解决排水工程规划问题中，要从全局观点出发，合理布局，使其成为整个城市有机的组成部分。

（2）符合环境保护的要求，贯彻执行“全面规划，合理布局，综合利用，化害为利，依靠群众，大家动手，保护环境，造福人民”的环境保护方针。在规划中对于污（废）水的污染问题，要防患于未然，在规划阶段就要予以注意。要全面安排，首先从工业布局上考虑，做到合理布局，尽可能减少污染源。要开展污（废）水的综合利用，化害为利，变“废”为宝。要依靠各有关部门共同搞好治理工作，解决污染问题，保护和改善环境，造福人民。

（3）充分发挥排水系统的功能，满足使用要求。城市排水是否畅通，将直接影响生产、生活及环境卫生。规划中应力求城市排水系统完善，技术上先进，设计上合理，使污（废

水)、雨水能迅速排除，避免积水为患。应使城市污（废）水得以妥善的处理与排放，保护水体和环境卫生。

(4) 要考虑现状，充分发挥原有排水设施的作用。除少数新建城市与地区外，排水工程规划都是在城市旧排水系统的基础上进行的。规划中要从实际出发，充分掌握原有排水设施的情况，分析研究存在的主要问题及改造利用的可能途径，使新规划系统与原有系统有机结合。

(5) 注意工程建设中经济方面的要求。在排水工程规划中，要考虑尽可能降低工程的总造价与经常性管理费用，节省投资。如规划中尽量使各种排水管网系统简单、直接、埋深浅，减少或避免污、雨水输送过程的中途提升等。在规划工业废水排除系统时，应充分考虑采用循序使用及循环利用的可能性，以减少排水量、相应节约用水量。规划中要为污水和废水的处理与利用创造有利的条件等。

(6) 处理好近远期关系。规划中应以近期为主，考虑远期发展可能，处理好两者关系，做好分期建设的安排。实践证明，如规划中过多地考虑不落实的城市远景需要，就可能使工程完成后若干年内不能充分利用，造成国家资金大量积压浪费，设备利用率低；另一方面，如规划年限考虑太短，工程投产不久，就不能满足需要，需扩建或另建平行的系统，也将造成基建投资与运行管理费用的不必要的提高。因此，规划中处理好近远期关系是十分重要的。

以上六个方面为排水工程规划中应考虑的一般原则。在实际工程中，针对具体情况，往往还有一些补充规定与要求。在处理问题时，会出现各种各样的矛盾。规划中要分清主次，解决矛盾，使方案合理、经济。

9.1.3 城市排水工程规划方法

在排水工程规划中，要掌握正确的方法，一般按下列步骤进行。

(1) 搜集必要的基础资料　进行排水工程规划，首先要明确任务，掌握情况，调查研究，搜集必要的基础资料作为规划的依据，使规划方案建立在可靠的基础上。排水工程规划中所需的资料归纳如下。

① 有关明确任务的资料　包括城市发展对城市排水的要求；城市其他单项工程规划方案（如道路、交通、其他管线等）对排水工程的影响；上级部门对城市排水工程建设的有关指示；城市范围内各种排水量、水质情况资料，包括生活污水量、工业废水量、雨水径流量；环保、卫生、航运、农业等部门对水体利用及卫生防护方面的要求等。上述资料通常由负责建设的单位（城市建设局、各工厂及其他有关单位）提供，但常需补充与核实。

② 有关工程现状方面的资料　包括城市道路、建筑物、构筑物、地下管线分布及现有排水管线情况，绘制排水系统现状图（比例为1/5000～1/10000)。调查分析现有排水设施存在的主要问题，排水系统的薄弱环节。

③ 有关自然条件方面的资料　包括气象、水文、水文地质、地形、工程地质等。

由于资料多、涉及面广，往往不易在短时间内搜集齐全。搜集中可分主次、缓急，对有些次要资料可在今后逐步补充，不一定等待全部资料都齐全后才开始规划设计。

(2) 考虑排水工程规划方案并进行分析比较　在基本掌握资料的基础上，着手考虑排水工程规划方案，绘制方案草图，估算工程造价，分析方案的优缺点。规划中一般要做几个方案，进行技术经济比较，选择最佳方案。

(3) 绘制城市排水工程规划图及文字说明　在确定方案的基础上，绘制城市排水工程规划图，图纸比例可采用1/5000～1/10000，图上表明城市排水设施的现状以及规划的排水分区界线，排水管线的走向、位置、长度、管径，泵站、闸门的位置，污水处理厂的位置，用地范围，出水口位置等。图纸上未能表达的应采用文字说明，如有关规划项目的性质、规划年限（近、远期）、工程建设规模、采用的定额指标、总排水量、各种排水量、排水工程规划原则、城市旧排水设施利用与改造措施、选用某种排水体制的理由、城市污水处理与利用的途径、工业废水的处置、排水工程的总造价及年经营费用、方案技术经济比较情况以及下一步工作等。

9.1.4 城市排水工程规划与城市总体规划的关系

城市总体规划是排水工程规划的前提和依据，城市排水工程规划对城市总体规划也有一定的影响。

（1）根据城市总体规划进行排水工程规划　排水工程的规划年限应与城市总体规划所确定的远、近期规划年限一致。通常城市规划年限近期为5～10年，远期为10～20年。

根据城市总体规划所确定的城市发展的人口规模、工业项目和规模、对外交通、仓库设施、大型公共建筑等估算城市污水量，了解工业废水的水质情况。在此基础上合理确定城市排水工程的规模，以适应城市建设和工业等发展的需要，避免过大或过小。过大造成设备、资金的积压浪费；过小需不断扩建，不合理也不经济。

根据城市用地布局及发展方向，确定排水工程的规划范围，明确排水区界，进行排水系统的布置。同时，根据城市发展计划拟订排水工程的分期建设规划。

从城市的具体条件、环境保护要求、拟定污水排放标准，决定城市污水处理程度，选择污水处理与利用的方法，确定污水处理厂及出水口的合适位置。

当排水工程规划与城市总体规划发生矛盾时，一般应服从总体规划的要求。

（2）城市总体规划中应考虑排水工程规划的要求　总体规划中应尽可能为城市污水的排放及处理与利用创造有利的条件，以节省排水工程的投资及有利于环境保护。这反映在下列方面。

① 在城市工业布局中尽可能将废水量大、水质复杂、污染大的工厂布置在城市下游，以利于水体的卫生防护。

② 对于工业废水处理与利用相互有关的工厂，在规划布置中尽可能相邻或靠近，为工厂之间的废水处理协作、综合利用创造条件。

③ 为了尽量缩短排水管渠的长度，减少工程的投资，希望城市用地布局尽量紧凑、集中，避免使用地形复杂、用地分散、坡度过大的地段布置建筑。

④ 城市用地的布局与发展，分期建设的安排，要考虑对城市现有排水设施的结合与利用。

⑤ 城市郊区规划要为污水灌溉创造有利的条件。

9.2 排水工程建设程序和设计阶段

排水工程的建设和设计必须按照基本建设程序进行。基本建设涉及面广，协作环节多，完成一项基本建设工程要进行多方面的工作，而这些工作必须按照一定的顺序依次进行，才能达到预计的效果。坚持必要的基本建设程序，是保证基本建设工作顺利进行的重要条件。

9.2.1 排水工程建设程序

建设程序是指建设项目从规划、立项、评估、决策、设计、施工到竣工验收、投产使用的全过程。它是在总结工程建设的实践经验基础上制订的，反映了项目建设的客观内在规律，必须共同遵守。它把基本建设过程分为若干个阶段，规定了每个阶段的工作内容、原则、审批程序等，是确保工程项目按设计建设的重要保证。

基本建设程序一般分为以下几个阶段。

(1) 项目建议书阶段　项目建议书是要求建设某一工程项目的建议性文件。本阶段是项目能否被国家和地方立项建设的最基础和最重要的工作，是在经过广泛调查研究、弄清项目建设的技术、经济条件后，通过项目建议书的形式向国家和地方推荐的过程。

(2) 可行性研究阶段　基本建设中的可行性研究是指在建设项目确定之前，先对拟建项目的一些主要问题进行调查研究，在进行了充分的技术论证和方案比较后，如对项目建成后的市场需求情况、社会经济效益、投资回收期的技术经济论证和方案比较后，提出项目建设究竟是否可行的研究报告。如果可行，则由主管部门组织计划、设计等单位编制计划（设计）任务书。

(3) 计划（设计）任务书阶段　计划任务书是确定建设项目、编制设计文件的主要依据。计划任务书经合法程序批准后，即可委托设计单位进行设计工作。

(4) 设计阶段　设计单位根据批准的计划任务书文件进行设计工作，并编制概（预）算。

(5) 组织施工阶段　建设单位通过招标等形式落实施工工作。

(6) 竣工验收及交付使用阶段　建设项目建成后，竣工验收及交付使用是项目完成的最后阶段。未经验收合格的工程，不能交付生产使用。

9.2.2 排水工程设计阶段

建设项目设计任务书和选点报告按规定程序审查批准后，主管部门或建设单位便可委托设计单位依此编制设计文件。排水工程的设计对象是需要新建、改建和扩建排水工程的城市、工业园区和工业企业。排水工程设计的主要任务是规划设计收集、输送、处理和利用各种污水的一整套工程设施和构筑物，即排水管道系统和污水厂的规划设计。

设计文件是从技术上和经济上对拟建工程进行全面具体规划的书面材料，是安排建设项目和组织施工的主要依据。一经批准后的设计文件不得任意修改，如需要修改时，凡涉及设计任务书的主要内容，必须经原设计任务书审批机关批准。

排水工程设计可分为两阶段设计（初步设计或扩大初步设计和施工图设计）和三阶段设计（初步设计、技术设计和施工图设计）。大中型建设项目，一般采用两阶段设计；重大项目和特殊项目，可增加技术设计阶段。两阶段设计的主要要求如下。

(1) 初步设计（扩大初步设计）　应确定拟建设项目的规模、目的、技术可靠性和经济合理性，解决建设对象最主要的技术和经济问题。设计应提出不同方案并认真进行比较，在这个过程中，设计单位应认真听取管理部门、施工单位及有关部门的意见，选择最佳方案。初步设计文件应包括设计说明书、图纸、主要工程数量、主要设备材料数量及工程概预算。初步设计应满足审批、控制工程投资、作为编制施工图设计和组织施工准备的要求。

(2) 施工图设计　根据有关部门批准的初步设计文件的内容编制施工图设计。施工图是组织现场施工的依据。施工图设计深度应能满足施工安装、加工及施工编制预算的要求。设计文件包括说明书、设计图纸、材料设备表、施工图预算。在编制施工图过程中，对于主要生产构筑物等设计，其结构选型、施工方法以及操作标准、运行管理等方面，应进一步征求施工部门和生产运行部门的意见。施工图设计的质量由设计单位负责，一般不再审批。

9.3 排水管网系统布置

9.3.1 排水管网布置原则与形式

(1) 排水管网布置原则

① 根据城市整体规划，结合当地实际情况布置排水管网，并进行多方案技术经济比较。

② 先确定排水区域和排水体制，然后布置排水管网，按照从干管到支管的顺序进行布置。

③ 充分利用地形，采用重力流排除污水和雨水，并使管线最短和埋深最小。

④ 协调好与其他管道、电缆和道路等工程的关系，考虑好与企业内部管网的衔接。

⑤ 规划设计要考虑到管道施工、运行和维护的方便。

⑥ 规划设计要近远期结合，考虑发展，尽可能安排分期实施。

(2) 排水管网布置形式　排水管网一般布置成树状网，根据地形不同，可采用平行式和正交式两种基本布置形式。

① 平行式　平行式布置的特点是排水干管与等高线平行，而主干管则与等高线基本垂直，如图9-1所示。该布置方式适用于地形坡度较大的城市，这样可以减少管道埋深，改善管道的水力条件，避免采用过多的跌水井。

② 正交式　正交式布置的特点是排水干管与等高线垂直相交，而主干管与等高线平行敷设，如图9-2所示。该布置方式适用于地形比较平坦、略向一边倾斜的城市。

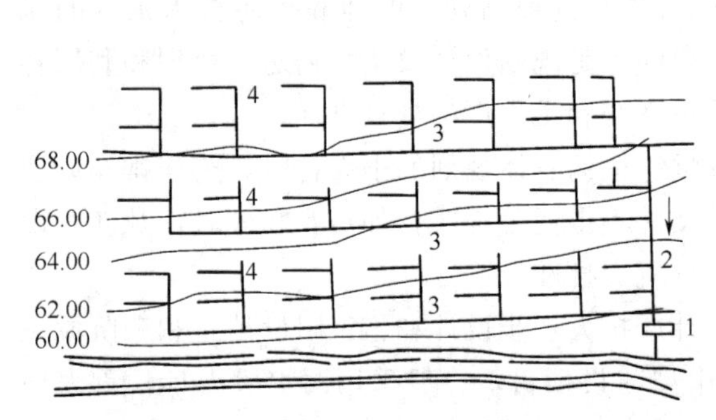

图 9-1　平行式排水管网布置基本形式

1—污水处理厂；2—主干管；3—干管；4—支管

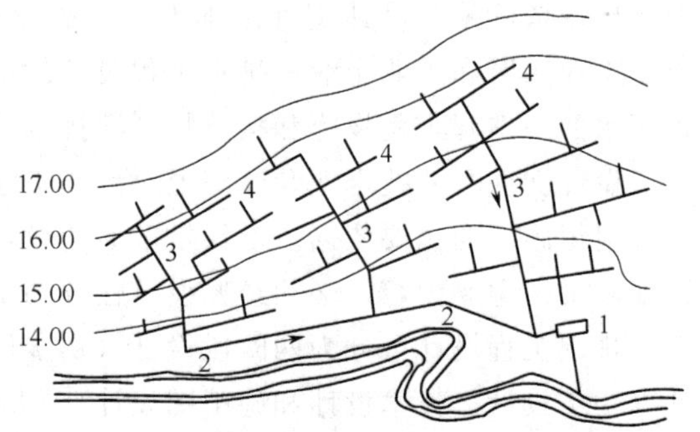

图 9-2　正交式排水管网布置基本形式

1—污水处理厂；2—主干管；3—干管；4—支管

9.3.2 污水管网布置

规划设计城市污水管道系统，首先要在城市总平面图上进行管道系统平面布置，也称为污水管道系统的定线。主要内容有：确定排水区界，划分排水流域；选择污水厂和出水口的位置；拟定污水干管及主干管的路线；确定需要提升的排水区域和设置排水泵站的位置等。合理的平面布置，可为设计阶段奠定良好基础，并节省整个排水系统的投资。

污水管道平面布置，一般按确定主干管、干管、支管的顺序进行。在城市排水总体规划中，只确定污水主干管、干管的走向与平面位置。在详细规划中，还要确定污水支管的走向及位置。

在污水管道系统的布置中，要尽量用最短的管线，在顺坡的情况下使埋深较小，把最大面积上的污水送往污水处理厂。

影响污水管道系统平面布置的主要因素有：城市地形和水文地质条件，城市远景规划，竖向规划和修建顺序；排水体制、污水处理厂及出水口位置；排水量大的工业企业和大型公共建筑的分布情况；街道宽度及交通情况；地下管线和其他地下及地面障碍物的分布情况。

9.3.3 雨水管渠布置

城市雨水管渠系统是由雨水口、雨水管渠、检查井、出水口等构筑物组成的成套工程设施。其规划设计的主要内容是：确定雨水排除流域与排水方式，进行雨水管渠的定线；确定雨水泵房、雨水调节池、雨水排放口的位置。

雨水管渠系统的布置应使雨水能够及时顺畅地从城区或厂区排除。在雨水管渠系统规划设计时一般应做到：充分利用地形，雨水就近排入水体；尽可能避免设置雨水泵站；结合街区及道路规划布置。同时，选择适当的河湖水面作为调蓄池以调节洪峰，可以降低管渠设计流量，减少雨水泵站的设置数量。另外，靠近山麓的市区、居住区和工业区，除了应设雨水管渠外，还应考虑在规划地区设置排洪沟。

9.4 区域排水系统

城市污水和工业废水是造成水体污染的一个重要污染源。实践证明，对废水进行综合治理并纳入水污染防治体系是解决水污染的重要途径。发展区域性废水及水污染治理系统，是从单个城市区域水污染控制走向城市群区域水污染控制。这有利于区域合理开发和高效利用自然资源，有利于充分发挥和合理利用自然环境的自净能力，有利于严格控制废水及污染物的排放量。

区域是按照地理位置、自然资源和社会经济发展情况划定的，可以在更大范围内统筹安排经济、社会和环境的发展关系。区域规划有利于对废水的所有污染源进行全面规划和综合整治。

将两个以上城镇地区的污水统一排出或处理的系统称为区域（或流域）排水系统。这种系统是以一个大型区域污水厂代替许多分散的小型污水厂，可以降低污水厂的基本建设和运行管理费用，而且能有效地防止工业和人口稠密地区的地面水污染，改善和保护环境。实践证明，生活污水和工业废水的混合处理效果以及控制的可靠性，大型区域污水厂比分散的小型污水厂高。所以，区域排水系统是由局部单项治理发展至区域综合治理，是控制水污染、改善和保护环境的新发展。要解决好区域综合治理应运用系统工程学的理论和方法以及现代计算技术，对复杂的各种因素进行系统分析，建立各种模拟试验和数学模型，寻找污染控制设计和管理的最优化方案。

区域排水系统在欧美、日本等国家正在推广使用。它具有下列优点：污水厂数量少，处理设施大型化，每单位水量的基建和运行管理费用低，因而比较经济；污水厂占地面积小，节省土地；水质、水量变化小，有利于运行管理；河流等水资源利用与污水排放的体系合理化，而且可能形成统一的水资源管理体系等。区域排水系统的缺点有：当排入大量工业废水时，有可能使污水处理发生困难；工程设施规模大，组织与管理要求高，而且一旦污水厂运行管理不当，对整个河流水系影响较大。

在选择排水系统方案时，是否选择区域排水系统，应根据环境保护的要求，通过技术经济比较确定。

思 考 题

1. 排水管网布置应遵循哪些原则？
2. 排水管网布置的两种基本形式是什么？它们各适用于什么地形条件？

10 污水管道系统设计与计算

污水管道系统是由收集和输送城镇或工业企业产生的污水的管道及其附属构筑物组成的，应当根据当地城镇和工业企业总体规划及排水工程专业规划进行工程设计，设计的主要内容和深度应当按照基本建设程序及有关的设计规定、规程确定。通常污水管道系统的主要设计内容包括确定设计方案，在适当比例的总体布置图上划分排水流域，布置管道；根据设计人口数、污水定额等计算污水设计流量；进行污水管道的水力计算，确定管道断面尺寸、设计坡度、埋设深度等设计参数；确定污水管道在道路横断面上的位置；绘制管道平面图和总剖面图；计算工程量，编制工程概、预算文件。

10.1 设计资料及设计方案的确定

10.1.1 设计资料

污水管网系统设计必须以可靠的资料为依据。一般应先了解和研究设计任务书和批准文件的内容，弄清关于本工程的范围和要求，然后赴现场踏勘，分析、核实、收集、补充有关的基础资料。进行污水管道系统设计时，通常需要有以下几方面的资料。

（1）有关明确任务的资料　了解城市和工业企业的总体规划及排水工程专业规划的主要内容。掌握与设计任务有关的资料，如城镇设计人口规模，各类用地的分布，主要公共建筑、车站、港口、立交工程、主要桥梁的位置及道路系统的情况，给水、排水、防洪、电力供应等公共设施的情况，排水系统的设计规模，各集中排水点的位置、高程及排放特点，污水水质，出水口和污水处理厂的位置、高程，河流和其他水体的位置、等级、航运及渔业情况，以及农田灌溉和环境保护要求等。

（2）有关自然因素方面的资料

① 地形图　初步设计阶段需要设计地区和周围 25～30km 范围的总地形图，要求比例尺为 1∶10000～1∶25000，图上等高线间距 1～2m；带地形、地物、河流、风玫瑰的地区规划期的总体布置图，比例尺 1∶5000～1∶10000，图上等高线间距 1～2m。施工图设计阶段需要设计地区规划期的总平面图，城镇可采用比例尺 1∶5000～1∶10000，工厂可采用比例尺 1∶500～1∶2000，图上等高线间距 0.5～2m。

② 气象资料　包括气温、湿度、风向、气压、当地暴雨强度公式或当地降雨量记录等。

③ 水文水质资料　包括河流流量、流速、水位、水面比降、洪水情况、水温、含砂量及水质分析与细菌化验资料等。

④ 地质资料　包括设计地区的土壤性质、土壤冰冻深度、土壤承载力、地下水位及地下水有无腐蚀性、地震等级等。

（3）有关工程情况的资料　包括道路的现状和规划，如道路等级、路面宽度及材料；地面建筑物和地铁、人防工程等地下建筑的位置和高程；给水、排水、电力电信电缆、煤气等各种地下管线的位置；本地区建筑材料、管道制品、机械设备、电力供应、施工力量等方面的情况等。

污水管道系统设计所需的资料范围比较广泛，其中有些资料虽然可由建设单位提供，但往往不够完善，个别资料可能不够准确。为了取得准确可靠充分的设计基础资料，设计人员必须深入实际对原始资料进行详细分析和必要的补充。

10.1.2 设计方案的确定

在掌握了较为完整可靠的实际基础资料后，设计人员根据工程的要求和特点，对工程中一些原则性的、涉及面较广的问题提出各种解决办法，这样就构成了不同的设计方案。这些方案除满足相同的工程要求外，在技术经济上也是互相补充、互相独立的。因此必须对各设计方案深入分析其利弊和产生的各种影响。比如，城镇的生活污水和工业废水是分开处理还是合并处理的问题；城市污水是分散成若干个污水厂还是集中成一个大型污水处理厂进行处理的问题；城市排水管网改造与建设中的体制选择问题；污水处理程度和污水排放标准问题；设计期限的划分与相互结合的问题等。由于这些问题涉及面广，应从社会的总体经济效益、环境效益、社会效益综合考虑。此外，还应从各方案内部与外部的各种自然的、技术的、经济的和社会方面的联系与影响出发，综合考虑它们的利与弊。

进行方案比较与评价的一般步骤如下。

(1) 建立方案的技术经济数学模型　建立主要技术经济指标与各种技术经济参数、各种参变量之间的函数关系，也就是通常所说的目标函数及相应的约束条件方程。目前，由于排水工程技术问题的复杂性、基础技术经济资料匮乏等原因，建立技术经济数学模型多数情况下较为困难，同时在实际工作中对已建立的数学模型也存在应用上的局限性与适用性。这样，在缺少合适的数学模型的情况下，可以凭经验选择合适的参数。

(2) 求解技术经济数学模型　求解技术经济数学模型这一过程为优化计算的过程。从技术经济角度讲，首先必须选择有代表意义的主要技术经济指标为评价指标；其次，正确选择适宜的技术经济参数，以便在最好的技术经济条件下进行优选。由于实际工程的复杂性，有时解技术经济数学模型并不一定完全依靠数学优化方法，而是采用各种近似计算方法，如图解法、列表法等。

(3) 方案的技术经济评价　根据技术经济评价原则和方法，在同等深度下计算出各方案的工程量、投资以及其他技术经济指标，然后进行各方案的技术经济评价。

(4) 综合评价与决策　在上述分析评价的基础上，对各设计方案的技术经济、方针政策、社会效益、环境效益等作出总的评价与决策，以确定最佳方案。综合评价的项目或指标，应根据项目的具体情况确定。

以上所述进行方案比较与评价的步骤只反映了技术经济分析的一般过程。实际上各步之间有时是相互联系的，有时根据问题的性质或者受条件限制时，不一定非要依次逐步进行，而是可以适当省略或者是采取其他方法。比如，可省略建立数学模型与优化计算步骤，根据经验选择适宜的参数。经过评价与比较后所确定的最佳方案即为最终设计方案。

10.2 污水管道系统设计流量

污水管道系统能保证通过的污水最大流量称为污水管道系统设计流量。合理确定污水管道系统的设计流量是污水管道系统设计的首要任务。进行污水管道系统设计时一般采用设计期限（20～30年）内的最大日最大时的平均秒流量作为设计流量，其单位为L/s。它包括生活污水和工业废水两大类，有时还应适当考虑地下水渗入量。

10.2.1 生活污水设计流量

生活污水包括居民生活污水、公共建筑生活污水和工业企业生活污水及淋浴污水。

10.2.1.1 居民生活污水

居民生活污水设计流量按下式计算。

$$Q_1=K_Z\sum\frac{nN}{24\times3600} \tag{10-1}$$

式中 Q_1——居民生活污水设计流量，L/s；

n——居民生活污水定额，L/(人·d)；

N——设计人口数；

K_Z——生活污水量总变化系数。

(1) 居民生活污水定额　居住区居民生活污水指居民日常生活中洗涤、冲厕、洗澡等产生的污水。

居住区居民生活污水定额指设计期内居住区居民每人每日所排出的平均污水量。它与室内卫生设备的情况、当地的气候、生活水平以及生活习惯等许多因素有关。

城市污水主要来源于城市用水，因此，污水量定额与城市用水量定额之间有一定的比例关系，该比例称为排放系数。由于水在使用过程中的蒸发、形成工业产品等原因，部分生活污水或工业废水不再被收集到排水管道，在一般情况下，生活污水和工业废水的污水量小于用水量。但有的情况下也可能使污水量超过给水量，如当地下水位较高时，地下水有可能经污水管道接头处渗入，雨水经污水检查井流入。所以，在确定污水定额时，应对具体情况进行分析。

居民生活污水定额应当根据当地的用水定额，结合建筑内部给排水设施水平和排放系统普及程度等因素确定。在按用水定额确定污水定额时，对给排水系统完善的地区可按用水定额的90%计，一般地区可按用水定额的80%计，具体可结合当地的实际情况选用。

(2) 设计人口　设计人口数（N）指设计期限终期时居住区居民的人口数，它取决于城市和工业企业的发展规模。设计时应根据城市规划的发展规模，估算出设计期内的设计人口，作为工程项目建设的设计依据。

设计人口数可以按人口增长S曲线预测，在我国一般按照城镇（地区）的总体规划确定。由于城镇性质或规模不同，城市工业、仓储、交通运输、生活居住用地分别占城镇总用地的比例和指标也有所不同。因此，在计算设计人口数时，常用人口密度与服务面积相乘得到。

$$N=PF \tag{10-2}$$

式中 P——人口密度，即居住区单位面积上的人口数，人/ha；

F——排水区域的面积，ha。

如果设计人口密度所用的地区面积包括街道、公园、运动场和水体在内时，称为总人口密度；如果所用面积为街坊内的建筑面积，称为街坊人口密度。在进行规划或初步设计时，计算污水量根据总人口密度计算，在初步设计和施工图设计时，一般采用街区人口密度计算。

(3) 总变化系数　居住区生活污水定额通常是平均日流量，因此根据设计人口和生活污水定额计算所得的是污水平均日平均时流量。而实际上流入污水管道系统的污水量时刻都在变化。夏季与冬季污水量不同，一日间各小时的污水量也有很大差异。即使在一小时内污水量也是有变化的，通常假定一小时内流入污水管道系统的污水是均匀的。这种假定一般不致影响污水管道系统设计和运转的合理性。

污水量变化的程度通常用变化系数表示。一年中最高日污水量和平均日污水量的比值为日变化系数 K_d，最高日最高时污水量和最高日平均时污水量的比值为时变化系数 K_h，最高日最高时污水量和平均日平均时污水量的比值为总变化系数 K_Z。

$$K_Z=K_dK_h=\frac{\text{最高日最高时污水量}}{\text{平均日平均时污水量}} \tag{10-3}$$

影响生活污水量变化的因素很多，如有历史资料，可通过统计计算出总变化系数。在工程设计阶段，一般难以获得足够的数据来确定生活污水量变化系数。国内研究单位观测分析了一些城市的污水量实测数据，得出总变化系数 K_Z 的数值主要与管道系统中接纳的污水总量的大小有关（见图 10-1），即总变化系数与平均流量之间有一定关系，平均流量越大，总变化系数越小。两者之间的关系可用式（10-4）表示。

$$K_Z=\frac{2.7}{\bar{Q}^{0.11}} \tag{10-4}$$

式中　$\bar{Q}$——污水平均日流量，L/s。

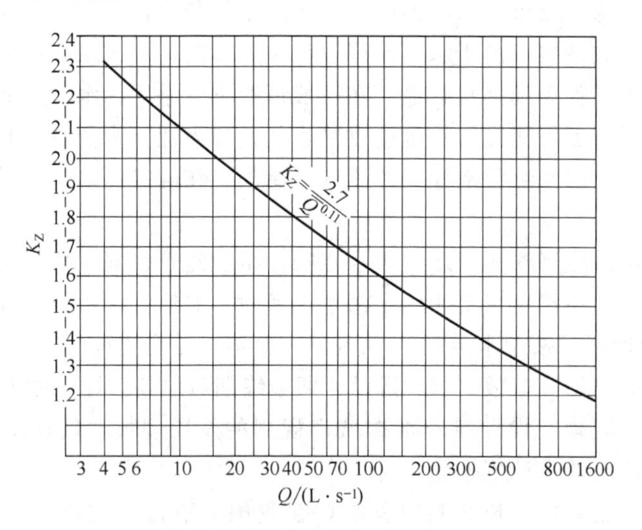

图 10-1　生活污水量总变化系数

我国现行《室外排水设计规范》根据式（10-4）推荐生活污水量总变化系数，可按表 10-1 采用。

当平均日污水流量小于 5L/s 时，总变化系数采用 2.3；当平均日污水流量大于 1000L/s 时，总变化系数采用 1.3。

表 10-1　生活污水量总变化系数 K_Z

平均日污水流量/$(L \cdot s^{-1})$	5	15	40	70	100	200	500	≥1000
总变化系数 K_Z	2.3	2.0	1.8	1.7	1.6	1.5	1.4	1.3

注：1. 当污水平均日流量为中间数值时，日总变化系数采用内插法求得。
2. 当居住区有实际生活污水量变化资料时，可按实际数据采用。

实际计算时，由于 K_Z 是基于平均日污水量的，所以 n 应采用平均日污水定额。

（4）同一城市中可能存在着多个排水服务区域，其居民区的生活设施条件等可能不同，计算时要对每个区按照其规划目标，分别取用适当的污水定额，按各区实际服务人口计算该区的生活污水设计流量。

10.2.1.2 公共建筑生活污水设计流量

公共建筑包括娱乐场所、宾馆、饭店、浴室、商业、学校和机关等，其排放的污水量比较大，比较集中。在设计时，若能获得充分的调查资料，则可以分别计算这些公共建筑各自排出的生活污水量，并将这些建筑污水量作为集中污水量单独计算。

公共建筑生活污水设计流量的计算公式为

$$Q_2=\sum\frac{SN'K'_h}{24\times3600} \tag{10-5}$$

式中 Q_2——公共建筑生活污水设计流量，L/s；

S——各公共建筑最高日生活污水定额，L/(用水单位·d)；

N'——各公共建筑在设计使用年限终期所服务的用水单位数；

K'_h——各公共建筑污水量时变化系数。

公共建筑污水量定额和污水量时变化系数可参照《建筑给水排水设计规范》中有关公共建筑的用水量定额采用。

缺乏资料时，公共建筑的生活污水量可与居民生活污水量合并计算，此时应选用综合生活污水定额。综合生活污水定额指居民生活污水和公共建筑生活污水两部分的总和。综合生活污水定额可以根据《室外排水设计规范》规定的综合生活用水定额（平均日）（见附录表B1-2），结合当地的实际情况选用。

10.2.1.3 工业企业生活污水及淋浴污水设计流量

工业企业生活污水及淋浴污水设计流量是指来自生产区的厕所、食堂和浴室等的污水。根据下式计算。

$$Q_3=\sum\left(\frac{A_1B_1K_1+A_2B_2K_2}{3600T}+\frac{C_1D_1+C_2D_2}{3600}\right) \tag{10-6}$$

式中 Q_3——工业企业生活污水及淋浴污水设计流量，L/s；

A_1——各企业一般车间最大班职工人数，人；

A_2——各企业热车间最大班职工人数，人；

B_1——各企业一般车间职工生活污水定额，以25L/(人·班）计；

B_2——各企业热车间职工生活污水定额，以35L/(人·班）计；

K_1——工业企业一般车间生活污水时变化系数，以3.0计；

K_2——工业企业热车间生活污水时变化系数，以2.5计；

C_1——各企业一般车间最大班使用淋浴的职工人数，人；

C_2——各企业热车间最大班使用淋浴的职工人数，人；

D_1——工业企业一般车间淋浴污水定额，以40L/(人·班）计；

D_2——工业企业热车间淋浴污水定额，以60L/(人·班）计；

T——每班工作时数，h。

工业企业淋浴污水设计流量也是按每个工作班污水量定额计算，每班考虑在60min之内使用，且不考虑60min之内的流量变化，即近似地认为均匀用水和排水。

10.2.2 工业废水设计流量

工业废水设计流量按下式计算。

$$Q_4 = \sum \frac{mMK_Z}{3600T} \tag{10-7}$$

式中 Q_4——工业废水设计流量，L/s；

m——生产过程中每单位产品的废水量定额，L/单位产品；

M——产品的平均日产量；

T——每日生产时数，h；

K_Z——总变化系数。

工业废水量定额一般以单位产值、单位数量产品或单位生产设备所排出的废水量表示，对于具有标准生产工艺的工矿企业，可参照同行业单位产值、单位数量产品或者单位生产设备的废水量定额。国家对各行业有关用水量定额给出了一定取值范围，排水工程设计时应与之相协调。另外，还应对实际情况进行调查研究，并注意用水设备的改进、用水计量与价格的变化、工业用水重复利用率的提高、原材料品质的变化、生产工艺的改进、管理水平和工人素质提高等对生产废水量定额的影响。

在不同的工业企业中，工业废水的排出情况很不一致。某些工厂的工业废水是均匀排出的，但很多工厂废水排出情况变化很大，甚至一些个别车间也可能在短时间内一次排放。因而工业废水量的变化取决于工厂的性质和生产工艺过程。一般情况下，大部分工业产品的生产工艺本身与气候、气温关系不大，因此生产废水水量比较均匀，日变化系数较小，多数情况下，日变化系数 K_d 可近似取值为 1。时变化系数应根据实测确定，表 10-2 列出了部分工业企业生产废水的时变化系数，可供缺乏实际调查资料时参考。

表 10-2　部分工业企业生产废水的时变化系数

工业企业种类	冶金	化工	纺织	食品	皮革	造纸
时变化系数 K_h	1.0～1.1	1.3～1.5	1.5～2.0	1.5～2.0	1.5～2.0	1.3～1.8

10.2.3　地下水渗入量

在地下水位较高地区，因当地土质、管道及接口材料和施工质量等因素的影响，一般均存在地下水渗入现象，设计污水管道系统时宜适当考虑地下水渗入量。地下水渗入量 Q_5 参照国外经验数据，按设计污水量的 10%～20%计算。

10.2.4　城市污水设计总流量

城市污水设计总流量一般采用直接求和的方法进行计算，即直接将上述各项污水设计流量计算结果相加，作为污水管道系统设计的依据。

$$Q = Q_1 + Q_2 + Q_3 + Q_4 + Q_5 \tag{10-8}$$

上述确定污水设计总流量的方法，是假定排出的各种污水都在同一时间内出现最大流量的，污水管道设计一般采用这种简单累加方法来计算总设计流量。实际上，各项污水设计流量在同一时间出现最大值的可能性是很小的，各种污水汇合时，其高峰流量可能相互错开而得到调节，这种直接累加得到的设计总流量值是偏大的。然而，合理地计算城市污水设计总流量需要逐项分析污水量的变化规律，列出一天中逐时流量表，求得最大时流量，这在实际工程中很难办到。

【例 10-1】 已知某城镇居住区街坊总面积 50.20ha，人口密度为 350 人/ha，居民生活污水定额为 120L/(人·d)；两座公共建筑火车站和公共浴室的污水设计流量分别为 3L/s 和

4L/s；工厂甲的生活、淋浴污水与工业废水设计流量之和为25L/s，工厂乙的生活、淋浴污水与工业废水设计流量之和为6L/s。生活污水和经过局部处理后的工业废水全部送至污水处理厂处理。试计算该城镇的污水设计总流量。

【解】 已知该城镇街坊总面积50.20ha，人口密度为350人/ha，则服务总人口数为50.20×350=17570（人）；该城镇居民生活污水平均设计流量为

$$\overline{Q}=\sum\frac{nN}{24\times3600}=\frac{120\times17570}{24\times3600}=24.40\ (\mathrm{L/s})$$

由式（10-4）计算总变化系数为

$$K_Z=\frac{2.7}{\overline{Q}^{0.11}}=\frac{2.7}{24.40^{0.11}}=1.9$$

则居民生活污水设计流量为

$$Q_1=1.9\times24.40=46.36\ (\mathrm{L/s})$$

工业企业生活、淋浴污水与工业废水设计流量已直接给出，为

$$Q_3+Q_4=25.00+6.00=31.00\ (\mathrm{L/s})$$

公共建筑生活污水设计流量也已直接给出，为

$$Q_2=3.00+4.00=7.00\ (\mathrm{L/s})$$

将各项污水设计流量直接求和，得该城镇污水设计总流量为

$$Q=Q_1+Q_2+Q_3+Q_4=46.36+31.00+7.00=84.36\ (\mathrm{L/s})$$

注：本例题未考虑地下水渗入。

10.3 污水管道系统的布置

污水管道系统的管线布置包括：确定排水区界，划分排水流域；选择污水厂和出水口位置；拟定污水干管和主干管的路线；确定需要提升的排水区域和设置泵站的位置等。在施工图设计时，尚需确定街道支管的路线及管道在街道上的位置等。

10.3.1 确定排水区界，划分排水区域

排水区界是排水系统敷设的界限。在排水区界内应根据地形及城市和工业企业的竖向规划划分排水流域。一般来说，流域边界应与分水线相符合，如在地形起伏及丘陵地区，可按等高线划出分水线，流域分界线通常与分水线基本一致；在地形平坦无显著分水线的地区，可依据面积的大小划分，使各相邻流域的管道系统能合理分担排水面积，使干管在最大合理埋深情况下，尽量使绝大部分污水能自流排出。如有河流或铁路等障碍物贯穿，应根据地形、周围水体情况以及倒虹管的设置等情况，通过方案比较，决定是否分为几个排水流域。每一个排水流域往往有一条或一条以上的干管，根据流域地势确定水流方向和污水需要提升的地区。

10.3.2 污水管道的定线

在城镇（地区）总平面图上确定污水管道的位置和走向，称污水管道系统的定线。它关系到整个管道系统的合理性和工程造价，是污水管道系统设计的重要环节。

管道定线一般按照总干管、干管、支管顺序依次进行。污水管道定线的原则是：应尽可能在管线较短、埋深较小的情况下，让最大区域的污水能自流排出，管道布置尽量顺直。定线时通常考虑的因素有地形和竖向规划、排水体制和其他管线的情况、污水厂和出水口的位

置、水文地质条件、道路宽度、地下管线及构筑物的位置、工业企业和产生大量污水的建筑物的分布情况以及发展远景和修建顺序等。

（1）污水厂和出水口位置　污水主干管的走向取决于污水厂和出水口的位置。所有管线都应朝出水口方向敷设并组成树枝状管网。有一个出水口或一个污水处理厂就有一个独立的污水管道系统。

（2）地形　在一定条件下，地形是影响管道定线的主要因素。定线时应充分利用地形，使管道的走向符合地形趋势，一般宜顺坡排水。在整个排水区域较低的地方，例如集水线或河岸低处敷设主干管及干管，这样便于支管接入，而横支管的坡度尽可能与地面坡度一致。在地形平坦地区，应避免小流量的横支管长距离平行等高线敷设，注意尽早让其接入干管。

（3）水文地质条件　污水管道特别是主干管应尽量敷设在水文地质条件好的街道下面，最好埋设在地下水位以上。如果遇到劣质土壤（如松软土、回填土、土质不均匀等）或地下水位较高地段时，污水管道可考虑绕道或采用其他施工措施和其他办法加以解决。

（4）道路宽度和交通情况　污水管道一般沿道路敷设（与道路中心线平行），对一些堆场等空旷地，管道不应直接穿过，而必须沿道路绕过，以免管道被将来的构筑物或堆物压在下面，造成渗漏或养护上的困难。当道路红线宽度超过40m时，可考虑在街道两侧设置两条平行的污水管道，以减少连接管段的长度和数量，同时也减少与其他地下管线的交叉矛盾。污水主干管和干管一般不宜设在交通繁忙的狭窄的街道下，以免施工和养护困难。

（5）地下管线和构筑物的位置　为了降低工程费用，缩短工期及减少日后养护工作的困难等，尽量避免与河道、山谷、铁路及各种地下构筑物、地下管线交叉。另外，尽量使干管靠近排水大户，如工业企业、大型机关、学校等。

管道定线时还应考虑居住区和工业企业的远近期规划以及分期建设的安排。管线的布置与敷设应满足近期建设要求，同时还应考虑远期有无扩建的可能。管道定线，不论在整个城市或局部地区都可能形成几个不同的布置方案。应对不同的设计方案，在同等条件和深度下进行技术经济比较，从中选择最优方案。

污水管道系统的方案确定后，便可组成污水管道平面布置图。在初步设计时，污水管道系统的总平面图包括干管、主干管的位置、走向和主要泵站、污水厂、出水口等的位置等。施工图设计时，管道平面图应包括全部支管、干管、主干管、泵站、污水厂、出水口等的具体位置和资料。

10.3.3　控制点和泵站设置地点的确定

在排水区域内，对管道系统的埋深起控制作用的地点称为控制点。各条管道的起点一般是这条管道的控制点，这些控制点中离出水口最远的一点，通常是整个系统的控制点。另外，具有相当深度的工厂污水排出口或某些低洼地区的管道起点，也可能是整个管道系统的控制点。这些控制点的管道埋深，影响整个管道系统的埋深。

确定控制点的标高，一方面应根据城市总的竖向规划，保证排水区域内各点的污水都能够顺利排出，并考虑发展，在埋深上适当留有余地。另一方面，不能因照顾个别控制点而增加整个管道系统的埋深。对此，通常采用一些工程措施（例如，加强管材强度，填土提高地面高程以保证最小覆土厚度，设置泵站提高管道高程等方法，减少控制点管道的埋深），从而减小整个管道系统的埋深，降低工程造价。

在污水管道系统中，由于地形条件等因素的影响，通常可能需设置中途泵站，局部泵站和终点泵站。当管道埋深接近最大埋深时，为提高下游管道的位置而设置的泵站称为中途泵站。地形复杂的城市，有些地区地势较低，往往需要将这里的污水提升到地势较高地区的管道中去。此外，一些高层建筑的地下室、地铁或其他地下建筑的污水也需要用泵提升送入管道系统。这种提升局部地区污水的泵站称为局部泵站。

污水厂中的构筑物一般都建在地面上，而污水主干管终端的埋深都比较大，因此由管道送来的污水常用泵提升送到处理构筑物，这种泵站称为终点泵站或总泵站。在区域排水系统上设置的泵站称为区域泵站。

确定泵站设置的具体位置时，要考虑环境卫生、地质、电源和施工条件等因素，并应征询规划、环保、城建、卫生等主管部门的意见。

10.4 污水管道系统设计参数

从水力学计算公式可知，设计流量与设计流速及过水断面积有关，而流速则是管壁粗糙系数、水力半径和水力坡度的函数。为了保证污水管道的正常运行，《室外排水设计规范》对这些设计参数作了相应规定，在进行污水管道系统水力计算时一般应予遵循。

10.4.1 设计充满度

在设计流量下，污水在管道中的水深 h 和管道直径 D 的比值称为设计充满度（或水深比），如图 10-2 所示。当 $h/D=1$ 时，称为满流；$h/D<1$ 时称为非满流。

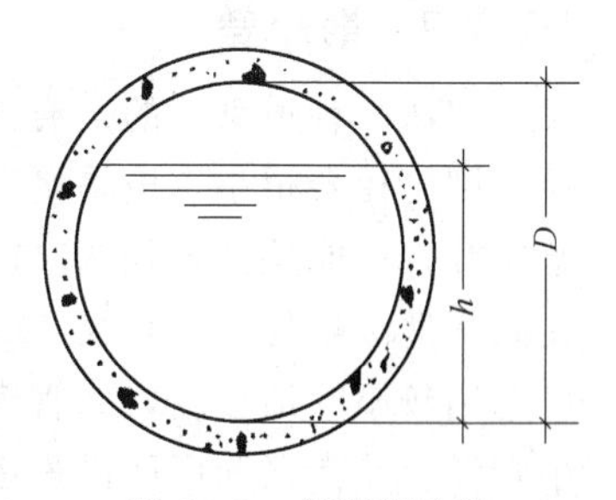

图 10-2 充满度示意

我国《室外排水设计规范》规定，污水管道应按非满流设计，原因如下。

① 污水量是随时变化的，而且雨水或者地下水可能通过检查井盖或者管道接口渗入污水管道。因此，有必要保留一部分管道内的空间，为未预见水量的增长留有余地，避免污水溢出而妨碍环境卫生。

② 污水管道内沉积的污泥可能分解析出一些有害气体，需要流出适当的空间，以利于管道内的通风，排除有害气体。

③ 便于管道的疏通和维护管理。

设计规范规定污水管道的最大设计充满度见表 10-3。

表 10-3 最大设计充满度

管径 D 或渠道高度 H/mm	最大设计充满度	管径 D 或渠道高度 H/mm	最大设计充满度
200～300	0.55	500～900	0.70
350～450	0.65	≥1000	0.75

对于明渠，设计规范规定设计超高（即渠中水面到渠顶的高度）不小于 0.2m。

10.4.2 设计流速

与设计流量设计充满度对应的水流平均速度称为设计流速。污水的流速较小时，污水中所含杂质可能下沉，产生淤积；当污水流速较大时，可能产生冲刷现象，甚至损坏管道。为了防止管道中产生淤积或冲刷，设计流速不宜过小或过大，应限制在最小和最大设计流速之间。

最小设计流速是保证管道内不产生淤积的流速。这一最低设计流速的限值与污水中所含悬浮物的成分和粒度有关，与管道的水力半径和管壁的粗糙系数有关。引起污水中悬浮物沉淀的另一重要因素是水深。根据国内污水管道实际运行情况的观测数据并参考国外经验，《室外排水设计规范》规定污水管道在设计充满度下最小设计流速为0.6m/s，含有金属、矿物固体或重油杂质的生产污水管道，其最小设计流速宜适当加大，其值要根据试验或运行经验确定；明渠的最小设计流速为0.4m/s。

最大设计流速是保证管道不被冲刷损坏的流速。该值与管道材料有关，通常金属管道的最大设计流速为10m/s，非金属管道的最大设计流速为5m/s。明渠最大设计流速按表10-4采用。

表10-4 明渠最大设计流速

明渠类别	最大设计流速/($m \cdot s^{-1}$)	明渠类别	最大设计流速/($m \cdot s^{-1}$)
粗砂或低塑性粉质黏土	0.8	草皮护面	1.6
粉质黏土	1.0	干砌块石	2.0
黏土	1.2	浆砌块石或浆砌砖	3.0
石灰岩或中砂岩	4.0	混凝土	4.0

10.4.3 最小管径

在污水管道系统的上游部分，污水管段的设计流量一般很小，若根据设计流量计算管径，则管径会很小，极易堵塞。根据污水管道的养护记录统计，直径为150mm的支管的堵塞次数，可能达到直径为200mm的支管的堵塞次数的两倍，使管道养护费用增加。然而，在同样埋深条件下，直径200mm与150mm的管道造价相差不多。此外，因采用较大管径，可选用较小管道坡度，使管道埋深减小。因此，为了养护工作的方便，常规定一个允许的最小管径。在街区和厂区内最小管径为200mm，在街道下最小管径为300mm。

在进行管道水力计算时，由管段设计流量计算得出的管径小于最小管径时，应采用最小管径。因此，一般可根据最小管径在最小设计流速和最大设计充满度情况下能通过的最大流量值，计算出设计管段服务的排水面积，若设计管段服务的排水面积小于此值，即直接采用最小管径和相应的最小坡度而不再进行水力计算，这种管段称为不计算管段。在这些管段中，当有适当的冲洗水源时，可考虑设置冲洗井。

10.4.4 最小设计坡度

在污水管道系统设计时，通常使管道敷设坡度与设计地区的地面坡度基本保持一致，在地势平坦或管道走向与地面坡度相反时，尽可能减小管道敷设坡度和埋深对于降低管道造价显得尤为重要。但管道坡度造成的流速应等于或大于最小设计流速，以防止管道内产生沉淀。因此，将相应于最小设计流速的管道坡度称为最小设计坡度。

从水力学计算公式可知，设计坡度与设计流速的平方成正比，与水力半径的4/3次方成反比。由于水力半径是过水断面与湿周的比值，因此不同管径的污水管道应有不同的最小坡度。管径相同的管道，因充满度不同，其最小坡度也不同。当在给定设计充满度条件下，管径越大，相应的最小设计坡度值也就越小。所以只需规定最小管径的最小设计坡度值即可。规范规定管径200mm的最小设计坡度为0.004；管径300mm的最小设计坡度为0.003。

10.4.5 污水管道的埋设深度

污水管道的埋设深度是指管道的内壁底距地面的垂直距离，简称为管道埋深。管道埋深是影响管道造价的重要因素，是污水管道的重要设计参数。在实际工程中，污水管道的造价由选用的管道材料、管道直径、施工现场地质条件和管道埋设深度等四个主要因素决定，合理地确定管道埋设深度可以有效地降低管道建设投资。一条管段的埋设深度分为起点埋深、终点埋深和管段平均埋深，管段平均埋深是起点埋深和终点埋深的平均值。为了保证污水管道不受外界压力和冰冻的影响和破坏，管道的覆土厚度不应小于一定的最小限值，这一最小限值称为最小覆土厚度。

污水管道的最小覆土厚度，一般应满足下述三个因素的要求。

① 防止管道中的污水冰冻和因土壤冰冻膨胀而损坏管道。

② 防止管道被车辆造成的动荷载压坏。

③ 满足支管在衔接上的要求。

污水在管道中的冰冻与污水的水温和土壤的冰冻深度等因素有关。一般情况下，排水管道宜埋设在冰冻线以下。不过由于生活污水本身温度较高，即使在冬季亦不低于7～11℃，工业废水的温度一般还要高些，故管道周围的泥土并不冰冻；因此当该地区或条件相似地区有浅埋经验或采取相应措施时，也可埋设在冰冻线以上。

埋设在地面下的污水管道承受着管顶覆盖土壤的静荷载和地面上车辆运行产生的动荷载。为了防止管道因外部荷载影响而损坏，必须保证管道有一定的覆土厚度。因为车辆运行对管道产生的动荷载，其垂直压力随着深度增加而向管道两侧传递，最后只有一部分传递到地下管道上。从这一因素考虑并结合实际经验，车行道下污水管道最小覆土厚度不宜小于0.7m。非车行道下的污水管道若能满足管道衔接的要求，而且无动荷载影响，其最小覆土厚度可适当减小。

在气候温暖的平坦地区，管道的最小覆土厚度往往取决于污水出户管在衔接上的要求。为了使住宅和公共建筑内产生的污水顺畅地排入污水管道系统，必须保证污水干管起点的埋深大于或等于街区内污水支管的埋深，而污水支管起点的埋深又必须大于或等于建筑物出户管的埋深。从安装技术方面考虑，要使建筑物首层卫生设备的污水能顺利排出，污水出户连接管的最小埋深一般采用0.5～0.7m，所以污水支管起点最小埋深也应有0.6～0.7m。

对于每个具体管道来说，从上述三个不同的因素出发，可以得到三个不同的管道埋深或管顶覆土厚度值，这三个数值中最大值就是这一管道的允许最小覆土厚度或最小埋设深度。

污水管道内污水是依靠重力从高处流向低处的。当管道的坡度大于地面坡度时，管道系统的埋深会越来越大。埋深愈大，则造价愈高，施工期也愈长。从技术经济指标和施工方法考虑，埋深也有最大限值。管道允许埋设深度的最大值称为最大允许埋深。一般在干燥土壤中，最大埋深不超过7～8m；在多水、流沙、石灰岩地层中，不超过5m。当超过最大埋深时，应考虑设置提升泵站，以减小下游的管道埋深。

10.4.6 污水管道的衔接

污水管道系统中的检查井（又称窨井）是清通维护管道的设施，也是管道的衔接设施。一般在管道管径、坡度、高程、方向发生变化以及管道衔接时，必须设置检查井以满足结构和维护管理上的需要。检查井上、下游管段必须有较好的衔接，以保证管道系统的顺利运行。管道在衔接时应遵循两个原则：一是尽可能提高下游管段的高程，以减小管道埋深，降低造价；二是避免上游管段中形成回水造成淤积。

当设置检查井只是为了解决管径、坡度、方向发生变化及清通维护上的需要时，管道衔接常有管顶平接和水面平接两种，如图10-3所示。

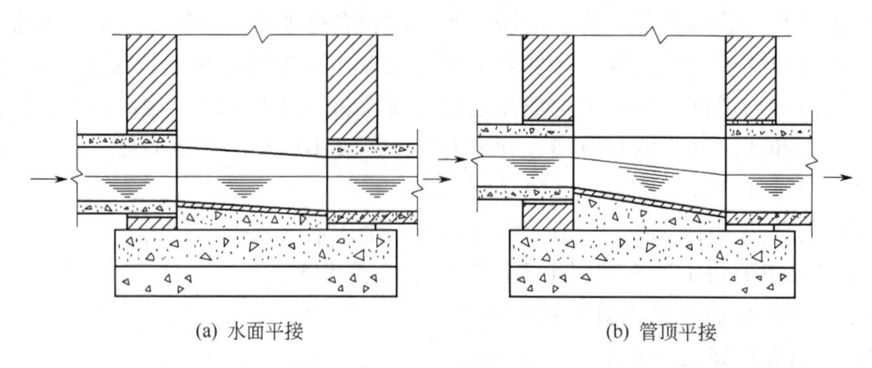

图 10-3　污水管道的衔接

管顶平接是指衔接时使上游管段终端和下游管段起端的管顶标高相同。管顶平接一般在规划设计中采用，它避免了管道上、下游较多的不必要的充满度连接计算。水面平接是指在水力计算中，使上游管段终端和下游管段起端在指定的设计充满度下的水面相平，即上游管段终端与下游管段起端的水面标高相同。水面平接一般在上、下游管道管径相同或地形平坦及地下水位较高地区的管道技术设计中采用，其优点是能适当减少下游管道的埋深。但由于实际管道水面的变化较大，下游管段水面可能会高于上游水面而发生回水现象。在设计过程中，两种衔接方式要因地制宜采用，但无论采用哪种衔接方式，管道下游水面标高都不得高于上游水面标高。

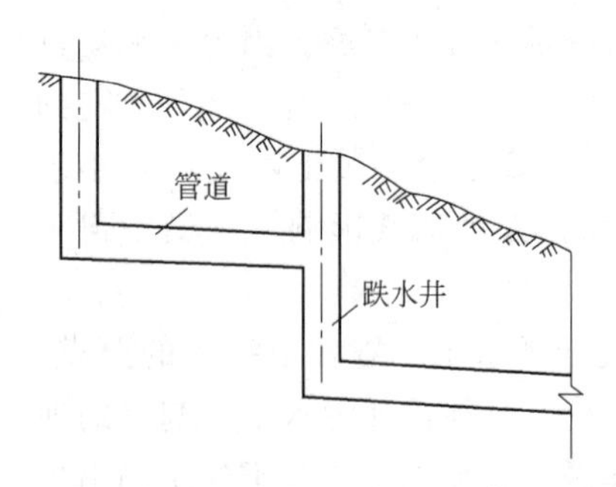

图 10-4　跌水井衔接管渠方法

在地形坡度较大地区，管道坡度小于地面坡度，当管道埋深达到最小埋深时，必须加大下游管道埋深，这时上、下游管道采用跌水连接，如图 10-4 所示。

在特殊情况下，如下游管道地面坡度急增时，下游管径可能小于上游管径，此时应采用管底平接的方法，即保持上、下游管道管底标高相等。

10.5　污水管道系统水力计算

在污水管道的平面布置完成和污水流量及设计数据确定后，即可进行污水管道系统水力计算。水力计算的目的是计算管道系统服务区域内不同地点的污水流量，根据已经确定的管道线路划分设计管段，确定各设计管段的输送流量，并利用水力学原理经济、合理地确定各设计管段的管径、坡度、流速、充满度和埋深等，为绘制施工图及统计工程量、编制工程概算准备条件。

10.5.1　污水管道中的水流分析

污水管道必须与其服务的所有用户连接，将用户排放的污水汇集后送到污水处理厂。在污水的收集和输送过程中，污水由支管流入干管，由干管流入主干管，由主干管流入污水处理厂。污水管道的流量从管网的起始端到末端不断地增加，管道的直径也随之不断加大。管道的分布类似河流，呈树枝状，与给水管网的环流贯通情况完全不同。污水在管道中一般是靠管道两端的水面高差从高向低处流动。在大多数情况下，管道内部是不承受压力的，即靠重力流动。因此需要逐渐增加污水管道的埋设深度，形成满足污水流动的水力坡度。当管道埋设深度太大时，需要增加提升泵站。

流入污水管道的污水中含有一定数量的有机物和无机物，其中：相对密度小的漂浮在水面上随污水漂流；相对密度较大的分布在水流断面上呈悬浮状态流动；相对密度最大的沿着管底移动或淤积在管壁上。这种情况与清水的流动略有不同。但总的说来，污水中水分一般在99%以上，所含悬浮物质的比例极少，因此可假定污水的流动符合一般液体的流动规律。

污水在管道中流动，流量是变化的，又由于水流流经转弯、交叉、变径、跌水等地点时水流状态发生改变，流速也在不断变化，因此污水管道内水流实际不是均匀流。但在直线管段上，当流量没有很大变化又无沉淀物时，管内污水的流动状态可接近均匀流。因此在污水管段的设计计算时采用均匀流，使计算工作大为简化。

10.5.2 水力计算基本公式

污水管道系统的水力计算依据的是水力学规律，所以称为管道的水力计算。目前污水管道系统的计算均采用均匀流公式。

流量公式

$$Q=Av \tag{10-9}$$

流速公式

$$v=\frac{1}{n}R^{2/3}I^{1/2} \tag{10-10}$$

式中 Q——设计流量，m^3/s；

A——水流有效断面面积，m^2；

v——流速，m/s；

R——水力半径（过水断面面积与湿周的比值），m；

I——水力坡度（即水面坡度，也等于管底坡度 i）；

n——管壁粗糙系数，根据管渠材料而定（见表10-5）。

表10-5 排水管渠粗糙系数

管渠种类	n值	管渠种类	n值
UPVC管、PE管、玻璃钢管	0.009～0.011	浆砌块石渠道	0.017
陶土管，铸铁管	0.013	干砌块石渠道	0.020～0.025
混凝土、钢筋混凝土管，水泥砂浆抹面渠道	0.013～0.014	土明渠（包括带草皮的）	0.025～0.030
石棉水泥管，钢管	0.012	木槽	0.012～0.014
浆砌砖渠道	0.015		

10.5.3 设计管段的划分和管段设计流量的确定

在污水的收集和输送过程中，污水管道的流量从管网的起始端到末端不断地增加，管道的直径也随之不断加大。在设计计算时一般将管道系统中流量和管道敷设坡度不变的一段管道作为一个设计管段，将该管段上游端汇入的污水流量和该管段收集的污水量作为管段的输水流量，称为管段设计流量。每个设计管段的上游端和下游端称为污水管网的节点。污水管网节点处一般设有检查井，但并不是所有检查井处均为节点。如果检查井未发生跌水，且连接的管道流量和坡度均保持不变，则该检查井可不作为节点，即管段上可以包括多个检查井。

估计可以采用同样管径和坡度的连续管段，就可以划为一个设计管段。根据管道系统布置图，凡是预计有集中流量或旁支管流量接入及坡度改变的检查井均为设计管段的起讫点。设计管段的起讫点应编上号码，以方便计算。

在进行污水管道系统设计时，采用最高日最高时的污水流量作为设计流量。每一设计管段的污水设计流量可能包括以下几种流量（见图 10-5）。

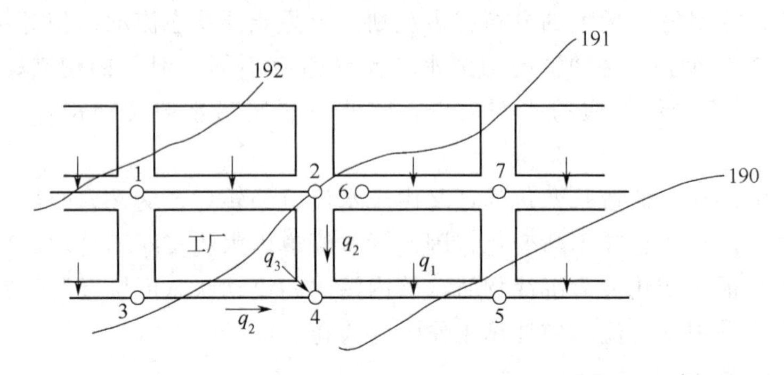

图 10-5　设计管段的设计流量

① 本段流量 q_1——本管段沿线街坊流来的居民生活污水量。

② 转输流量 q_2——从上游管段和旁侧管段流来的居民生活污水量。

③ 集中流量 q_3——工业企业或其他大型公共建筑物流来的污水量（包括上游管段转输的集中流量、旁支管转输的集中流量和本段接纳的集中流量）。

对于某一设计管段而言，本段流量 q_1 是沿线变化的，即从管段起点的零增加到终点的全部流量，但为了计算方便，通常假定本段流量集中在起点进入设计管段。

工矿企业和公共建筑的污水排放一般采用集中的方式，所以工业企业的工业废水、生活污水和淋浴污水量往往作为集中流量，公共建筑污水流量也作为集中流量。这些集中流量的值一般较大，所以它们的接纳点一般必须作为节点，以免造成较大的计算误差。

只有本段流量的设计管段，流量可用下式计算。

$$q_1 = A_1 q_0 K_Z \tag{10-11}$$

$$q_0 = nN/86400 \tag{10-12}$$

式中　q_1——设计管段的本段设计流量，L/s；

A_1——设计管段的本段街坊服务面积，ha；

K_Z——本段生活污水量总变化系数；

q_0——比流量（单位面积的平均流量），L/(s·ha)；

n——居民生活污水定额，L/(人·d)；

N——人口密度，人/ha。

图 10-5 中具有本段街坊污水流量 q_1（汇水面积 A_1）、转输居民生活污水流量 q_2（汇水面积 A_2）和集中流量 q_3 的设计管段 4—5 的总流量 Q 可用下式计算。

$$Q = A q_0 K_Z + q_3 \tag{10-13}$$

式中，$A = A_1 + A_2$；K_Z 为本段加转输居民生活污水量的总变化系数。

上述计算在初步设计时，只计算干管和主干管的设计管段。在施工图设计时，应计算规划区域内全部设计管段。

【例 10-2】 图 10-6 为某城镇区的平面图，已知工厂甲废水排出口的管底埋深为 2m。试进行该城镇污水管道系统的设计计算。

【解】 ① 在镇区平面图上布置污水管道　从平面图可知，该城镇地势自北向南倾斜，

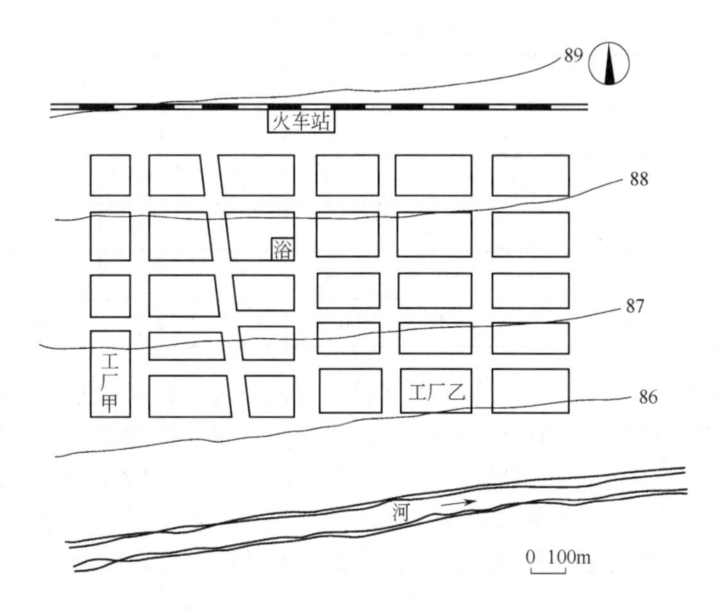

图 10-6　某城镇区平面图

坡度较小，无明显分水线，可划分为一个排水区域。街道支管布置在街区地势较低一侧，干管基本上与等高线垂直布置，主干管则沿城镇南面河岸布置，基本与等高线平行。整个管道系统呈截流式形式布置，图上用箭头标出了各街坊污水排出的方向，如图 10-7 所示。

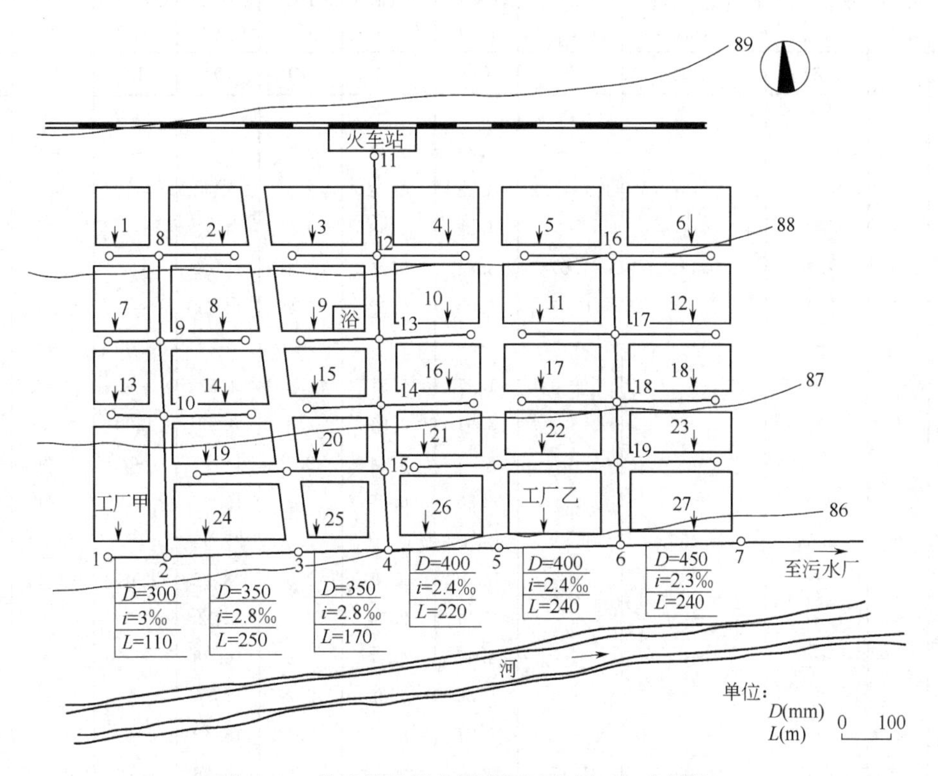

图 10-7　某城镇区污水管道平面布置（初步设计）

② 街坊编号并计算其面积　将各街坊编上号码，按规划图上各街坊的平面范围计算其汇水面积，并列入表 10-6。

表 10-6 街坊面积

街坊编号	1	2	3	4	5	6	7	8	9
街坊面积/ha	1.21	1.70	2.08	1.98	2.20	2.20	1.43	2.21	1.96
街坊编号	10	11	12	13	14	15	16	17	18
街坊面积/ha	2.04	2.40	2.40	1.21	2.28	1.45	1.70	2.00	1.80
街坊编号	19	20	21	22	23	24	25	26	27
街坊面积/ha	1.66	1.23	1.53	1.71	1.80	2.20	1.38	2.04	2.40

③ 划分设计管段，计算设计流量　根据设计管段的定义和划分方法，将各干管和主干管中有本段流量进入的点（一般定位街坊两端）、集中流量及旁侧支管进入的点，作为设计管段的起讫点的检查井，并编上号码。本例中主干管为 1—7，可划分为 1—2、2—3、3—4、4—5、5—6、6—7 等 6 个设计管段，干管为 8—2、11—4 和 16—6，其余为支管。

各设计管段的设计流量应列表进行计算。在初步设计中只计算干管和主干管的设计流量，见表 10-7。

表 10-7 污水干管设计流量计算

管段编号	居住区生活污水量 Q_1								集中流量		设计流量/(L·s^{-1})
	本段流量				转输流量 q_2/(L·s^{-1})	合计平均流量/(L·s^{-1})	总变化系数 K_Z	生活污水设计流量/(L·s^{-1})	本段/(L·s^{-1})	转输/(L·s^{-1})	
	街坊编号	街坊面积/hm^2	比流量 q_0/(L·s^{-1}·ha^{-1})	流量 q_1/(L·s^{-1})							
(1)	(2)	(3)	(4)	(5)	(6)	(7)	(8)	(9)	(10)	(11)	(12)
1—2	—	—	—	—	—	—	—	—	25.0	—	25.00
8—9	—	—	—	—	1.41	1.41	2.3	3.24	—	—	3.24
9—10	—	—	—	—	3.18	3.18	2.3	7.31	—	—	7.31
10—2	—	—	—	—	4.88	4.88	2.3	11.23	—	—	11.23
2—3	24	2.20	0.486	1.07	4.88	5.95	2.2	13.09	—	25.00	38.09
3—4	25	1.38	0.486	0.67	5.95	6.62	2.2	14.56	—	25.00	39.56
11—12	—	—	—	—	—	—	—	—	3.00	—	3.00
12—13	—	—	—	—	1.97	1.97	2.3	4.53	—	3.00	7.53
13—14	—	—	—	—	3.91	3.91	2.3	8.99	4.00	3.00	15.99
14—15	—	—	—	—	5.44	5.44	2.2	11.97	—	7.00	18.97
15—4	—	—	—	—	6.85	6.85	2.2	15.07	—	7.00	22.07
4—5	26	2.04	0.486	0.99	13.47	14.46	2.0	28.92	—	32.00	60.92
5—6	—	—	—	—	14.46	14.46	2.0	28.92	6.00	32.00	66.92
16—17	—	—	—	—	2.14	2.14	2.3	4.92	—	—	4.92
17—18	—	—	—	—	4.47	4.47	2.3	10.28	—	—	10.28
18—19	—	—	—	—	6.32	6.32	2.2	13.90	—	—	13.90
19—6	—	—	—	—	8.77	8.77	2.1	18.42	—	—	18.42
6—7	27	2.40	0.486	1.17	23.23	24.40	1.9	46.36	—	38.00	84.36

根据城镇居住区人口密度 350 人/ha，居民生活污水定额 120L/(人·d)，计算出每公顷街坊面积的生活污水平均流量（即比流量）为

$$q_0=\frac{120\times350}{86400}=0.486\ [\mathrm{L/(s\cdot hm^2)}]$$

本例中有4个集中流量，在检查井1、5、11、13分别进入管道，相应的设计流量分别为25L/s、6L/s、3L/s和4L/s。

管段1—2为主干管的起始管段，只有工厂甲的集中流量25L/s流入，故设计流量为25L/s。

管段2—3除接纳街坊24排入的本段污水流量外，还转输管段1—2的集中流量25L/s和管段8—9—10—2的生活污水。街坊24的面积为2.2ha（见表10-6），故本段流量 $q_1=q_0A_1=0.486\times2.2=1.07$ (L/s)；

管段8—9—10—2流来的生活污水平均流量 $q_2=q_0A=0.486\times(1.21+1.7+1.43+2.21+1.21+2.28)=0.486\times10.04=4.88$ (L/s)。居住区生活污水合计平均流量为 $q_1+q_2=1.07+4.88=5.95$ (L/s)。根据式（10-4）计算得总变化系数 $K_Z=2.2$。则该管段的生活污水设计流量为 $Q_1=5.95\times2.2=13.09$ (L/s)。

总设计流量 $Q=13.09+25=38.09$ (L/s)。

其余管段的设计流量计算方法相同。

10.5.4　污水管道水力计算的方法

确定设计流量之后，即可由上游管段开始，进行各设计管段的水力计算。在污水管道的水力计算中，污水设计流量通常是已知值，需要确定管道的断面尺寸和敷设坡度。计算时必须认真分析设计地区的地形等实际情况，并充分考虑《室外排水设计规范》规定的有关设计参数。所选择的管道断面尺寸，必须要在规定的设计充满度和设计流速的情况下，能够排泄设计流量。管道坡度应参照地面坡度和最小坡度确定。一方面要使管道尽可能与地面坡度平行，以减少管道埋深；同时也必须保证设计流速，使管道不发生淤积或冲刷。

污水管道水力计算采用式（10-9）和式（10-10）。在具体计算中，已知设计流量 Q 及管道粗糙系数 n，需要求管径 D、水力半径 R、充满度 h/D、管道坡度和流速 v。两个公式中有五个未知量，因此必须先假定三个再求其他两个，计算比较复杂。为了简化计算，常将流量、管径、充满度、坡度、粗糙系数等各水力要素之间的关系绘制成水力计算图表，供计算时查用。

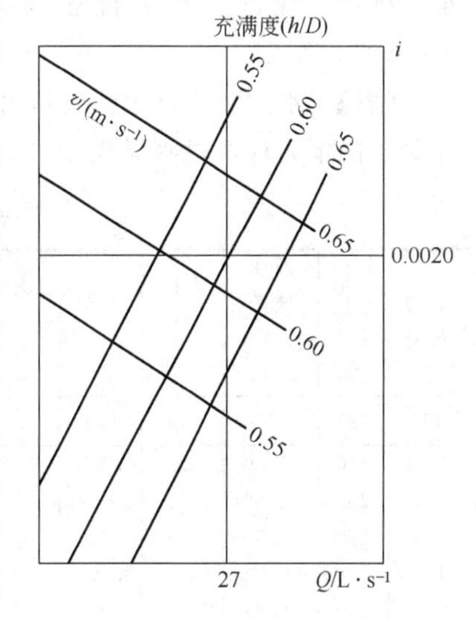

图10-8　水力计算示意图

水力计算图有不满流圆形管道水力计算图、满流圆形管道水力计算图和明渠流水力计算图等。下面介绍非满流圆形污水管道水力计算图的用法。每张水力计算图适用于一种管径。对每一张图讲，D 和 n 是已知数，图上的曲线表示 Q、v、i、h/D 之间的关系（见图10-8）。这四个因素中，只要知道两个就可以查出其他两个。

也可以采用水力计算表进行计算，表10-8为摘录的圆形管（$n=0.014$，$D=300$mm）水力计算表的部分数据。每一张表的管径 D 和粗糙系数 n 是已知的，表中 Q、v、i、h/D 四个因素，知道其中任意两个便可求出另外两个，表中没有的可以用内插法求出。

表 10-8 圆形管水力计算表的部分数据（n=0.014，D=300mm）

h/D	i/‰									
	2.5		3.0		4.0		5.0		6.0	
	Q/(L·s^{-1})	v/(m·s^{-1})	Q/(L·s^{-1})	v/(m·s^{-1})	Q/(L·s^{-1})	v/(m·s^{-1})	Q/(L·s^{-1})	v/(m·s^{-1})	Q/(L·s^{-1})	v/(m·s^{-1})
0.10	0.94	0.25	1.03	0.28	1.19	0.32	1.33	0.36	1.45	0.39
0.15	2.18	0.33	2.39	0.36	2.76	0.42	3.09	0.46	3.38	0.51
0.20	3.93	0.39	4.31	0.43	4.97	0.49	5.56	0.55	6.09	0.61
0.25	6.15	0.45	6.74	0.49	7.78	0.56	8.70	0.63	9.53	0.69
0.30	8.79	0.49	9.63	0.54	11.12	0.62	12.43	0.70	13.62	0.76
0.35	11.81	0.54	12.93	0.59	14.93	0.68	16.69	0.75	18.29	0.83
0.40	15.13	0.57	16.57	0.63	19.14	0.72	21.40	0.81	23.44	0.89
0.45	18.70	0.71	20.49	0.66	23.65	0.77	26.45	0.86	28.97	0.94
0.50	22.45	0.64	24.59	0.70	28.39	0.80	31.75	0.90	34.78	0.98
0.55	26.30	0.66	28.81	0.72	33.26	0.84	37.19	0.93	40.74	1.02
0.60	30.16	0.68	33.04	0.75	38.15	0.86	42.66	0.96	46.73	1.06
0.65	33.69	0.70	37.20	0.76	42.96	0.88	48.03	0.99	52.61	1.08
0.70	37.59	0.71	41.18	0.78	47.55	0.90	53.16	1.01	58.23	1.10
0.75	40.94	0.72	44.85	0.79	51.79	0.91	57.90	1.02	63.42	1.12
0.80	43.89	0.72	48.07	0.79	55.51	0.92	62.06	1.02	67.99	1.12
0.85	46.26	0.72	50.68	0.79	58.52	0.91	65.43	1.02	71.67	1.12
0.90	47.85	0.71	52.42	0.78	60.53	0.90	67.67	1.01	74.13	1.11
0.95	48.24	0.70	52.85	0.76	61.02	0.88	68.22	0.98	74.74	1.08
1.00	44.90	0.64	49.18	0.70	56.79	0.80	63.49	0.90	69.55	0.98

10.5.5 污水管道系统水力计算实例

【例 10-3】【例 10-1】和【例 10-2】给出了某城镇污水管道系统管道定线与管道设计流量的确定，现进一步进行管道水力计算。设计采用钢筋混凝土排水管材，粗糙系数 n=0.014。

【解】 水力计算从上游管段开始依次向下游管段进行，一般列表进行计算，主干管各设计管段的水力计算过程见表 10-9。水力计算步骤如下。

表 10-9 污水主干管水力计算

管段编号	管道长度 L/m	设计流量 Q/(L·s^{-1})	管径 D/mm	坡度 i	流速 v/(m·s^{-1})	充满度 (h/D)	h/m	降落量 iL/m	标高/m						埋深/m	
									地面		水面		管内底			
									上端	下端	上端	下端	上端	下端	上端	下端
(1)	(2)	(3)	(4)	(5)	(6)	(7)	(8)	(9)	(10)	(11)	(12)	(13)	(14)	(15)	(16)	(17)
1—2	110	25.00	300	0.0030	0.70	0.51	0.153	0.330	86.20	86.10	84.353	84.023	84.200	83.870	2.00	2.23
2—3	250	38.09	350	0.0028	0.75	0.52	0.182	0.700	86.10	86.05	84.002	83.302	83.820	83.120	2.28	2.93
3—4	170	39.56	350	0.0028	0.75	0.53	0.186	0.476	86.05	86.00	83.302	82.826	83.116	82.640	2.93	3.36
4—5	220	60.92	400	0.0024	0.80	0.58	0.232	0.528	86.00	85.90	82.822	82.294	82.590	82.062	3.41	3.84
5—6	240	66.92	400	0.0024	0.82	0.62	0.248	0.576	85.90	85.80	82.294	81.718	82.046	81.470	3.95	4.33
6—7	240	84.36	450	0.0023	0.85	0.60	0.270	0.552	85.80	85.70	81.690	81.138	81.420	80.868	4.38	4.83

（1）从管道平面布置图上量出每一设计管段的长度，列入表 10-9 第（2）项。

（2）将各设计管段的设计流量列入表中第（3）项。设计管段起讫点检查井处的地面标高列入表中第（10）、（11）项。

（3）计算每一设计管段的地面坡度（地面坡度=地面高差/管段长度），作为确定管道坡度时参考。例如，管道1—2的地面坡度=(86.20−86.10)/110=0.0009。

（4）确定起始管段的管径以及设计流速v、设计坡度i、设计充满度h/D。首先拟采用最小管径300mm，查$n=0.014$，管径为300mm的水力计算图。在这张计算图中，管径D和管道粗糙系数n为已知，其余四个水力要素只要知道其中两个即可求出另外两个。现已知设计流量，另一个可根据水力计算设计参数的规定设定。本例中由于管段的地面坡度很小，为了不使整个管道系统的埋深过大，宜采用最小设计坡度为设定数据。相应于300mm管径的最小设计坡度为0.003。当$Q=25L/s$、$i=0.003$时，查表得出$v=0.7m/s$（大于最小设计流速0.6m/s），$h/D=0.51$（小于最大设计充满度0.55），符合规范要求。将所确定的管径D、坡度i、流速v、充满度h/D分别列入表中第（4）～（7）项。也可采用其他的水力计算方法计算上述过程。

（5）确定其他管段的管径D、设计流速v、设计充满度h/D和管道坡度i。通常随着设计流量的增加，下一个管段的管径一般会增加一级或两级，或者保持不变，这样可根据流量的变化情况确定管径。然后可根据设计流速随着设计流量的增大而逐段增大或保持不变的规律设定设计流速。根据Q和v即可在确定D的那张水力计算图中查出相应的h/D和i值，若i和h/D值符合设计规范的要求，说明水力计算合理，将计算结果填入表10-9对应的项中。在水力计算中，由于Q、v、i、h/D、D各水力要素之间存在着相互制约关系，因此在查水力计算图时实际存在一个试算过程。

（6）计算各管段上端、下端的水面、管底标高及其埋设深度。

① 根据设计管段长度和管道坡度求降落量。如管段1—2的降落量为$iL=0.003\times110=0.33$（m），列入表中第（9）项。

② 根据管径和充满度求管段的水深。如管段1—2的水深为$h=D(h/D)=0.3\times0.51=0.153$（m），列入表中第（8）项。

③ 确定管道系统的控制点。本例中离污水厂最远的干管起点有8、11、16及工厂出水口1点，这些点都可能成为管道系统的控制点。8、11、16三点的埋深可用最小覆土厚度的限值确定，因此北至南地面坡度约为0.0035，可取干管与地面坡度近似，因此干管埋深不会增加太多，整个管线上又无个别低洼点，故8、11、16三点的埋深不能控制整个管道系统的埋设深度。管道系统埋设起决定作用的控制点为1点。

1点是主干管的起始点，一般应按确定最小埋深的三个途径分别计算起点埋深。由于1点的埋设深度受工厂排出口埋深的控制，埋深为2.0m，将该值列入表中第（16）项。

④ 求设计管段上下端的管内底标高、水面标高及埋设深度。

1点的管内底标高等于1点的地面标高减1点的埋深，为86.200−2.000=84.200（m），列入表中第（14）项。

2点的管内底标高等于1点的管内底标高减降落量，为84.200−0.330=83.870（m），列入表中第（15）项。

2点的埋设深度等于2点的地面标高减2点的管内底标高，为86.100−83.870=2.230（m），列入表中第（17）项。

管段上、下端水面标高等于相应点的管内底标高加水深。如管段1—2中1点的水面标高为84.200+0.153=84.353（m），列入表中第（12）项。2点的水面标高为83.870+0.153=

84.023（m），列入表中第（13）项。

根据管段在检查井处的衔接方法，可确定下游管段的管内底标高。例如，管段 1—2 和 2—3 的管径不同，采用管顶平接。即管段 1—2 中的 2 点与 2—3 中的 2 点的管顶标高应相同。所以管段 2—3 中的 2 点的管内底标高为 83.870＋0.300－0.350＝83.820（m）。求出 2 点的管内底标高后，按照前面讲的方法即可求出 3 点的管内底标高，2、3 点的水面标高及埋设深度。又如管段 2—3 与管段 3—4 管径相同，可采用水面平接。即管段 2—3 与 3—4 中的 3 点的水面标高相同。然后用 3 点的水面标高减去降落量，求得 4 点的水面标高。将 3、4 点的水面标高减去水深求出相应点的管内底标高。进一步求出 3、4 点的埋深。

（7）绘制管道平面图和主干管的纵剖面图（见图 10-7 和图 10-9）。污水管道平面图和纵剖面图的绘制方法见本章第 6 节。

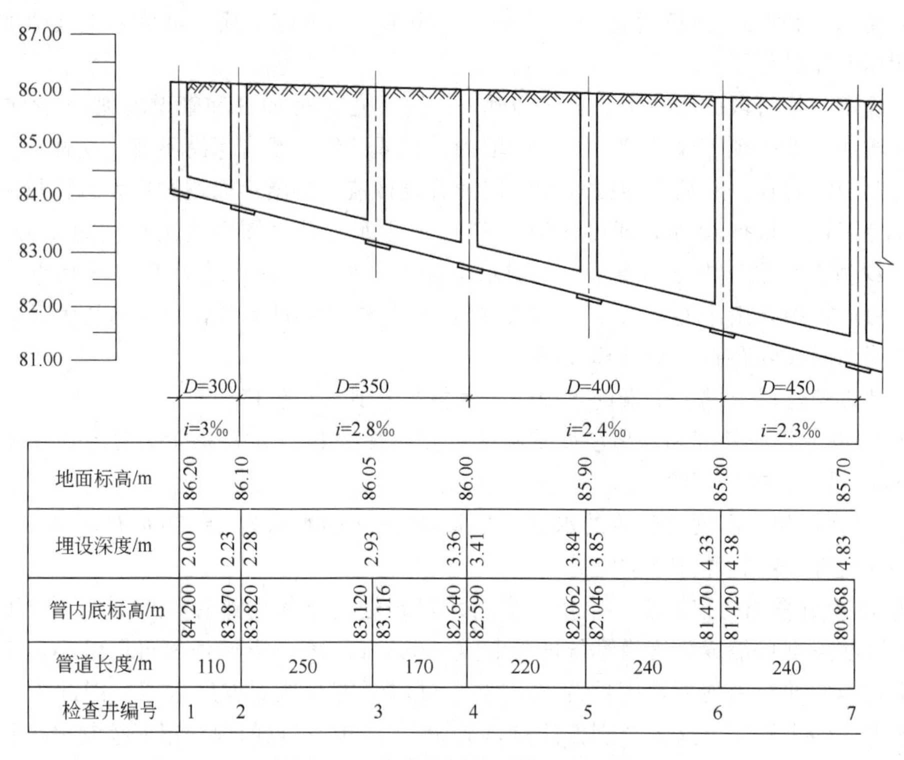

检查井编号	1	2	3	4	5	6	7
地面标高/m	86.20	86.10	86.05	86.00	85.90	85.80	85.70
埋设深度/m	2.00	2.23 2.28	2.93	3.36 3.41	3.84 3.85	4.33 4.38	4.83
管内底标高/m	84.200	83.870 83.820	83.120 83.116	82.640 82.590	82.062 82.046	81.470 81.420	80.868
管道长度/m		110	250	170	220	240	240

图 10-9　设计实例主干管总剖面图

（8）进行管道水力计算时应注意的问题

① 必须细致研究管道系统的控制点，以便确定管道系统的埋深。这些控制点常位于区域的最远或最低处，它们的埋深控制该地区污水管道的最小埋深。各条管道的起点、低洼地区的个别街坊和污水出口较深的工业企业或公共建筑都是研究控制点的对象。

② 必须细致研究管道敷设坡度与管线经过地段的地面坡度之间的关系，以便尽量减少工程投资。使确定的管道坡度，在保证最小设计流速的前提下，又不使管道的埋深过大，以便于支管的接入。

③ 水力计算从上游管段开始依次向下游管段进行，一般情况下，随着设计流量逐渐增加，设计流速也应相应增加，如流量保持不变，流速不应减小。只有当坡度大的管道接入坡度小的管道时，下游管段的流速已经大于 1.0m/s（陶土管）或 1.2m/s（混凝土、钢筋混凝土管道）的情况下，设计流速才允许减小。设计流量逐段增加，设计管径也应逐段增大，但

当坡度小的管道接到坡度大的管道时，管径可以减小，但减小的范围不得超过 50～100mm。

④ 在地面坡度太大的地区，为了减小管内水流速度，防止管壁被冲刷，管道坡度应小于地面坡度。这就有可能使下游管道的覆土厚度无法满足最小限值的要求，甚至超出地面，因此在适当点可设置跌水井，管段之间采用跌水连接或采用陡坡管道。

⑤ 水流通过检查井时，常引起局部水头损失。为了尽量降低这项损失，检查井底部在直线管道上要严格采用直线，在管道转弯处要采用匀称的曲线。通常直线检查井可不考虑局部损失。

⑥ 在旁侧管与干管的连接点处，要考虑干管的已定埋深是否允许旁侧管接入。若连接旁侧管的埋深大于干管埋深，则需在连接处的干管上设置跌水井，以使旁侧管能接入干管。另一方面，若连接处旁侧管的管底标高比干管的管底标高高出许多，为使干管有较好的水力条件，需在连接处前的旁侧管上设置跌水井。为避免旁侧管和干管产生逆水和回水，旁侧管中的设计流速不应大于干管中的设计流速。

⑦ 确定不计算管段。在设计计算时，应首先考虑不计算管段。按规范规定，在街区和厂区内最小管径为 200mm，在街道下的最小管径为 300mm，通过水力分析表明，当设计污水流量小于一定值时，已经没有管径选择的余地，可以不通过计算直接采用最小管径，在平坦地区还可以直接采用相应的最小设计坡度。

通过计算可知，当管道粗糙系数为 $n=0.014$ 时，对于街区和厂区内最小管径 200mm，最小设计坡度 0.004，当设计流量小于 9.19L/s 时，可以直接采用最小管径；对于街道下的最小管径 300mm，最小设计坡度为 0.003，当设计流量小于 14.6L/s 时，可以直接采用最小管径。

10.6 污水管道平面图和纵剖面图的绘制

污水管道的平面图和纵剖面图是污水管道系统设计的主要图纸。设计阶段不同，图纸要求表现的深度亦有所不同。

初步设计阶段的管道平面图就是管道总体布置图。通常采用比例尺 1∶5000～1∶10000；图上有地形、地物、地貌、河流、风玫瑰图或指北针等。污水管道用粗实线绘制，在管线上画出设计管段起讫点的检查井并编上号码，标出各管段的服务面积，可能设置的中途泵站、倒虹管、污水厂、出水口以及其他特殊构筑物等。初步设计的管道平面图上还应将主干管各设计管段的长度、管径和坡度在图上注明。此外，图上应有管道的主要工程项目表和说明。

施工图设计阶段的管道平面图比例尺常用 1∶1000～1∶5000，图上内容基本同初步设计，而要求更为详细确切。要求标明检查井的准确位置及污水管道与其他管线或构筑物交叉点的具体位置、高程，居住区街坊连接管或工厂废水排出管接入污水干管或主干管的准确位置和高程，地面设施包括人行边道、房屋界限、电线杆、街边树木等。图上还应有图例、主要工程项目表和施工说明。图 10-10（a）所示为扩大初步设计阶段的一部分管道平面。

污水管道的纵剖面图反映管道沿线的高程位置，它是和平面图相对应的。图上用单线条表示原地面高程线和设计地面高程线，用双线表示管道高程线，用双竖线表示检查井。图中还应标出沿线支管接入处的位置、管径、高程；与其他管线、构筑物或障碍物交叉点的位置和高程；沿线地质钻孔位置和地质情况等。在剖面图的下方有一表格，表中列有检查井编号、管道长度、管径、地面高程、管内底高程、埋深、管道材料、接口形式、基础类型。有时也将流量、流速、充满度等数据注明。采用比例尺一般横向为 1∶500～1∶2000，纵向为 1∶50～1∶200。

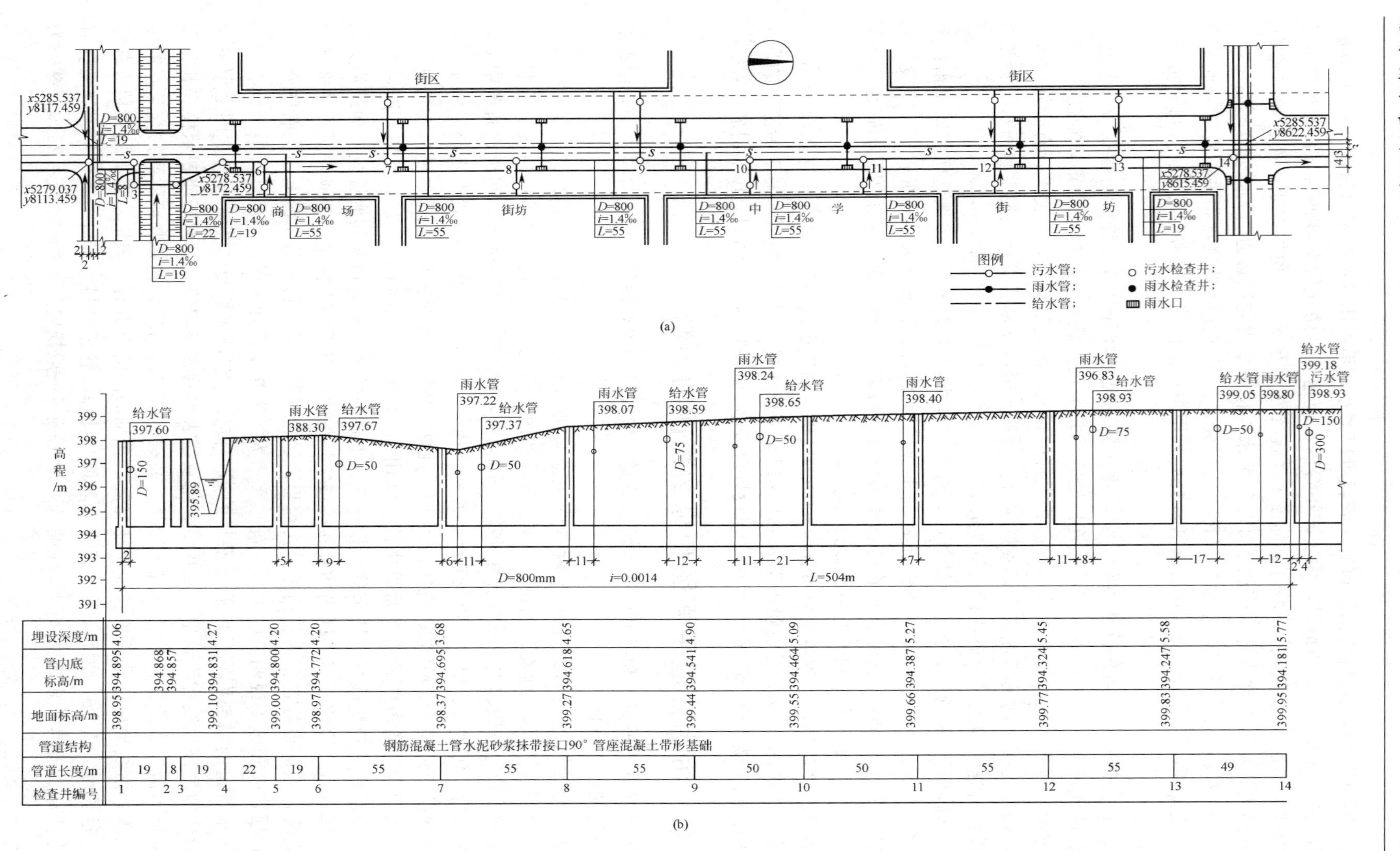

检查井编号	1	2	3	4	5	6	7	8	9	10	11	12	13	14
埋设深度/m	4.06			4.27	4.20	4.20	3.68	4.65	4.90	5.09	5.27	5.45	5.58	5.77
管内底标高/m	394.895	394.868	394.857	394.831	394.800	394.772	394.695	394.618	394.541	394.464	394.387	394.324	394.247	394.181
地面标高/m	398.95			399.10	399.00	398.97	398.37	399.27	399.44	399.55	399.66	399.77	399.83	399.95
管道结构	钢筋混凝土管水泥砂浆抹带接口90°管座混凝土带形基础													
管道长度/m	19	8	19	22	19	55	55	55	50	50	55	55	49	

图 10-10 污水管道平、剖面（扩大初步设计）

对工程量较小，地形、地物较简单的污水管道工程亦可不绘制纵剖面图，只需将管道的管径、坡度、管长、检查井的高程以及交叉点等在平面图上注明即可。图 10-10（b）为与图 10-10（a）对应的管道的纵剖面图。

【例 10-1】，【例 10-2】，【例 10-3】为初步设计，其设计计算结果用平面图和纵剖面图表示，分别见图 10-7 和图 10-9。

思 考 题

1. 污水量定额一般如何确定？生活污水量计算方法与生活用水量计算方法有何不同？

2. 城市污水设计总流量计算采用什么方法？生活污水总流量的计算也是直接求和吗？

3. 居住区生活污水量总变化系数为什么随污水平均日流量的增大而减小？

4. 污水管道的覆土厚度和埋设深度是否为同一含义？污水管道设计时为什么要限定覆土厚度或埋深的最小值？

5. 污水管道的起点埋深如何确定？

6. 管道系统的平面布置是如何进行的？有哪些基本要求？包括哪些内容？

7. 污水管道系统中管段是如何划分的？何为本段流量？

8. 什么管段称为不计算管段？什么情况下采用最小设计坡度？

9. 污水管道中的水流是否为均匀流？污水管道中的水力计算为何仍采用均匀流公式？

10. 污水设计管段之间有哪些衔接方法？衔接时应注意些什么问题？

11. 何为污水管道系统的控制点？通常情况下如何确定控制点的高程？

12. 试归纳总结污水管道水力计算的方法步骤。水力计算的目的是什么？水力计算要注意些什么问题？

习 题

1. 某肉类加工厂每天宰杀牲畜 258t，废水量标准 8.2m^3/t 牲畜，总变化系数为 1.8，三班制生产，每班 8h。最大班职工人数 860 人，其中在高温及污染严重车间工作的职工占总数的 40%，使用淋浴人数按 85%计；其余 60%的职工在一般车间工作，使用淋浴人数按 30%计。工厂居住区面积为 9.5ha，人口密度为 580 人/ha，生活污水量标准为 160L/(人·d)，各种污水由管道汇集至污水处理站，试计算该厂的最大时污水设计流量。

2. 某城镇的居住面积为 500ha，人口密度为 400 人/ha，生活污水定额为 190L/(人·d)。城镇内设有一家工厂，最大班职工人数 1200 人，热车间 500 人，使用淋浴人数按 90%计；一般车间 700 人，使用淋浴人数按 50%计；工业废水最大时流量为 50L/s。城镇内有一家医院，设有 1000 个病床，污水量定额为 220L/(人·床)，每日工作 24h，时变化系数为 2.0，试确定如下内容。

(1) 该城镇污水总管网设计流量是多少？

(2) 如该城镇地势平坦，试确定总管设计管径和设计坡度。

3. 图 10-11 为某工厂工业废水干管平面图。图上注明了各废水排出口的位置、设计流量及各管段长度、检查井处的地面标高。排出口 1 的管内底标高为 23.72m，其余各排出口的埋深均不得小于 1.6m。该地区土壤无冰冻。要求列表进行干管的水力计算，并将计算结果标在平面图上。

4. 某市一个街坊的平面布置如图 10-12 所示。该街坊人口密度为 400 人/hm^2，生活污水定

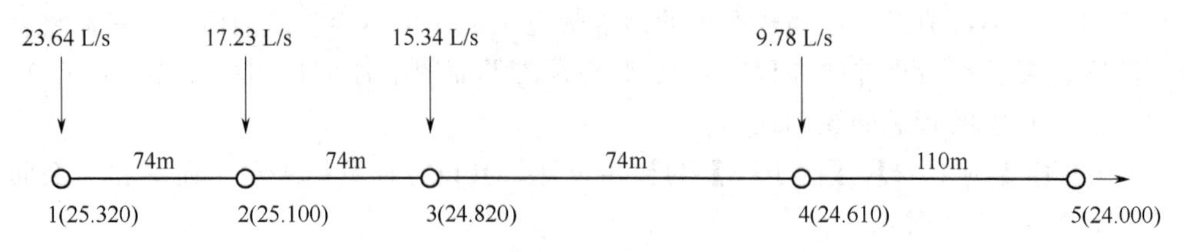

图 10-11　某工厂工业废水干管平面图

额为 140L/(人·d)，工厂的生活污水设计流量为 8.24L/s，淋浴污水设计流量为 6.84L/s，生产污水设计流量为 26.4L/s，工厂排出口的地面标高为 43.5m，管底埋深为 2.20m，土壤最大冰冻深度为 0.75m，河岸堤坝坝高为 40m。试确定如下内容。

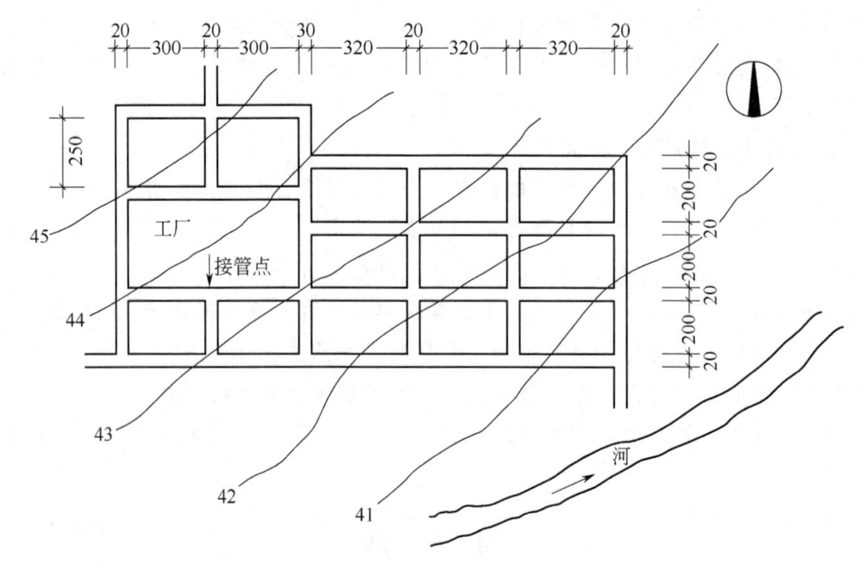

图 10-12　街坊平面布置图（单位：m）

（1）进行该街坊污水管道系统的定线。

（2）进行从工厂排出口到污水厂的各管段的水力计算。

（3）绘制管道平面图和主干管的纵剖面图。

11 雨水管渠的设计与计算

降雨是一种自然现象，它在时间和空间上的分布并不均匀，降雨强度随着时间和空间的变化而变化。我国地域辽阔，气候差异大，年降雨量分布很不均匀，大体上从东南沿海的年平均 1600mm 向西北内陆递减至 200mm 以下。长江以南地区，雨量充沛，年降雨量均在 1000mm 以上。全年雨水的绝大部分多集中在夏季降落，且常为大雨或暴雨，在极短的时间内，暴雨能形成大量的地面径流，如不及时排除，势必造成巨大危害。为保障城镇居民生产和生活的安全、方便，必须合理地进行城镇雨水排水系统的规划、设计和管理。

11.1 降雨和径流

11.1.1 水文循环

地球上的水在太阳辐射和重力作用下，以蒸发、降水、入渗和径流等方式周而复始地循环着，形成了水文循环（见图 11-1）。降水和蒸发是水文循环中最活跃的因子，是径流形成的主要因素。

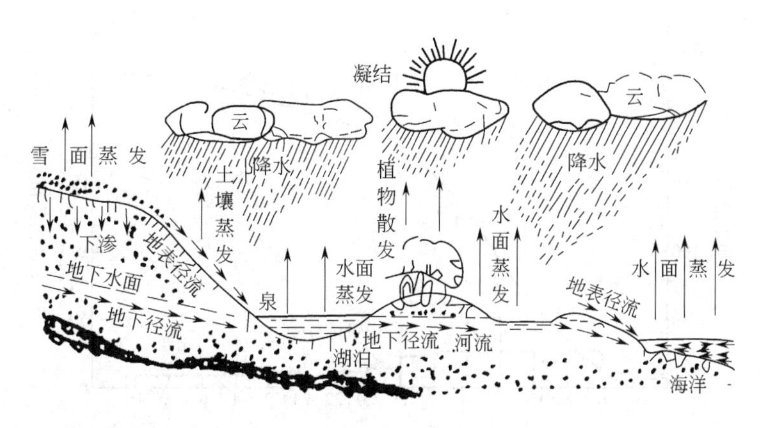

图 11-1　水文循环

风把来自海洋、河流、湖泊、水库、土壤中水分蒸发和植物体内水分散发的水汽带走，当空气中的水汽含量达到过饱和状态，多余的水汽凝结成水，在地表上形成露和霜，在地表附近形成雾。接近洋面或地面的温热空气团受外力作用上升而发生动力冷却，当温度降低到露点以下时，气团中的水汽开始凝结形成云，继而吸附水汽凝结于其表面，或相互碰撞结合成大水滴或冰粒，形成降雨或降雪。降雨在时间和空间上的分布并不均匀。降雨强度、降雨历时随气流上升运动方式不同而不同，形成的相应的地面径流量亦不同。同时，雪、霰和冰雹也能产生径流。

影响太阳辐射和大气运动的因素很多，降水量的大小可从雷达和卫星云图上推算出来。以雨、雪、霰和冰雹形成的降水并不是全部形成地面径流，更不会全部流入雨水管渠中。降雨的相当部分不是蒸发就是渗入地下或是被植物茎叶截留或滞留在降雨区地表。因此，地面径流产流率不仅取决于降雨强度，还与流域的地理因素等有关。

11.1.2 雨量分析要素

表示暴雨特征的降雨历时、暴雨强度与降雨重现期之间的相互关系，是雨水管渠设计的重要依据，精确的制定暴雨公式，需要收集降雨资料，进行雨量分析，寻找暴雨的特征和规律。

雨量分析的主要因素包括降雨量、降雨历时、暴雨强度、降雨面积、降雨重现期等。

(1) 降雨量　指一定时段内降落在某一点或某一面积上的水层深度，其计量单位以 mm 计。也可用单位面积上的降雨体积 (L/hm^2) 表示。它是推求城市暴雨强度公式的原始资料和重要依据，来源于自记雨量记录。

自记雨量计可观测一场降水的变化过程，它所记录的数据一般是每场雨的累积降雨量 (mm) 和降雨时间 (min) 之间的对应关系，通常用累积降雨量曲线表示，此曲线横坐标为降雨时间，纵坐标代表自降水开始到各时刻的降水量累积值（见图 11-2），从而可计算出各种历时的降水量及一场降水的总量。在研究降雨量时，很少以一场雨为对象，而常以单位时间进行考虑。

① 年平均降雨量　指多年观测的各年降雨量的平均值，计量单位用 mm/a。

② 月平均降雨量　指多年观测的各月降雨量的平均值，计量单位用 mm/月。

③ 年最大日降雨量　指多年观测的各年中降雨量最大一日的降雨量，计量单位用 mm/d。

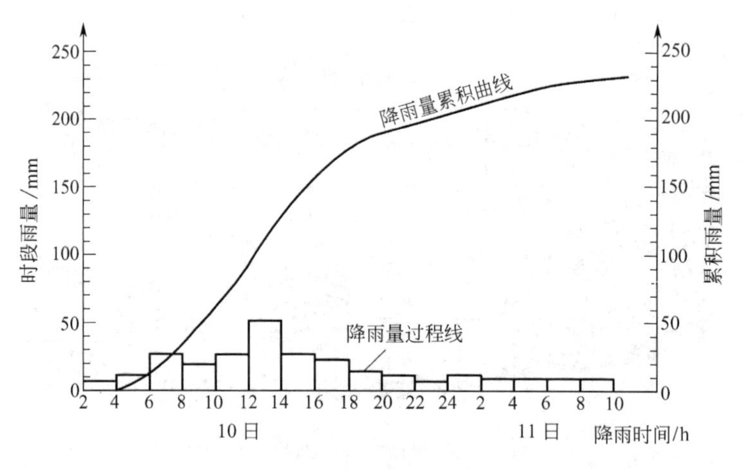

图 11-2　降雨量累积曲线

(2) 降雨历时　指一次连续降雨所经历的时间，可以指全部降雨时间，也可以指其中个别的连续时段，其计量单位以 min 或 h 计，可从自记雨量记录纸上读取。

(3) 暴雨强度　指某一连续降雨时段内的平均降雨量，用 i 表示。

$$i=\frac{H}{t}\ (\mathrm{mm/min})$$

在工程上，常用单位时间内单位面积上的降雨体积 q 表示。q 与 i 之间的换算关系是将每分钟的降雨深度换算成每公顷面积上每秒钟的降雨体积，即

$$q=\frac{10000\times1000i}{1000\times60}=167i$$

式中　q——暴雨强度，L/(s·hm^2)；

167——换算系数。

暴雨强度是描述暴雨特征的重要指标，是推求城市暴雨强度公式的直接依据，也是决定雨水设计流量的主要因素。

在一场暴雨中，暴雨强度是随降雨历时变化的。如果所取历时长，则与这个历时对应的暴雨强度将小于短历时对应的暴雨强度。如何求得某个时段内的最大降水量是雨水管渠设计的关键。在推求城市暴雨强度公式时，经常采用5min、10min、15min、20min、30min、45min、60min、90min、120min等9个不同的历时，特大城市可以用到180min。

(4) 降雨面积　指降雨所笼罩的面积。单位为公顷（hm^2）或平方公里（km^2）。

雨水管渠收集的并不是整个降雨面积上的雨水，雨水管渠汇集雨水的地面面积称为汇水面积。

一场暴雨有时能覆盖高达数千平方公里的地区，在降雨面积上降雨的分布并非是均匀的，可是对城镇或工厂的雨水管渠系统而言，汇水面积一般小于$100km^2$，其最远点的集水时间在大多数情况下不超过60～120min。降雨的不均匀分布对它的影响较小。因此，可忽略降雨在面积上的不均匀性，假定降雨在整个小汇水面积内是均匀分布的，从而可采用自记雨量计所测得的点雨量数据代表整个小汇水面积的面雨量值。

(5) 暴雨强度频率和重现期　与其他水文现象中的特征值一样，某指定暴雨强度出现的可能性一般不是预知的。但它出现的次数服从一定的统计规律，可以通过对以往大量观测资料的统计分析，计算某个特定的降雨历时的暴雨强度发生的频率，以推论今后发生的可能性。

暴雨强度频率是指等于或超过某指定暴雨强度值出现的次数m与观测资料总项数n之比，即

$$P_n=\frac{m}{n}\times100\%$$

这一定义的基础是假定降雨观测资料年限非常长，可代表降雨的整个历史过程。但实际上n是有限的。它只能反映一定时期内的规律，并不能反映整个降雨的规律，故称为经验频率。从公式看出，对最末项暴雨强度来说，其频率$P_n=100\%$，这显然是不合理的，因为无论所取资料年限有多长，终不能代表整个降雨的历史过程，有限观测资料中的极小值不能代表整个历史过程的极小值。因此，水文计算中常采用公式$P_n=\frac{m}{n+1}\times100\%$来计算频率。观测资料的年限愈长，经验频率出现的误差也就愈小。

一般观测资料总项数n为降雨观测资料的年数N与每年选入的平均雨样数M的乘积。若每年只选一个雨样（年最大值法选样），则$n=N$，$P_n=\frac{m}{N+1}\times100\%$称为年频率式。若平均每年选入$M$个雨样数（一年多次法选样），则$n=NM$，$P_n=\frac{m}{NM+1}\times100\%$称为次频率式。

工程上常用重现期来代替较为抽象的频率概念。

暴雨强度重现期是指等于或大于某特定值暴雨强度可能出现一次的平均间隔时间，单位用年（a）表示。重现期P与频率之间的关系是：

$$P=\frac{1}{P_n}$$

11.1.3 径流

降落在地面上的雨水在沿地面流行的过程中，一部分雨水被地面上的植物、洼地、土壤或地面缝隙截留，剩余的雨水在地面上沿地面坡度流动，称为地面径流。地面径流的流量称为雨水地面径流量。径流和径流量直接关系到雨水管渠系统的设计流量。

径流的形成可概化为产流过程和汇流过程。降雨开始时，有些雨水被植物茎叶所截留；落到地面、屋面的雨水，有一部分汇集到低洼地带形成积水；有一些雨量渗入土壤，当降雨强度小于下渗能力时，降落到地面的雨水将全部渗入土壤；当降雨强度大于下渗能力时，雨水除按下渗能力入渗以外，超出下渗能力的部分（称为余水）在地面开始积水形成地面径流（称为产流）。当降雨强度增至最大时，相应产生的地面径流量也最大。此后，地面径流量随着降雨强度的逐渐减小而减小，当降雨强度降至与入渗率相等时，余水现象停止。但这时还有地面积水存在，故仍有地面径流，直到地面积水消失，径流才终止。

雨水管渠系统的功能就是排除雨水地面径流量。在城市、厂矿中，雨水径流沿坡面汇流至雨水口，流入雨水管渠，再经雨水管渠最后汇入江河。

11.2 雨水管渠系统的设计

11.2.1 雨水管渠系统的设计步骤

雨水管渠系统设计的主要任务就是及时的汇集城镇或工业区汇水面积内的暴雨径流流量，并使雨水通畅地从城镇和工业区内排出，使生产工作和人民的生活不受到影响。这就需要设计人员深入现场进行调查研究，踏勘地形，了解排水走向，搜集当地的设计基础资料，选择设计方案，进行设计计算。因此，雨水管渠系统的设计包括以下几个步骤。

（1）收集和整理设计地区的各种原始资料　包括地形图，城市或工业区的总体规划，水文、地质、暴雨等基本设计数据。

（2）确定当地暴雨强度公式　暴雨强度公式是决定雨水设计流量的主要因素，应根据本地区的雨量记录及有关气象资料，确定形式符合当地暴雨规律的暴雨强度公式。

（3）划分排水流域　应根据城市的总体规划图或工厂的总平面图，按实际地形划分排水流域。在地形平坦、无明显分水线的地区，可按城市主要街道的汇水面积划分，使各排水流域的汇水面积大致相等。

（4）进行雨水管渠系统的平面布置　雨水管渠应根据建筑物的分布，道路布置及街区内部的地形等进行布置，尽量利用自然地形坡度，以最短的距离靠重力流方式排入附近的池塘、河流、湖泊等水体中，以减低管渠工程造价。

当地形坡度较大时，雨水干管宜布置在地形低洼处或溪谷线上；当地形平坦时，雨水干管宜布置在排水流域的中间，以便于支管就近接入，尽可能扩大重力流排除雨水的范围。

为及时收集地面径流，避免因排水不畅形成积水和雨水漫过路口而影响行人安全，需根据地形及汇水面积合理布置雨水口，一般在道路交叉口的汇水点，低洼地段均应设置雨水口，此外，在道路上每间隔 25～50m 处也应设置雨水口，以保证路面雨水排除通畅。道路交叉口处雨水口的布置可参见图 11-3。

雨水干管的平面布置宜采用分散式出水口的管道布置形式。因为雨水管渠接入池塘或河道的出水口的构造一般比较简单，造价不高。由于雨水就近排放，管线较短，管径也较小，可以降低工程造价，这在技术上、经济上都是较合理的。

但当河流的水位变化很大、管道出水口离水体较远时，出水口的构造比较复杂，建造费用较高，此时不宜采用过多的出水口，而宜采用集中式出水口的管道布置形式。尽可能利用地形布设雨水管道，以减小管道埋深，使雨水尽量地自流排放而不需设置提升泵站。当地形平坦且地面平均标高低于河流的洪水位时，应将管道出口适当集中，在出水口前设置雨水泵站，暴雨期间将雨水提升后排入水体。此外，由于雨水泵站的造价及运行费用很大而且使用的频度不高，因此要尽可能地使通过雨水泵站的流量最小，以节省泵站的工程造价和运行费用。

为节省工程费用，在城市郊区，雨水管渠可采用明渠方式进行布置，但明渠容易淤积，滋生蚊蝇，影响环境卫生。

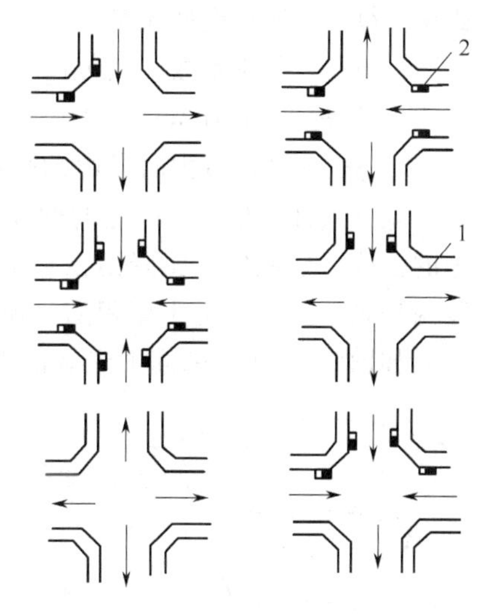

图 11-3 雨水口的布置
1—路边石；2—雨水口

(5) 划分设计管段计算各设计管段的汇水面积　根据管道的具体位置，在管道转弯处、管径或坡度改变处，有支管接入处或两条以上管道交汇处，以及超过一定距离的直线管段上均应设置检查井。把两个检查井之间流量没有变化且预计管径和坡度也没有变化的管段定为设计管段。并从管段上游往下游按顺序进行检查井的编号。

然后结合地形坡度、汇水面积的大小以及雨水管渠布置等情况划分各设计管段汇水面积。地形较平坦时，可按就近排入附近雨水管渠的原则划分汇水面积；地形坡度较大时，应按地面雨水径流的水流方向划分汇水面积。并将每块面积进行编号，计算其面积的数值。

(6) 设计管段设计流量计算　雨水设计流量是确定雨水管渠断面尺寸的重要依据。应根据流域条件，确定各排水流域的平均径流系数、暴雨强度公式、设计重现期、地面集水时间，列表计算各设计管段的设计流量。具体计算方法见本章 11.2.2 节。

(7) 雨水管渠系统的水力计算　根据管段设计流量，确定各管段的管径、坡度、流速、端点的管底标高和管道埋深等。视流域的具体条件，进行泵站及调节池的设计计算。

(8) 排洪沟的设计　许多工厂或居住区傍山建设，雨季时设计地区外大量雨洪径流直接威胁工厂和居住区的安全。因此，对于靠近山麓建设的工厂和居住区，除在厂区和居住区设置雨水管渠外，尚应考虑在设计地区周围或设计区之外设置排洪沟，拦截从分水岭以内排泄下来的雨洪，把其引入附近水体，以保证工厂和居住区的安全。

(9) 绘制雨水管渠的平面图及纵剖面图　雨水管渠平面图和纵剖面图的绘制方法和要求与污水管道相同。

11.2.2 雨水管渠系统的设计流量

在进行雨水管渠系统的设计时，首先要确定设计雨水流量，它是确定雨水管渠断面尺寸的重要依据。一般城镇、厂矿的雨水管渠汇水面积较小，属于小流域面积上的排水构筑物。小流域排水面积上的暴雨所产生的相应于设计频率的最大流量即为雨水管渠的设计流量。我国目前对小流域排水面积上的雨水最大流量的计算，通常采用的是推理公式法［也称极限强度法，式 (11-1)］；有条件的地区，也可采用数学模型法计算。

$$Q=\psi qF \tag{11-1}$$

式中 Q——雨水设计流量，L/s；

ψ——径流系数，其数值小于1；

F——汇水面积，hm^2；

q——设计降雨时段内的平均设计暴雨强度，$L/(s \cdot hm^2)$。

式（11-1）是基于一定的假设条件，由雨水径流成因加以推导而得出的，是半经验半理论的公式。它假定：①降雨在整个汇水面积上的分布是均匀的；②降雨强度在选定的降雨时段内均匀不变；③汇水面积随集流时间增长的速度为常数。

如图11-4所示的扇形流域汇水面积，图中 de、fg、hi、bc 为等流时线，a 点为集流点（如雨水口、管渠上某一断面），等流时线上的各点流到 a 点的集流时间分别为 τ_1、τ_2、τ_3、τ_0，其中 τ_0 为这块汇水面积的集流时间或集水时间，即流域边缘线 bc 上各点的雨水径流达 a 点的时间。

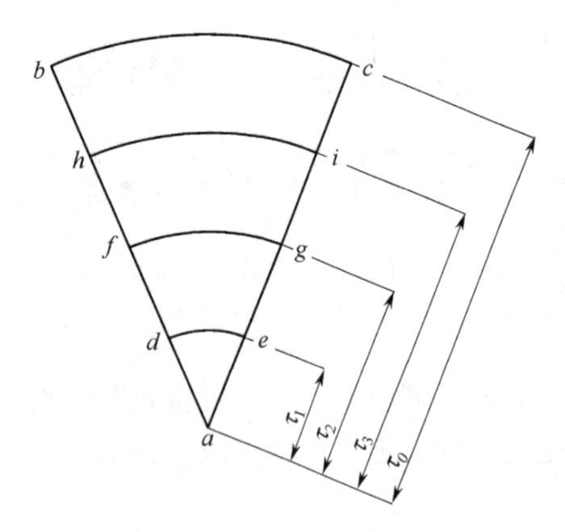

图11-4 汇流过程示意

由式（11-1）可知，雨水管渠的设计流量 Q 随径流系数 ψ、汇水面积 F 和设计暴雨强度 q 的变化而变化，为了简化叙述，假定径流系数 ψ 为1。在降雨产生地面径流的初期，在 a 点所汇集的流量仅来自靠近 a 点的小块面积上的雨水，离 a 点较远的面积上的雨水径流此时尚在中途。随着降雨历时的增长，在 a 点汇集的流量中的汇水面积将不断增加，当流域最边缘线上的雨水流达集流点 a 时，在 a 点汇集的流量中的汇水面积扩大到整个流域，即流域全部面积参与径流。而设计降雨强度 q 一般和降雨历时 t 成反比，随降雨历时的增长而减小。此外，经验表明，汇水面积随降雨历时的增长较降雨强度随降雨历时增长而减小的速度更快。所以在雨水管渠流量设计中，实际暴雨强度 q、降雨历时 t、汇水面积 F 都是相应的极限值。因此，如果降雨历时 t 小于流域的集流时间 τ_0 时，只有一部分面积参与径流，根据面积增长较降雨强度减小的速度更快，得出的雨水径流量小于最大径流量。如果降雨历时 t 大于集流时间 τ_0，流域全部面积已参与汇流，面积不能再增长，而降雨强度是随降雨历时增长而减小的，径流量也随之逐渐减小。由以上分析可知，径流量的极值产生在降雨历时 t 等于集流时间 τ_0 时，此时全面积参与径流，集流点产生最大径流量。这便是雨水管渠设计的极限强度原理。

因此，雨水管渠的设计流量可用全部汇水面积 F 乘以流域的集流时间 τ_0 时的暴雨强度 q 及地面平均径流系数 ψ（假定全流域汇水面积采用同一径流系数）得到。

11.2.2.1 径流系数的确定

降落到地面上的雨水，除去被植物和地面的洼地截留，渗入土壤的部分，余下的沿地面流入雨水管渠的雨水量称为径流量。径流量只是降雨量的一部分，径流系数 ψ 指径流量与降雨量的比值，其值小于1。

影响径流系数的因素很多，主要是降雨条件（如降雨强度、降雨历时、雨峰位置、前期雨量、降雨强度递减情况、全场雨量、年雨量等）和地面条件（如地面覆盖情况、地面坡度、汇水面积及其长宽比、地下水位、管渠疏密程度等），所以要精确确定径流系数是很困难的。目前，雨水管渠设计中，径流系数 ψ 通常采用按地面覆盖种类确定的经验数值。《室外排水设计规范》规定的径流系数 ψ 值见表11-1。

表 11-1 单一覆盖径流系数 ψ

覆盖种类	径流系数
各种屋面、混凝土和沥青路面	0.85～0.95
大块石铺砌路面和沥青表面处理的碎石路面	0.55～0.65
级配碎石路面	0.40～0.50
干砌砖石和碎石路面	0.35～0.40
非铺砌土路面	0.25～0.35
公园和绿地	0.10～0.20

如果汇水面积是由不同性质的地面覆盖所组成的，通常根据各类地面的面积数或所占的比例，采用单一覆盖径流系数加权平均计算整个汇水面积上的平均径流系数 ψ_{av}，即：

$$\psi_{av}=\frac{\sum F_i \cdot \psi_i}{F} \tag{11-2}$$

式中 F_i——汇水面积上各类地面的面积，hm^2；

ψ_i——相应于各类地面的径流系数；

F——全部汇水面积，hm^2。

在实际的设计中，往往难以获得城市不透水区域覆盖面积的数据，综合径流系数的值可参考表 11-2。若综合径流系数高于 0.7 的地区，应根据雨水综合管理的影响开发理念进行源头削减，采用渗透、调蓄措施。

表 11-2 综合径流系数

区域情况	综合径流系数值 ψ
城镇建筑密集区	0.60～0.70
城镇建筑较密集区	0.45～0.60
城镇建筑稀疏区	0.20～0.45

11.2.2.2 设计暴雨强度的确定

暴雨强度是设计雨水管渠的重要依据。不同的地区气候不同，降雨差异很大，暴雨强度公式的形式应符合当地的降雨分布规律。暴雨强度公式是用数学形式表达暴雨强度 i（或 q）、降雨历时 t、重现期 P 三者之间关系的经验函数，它是在各地自记雨量记录分析整理的基础上，根据数理统计理论推求出来的。我国《室外排水设计规范》中规定我国采用的暴雨强度公式的形式为

$$q=\frac{167A_1(1+C\lg P)}{(t+b)^n} \tag{11-3}$$

式中 q——设计暴雨强度，$L/(s \cdot hm^2)$；

t——降雨历时，min；

P——设计重现期，a；

A_1，C，n，b——地方参数。

暴雨强度公式中的参数是根据统计方法进行计算确定的。在具有 10 年以上自动雨量记录的地区，有关设计手册收录了我国部分大城市的暴雨强度公式，可供计算雨水管渠设计流量时直接选用。而在自动雨量记录不足 10 年的地区，可参照附近气象条件相似地区的资料采用。

11.2.2.3　设计降雨历时的确定

根据极限强度原理，雨水管渠的设计降雨历时等于汇流时间时，雨水流量最大。因此雨水设计流量中通常用汇水面积最远点的雨水流达设计断面的时间作为设计降雨历时。它包括地面集水时间和管渠内流行时间两部分，计算公式为

$$t=t_1+mt_2 \tag{11-4}$$

式中　t——设计降雨历时，min；

t_1——地面集水时间，min；

t_2——管渠内流行时间，min；

m——折减系数，管道采用2，明渠采用1.2；陡坡地区，管道采用1.2～2，若经济条件较好，安全性要求较高地区可取1。

地面集流时间 t_1 是指在雨水从汇水面积的最远点流到位于雨水管道起始端点第一个雨水口所需的地面流行时间。地面集水时间的确定需考虑地面集水距离、汇水面积、地形坡度、道路纵坡和宽度、地面覆盖和降雨强度等因素的影响，这些因素直接决定着水流沿地面或边沟的流行速度。但在上述的诸因素中，地面集流时间主要取决于地面集水距离和地形坡度。在实际应用当中，要准确地计算 t_1 值是困难的，故一般采用经验数值。《室外排水设计规范》规定：地面集水时间视距离长短和地形坡度及地面覆盖情况而定，一般采用 $t_1=5$～15min。在建筑密度较大、地形较陡、雨水口分布较密的地区或街区内设置的雨水暗管，宜采用较小的 t_1 值，可取 $t_1=5$～8min 左右。而在建筑密度较小、汇水面积较大、地形较平坦、雨水口布置较稀疏的地区，宜采用较大值，一般可取 $t_1=10$～15min。起点井上游地面流行距离以不超过120～150m为宜，应采取雨水渗透，调蓄等措施，延缓集流时间。

管渠内雨水流行时间 t_2 是指雨水在管渠内的流行时间，即

$$t_2=\sum\frac{L}{60v}\ (\mathrm{min}) \tag{11-5}$$

式中　L——各管段的长度，m；

v——各管段满流时的水流速度，m/s；

60——单位换算系数（1min=60s）。

折减系数 m 的引入是因为雨水管渠是按照满流进行设计的，但实际雨水管渠中的水流并非一开始就达到设计状况，而是随着降雨历时的增长逐渐形成满流，其流速也是逐渐增大到设计流速的。因此，就出现了按满流时的设计流速计算所得的雨水流行时间小于管渠内实际的雨水流行时间的情况，这将会导致计算的暴雨强度过大，管道断面偏大，造成投资的增加。1930年前苏联的苏林教授对列宁格勒的雨水管道进行了观测，发现大多数雨水管渠中雨水流行时间比按最大流量计算的流行时间大20%，建议用1.2的系数乘以用满流时的流速算出的管内雨水流行时间 t_2。这一系数也称苏林系数。

此外，各管段中的洪峰流量不会同时出现，当任一管段达到设计流量时，其他管段都不是满流（特别是上游管段），可利用上游的管道中的空间对水流起到缓冲和调蓄作用，削减其高峰流量，减小管渠断面尺寸，降低工程造价。但这将使洪峰流量断面上的水流由于水位升高而使上游形成回水，使雨水在管段中的实际流速小于理论设计流速，也就是使管内的实际水流时间 t_2 增大。为了利用这一因素产生的管道调蓄能力，可用大于1的系数乘以用满流时流速算得的管内流行时间 t_2。根据前苏联列宁格勒公用事业研究院的空隙容量计算理论，该系数在1.67左右。

综上所述，折减系数 m 实际是苏林系数与管道调蓄利用系数两者的乘积。我国对该值的研究结果表明，按照我国大多数地区采用的暴雨强度公式。

$$i=\frac{A_1(1+C\lg P)}{(t+b)^n}$$

相应的各参数值，m 值为一变数，其变化范围为 1.8～2.2。同时也指出空隙容量的利用与地形坡度有密切关系，坡度过大地区，不能利用管道空隙容量。为了使计算简便，我国《室外排水设计规范》建议折减系数的采用为：暗管 $m=2$，明渠 $m=1.2$。在陡坡地区，暗管的 $m=1.2$～2。

11.2.2.4 设计重现期的确定

雨水管渠重现期应根据汇水面积的地区建设性质（广场、干道、厂区、居住区）、地形特点、汇水面积和气象特点等因素确定，一般选用 1～3a，对于重要干道、重要地区或短期积水即能引起较严重损失的地区，宜采用较高的设计重现期，应选用 3～5a，并应和道路设计协调，经济条件较好或有特殊要求的地区宜采用规定的上限。对于特别重要的地区可采用 10 年或以上，而且在同一排水系统中也可采用同一设计重现期或不同的设计重现期。

如果在雨水排水管网的设计中使用较高的设计重现期，则计算的设计排水量就较大，排水管网系统设计规模相应增大，排水顺畅，但工程投资就比较高；反之，则投资较小，但安全性差。我国地域辽阔，各地气候、地形条件及排水设施差异较大。因此，在选用雨水管渠的设计重现期时，必须根据当地的具体条件合理选用。

综上所述，在得知确定设计重现期 P、设计降雨历时 t 的方法后，计算雨水管渠设计流量所用的设计暴雨强度公式及流量公式可写成

$$q=\frac{167A_1(1+C\lg P)}{(t_1+mt_2+b)^n} \tag{11-6}$$

$$Q=\frac{167A_1(1+C\lg P)}{(t_1+mt_2+b)^n}\psi F \tag{11-7}$$

式中 Q——雨水设计流量，L/s；
ψ——径流系数，其数值小于 1；
F——汇水面积，hm^2；
q——设计暴雨强度，$L/(s\cdot hm^2)$；
P——设计重现期，a；
t_1——地面集水时间，min；
t_2——管渠内雨水流行时间，min；
m——折减系数；
A_1，C，b，n——地方参数。

11.2.2.5 雨水管段设计流量的确定

在进行雨水管段流量的设计中，随着雨水管渠计算断面位置的不同，每个管段所承担的汇水面积也不一样，从汇水面积最远端到不同的计算断面处的集流时间 t 也是不一样的，因此，在计算管段设计流量时，应分别计算各管段的平均设计暴雨强度，采用相应的降雨历时 t。

如图 11-5 所示，Ⅰ、Ⅱ、Ⅲ为 3 块互相毗邻的区域，设汇水面积分别为 F_1、F_2、F_3，雨水从各块面积上最远点分别流入设计断面 a、b、c 所需的集水时间分别为 τ_1、τ_2、τ_3（min）。

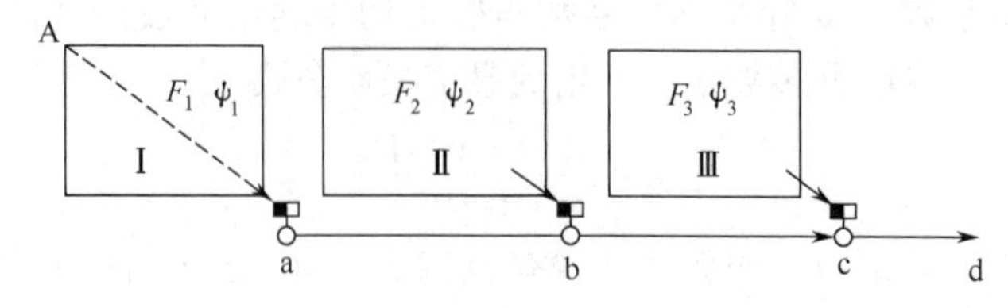

图 11-5　雨水管段设计流量计算

① a—b 管段的设计流量　a—b 管段收集的是汇水面积 F_1 上的雨水，由极限强度原理可知，当降雨开始时，只有邻近雨水口面积上的雨水能流入雨水口进入 a 断面；随着降雨历时的增加，a—b 管段内流量逐渐增加，直到 $t=\tau_1$ 时，汇水面积 F_1 上最远点 A 的雨水流到 a 断面，即 F_1 上全面积产生汇流，这时 a—b 管段内流量达最大值。因此，a—b 管段的设计流量应为

$$Q_{a-b}=\psi_1 F_1 q_1 \quad (L/s)$$

式中　ψ_1——汇水面积 F_1 上的径流系数；

q_1——管段 a—b 的设计暴雨强度，$L/(s \cdot hm^2)$，相应于降雨历时 $t=\tau_1$ 的暴雨强度，即 $q_1=\dfrac{167A_1(1+C\lg P)}{(\tau_1+b)^n}$；

A_1，C，b，n——暴雨强度公式中的参数。

② b—c 管段的设计流量　同理，b—c 管段收集的是汇水面积 F_1、F_2 上的雨水，该汇水面积产生全面积汇流的时间是最远点 A 的雨水流到 b 断面的时刻，即 $t=\tau_1+mt_{a-b}$ 时，此时，b—c 管段内流量达最大值，b—c 管段的设计流量为

$$Q_{b-c}=(\psi_1 F_1+\psi_2 F_2)q_2 \quad (L/s)$$

式中　ψ_2——汇水面积 F_2 上的径流系数；

q_2——管段 b—c 的设计暴雨强度，$L/(s \cdot hm^2)$，相应于降雨历时 $t=\tau_1+mt_{a-b}$ 的暴雨强度，即 $q_2=\dfrac{167A_1(1+C\lg P)}{(\tau_1+mt_{a-b}+b)^n}$；

m——折减系数；

t_{a-b}——管段 a—b 的管内雨水流行时间，min；

其余符号同前。

③ c—d 管段的设计流量　同理可得，c—d 管段的设计流量为

$$Q_{c-d}=(\psi_1 F_1+\psi_2 F_2+\psi_3 F_3)q_3 \quad (L/s)$$

式中　ψ_3——汇水面积 F_3 上的径流系数；

q_3——管段 c—d 的设计暴雨强度，$L/(s \cdot hm^2)$，相应于降雨历时 $t=\tau_1+m(t_{a-b}+t_{b-c})$ 的暴雨强度，即 $q_3=\dfrac{167A_1(1+C\lg P)}{[\tau_1+m(t_{a-b}+t_{b-c})+b]^n}$；

t_{b-c}——管段 b—c 的管内雨水流行时间，min；

其余符号同前。

综上所述可知，各设计管段的雨水设计流量等于该管段承担的全部汇水面积和设计暴雨强度及相应径流系数的乘积。而各管段的设计暴雨强度则是相应于该管段设计断面的集水时间的暴雨强度，即

$$Q_i=q_i\sum\psi_k F_k \tag{11-8}$$

$$q_i=\frac{167A_1(1+C\lg P)}{(t_1+mt_i+b)^n} \tag{11-9}$$

式中　Q_i——管段 i 的雨水设计流量，L/s；

F_k，ψ_k——管段 i 承担的各上游汇水面积及相应的径流系数；

q_i——管段 i 的设计暴雨强度，L/(s·hm²)；

t_1——管段 i 承担的汇水面积上的雨水从最远点流至设计断面的地面集水时间，min；

t_i——管段 i 承担的汇水面积上的雨水从最远点到管段 i 的管道内流行总时间，min；

P——设计降雨重现期，a；

A_1，C，b，n——暴雨强度公式中的参数。

应用上述推理公式式（11-8）计算雨水管段设计流量时，随着计算管段数量的增加，汇水面积不断增大，但降雨强度却逐渐减小，因而有可能会出现管网中的下游管段计算流量小于其上游管段的计算流量的结果。当出现这种情况时，应设定下游管段设计流量等于其上游管段设计流量。

11.2.2.6　雨水径流调节

确定雨水管段设计流量时，考虑到各管段中的洪峰流量不会同时出现，当任一管段达到设计流量时，其他管段都不是满流，为削减其高峰流量，减小管渠断面尺寸，常利用上游管道中的空隙容量调节雨水径流。但管道本身的这种调蓄功能对最大流量的调节是有限的。如果能在雨水管道系统设计中利用一些天然的洼地、池塘、公园水池等作为调节池，利用其较强的蓄洪能力，将大部分雨水径流的洪峰流量暂存其内，待洪峰径流量下降至设计排泄流量后，再将储存在池内的水慢慢排出。这样将会极大地降低下游雨水干管的断面尺寸；如果调节池后设有泵站，则可降低装机容量。这对降低工程造价、提高系统排水的可靠性无疑是有很大意义的。

若没有天然洼地、池塘、公园水池等作为调节池，亦可选择合理的位置设置人工的地面或地下调节池。一般可在雨水干管中游或接入大流量的管道交汇处；在进行大规模住宅建设和新城开发的区域；在拟建雨水泵站前的适当位置进行设置。

调节池设置形式一般采用溢流堰式或底部流槽式。

溢流堰式调节池通常在干管一侧设置，调节池上设有进水管和出水管。进水管较高，其管顶一般与池内最高水位相平；出水管较低，其管底一般与池内最低水位相平。如图 11-6（a）所示。当雨水流量超过下游干管的设计流量时，部分雨水流量通过溢流堰进入调节池，调节池中水位随溢流量的增大而逐渐升高；洪峰过后，随着雨水径流量的减小，储存在池内的水量通过调节池出水管不断地排走，直到调节池内的水放空为止。为了不使雨水在小流量时经池出水管倒流入调节池内，出水管需设置足够的坡度，或在出水管上设逆止阀。

底部流槽式调节池是雨水管道直接接入调节池中央底部的渐缩断面流槽上，池内流槽深度等于池下游干管的直径，如图 11-6（b）所示。当雨水流量超过下游干管的设计流量时，由于流入池内的雨水不能及时排除，而使池内逐渐被多余水量所充满，直到雨水径流量减少至小于池下游干管的排水能力时，池中蓄存的雨水开始经下游管道排除，池内水位才逐渐下降，直至排空为止。

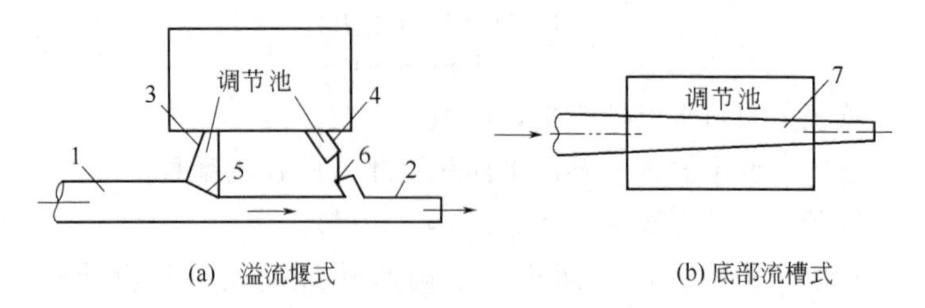

图 11-6 调节池布置

1—调节池上游干管；2—调节池下游干管；3—调节池进水管；4—调节池出水管；5—溢流堰；6—逆止阀；7—流槽

调节池的容积取决于降雨过程中暴雨强度的变化过程、汇水面积的特征及径流系数等因素。调节池内最高水位与最低水位之间的容积为有效调节容积。当雨水调蓄池用于削减排水管道的洪峰流量时，其有效容积通常采用脱过流量法确定，可按式（11-10）计算。

$$V=\left[-\left(\frac{0.65}{n^{1.2}}+\frac{b}{t}\cdot\frac{0.5}{n+0.2}+1.10\right)\lg(\alpha+0.3)+\frac{0.215}{n^{0.15}}\right]Qt \tag{11-10}$$

式中 V——调蓄池有效容积，m^3；

α——脱过系数，取值为调蓄池下游设计流量和上游设计流量之比；

Q——调蓄池上游设计流量，m^3/min；

b，n——暴雨强度公式参数；

t——降雨历时，根据式（11-4）计算，其中 $m=1min$。

雨水调蓄池的最小放空时间与放空方式密切相关。目前，雨水调蓄池的放空方式主要有重力放空和水泵压力放空两种方式。有条件时，尽量采用重力放空的方式。对于地下封闭式调蓄池，可采用重力放空与水泵压力放空相结合的方式，以降低能耗。雨水调节池的放空时间，可采用下式进行计算。

$$t_0=\frac{V}{3600Q'\eta} \tag{11-11}$$

式中 t_0——放空时间，h；

V——调蓄池有效容积，m^3；

Q'——下游排水管道或设施的受纳能力，m^3/s；

η——排放效率，一般取 0.3～0.9。

11.2.3 雨水管渠系统的水力计算

进行雨水管渠水力计算的目的是为了确定各管段的管径、坡度、流速、端点的管底标高和管道埋深等。雨水管渠水力计算仍按均匀流考虑，其水力计算公式与污水管道相同，见式（10-9）和式（10-10）。在实际计算中，通常先选定管材，参照地面坡度及最小设计坡度要求，假定管底坡度，采用根据公式制成的水力计算图或水力计算表确定管段的管径及流速。

为使雨水管渠正常工作，避免发生淤积、冲刷等现象，对雨水管渠水力计算的基本参数作下列技术规定。

（1）设计充满度　雨水的性质不同于污水，它主要含泥砂等无机物质，较污水清洁得多，加上暴雨径流量大，而相应较高设计重现期的暴雨强度的降雨历时一般不会很长，为减小工程投资，暴雨时允许地面短时积水，因此管道设计充满度按满流考虑，即 $h/D=1$。明渠则应有等于或大于 0.20m 的超高，街道边沟应有等于或大于 0.03m 的超高。

（2）设计流速　降雨时，地面的泥砂会随着雨水进入管渠中，泥砂密度大易下沉，为避免这些泥砂在管渠内沉淀下来而堵塞管道，雨水管渠的最小设计流速应大于污水管道，满流时管道内最小设计流速为 0.75m/s；由于明渠易于清淤疏通，其最小设计流速一般为 0.40m/s。

为防止管壁受到冲刷而损坏，影响及时排水，雨水管渠的设计流速不得超过一定的限度，一般规定雨水管渠的最大设计流速为：金属管 10m/s；非金属管 5m/s；明渠根据其内壁建筑材料的耐冲刷性质不同，其最大设计流速宜按表 11-3 采用。

表 11-3　明渠最大设计流速

明渠类别	最大设计流速/($m \cdot s^{-1}$)	明渠类别	最大设计流速/($m \cdot s^{-1}$)
粗砂或低塑性粉质黏土	0.80	草皮护面	1.60
粉质黏土	1.00	干砌块石	2.00
黏土	1.20	浆砌块石或浆砌砖	3.00
石灰岩及中砂岩	4.00	混凝土	4.00

注：表中数据适用于明渠水深为 $h=0.4\sim1.0$m。如果 h 在 0.4～1.0m 范围以外，表中规定的最大流速应乘以下系数：$h<0.4$m，系数 0.85；$1.0\text{m}<h<2.0$m，系数 1.25；$h\geqslant2.0$m，系数 1.40。

（3）最小管径和最小设计坡度　考虑到管道的养护，为了便于管道的清淤，保证管道内不发生泥砂沉积，雨水管道的最小管径为 300mm，相应的最小坡度塑料管为 0.002，其他管为 0.003；为了保证地面雨水能及时排入雨水管渠中，雨水口连接管最小管径为 200mm，最小坡度为 0.01。若管道坡度不能满足要求时，应设置防淤、清淤设施。

（4）最小埋深与最大埋深　具体规定同污水管道。

（5）雨水管渠的断面形式　雨水管道中常用的断面形式大多为圆形，但当断面尺寸较大时，宜采用矩形、马蹄形或其他形式。

明渠和盖板渠一般采用梯形或矩形断面，其底宽不宜小于 0.3m。无铺砌的明渠边坡，应根据不同的地质按表 11-4 采用；用砖石或混凝土块铺砌的明渠可采用 1∶0.75～1∶1 的边坡。

表 11-4　明渠边坡

地质	边坡	地质	边坡
粉砂	1∶3～1∶3.5	半岩性土	1∶0.5～1∶1
松散的细砂、中砂和粗砂	1∶2～1∶2.5	风化岩石	1∶0.25～1∶0.5
密实的细砂、中砂、粗砂或黏质粉土	1∶1.5～1∶2	岩石	1∶0.1～1∶0.25
粉质黏土或黏土砾石或卵石	1∶1.25～1∶1.5		

（6）雨水管渠的衔接方式　雨水管道是按照满流进行设计的，因此雨水管道的衔接一般采用管顶平接。

当管道接入明渠时，在管道接口处应设置挡土的端墙；为防止冲刷，连接处的土明渠应加以铺砌，铺砌长度（自管道末端算起）为 3～10m，边坡铺砌高度不低于明渠的设计超高，最好适当采用跌水，当跌水高差为 0.3～2m 时，需做 45°斜坡，斜坡应加以铺砌。当跌水高差大于 2m 时，应按水工构筑物设计消能设施。

11.2.4　雨水管渠设计计算举例

【例 11-1】　某城区的雨水管渠系统规划如图 11-7 所示，试进行该雨水管渠系统的水力计算。

已知该城市的暴雨强度公式为：

$$q=\frac{2989.3(1+0.671\lg P)}{(t+13.3)^{0.8}}$$

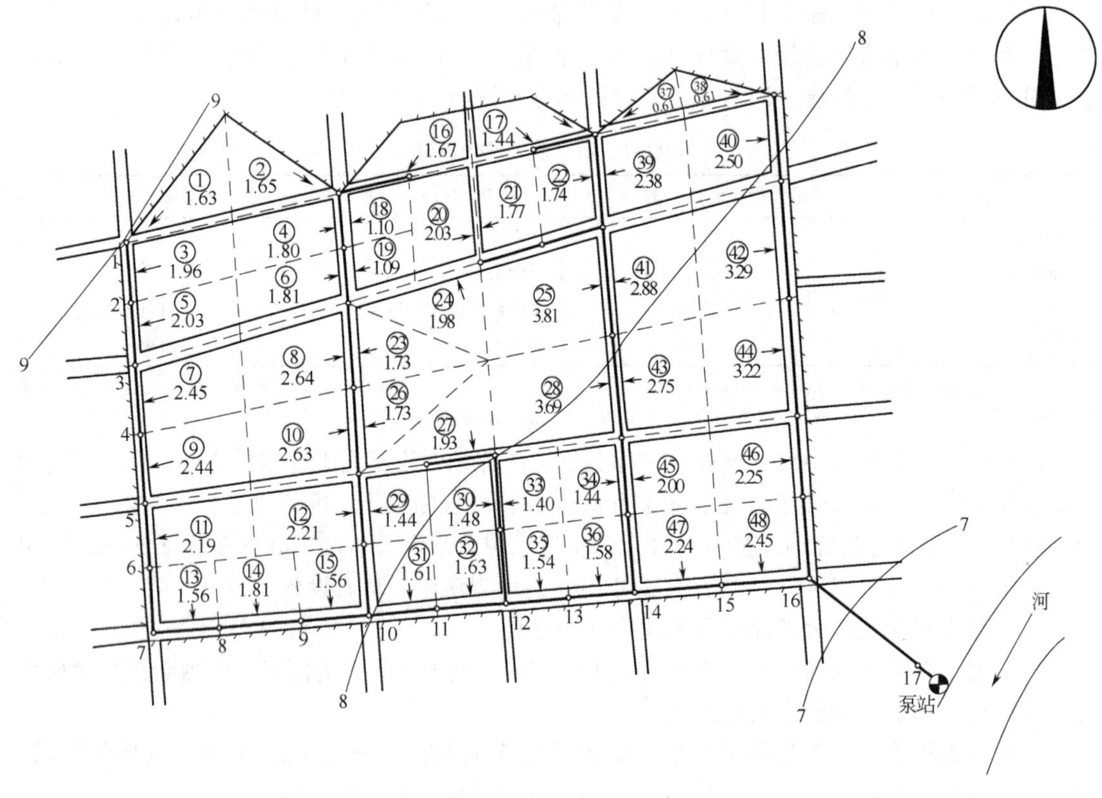

图 11-7 雨水管布置图

图中圆圈内数字为汇水面积编号；其旁边的数值为面积值，以 hm² 计。

各类地面面积占总面积的百分比见表 11-5。河流常水位为 4m，最高洪水位为 6m，设计重现期取 $P=1\text{a}$。

表 11-5 各类地面面积占总面积的百分比

地面种类	占总面积的百分比	ψ_i
屋面	48%	0.90
沥青路面	27%	0.90
草地	15%	0.15
土路面	10%	0.30

【解】 1. 根据该城区的总体规划图及管网定线情况。划分设计管段，每一设计管段的长度在 200m 以内为宜，然后将各设计管段的检查井依次编号，各检查井的地面标高见表 11-6，并把各设计管段的长度列于表 11-7 中。

按雨水就近排入附近雨水管渠的原则，划分每一设计管段所承担的汇水面积，将每块汇水面积的编号、面积值、雨水流向标注于图 11-7 中，以便于各管段汇水面积的计算。表 11-7 中列出了各设计管段汇水面积的值。

表 11-6 雨水干管的检查井地面标高

检查井编号	地面标高	检查井编号	地面标高
1	9.000	10	8.020
2	8.998	11	7.871
3	8.787	12	7.733
4	8.672	13	7.606
5	8.570	14	7.478
6	8.473	15	7.319
7	8.400	16	7.151
8	8.282	17	6.439
9	8.135		

表 11-7 雨水干管设计管段长度及汇水面积汇总表

管段编号	管段长度/m	本段汇水面积编号	本段汇水面积/hm^2	转输汇水面积/hm^2	总汇水面积/hm^2
1—2	135	1、3	3.59	0	3.59
2—3	135	5	2.03	3.59	5.62
3—4	155	7	2.45	5.62	8.07
4—5	155	9	2.44	8.07	10.51
5—6	140	11	2.19	10.51	12.7
6—7	140	—	0	12.7	12.7
7—8	150	13	1.56	12.7	14.26
8—9	190	14	1.81	14.26	16.07
9—10	160	15	1.56	16.07	17.63
10—11	160	31	1.61	39.13	40.74
11—12	160	32	1.63	40.74	42.37
12—13	145	35	1.54	47.18	48.72
13—14	150	36	1.58	48.72	50.3
14—15	200	47	2.24	78.82	81.06
15—16	200	48	2.45	81.06	83.51
16—17	200	—	0	95.38	95.38

2. 根据排水流域内各类地面所占的比例，计算该排水流域的平均径流系数。

$$\psi=\sum f_i\psi_i=48\%\times0.9+27\%\times0.9+15\%\times0.15+10\%\times0.30=0.728$$

3. 根据城区的总体规划情况，采用暗管排水。该地区地形平坦，地面集水时间采用 $t_1=10\text{min}$。管道起点埋深考虑支管的接入等条件，采用 1.8m。

4. 列表进行干管的水力计算。具体计算结果见表 11-8。

(1) 首先从上游至下游依次列出需要计算的设计管段的编号填入表 11-8 中的第 1 项，分别从表 11-6、表 11-7 中取得管长、汇水面积、设计地面标高列入第 2、3、13、14 项。

(2) 表 11-8 中的其余各项是通过计算得出的。计算中通常假定管段的起点为设计断面，设计流量从管段的起点进入。因此，各管段的设计流量是按该管段的起点，亦即上游管段终点的设计降雨历时计算的。故在进行各设计管段的暴雨强度计算时，t_2 的取值应是上游各管段的管内雨水流行时间之和 $\sum t_2$。所以对起始管段而言，其 $\sum t_2=0$，如本例中设计管段

1—2的$\sum t_2=0$。

(3) 根据确定的设计参数，求单位面积径流量q_0。

$$q_0=\psi q=0.728\times\frac{2989.3(1+0.671\lg 1)}{(10+2\sum t_2+13.3)^{0.8}}=\frac{2176.21}{(23.3+2\sum t_2)^{0.8}}\ [\mathrm{L/(s\cdot hm^2)}]$$

如管段 1—2 的$\sum t_2=0$，代入上式求得$q_0=\frac{2176.21}{23.3^{0.8}}=175.19\ [\mathrm{L/(s\cdot hm^2)}]$；管段 3—4 的$\sum t_2=t_{1-2}+t_{2-3}=2.78+2.56=5.33$ (min)，代入上式求得$q_0=\frac{2176.21}{(23.3+2\times 5.33)^{0.8}}=129.58\ [\mathrm{L/(s\cdot hm^2)}]$，将$q_0$列入表 11-8 第 6 项。

(4) 用各设计管段的单位面积径流量乘以该管段的总汇水面积求得管段的设计流量。如管段 1—2 的设计流量$Q=q_0\times F=175.19\times 3.59=628.94$ (L/s)，列入表 11-8 第 7 项。

(5) 求得管段的设计流量后，既可采用水力计算表或水力计算图求各设计管段的管径、管道坡度和流速。计算结果既要符合水力计算设计数据的技术规定，又应经济合理。如管段 1—2 所处的地面坡度为$\frac{9.000-8.998}{135}=0.000015$，若采用地面坡度作为设计坡度，则在该管段的设计流量下，管内流速远小于 0.75m/s，不符合技术规定，故应进行调整。当$I=0.0007$，$D=1000$mm 时，$v=0.81$m/s，均符合设计数据的技术规定，填入表 11-8 中的第 8、9、10 项。然后按照确定的管径、管道坡度和流速，复核管道的实际输水能力Q'，该值应等于或略大于设计流量。

(6) 根据设计管段的设计流速，求出本管段的管内流行时间t_2，如管段 1—2 的$t_2=\frac{L_{1-2}}{60v_{1-2}}=\frac{135}{60\times 0.81}=2.78$ (min)，将该值列入表 11-8 中第 5 项。

(7) 降落量由管道长度乘以管道坡度。如管段 1—2 的降落量为$IL=0.0007\times 135=0.095$ (m)，列入表 11-8 中第 12 项。

(8) 根据冰冻情况、管道的衔接及承受荷载的要求，确定管道起点的埋深。本例起点 1 的埋深为 1.800m，则起点 1 的管内底标高为起点地面标高减去该点的管道埋深，即 9.000－1.800＝7.200 (m)；管段 1—2 的终点 2 的管内底标高为起点 1 的管内底标高减去该管段的降落量，即 7.200－0.095＝7.105 (m)；终点 2 的埋深为该点的地面标高减去其管内底标高，即 8.998－7.1055＝1.893 (m)。其余各管段的计算方法与此基本相同，只是根据管段间采用管顶衔接的方式，先推求管段起始端的管内底标高，如管段 2—3 的起端管内底标高为管段 1—2 的末端管内底标高加上管段 1—2 与管段 2—3 的管径差值，即 7.105＋(1000－1100)/1000＝7.005 (m)，然后再由该值推求终端管内底标高和管段端点的埋深，计算方法同起点管段。

(9) 在划分各计算管段的汇水面积时，应尽可能使各管段的汇水面积均匀增加，否则会出现下游管段设计流量小于上游管段设计流量的情况。这是由于下游管段的集水时间大于上一管段的集水时间，因此，下游管段设计暴雨强度小于上一管段设计暴雨强度，而总汇水面积却增加很小的缘故。若出现这种情况，应取上游管段的设计流量作为下游管段的设计流量。如管段 6—7 的计算流量为 1241.62L/s，小于管段 5—6 的设计流量 1329.43L/s，因此管段 6—7 的设计流量应取 1329.43L/s。

(10) 本例只进行了干管的水力计算，在实际工程设计中，干管与支管是同时进行计算的。在干管和支管相接的检查井处，会出现两个或两个以上的$\sum t_2$和管底标高值，再继续计算相交后的下一干管时，应采用较大的$\sum t_2$和较小的管底标高值。

表 11-8 雨水干管水力计算表

设计管段编号	管长 L /m	汇水面积 F /hm^2	管内雨水流行时间 /min		单位面积径流量 q_0/($L \cdot s^{-1} \cdot ha^{-1}$)	设计流量 Q /($L \cdot s^{-1}$)	管径 D /mm	坡度 I /‰	流速 v /($m \cdot s^{-1}$)	管道输送能力 Q' /($L \cdot s^{-1}$)	坡降 $I \cdot L$ /m	设计地面标高 /m		设计管内底标高 /m		埋深 /m	
			$\sum t_2=\sum \frac{L}{v}$	$t_2=\frac{L}{v}$								起点	终点	起点	终点	起点	终点
1	2	3	4	5	6	7	8	9	10	11	12	13	14	15	16	17	18
1—2	135	3.59	0.00	2.78	175.19	628.94	1000	0.7	0.81	636	0.095	9.000	8.998	7.200	7.105	1.800	1.893
2—3	135	5.62	2.78	2.56	147.65	829.77	1100	0.7	0.88	836	0.099	8.998	8.787	7.005	6.906	1.993	1.880
3—4	155	8.07	5.33	2.78	129.58	1045.70	1200	0.7	0.93	1052	0.113	8.787	8.672	6.806	6.693	1.980	1.979
4—5	155	10.51	8.11	2.41	114.79	1206.45	1200	1.0	1.07	1210	0.149	8.672	8.570	6.693	6.544	1.979	2.026
5—6	140	12.70	10.53	1.98	104.68	1329.43	1200	1.2	1.18	1335	0.164	8.570	8.473	6.544	6.380	2.026	2.093
6—7	140	12.70	12.50	1.98	97.77	1241.62 (1329.43)	1200	1.2	1.18	1335	0.164	8.473	8.400	6.380	6.216	2.093	2.184
7—8	150	14.26	14.48	2.12	91.80	1309.08 (1329.43)	1200	1.2	1.18	1335	0.176	8.400	8.282	6.216	6.040	2.184	2.242
8—9	190	16.07	16.60	2.57	86.25	1386.05	1200	1.3	1.23	1391	0.242	8.282	8.135	6.040	5.798	2.242	2.337
9—10	160	17.63	19.17	2.12	80.44	1418.12	1200	1.3	1.26	1425	0.214	8.135	8.020	5.798	5.585	2.337	2.435
10—11	160	40.74	21.29	1.72	76.28	3107.49	1600	1.4	1.55	3116	0.220	8.020	7.871	5.185	4.964	2.835	2.907
11—12	160	42.37	23.01	1.72	73.23	3102.84 (3107.49)	1600	1.4	1.55	3116	0.220	7.871	7.733	4.964	4.744	2.907	2.989
12—13	145	48.72	24.73	1.41	70.45	3432.24	1600	1.7	1.71	3438	0.243	7.733	7.606	4.744	4.501	2.989	3.105
13—14	150	50.30	26.15	1.46	68.33	3437.14	1600	1.7	1.71	3438	0.252	7.606	7.478	4.501	4.249	3.105	3.229
14—15	200	81.06	27.61	1.94	66.29	5373.41	2000	1.3	1.72	5404	0.252	7.478	7.319	3.849	3.597	3.629	3.722
15—16	200	83.51	29.55	1.94	63.78	5326.48 (5373.41)	2000	1.3	1.72	5404	0.252	7.319	7.151	3.597	3.345	3.722	3.806
16—17	200	95.38	31.48	1.78	61.48	5863.90	2000	1.5	1.87	5875	0.298	7.151	6.439	3.345	3.047	3.806	3.391

5. 绘制雨水干管的平面图及纵剖面图。具体见图 11-8 及图 11-9。

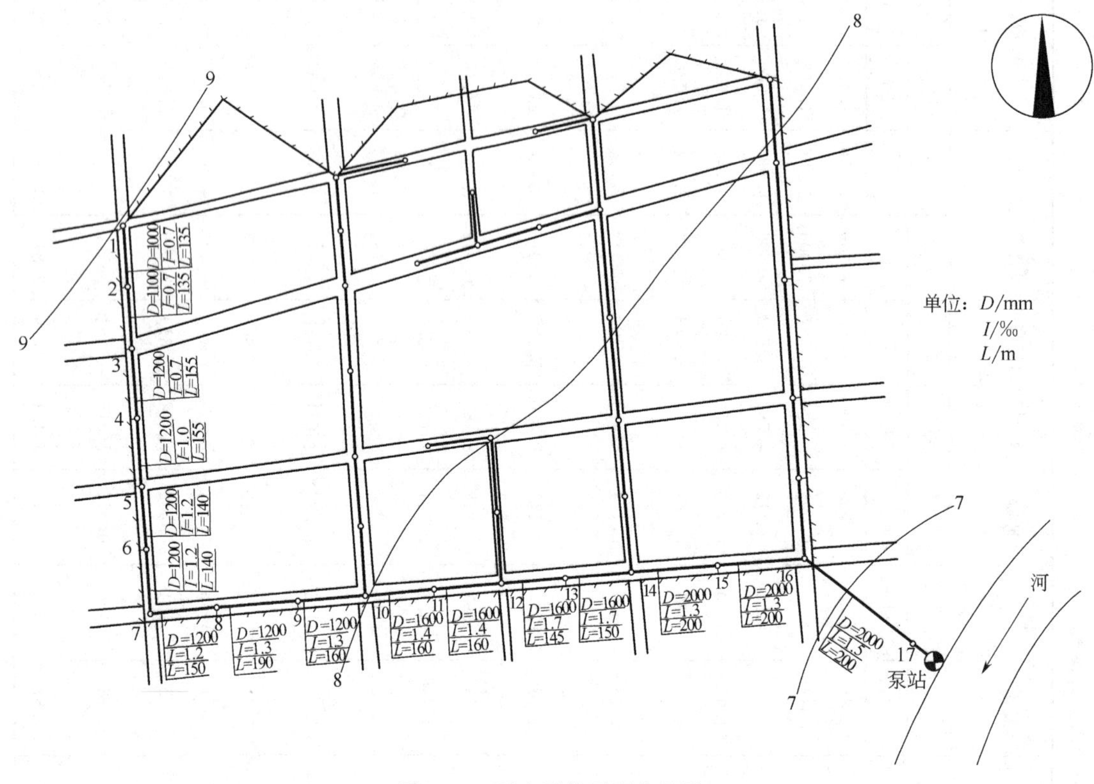

图 11-8 雨水干管平面布置图

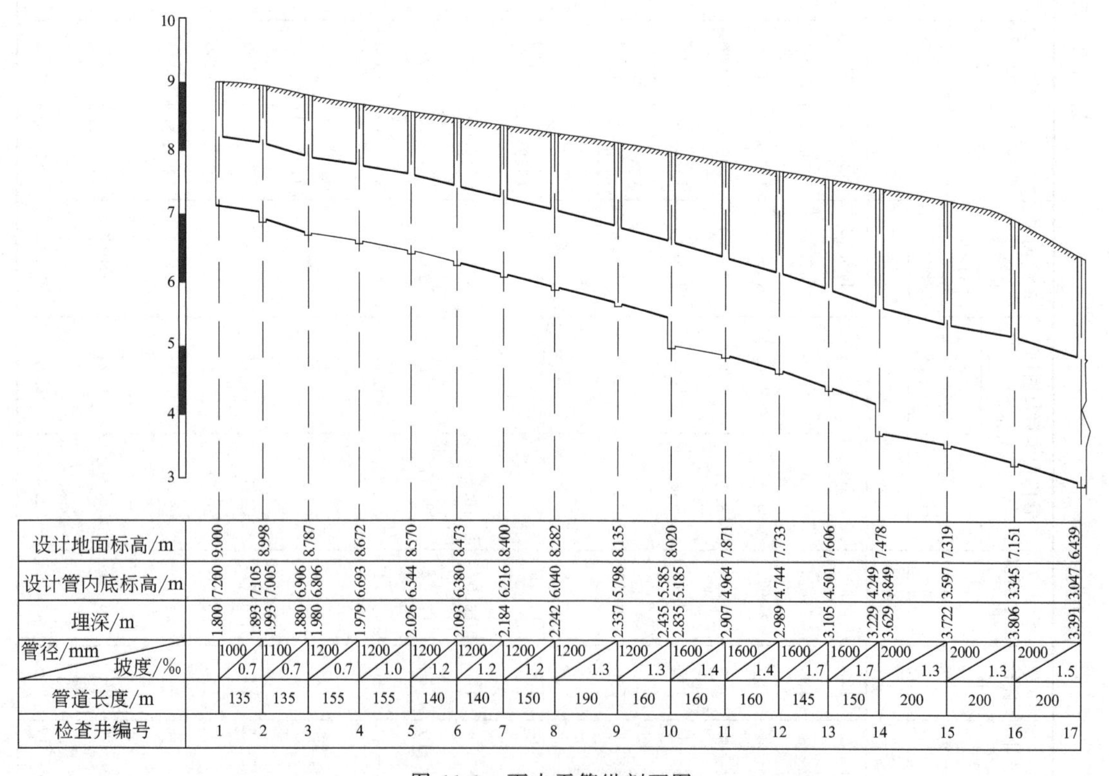

检查井编号	1	2	3	4	5	6	7	8	9	10	11	12	13	14	15	16	17
设计地面标高/m	9.000	8.998	8.787	8.672	8.570	8.473	8.400	8.282	8.135	8.020	7.871	7.733	7.606	7.478	7.319	7.151	6.439
设计管内底标高/m	7.200	7.105 7.005	6.906 6.806	6.693	6.544	6.380	6.216	6.040	5.798	5.585 5.185	4.964	4.744	4.501	4.249 3.849	3.597	3.345	3.047
埋深/m	1.800	1.893 1.993	1.880 1.980	1.979	2.026	2.093	2.184	2.242	2.337	2.435 2.835	2.907	2.989	3.105	3.229 3.629	3.722	3.806	3.391
管径/mm	1000	1100	1200	1200	1200	1200	1200	1200	1200	1600	1600	1600	1600	2000	2000	2000	
坡度/‰	0.7	0.7	0.7	1.0	1.2	1.2	1.2	1.3	1.3	1.4	1.4	1.7	1.7	1.3	1.3	1.5	
管道长度/m	135	135	155	155	140	140	150	190	160	160	160	145	150	200	200	200	

图 11-9 雨水干管纵剖面图

11.3 立交道路排水

随着国民经济的飞速发展，全国各地修建的公路、铁路立交工程逐日增多。立交工程一般设在交通繁忙的主要干道上，车辆多，速度快。而立交工程位于下层道路的最低点，往往比周围干道约低2～3m，形成盆地，而且道路的纵坡很大，立交范围内的雨水径流很快就汇至立交最低点，极易造成严重的积水。若不及时排除雨水，便会对交通安全产生严重的威胁。

立交道路排水主要解决降雨形成的地面径流和必须排除的地下水。雨水设计流量的计算公式同一般雨水管渠，当需排除地下水时，还应包括排除的地下水量。与一般道路排水相比，在设计时具有下列特点。

（1）尽量缩小汇水面积，以减小设计流量。立交的类别和形式较多，每座立交的组成部分也不完全相同，但其汇水面积一般应包括引道、坡道、匝道、跨线桥、绿地以及建筑红线以内（约10m左右）的适当面积。在划分立交雨水排水系统汇水面积时，如果条件许可，应尽量将属于立交范围的一部分面积划归附近另外的排水系统，采取分散排放的原则，减小立交最低点的雨水径流。可将路面高的雨水接入附近较高的排水系统，自流排出；路面低的雨水接入另一较低的排水系统，若不能自流排出，设置排水泵站提升排放。这样可避免所有雨水都汇集到最低点造成排泄不及而积水，同时还应设置防止路面高的雨水进入低水系统的拦截设施。

（2）注意排除地下水。当立交工程最低点低于地下水位时，若地下水渗出路面，不仅会影响道路的寿命，而且还会影响交通，尤其在冬季因道路结冰还可能造成交通事故。因此，为保证路基经常处于干燥状态，使其具有足够的强度和稳定性，保持良好的使用性质，需要采取必要的措施排除地下水。通常可埋设渗渠或花管来汇集地下水，使其自流排入附近雨水干管或河湖。若高程不允许自流排出时，则应设泵站抽升，必要时打井排水。

（3）采用较高的排水设计标准。由于立交道路在交通上的特殊性，为保证交通不受影响，畅通无阻，排水设计标准应高于一般道路。根据各地经验，暴雨强度的设计重现期不小于3a，重要区域标准可适当提高。同一立交工程的不同部位可采用不同的重现期。交通繁忙、汇水面积大的部位取高限，反之取低限。地面集水时间宜取5～10min。此外，由于路面坡度大，管内流行时间不宜乘折减系数2。径流系数ψ值应根据地面种类分别计算，宜为0.8～1.0。国内几个城市立交排水的设计参数见表11-9，可供参考。

表11-9 国内几个城市立交排水的设计参数

城市	P/a	t_1/min	ψ
北京	一般1～2，特殊3（或变重现期），郊区1	5～8	0.9（或按覆盖情况分别计算）
天津	一般2，特殊1、3	5～10	0.9（或加权平均）
上海	1～2	7	0.9
石家庄	5		0.9～1.0
无锡	5		0.9
郑州	5	10	0.9
太原	3～5		0.9～1.0
济南	5～6	5	0.9

（4）雨水口应布设在便于拦截径流的位置。立交道路的雨水口一般沿坡道两侧对称布

置，越靠近最低点，雨水口布置应越密集，并应增加雨水口井箅数量，往往会从单箅或双箅增加到8箅或10箅。面积较大的立交，除坡道外，在引道、匝道、绿地中都应在适当距离和位置设置一些雨水口。位于最高点的跨线桥，为不使雨水径流距离过长，通常由泄水孔将雨水排入立管，再引入下层的雨水口或检查井中。

（5）管道布置及断面选择。立交排水管道的布置，应与其他市政管道综合考虑；并应避开立交桥基础，若无法避开时，应从结构上加固，如加设柔性接口，或改用铸铁管等，以解决承载力和基础不均匀沉降所带来的问题。此外，立交道路的交通量大，排水管道的维护管理较困难。一般可将管道断面适当加大，起点断面最小管径不小于400mm，后续各管段的设计断面均应按设计值加大一级。

（6）对于立交地道工程，当最低点位于地下水位以下时，应采取排水或降低地下水位的措施。宜设置独立的排水系统并保证系统出水口通畅，排水泵站不能停电。

11.4 排洪沟的设计与计算

在山区和丘陵地区，位于山坡或山脚下的工厂和城镇常常会受到山洪的威胁。山区地形坡度大，集水时间短，洪水历时也不长，所以水流急，流势猛，且水流中还夹带着砂石等杂质，冲刷力大，容易使山坡下的工厂和城镇受到破坏而造成严重损失。因此，为了尽量减少洪水造成的危害，保护城市、工厂的工业生产和人民生命财产安全，除了要及时排除建成区内的暴雨径流外，还应在工厂和城镇受山洪威胁的外围开沟以拦截并排除建成区以外、分水线以内沿山坡倾泻而下的山洪流量，并通过排洪沟道将洪水引出保护区，排入附近水体。

排洪沟设计的任务就在于开沟引洪，整治河沟，修建构筑物等，以便有组织地、及时地拦截并排除山洪径流，保护山坡下工厂和城镇的安全。

11.4.1 设计洪峰流量

在进行排洪沟设计时，首先要确定洪峰设计流量，然后根据设计流量确定排洪沟的断面尺寸。

排洪沟属于小汇水面积上的排水构筑物。一般情况下，小汇水面积没有实测的流量资料，往往采用实测暴雨资料间接推求设计洪水量，并假定暴雨与其所形成的洪水流量同频率。同时考虑到山区河流流域面积一般只有几平方公里至几十平方公里，平时水小，甚至干枯；汛期水量急增，集流快。因此，在确定排洪沟设计流量时，以推求洪峰流量为主，而不考虑洪水总量及其径流过程。

目前我国各地区对于小流域的山洪洪峰流量的计算方法一般有三种。

（1）洪水调查法　主要是深入现场，勘察洪水位的痕迹，推导它发生的频率，选择和测量河槽断面，按式（11-12）计算流速，然后按式（11-13）计算出调查的洪峰流量。

$$v=\frac{1}{n}R^{\frac{2}{3}}I^{\frac{1}{2}} \tag{11-12}$$

$$Q=Av \tag{11-13}$$

式中　Q——洪峰流量；

v——流速；

n——河槽的粗糙系数；

R——水力半径，即河槽的过水断面与湿周之比；

I——水面比降，可用河底平均比降代替；

A——河槽断面面积。

最后通过流量变差系数和模比系数法，将调查得到的某一频率的流量换算成设计频率的洪峰流量。

(2) 推理公式法 用推理公式求设计洪峰流量时，需要较多的基础资料，计算过程也较繁琐。推理公式有中国水科院水文研究所公式、小径流研究组公式和林平一公式三种。三种公式各有假定条件和适用范围。

中国水科院水文研究所提出的推理公式是我国目前应用较为广泛的一种公式，即

$$Q=0.278\frac{\psi S}{\tau^n}F \tag{11-14}$$

式中 Q——设计洪峰流量，m^3/s；

ψ——洪峰径流系数；

S——暴雨雨力，即与设计重现期相应的最大的一小时降雨量，mm/h；

τ——流域的集流时间，h；

n——暴雨强度衰减指数；

F——流域面积，km^2。

此公式适用于流域面积为 40～50km^2 的地区。

(3) 地区性经验公式法 常用的经验公式有多种形式，我国应用最普遍的是以流域面积 F 为参数的一般地区性经验公式，即

$$Q=KF^n \tag{11-15}$$

式中 Q——设计洪峰流量，m^3/s；

F——流域面积，km^2；

K，n——随地区及洪水频率而变化的系数和指数。

该法使用方便，计算简单，但地区性很强。相邻地区采用时，必须注意各地区的具体条件是否一致，否则不宜套用。地区经验公式可参阅各省（区）水文手册。

对于以上三种方法，应特别重视洪水调查法。在此法的基础上，再结合其他方法进行计算。

11.4.2 设计防洪标准

防洪工程的规模是根据洪峰设计流量拟定的。要准确、合理地拟定某项防洪工程规模，需要综合考虑该工程的性质、范围以及重要性等因素来确定防洪设计标准。它一般是以洪峰流量计算的设计频率表示的。实际工作中一般常用重现期衡量设计标准的高低，即重现期越大，则设计标准就越高，工程规模也就越大；反之，设计标准低，工程规模小。

根据我国防洪工程的特点和防洪工程运行的实践，我国山洪防治标准及城市防洪标准分别见表 11-10 和表 11-11。

表 11-10 山洪防治标准

工程等级	防护对象	防洪标准	
		频率/%	重现期/a
二	大型工业企业，重要中型工业企业	2～1	50～100
三	中小型工业企业	5～2	20～50
四	工业企业生活区	10～5	10～20

表 11-11 城市防洪标准

工程等级	防护对象			防洪标准	
	城市等级	人口/万人	重要性	频率/%	重现期/a
一	大城市、重要城市	>50	重要政治、经济、文化、国防中心，交通枢纽，特别重要工业企业	<1	>100
二	中等城市	20～50	比较重要政治、经济中心，大型工业企业，重要中型工业企业	2～1	50～100
三	小城市	<20	一般性小城市，中小型工业企业	5～2	20～50

此外，我国的水利电力、铁路、公路等部门，根据所承担的工程性质、范围和重要性，也制定了部门的防洪标准。

11.4.3 排洪沟的设计要点

排洪沟的设计涉及面广，影响因素复杂，应根据城镇或工厂总体规划、山区自然流域划分范围、山坡地形及地貌条件、原有天然排洪沟情况、洪水走向及冲刷情况、当地工程地质及水文地质条件、当地气象条件等各种因素综合考虑，合理布置排洪沟。

(1) 排洪沟布置应与建筑区总体规划密切配合，统一考虑 傍山建设的工厂和居住区在选址时，应对当地洪水的历史和现状进行充分的调查研究，搞清楚洪水的走向，合理布置排洪沟，避免把厂房建筑或居住建筑设在山洪口上，不与洪水主流顶冲。

排洪沟应布置在厂区、居住区外围靠山坡一侧，避免穿绕建筑群。应与铁路、公路、建筑区排水等工程相协调，尽量避免穿越铁路、公路，以减少交叉构筑物。以免因沟道转折过多而增加桥、涵的投资，造成沟道水流不顺畅，转弯处小水淤、大水冲的状况。

排洪沟与建筑物及山坡开挖线之间应留有 3m 以上的距离，以防水流冲刷建筑物基础及造成山坡塌方。

(2) 排洪沟应尽可能利用原有天然山洪沟 原有山洪沟是洪水经若干年冲刷形成的，其形状、底板均已比较稳定，因此应尽量利用原有的天然沟道作排洪沟。当利用原有沟道不能满足设计要求而必须加以整修时，亦不宜大改大动，应尽可能保持原有沟道的水力条件，因势利导，使洪水下泄通畅。

(3) 排洪沟应尽量利用自然地形坡度 排洪沟的走向，大部分应沿地面水流的垂直方向，因此应充分利用地形坡度，使截流的山洪水能以最短距离靠重力排入受纳水体。一般情况下，排洪沟是不设中途泵站的。同时，当排洪沟截取几条截流沟的水流时，在交汇处截流沟应尽可能斜向下游，并与排洪沟成弧线连接，以使水流能平缓进入排洪沟内，防止冲刷。

(4) 排洪沟采用明渠或暗渠应视具体条件确定 为了养护管理的方便，排洪沟一般采用明渠，但当排洪沟通过市区或厂区时，由于建筑密度较高、交通量大，应采用暗渠。

(5) 排洪明渠平面布置的基本要求

① 进口段 为使洪水能顺利进入排洪沟，进口形式和布置是很重要的。进口段的形式应根据地形、地质及水力条件进行合理的选择。常用的进口形式有两种。一种是排洪沟直接插入山洪沟，衔接点的高程为原山洪沟的高程。适用于排洪沟与山沟夹角小的情况，也适用于高速排洪沟。另一种进口形式是侧流堰式，将截流坝的顶面做成侧流堰渠与排洪沟直接相接。此形式适用于排洪沟与山洪沟夹角较大且进口高程高于原山洪沟沟底高程的情况。

通常进口段的长度不小于 3m，在进口段的上段一定范围内应进行必要的整治，以使衔接良好，水流通畅，具有较好的水流条件。

为防止洪水冲刷变形，进口段应选择在地形和地质条件良好的地段。

② 出口段　排洪沟出口段应布置在不致冲刷排放地点（河流、山谷等）的岸坡，因此出口段应选择在地形较平缓、地质条件良好的地段，并采取护砌措施。

此外，出口段宜设置渐变段，逐渐增大底宽，以减少单宽流量，降低流速；在出口段与河沟的交汇处，其交汇角对于河流下游方向要小于90°，并做成弧形弯道，做适当铺砌，以防冲刷。为防止河水倒灌、排水不畅，出口标高宜在相应的排洪设计重现期的河流洪水位以上，一般应在河流常水位以上。

③ 连接段　当排洪沟受地形限制走向无法布置成直线时，应保证转弯处有良好的水流条件，不应使弯道处受到冲刷。

一般平面上转弯处的弯曲半径不应小于5～10倍的设计水面宽度。当有浆砌块石铺面时，弯曲半径应不小于2.5倍的设计水面宽度。

排洪沟的安全超高一般采用0.3～0.5m。

在弯道处，由于水流因离心力作用，使水流轴线偏向弯曲段外侧，设计时外侧沟高应大于内侧沟高，即弯道外侧沟高除考虑沟内水深及安全超高外，尚应增加沟内外侧水位差h值的1/2。同时应加强弯道处的护砌。

当排洪沟的宽度发生变化时，应设渐变段。渐变段的长度为5～10倍两段沟底宽度之差。

（6）排洪沟纵坡的确定　排洪沟的纵坡应根据地形、地质、护砌、原有排洪沟坡度以及冲淤情况等条件确定，一般不小于1%。设计纵坡时，应使沟内水流速度均匀增加，以防止沟内产生淤积。当纵坡很大时，为防止冲刷，应考虑设置跌水或陡槽，但不得设在转弯处。一次跌水高度通常为0.2～1.5m。陡槽纵坡一般为20%～60%，多采用片石、块石或条石砌筑，也有采用钢筋混凝土浇筑的，其终端应设消力设施。

（7）排洪沟的断面形式、材料及其选择　排洪沟的断面形式常采用梯形断面。当建筑区地面较窄或需少占农田时，可采用矩形断面，最小断面$B \times H = 0.4m \times 0.4m$。

排洪沟的材料及加固形式应根据沟内最大流速、当地地形及地质条件、当地材料供应情况确定。一般常用片石、块石铺砌。土明沟不宜采用。

（8）排洪沟的最大流速　为了防止山洪冲刷，应按流速的大小选用不同铺砌加固沟底沟壁的强度。表11-12列出了不同铺砌的排洪沟的最大设计流速的规定。

表11-12　常用铺砌及防护渠道的最大设计流速

序号	铺砌及防护类型	水流平均深度/m			
		0.4	1.0	2.0	3.0
		最大设计流速/(m·s^{-1})			
1	单层铺石(石块尺寸15cm)	2.5	3.0	3.5	3.8
2	单层铺石(石块尺寸20cm)	2.9	3.5	4.0	4.3
3	双层铺石(石块尺寸15cm)	3.1	3.7	4.3	4.6
4	双层铺石(石块尺寸20cm)	3.6	4.3	5.0	5.4
5	水泥砂浆砌软弱沉积岩块石砌体,石材强度等级不低于MU10	2.9	3.5	4.0	4.4
6	水泥砂浆砌中等沉积岩块石砌体	5.8	7.0	8.1	8.7
7	水泥砂浆砌,石材强度等级不低于MU15	7.1	8.5	9.8	11.0

11.4.4 排洪沟的水力计算

排洪沟水力计算仍按均匀流考虑，其水力计算公式见式（10-9）和式（10-10）。

进行排洪沟道水力计算时，常遇到下述情况。

（1）已知设计流量、渠底坡度，确定渠道断面。通常采用试算法，先假定排洪沟的水深、底宽、边坡系数、底坡、粗糙系数，根据式（10-10）求出排洪沟的流速（需满足最大流速规定），再根据式（10-9）求出排洪沟的输水量，若计算流量与设计流量误差大于5%，则修改水深值重复上述计算，直至求得计算流量与设计流量误差小于5%为止。

（2）已知设计流量或流速、渠道断面及粗糙系数，求渠道底坡。

（3）已知渠道断面、渠壁粗糙系数及渠道底坡，复核渠道的输水能力。

思 考 题

1. 暴雨强度与最大平均暴雨强度的含义有何区别？

2. 暴雨强度与哪些因素有关？推求暴雨强度公式有何意义？我国常用的暴雨强度公式有哪些形式？

3. 试述地面集水时间的含义。一般应如何确定地面集水时间？

4. 折减系数的含义是什么？为什么计算雨水管道设计流量时要考虑折减系数？在雨水管道计算设计流量时，为什么地面坡度大于0.03的地区，折减系数 m 不能采用2而只采用1.2?

5. 雨水管道为什么要按满流计算？

6. 进行雨水管道设计计算时，在什么情况下会出现下游管段的设计流量小于上游？若出现应如何处理？

7. 雨水管渠平面布置与污水管道平面布置相比有何特点？

8. 设计规范规定的污水和雨水管渠的设计参数有何异同？为什么？

9. 雨水径流调节有何意义？通常采用什么方法调节？

10. 排洪沟的作用是什么？如何确定排洪沟的设计标准？其设计标准为什么比雨水管渠的设计标准高得多？

习 题

1. 从某市一场暴雨自记雨量记录中求得5min、10min、15min、20min、30min、45min、60min、90min、120min的最大降雨量分别是13mm、20.7mm、27.2mm、33.5mm、43.9mm、45.8mm、46mm、47.3mm、47.7mm。试计算各历时的最大平均暴雨强度 i(mm/min) 及 q[L/(s·hm^2)] 值。

2. 某地有20年自记雨量记录资料，每年取20min暴雨强度值4～8个，不论年次而按大小排列，取前100项为统计资料，其中 $i_{20}=2.12$mm/min排在第2项，试问该暴雨强度的重现期为多少年？如果雨水管渠设计中采用的设计重现期分别为2a、1a、0.5a的20min的暴雨强度，那么这些值应排列在第几项？

3. 北京市某小区面积共22hm^2，其中屋面面积占该区总面积的30%，沥青道路面积占16%，级配碎石路面面积占12%，非铺砌土路面占4%，绿地面积占38%。试计算该区的平均径流系数。当采用设计重现期为 $P=5$a、2a、1a及0.5a时，试计算设计降雨历时 $t=20$min时的雨水设计流量各是多少？

4. 雨水管道平面布置如图11-10所示。各设计管段的本段汇水面积标注在图上，单位以hm^{2}计。假定设计流量均从管段起点进入。已知当重现期 $P=1$a时，暴雨强度公式为：

$$i=\frac{20.154}{(t+18.768)^{0.784}}\ (\mathrm{mm/min})$$

经计算，径流系数 $\psi=0.6$。取地面集水时间 $t_1=10\mathrm{min}$，折减系数 $m=2$。各管段的数据如下：$L_{1-2}=120\mathrm{m}$，$L_{2-3}=130\mathrm{m}$，$L_{4-3}=200\mathrm{m}$，$L_{3-5}=200\mathrm{m}$；$v_{1-2}=1.0\mathrm{m/s}$，$v_{2-3}=1.2\mathrm{m/s}$，$v_{4-3}=0.85\mathrm{m/s}$，$v_{3-5}=1.2\mathrm{m/s}$。试计算各管段的设计流量。

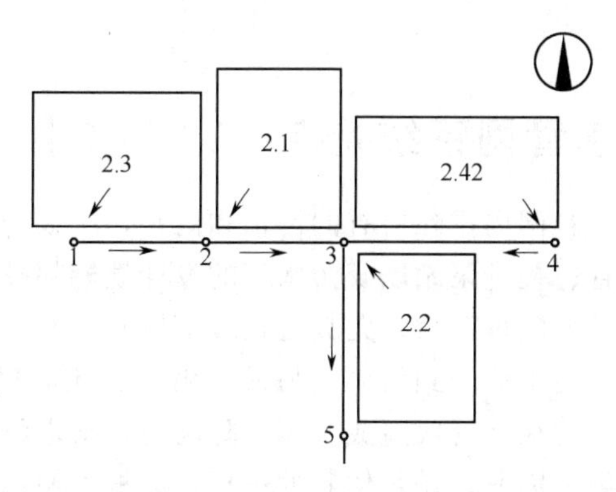

图 11-10　雨水管道平面布置

12 合流制排水管网设计与计算

12.1 合流制排水管网系统特点

合流制排水系统在同一管网内排除所有的污水和雨水，所以管线单一，管渠总长度相对较短。但是，合流制截流管、提升泵站以及污水厂的设计规模都较分流制排水系统大，截流管的埋深也比单设的雨水管渠的埋深大。尤其是在暴雨期间，有一部分带有生活污水和工业废水的混合污水溢入水体，使水体受到污染。另外，由于合流制排水管渠的过水断面很大，晴天流量很小，流速很低，往往在管底造成淤积。降雨时，雨水将沉积在管底的大量污物冲刷起来带入水体，形成污染。因此，排水体制的选择，应根据城镇和工业企业的规划、环境保护要求、污水利用情况、原有排水设施、水质、水量、气候和水体等条件，从全局出发，通过技术经济比较，综合考虑确定。

在下述情形下可考虑采用合流制。

(1) 排水区域内有一处或多处水量充沛的水体，其流量和流速都足够大，一定量的混合污水排入后对水体造成的污染危害程度在允许的范围以内。

(2) 街坊和街道的建设比较完善，必须采用暗埋管渠排除雨水，而街道横断面又较窄，管渠的设置位置受到限制时，可考虑选用合流制。

(3) 地面有一定的坡度倾向水体，当水体高水位时，岸边不受淹没。污水在中途不需要中途泵站。

在采用合流制管网系统时，应首先满足环境保护的要求，即保证水体所受的污染程度在允许的范围内，只有在这种情况下才可根据当地城市建设及地形条件合理地选用合流制管网系统。

当采用截流式合流制管网时，其布置特点如下。

(1) 管网的布置应使所有服务面积上的生活污水、工业废水和雨水都能合理地排入管渠，并能以可能的最短距离坡向水体。

(2) 沿水体岸边布置与水体平行的截流干管，在截流干管的适当位置上设置截流井，使超过截流干管设计输送能力的那部分混合污水能顺利地通过截流井就近排入水体。

(3) 必须合理地确定截流井的数目和位置，以便尽可能减少对水体的污染、减小截流干管的断面尺寸和缩短排放渠道的长度。从对水体的污染情况看，合流制管网中的初期雨水虽被截流处理，但溢流的混合污水仍使水体受到污染。为改善水体环境卫生，截流井的数目宜少，且其位置应尽可能设置在水体的下游。从经济上讲，为了减少截流干管的尺寸，截流井的数量多一点好，这可使混合污水及早溢入水体，降低截流干管下游的设计流量。但是，截流井过多，将增加截流井和排放渠道的造价，特别是在截流井离水体较远、施工条件困难时更是如此。当截流井的溢流堰口标高低于水体最高水位时，需在排放渠道上设置防潮门、闸门或排涝泵站，为降低泵站的造价和便于管理，截流井应适当集中，不宜过多。

(4) 在合流制管网的上游排水区域，如果雨水可沿地面的街道边沟排泄，则该区域可只设置污水管道。只有当雨水不能沿地面排泄时，才考虑布置合流制管网。

目前，我国许多城市的旧市区多采用合流制，而在新建区和工矿区则应采用分流制，特别是当生产污水中含有有毒物质，其浓度又超过允许的卫生标准时，则必须预先对这种污水单独进行处理到符合排放水质标准后，再排入合流制管网。

12.2　合流制排水管网设计流量

（1）完全合流制排水管网设计流量　完全合流制排水管渠系统应按下式计算管道的设计流量。

$$Q_Z = Q_s + Q_g + Q_y = Q_h + Q_y \tag{12-1}$$

式中　Q_Z——完全合流制管网的设计流量，L/s；

Q_s——设计综合生活污水量，L/s；

Q_g——设计工业废水量，L/s；

Q_y——雨水设计流量，L/s；

Q_h——截流井以前的旱流污水量即为 Q_s 和 Q_g 之和，L/s。

Q_s、Q_g 均计算平均日流量。Q_h 不包括检查井、管道接口和管道裂隙等处的渗入地下水和雨水，相当于在无降雨日的城市污水量，所以 Q_h 也称旱流污水量。

（2）截流式合流制排水管网设计流量　截流式合流制排水管网中的截流井上游管渠部分实际上也相当于完全合流制排水管网，其设计流量计算方法与式（12-1）完全相同。采用截流式合流制排水系统时，当截流井上游合流污水的流量超过一定数值以后，就有部分合流污水经截流井直接排入接纳水体。当截流井内的水流刚达到溢流状态的时候，截流管中的雨水量与旱流污水量的比值称为截流倍数 n_0，其意为不从截流井泄出而进入截流管的雨水量。截流倍数应根据旱流污水的水质和水量及其总变化系数、水体卫生要求、水文、气象条件等因素计算确定。显然，截流倍数的取值也决定了其下游管渠的大小和污水处理厂的设计负荷。截流井下游截流管道的设计流量可按下式计算。

$$Q_j = (n_0 + 1)Q_h + Q_h' + Q_y' \tag{12-2}$$

式中　Q_j——截流式合流制排水管网截流井下游截流管道的总设计流量，L/s；

n_0——设计截流倍数；

Q_h——从截流井截流的上游日平均旱流污水量，L/s；

Q_h'——截流井下游纳入的旱流污水量，L/s；

Q_y'——截流井下游纳入的设计雨水量，L/s。

设计与计算截流干管和截流井，要合理地确定所采用的截流倍数 n_0 值。从环境保护的要求出发，为使水体少受污染，应采用较大的截流倍数。但从经济上考虑，截流倍数过大，将会增加截流干管、提升泵站以及污水厂的设计规模和造价，同时造成进入污水厂的污水水质和水量在晴天和雨天的差别过大，带来很大的运行管理困难。调查研究表明，降雨初期的雨污混合水中 BOD 和 SS 的浓度比晴天污水中的浓度明显增高，当截流雨水量达到最大小时污水流量的 2～3 倍时（若小时流量变化系数为 1.3～1.5 时，相当于平均小时污水量的 2.6～4.5 倍），从截流井中溢流出来的混合污水中的污染物浓度将急剧减少，当截流雨水量超过最大小时污水量的 2～3 倍时，溢流混合污水中的污染物浓度的减少量就不再显著。因此，可以认为截流倍数 n_0 的值采用 2.6～4.5 是比较经济合理的。

我国《室外排水设计规范》规定截流倍数 n_0 的值按排放条件的不同采用 1～5，并必须经当地卫生主管部门的同意。在同一排水系统中可采用同一截流倍数或不同截流倍数，我国多数城市一般采用截流倍数 n_0 为 2～3。美国、日本及西欧各国，多采用截流倍数 n_0 为3～5。

一条截流管渠上可能设置了多个截流井与多根合流管道连接，因此设计截流管道时要按各个截流井接入点分段计算，使各段的管径和坡度与该段截流管的水量相适应。

根据合流排水体制的工作特点可知，在无雨的时候，无论是合流管道还是截流管道，其输送的水量就是旱流污水量。所以在无雨的时候，合流管道或截流管道中的流量变化必定就是旱流流量的变化。这个变化范围对管道的工程设计意义不大，因为在一般情况下，合流管或截流管道中的雨水量必定大大超出旱流流量的变化幅度，使设计雨水量的影响总会覆盖旱流流量的变化，因而在确定合流管道或截流管道管径的时候，一般忽略旱流流量变化的影响。

在降雨的时候，完全合流制管道或截流式合流制管道可以达到的最大流量即为式（12-1）或式（12-2）的计算值，一般为管道满流时所能输送的水量。

12.3 合流制排水管网的水力设计要点

合流制排水管网一般按满管流设计。水力计算的设计数据包括设计流速、最小坡度和最小管径等，和雨水管网设计基本相同。合流制排水管网水力计算包括以下内容。

（1）截流井上游合流管的计算。

（2）截流干管和截流井的计算。

（3）晴天旱流情况校核。

截流井上游合流管网的计算与雨水管网的计算基本相同，只是它的设计流量要包括雨水、生活污水和工业废水。合流管网的雨水设计重现期一般应比分流制雨水管网的设计重现期提高 10%～25%，因为虽然合流管网中混合废水从检查井溢出的可能性不大，但合流管网一旦溢出混合污水比雨水管网溢出的雨水所造成的污染要严重得多，为了防止出现这种可

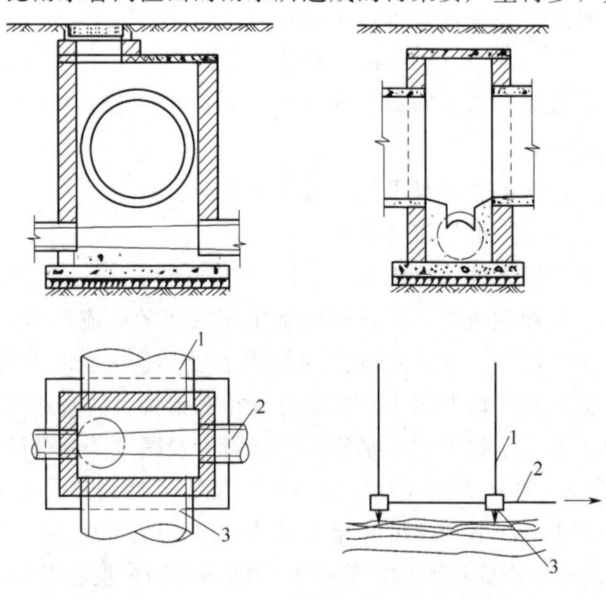

图 12-1 截流槽式截流井

1—合流管渠；2—截流干管；3—排出管渠

能情况，合流管网的设计重现期和允许的地面积水程度一般都需要更加安全。

截流井是截流干管上最重要的构筑物。最简单的截流井是在井中设置截流槽，槽顶与截流干管管顶相平（见图 12-1）。

关于晴天旱流流量校核，应使旱流时流速能满足污水管渠最小流速要求。当不能满足这一要求时，可修改设计管段的管径和坡度。应当指出，由于合流管渠中旱流流量相对较小，特别是在上游管段，旱流校核时往往不易满足最小流速的要求，此时可在管渠底设置缩小断面的流槽以保证旱流时的流速，或者加强养护管理，利用雨水流量冲洗管渠，以防淤塞。

12.4 旧合流制管网改造的方法

城市排水管网一般随城市的发展而相应地发展。最初，城市往往用合流明渠直接排除雨水和少量污水至附近水体。随着工业的发展和人口的增加集中，为保证市区的卫生条件，便把明渠改为暗管渠，污水仍基本上直接排入附近水体。也就是说，大多数的大城市，旧的排水管网一般都采用完全合流制排水。据有关资料介绍，日本有 70%左右、英国有 67%左右的城市采用合流制排水系统。我国绝大多数的大城市也采用这种系统。随着工业与城市的进一步发展，直接排入水体的污水量迅速增加，势必造成水体的严重污染。为保护水环境，对城市已建旧合流制排水管渠系统的改造是城市发展中必然出现和必须解决的问题。

目前，对城市旧合流制排水系统的改造，通常有如下几种途径。

(1) 改为分流制　将合流制改为分流制可以完全控制混合污水对水体的污染，因而是一个比较彻底的改造方法。这种方法由于雨水和污水分流，需要处理的污水量将相对减少，污水在成分上的变化也相对较小，所以污水厂的运行管理容易控制。通常，在具有下列条件时，可考虑将合流制改造为分流制。

① 建筑内有完善的卫生设备，便于将生活污水与雨水分流。

② 工厂内部可清浊分流，可以将符合要求的生产污水接入城市污水管网，将较清洁的生产废水接入城市雨水管网系统，或可将其循环使用。

③ 城市街道的横断面有足够的位置，允许增建分流制污水管道，并且不对城市的交通造成严重影响。一般地说，建筑内部的卫生设备目前已日趋完善，将生活污水与雨水分流比较易于做到；但工厂内的清浊分流，因已建车间内工艺设备的平面位置与竖向布置比较固定而不太容易做到；至于城市街道横断面的大小，则往往由于旧城市（区）的街道比较窄，加之年代已久，地下管线较多，交通也较频繁，因此改建工程的施工难度较大。

(2) 改造为截流式合流制管网　由于将合流制改为分流制往往因投资大、施工困难等原因而较难在短期内做到，所以目前旧合流制排水系统的改造多采用保留合流制，修建截流干管，即改造成截流式合流制排水系统。这种系统的运行情况已如前述。但是，截流式合流制排水系统并没有杜绝对水体的污染。溢流的混合污水不仅含有部分旱流污水，而且夹带有晴天沉积在管底的污物。据调查，1953～1954 年，由伦敦溢流入泰晤士河的混合污水的 BOD_5 浓度平均高达 221mg/L，而进入污水厂的污水的 BOD_5 也只有 239～281mg/L。由此可见，溢流混合污水的污染程度仍然是相当严重的，足以对水体造成局部或全局污染。

(3) 对溢流混合污水进行适当处理　由于从截流式合流制排水管网溢流的混合污水直接排入水体仍会造成污染，其污染程度随工业与城市的进一步发展而日益严重，为了保护水体，可对溢流混合污水进行适当处理。处理措施包括细筛滤、沉淀，有时还通过投氯消毒后再排入水体。也可增设蓄水池或地下人工水库，将溢流的混合污水储存起来，待暴雨过后再将其抽送入截流干管经污水厂处理后排放。这样，可以较好地解决溢流混合污水对水体的污染问题。

（4）对溢流混合污水量进行控制　为减少溢流混合污水对水体的污染，在土壤有足够渗透性且地下水位较低（至少低于排水管底标高）的地区，可采用提高地表持水能力和地表渗透能力的措施来减少暴雨径流，从而降低溢流的混合污水量。例如，据美国的研究结果，采用透水性路面或没有细料的沥青混合料路面，可削减高峰径流量的83%，且载重运输工具或冰冻不会破坏透水性路面的完整结构，但需定期清理路面以防堵塞。也可采用屋面、街道、停车场或公园里为限制暴雨进入管道的临时蓄水塘等表面蓄水措施，削减高峰径流量。

应当指出，城市旧合流制排水系统的改造是一项很复杂的工作，必须根据当地的具体情况，与城市规划相结合，在确保水体免受污染的条件下，充分发挥原有排水系统的作用，使改造方案有利于保护环境，经济合理，切实可行。

思　考　题

1. 什么情况下考虑采用合流制排水系统？合流制管网的设计有何特点？
2. 合流制雨水管网截流井上、下游管道的设计流量计算有何不同？如何合理确定截流倍数？
3. 为什么城市合流制排水系统改造具有必要性？如何因地制宜进行改造？
4. 你认为小区排水系统宜采用分流制还是合流制？为什么？

习　　题

某市一工业区拟采用合流管渠系统，其管渠平面布置如图12-2所示，各设计管段的管长和排水面积、工业废水量见表12-1。

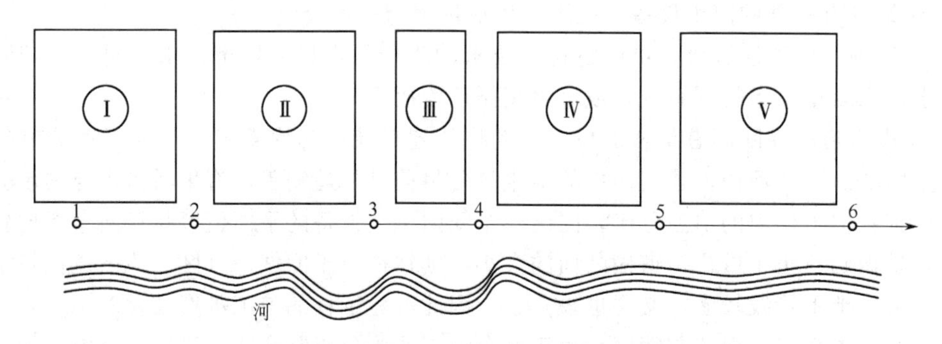

图12-2　某市一工业区合流管渠平面布置

表12-1　设计管段的管长和排水面积、工业废水量

管段编号	管长/m	排水面积/hm^2				本段工业废水流量/$(L \cdot s^{-1})$	备　注
		面积编号	本段面积	转输面积	合计		
1—2	85	Ⅰ	1.20			20	
2—3	128	Ⅱ	1.79			10	
3—4	59	Ⅲ	0.83			60	
4—5	138	Ⅳ	1.93			0	
5—6	165.5	Ⅴ	2.12			35	

其他原始资料如下。

（1）设计雨水量计算公式　暴雨强度公式为

$$q=\frac{10020(1+0.56\lg p)}{t+36}$$

设计重现期采用1a；地面集水时间 t_1 采用10min；该设计区域平均径流系数经计算为0.45。

(2) 设计人口密度为300人/hm²，生活污水量定额按100L/(人·d)计。

(3) 截流干管的截流倍数 n_0 采用3。

试计算：

(1) 各设计管段的设计流量；

(2) 若在5点设置溢流堰式截流井，则5—6管段的设计流量及5点的截流量各为多少？此时5—6管段的设计管径可比不设截流井时的设计管径小多少？

13 排水管道材料、接口、基础及管渠系统构筑物

13.1 排水管渠的断面及材料

排水系统的主要组成部分之一是排水管渠部分，其造价约占排水系统总造价的70%左右。正确地选择排水管渠的材料和断面形式等，对降低整个排水系统造价，保证其正常运转具有重要的意义。

13.1.1 排水管渠的断面形式

排水管道一般采用预制的圆形管道敷设，直径一般小于2m。当管道设计断面较大时，不采用预制管道而现场按图建造，断面不限于圆形，称为沟渠。因此，排水管道和沟渠统称为管渠。管渠必须不漏水，不能渗入，亦不能渗出。

排水管渠的断面形式必须满足静力学、水力学、经济性以及养护管理方面的要求。在静力学方面，管道必须有较大的稳定性，在承受各种荷载时稳定而坚固。在水力学方面，管道断面应具有最大的排水能力，并在一定的流速下不产生沉淀物。在经济方面，管道造价应该是最低的。在养护方面，管道断面应便于冲洗和清通，没有淤积。

常用的管道断面形式有圆形、半椭圆形、马蹄形、矩形、梯形和蛋形等（见图13-1）。

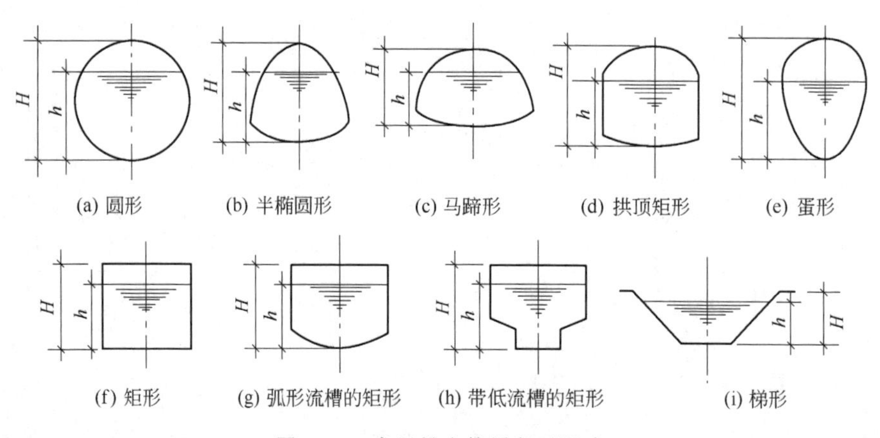

图13-1 常用排水管渠断面形式

圆形断面有较好的水力性能，在一定的坡度下，指定的断面面积具有最大的水力半径，因此流速大，流量也大。此外，圆形管便于预制，使用材料经济，对外力的抵抗力较强。若挖土的形式与管道相称时，能获得较高的稳定性，在运输和施工养护方面也较方便，因此是最常用的一种断面形式。

半椭圆形断面，在土压力和活荷载较大时，可以更好地分配管壁压力，因而可减小管壁厚度。在污水流量无大变化及管渠直径大于2m时，采用此种形式的断面较为合适。

马蹄形断面的高度小于宽度。在地质条件较差或地形平坦、受纳水体水位限制，需要尽量减少管道埋深以降低造价时，可采用此种形式的断面。又由于马蹄形断面的下部较大，对

于排除流量无大变化的大流量污水，较为适宜。马蹄形管的稳定性与回填土的坚实度有关，回填土坚实，稳定度大，回填土松软，则两侧底部的管壁易产生裂缝。

蛋形断面由于底部较小，从理论上看，在小流量时可以维持较大的流速，因而可减少淤积。但实际养护经验证明，这种断面的冲洗和清通工作比较困难。

矩形断面可以就地浇制或砌筑，并可按需要将深度增加，以增大排水量。某些工业企业的污水管道、路面狭窄地区的排水管道以及排洪沟常采用这种断面形式。

不少地区在矩形断面的基础上，将渠道底部用细石混凝土或水泥砂浆做成弧形流槽，以改善水力条件。也可在矩形渠道内做底流槽。这种组合的矩形断面是为合流制管道设计的，晴天时污水在底流槽内流动，以保持一定的充满度和流速，使之能够免除产生淤积或减轻淤积程度。

梯形断面适用于明渠，它的边坡取决于土壤性质和铺砌材料。

13.1.2 常用的管渠材料

（1）混凝土管和钢筋混凝土管　混凝土和钢筋混凝土管适用于排除雨水、污水，分为混凝土管、轻型钢筋混凝土管、重型钢筋混凝土管三种。它们可以在专门的工厂预制，也可在现场浇制。管口通常有承插式、企口式、平口式，如图 13-2 所示。

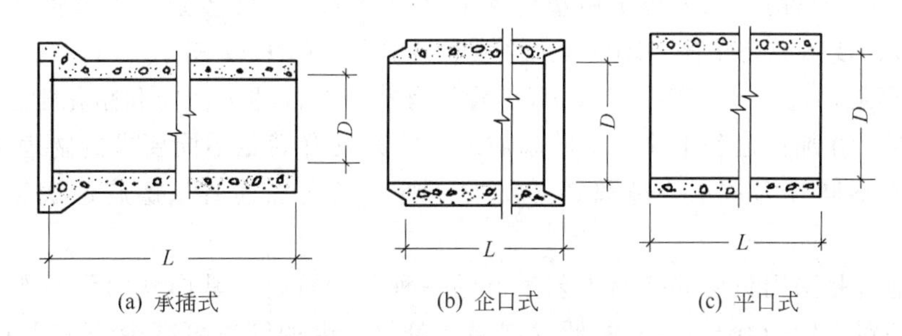

图 13-2　混凝土管和钢筋混凝土管

混凝土管的管径一般小于 600mm，管节长度多为 1m，适用于管径较小的无压管。当管道埋深较大或敷设在土质条件不良地段，以及穿越铁路、河流、谷地时通常都采用钢筋混凝土管。钢筋混凝土的管径一般为 500～1800mm，管节长度为 1～3m。目前我国某些厂可以制造口径 2400mm 的大型预制管，常用离心法制造，管壁均匀密实，质量较好，被广泛采用。

混凝土管和钢筋混凝土管便于就地取材，制造方便，而且可根据抗压的不同要求，制成无压管、低压管、预应力管等，所以在排水管道系统中得到普遍应用。钢筋混凝土管及预应力钢筋混凝土管除一般用做重力流排水管道外，亦可用做排水泵站的压力管及倒虹管。其主要缺点是抵抗酸、碱侵蚀及抗渗性能较差、管节短、接头多、施工复杂。在地震烈度大于 8 度的地区及饱和松砂、淤泥和淤泥土质、冲填土、杂填土的地区不宜敷设。另外大管径管的自重大，搬运不便。

（2）陶土管　陶土管是由塑性黏土制成的。为了防止在焙烧过程中产生裂缝，通常按一定比例加入耐火黏土及石英砂，经过研细、调和、制坯、烘干、焙烧等过程制成。根据需要可制成无釉、单面釉、双面釉的陶土管。若采用耐酸黏土和耐酸填充物，还可以制成特种耐酸陶土管。

陶土管一般制成圆形断面，有承插式和平口式两种形式。

普通陶土排水管（缸瓦管）最大公称直径可达300mm，有效长度800mm，适用于居民区室外排水管。耐酸陶瓷管最大公称直径国内可做到800mm，一般在400mm以内，管节长度有300mm、500mm、700mm、1000mm几种。

带釉的陶土管内外壁光滑，水流阻力小，不透水性好，耐磨损，抗腐蚀。适用于排除酸碱性较强的工业废水，或作为设置在有侵蚀性地下水地区的排水管道。陶土管的缺点是质脆易碎，不宜远运，不能承受内压；抗弯抗拉强度低，不宜敷设在松土中或埋深较大的地方；此外，管节短，需要较多的接口，增加施工麻烦和费用。

(3) 金属管　常用的金属管有铸铁管及钢管。室外重力流排水管道一般很少采用金属管，只有当排水管道承受高内压、高外压或对渗漏要求特别高的地方，如排水泵站的进出水管、穿越铁路、河道的倒虹管或靠近给水管道和房屋基础时，才采用金属管。在地震烈度大于8度或地下水位高、流沙严重的地区也采用金属管。室内排水管道常采用金属管，但多半用低压铸铁管或给水管道的次品。

金属管质地坚固，抗压，抗震，抗渗性能好；内壁光滑，水流阻力小；管子每节长度大，接头少；但价格昂贵，抵抗酸碱腐蚀及地下水侵蚀的能力差，在采用钢管时必须涂刷耐腐蚀的涂料并注意绝缘。

(4) 塑料管　目前，城市排水用塑料管按材质分主要有硬质聚氯乙烯管（UPVC）、聚乙烯管（PE）、玻璃钢夹砂管（RPM）、改性聚丙烯管（FRPP）等。

① 硬质聚氯乙烯管（UPVC）　UPVC管具有较高的抗冲击性能和耐化学性能，可根据使用要求不同，在加工过程中添加不同添加剂，使其具有满足不同要求的物理和化学性能。根据结构形式不同分为单层实壁管、芯层发泡管、径向加筋管、螺旋缠绕管、双壁波纹管等。

芯层发泡管是采用三层共挤出工艺生产的一种新型管材，其内外两层与普通UPVC相同，中间是相对密度为0.7～0.9的低发泡层。单位长度的管材可减少约17%UPVC用量，同时改善了管材的绝热和隔声性能。

径向加筋管是采用特殊模具和成型工艺生产的UPVC塑料管，其特点是减小了管壁厚度，同时还提高了管材承受外压荷载的能力，管外壁上带有径向加强筋，提高了管材环刚度。此种管材在相同外荷载作用下，比普通UPVC管可节约30%左右的材料，管径可加工到*DN*500mm。

螺旋缠绕管由带有倒“T”形肋的板材卷制而成，板材之间由快速嵌接的自锁机构锁定。在自锁机构中加入胶黏剂黏合。这种制管技术的最大特点是可以在现场按工程需要卷制成不同直径的管道，管径可从*DN*150～2600mm。

双壁波纹管管壁纵截面由两层结构组成，外层为波纹状，内层光滑，这种管材比普通UPVC管节省40%原料，有较好的承受外荷载能力。

② 聚乙烯管（PE）　聚乙烯管按其密度不同分为高密度聚乙烯管（HDPE）、中密度聚乙烯管（MDPE）和低密度聚乙烯管（LDPE）。聚乙烯管根据结构形式不同可分为单层实壁管、双壁波纹管和螺旋缠绕管等。应用于城市排水的主要是双壁波纹管和螺旋缠绕管。

③ 改性聚丙烯管（FRPP）　改性聚丙烯管是在聚丙烯原料中添加改性剂，提高聚丙烯管的物理力学性能。添加玻璃纤维，通过模压成型工艺生产的FRPP管具有较高的环刚度，管径可加工到*DN*1200mm。

④ 玻璃钢夹砂管（RPM）　玻璃钢夹砂管是采用短玻璃纤维离心或长玻璃纤维缠绕，

中间夹砂工艺制作，管壁略厚，环向刚度较大，可用做承受内、外压的埋地管道，管径可从DN500～2600mm。玻璃钢夹砂管具有强度高、重量轻、耐腐蚀等特点。

塑料管和传统金属管相比，具有重量轻、耐腐蚀、卫生安全、水流阻力小、安装方便等特点，受到了管道工程界的青睐。为此，许多发达国家塑料制品制造商与管道工程界进行广泛的合作，投入了大量人力、物力和财力进行全面的开发研究，使原料合成生产、管材管件制造技术、设计理论和施工技术等方面得到了发展和完善，并积累了丰富的实践经验，促使塑料管在管道工程中占据了相当重要的位置，并形成一种势不可挡的发展趋势。在国外，近几年塑料管道的发展非常迅速。

塑料管的优点主要体现在以下几方面。

① 塑料管属于柔性管，抗压，抗冲击，在受压破坏之前可以有较大的变形，且是柔性接口，适用各种地基。

② 塑料管由于内壁光滑，输送液体时摩阻明显小于混凝土管。塑料管的内壁粗糙率为0.010左右，而混凝土管为0.013，因此在相同使用条件下，塑料管的输水量可比混凝土管提高30%。实践证明，在同样的坡度下，采用直径较小的塑料埋地排水管就可以达到要求的流量。

③ 塑料管材耐腐蚀性强，抗酸碱，密封性能好，耐老化，使用寿命长达50年；适用温度范围广，在－80～60℃温度范围内不冻裂，不膨胀渗漏；同时，塑料埋地排水管的抗磨损性能也很好。

④ 在管道敷设安装方面，塑料埋地排水管重量轻、长度大、接头少，对于管沟和基础的要求低（而混凝土管一般需要做素混凝土基础），连接方便，施工快捷。在城市拥挤或地质恶劣地区（如地下水位高、地基松软地区），塑料埋地排水管的优点更为明显。

⑤ 虽然塑料埋地排水管的价格相对较高，但是国内外的实践经验证明，在正确设计和合理施工的情况下，采用塑料埋地排水管的工程总造价常常低于混凝土排水管。

(5) 大型排水沟渠　排水管道的预制管管径一般小于2m，当管道设计断面大于1.5m时，可在现场建造大型排水沟渠。建造大型排水沟渠常用的建筑材料有砖、石、陶土块、混凝土块、钢筋混凝土块和钢筋混凝土等。采用钢筋混凝土时，要在施工现场支模浇制，采用其他几种材料时，在施工现场主要是铺砌或安装。在多数情况下，建造大型排水渠道，常采用两种以上材料。

排水沟渠的上部称为渠顶，下部称为渠底，常和基础做在一起，两壁称为渠身。图13-3所示为矩形大型排水沟渠，由混凝土和砖两种材料建成。这种渠道的跨度可达3m，施工也较方便。

砖砌渠道在国内外排水工程中应用较早，目前在我国仍普遍使用。常用的断面形式有圆形、矩形、半椭圆形等。可用普通砖或特制的楔形砖砌筑。当砖的质地良好时，砖砌渠道能抵抗污水或地下水的腐蚀作用，很耐久。因此能用于排泄有腐蚀性的废水。在石料丰富的地区，常采用条石、方石或毛石砌筑渠道。通常将渠顶砌成拱形，渠底和渠身扁光、勾缝，以使水力性能良好。图13-4所示为某地用条石砌筑的合流制排水渠道。图13-5及图13-6所示为沈阳、西安两市采用的预制混凝土装配式渠道。装配式渠道预制块材料一般用混凝土或钢筋混凝土，也可用砖砌。为了增强渠道结构的整体性、减少渗漏的可能性以及加快施工进度，在设备条件许可的情况下应尽量加大预制块的尺寸。渠道的底部是在施工现场用混凝土浇制的。

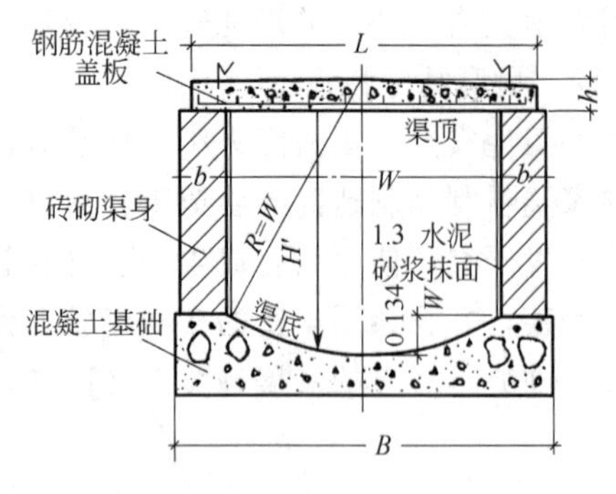

图 13-3 矩形大型渠道

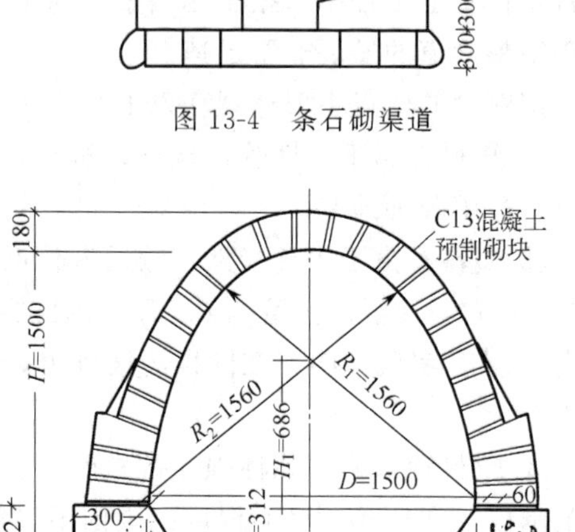

图 13-4 条石砌渠道

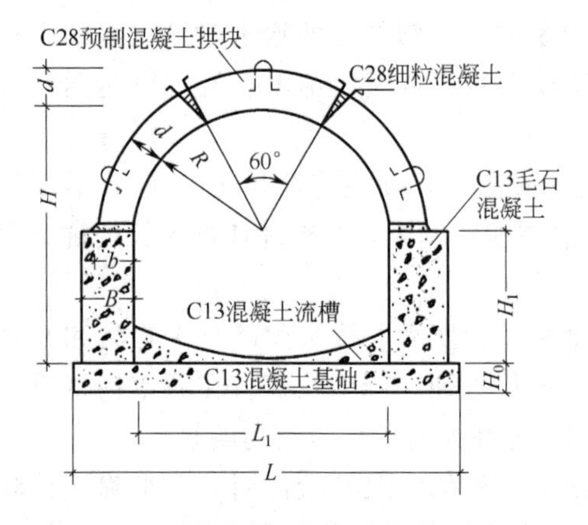

图 13-5 预制混凝土块拱形渠道（沈阳）

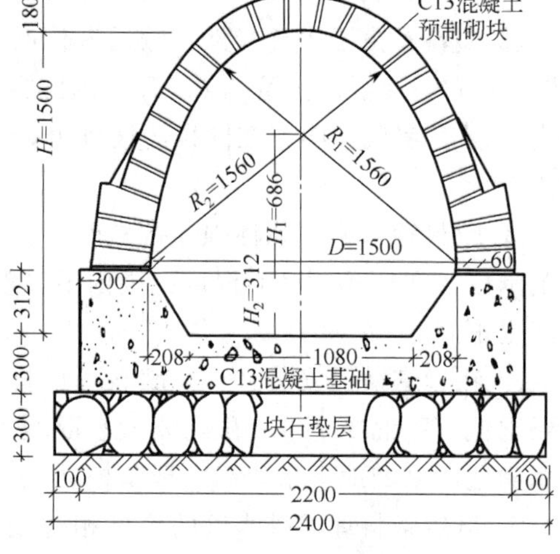

图 13-6 预制混凝土块污水渠道（西安）

合理选择管渠材料是管渠设计的重要问题，对降低排水系统的造价影响很大。选择排水管渠材料时，应从技术、经济及其他方面等综合考虑。如排除碱性（pH＞10）的工业废水时可用铸铁管或砖渠，也可在钢筋混凝土渠内做塑料衬砌。排除弱酸性（pH 为 5～6）的工业废水可用陶土管或砖渠。排除强酸性（pH＜5）的工业废水时可用耐酸陶土管及耐酸水泥砌筑的砖渠或用塑料管等。当排除生活污水及中性或弱碱性的工业废水时，上述各种管材都能用。

根据管道受压、管道埋设地点及土质条件，压力管段（泵站压力管、倒虹管）一般可采用金属管、钢筋混凝土管或预应力钢筋混凝土管。在地震区、施工条件较差的地区（地下水位高、有流沙等）以及穿越铁路时，可采用金属管。而在一般地区的重力流管道常采用混凝土管、钢筋混凝土管、塑料管等。

总之，选择管渠材料时，在满足技术要求的前提下，应尽可能就地取材，采用当地易于自制、便于供应和运输方便的材料，以使运输及施工总费用降至最低。

13.1.3 排水管道的接口

排水管道接口就是用接口材料把一节节的管道连成一条管道。排水管道的不透水性和耐久性在很大程度上取决于敷设管道时接口的质量。管道接口应具有足够的强度、不透水、能抵抗污水或地下水的侵蚀并有一定的弹性。

(1) 钢筋混凝土管和混凝土管接口 根据接口的弹性，一般分为柔性、刚性和半柔半刚性三种接口形式。

柔性接口允许管道纵向轴线交错 3～5mm 或交错一个较小的角度，而不致引起渗漏。常用的柔性接口有沥青卷材及橡胶圈接口。沥青卷材接口用在无地下水，地基软硬不一，沿管道轴向沉陷不均匀的无压管道上。橡胶圈接口使用范围更加广泛，特别是在地震区，对管道抗震有显著作用。柔性接口施工复杂，造价较高。在地震区采用有其独特的优越性。

刚性接口不允许管道有轴向的交错，但比柔性接口施工简单、造价较低，因此采用较广泛。常用的刚性接口有水泥砂浆抹带接口、钢丝网水泥砂浆抹带接口。刚性接口抗震性能差，用在地基比较良好、有带形基础的无压管道上。

半柔半刚性接口介于上述两种接口形式之间，使用条件与柔性接口类似。常用的是预制套环石棉水泥接口。

下面介绍几种常用的接口方法。

① 水泥砂浆抹带接口（见图 13-7） 在管子接口处用 1∶(2.5～3) 的水泥砂浆抹成半椭圆形或其他形状的砂浆带，带宽 120～150mm，属于刚性接口。一般适用于地基土质较好的雨水管道，或用于地下水位以上的污水支线上。企口管、平口管、承插管均可采用此种接口。

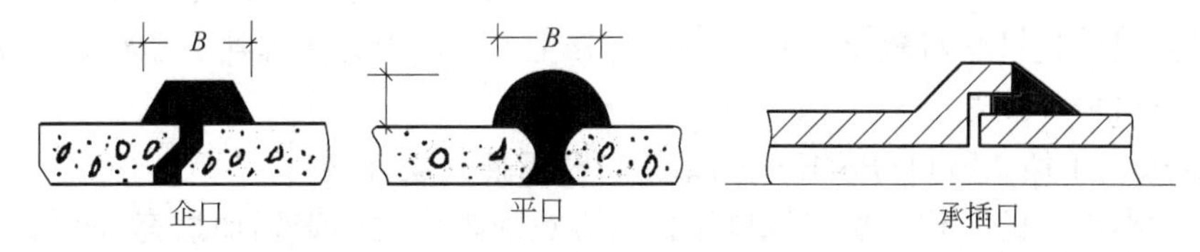

图 13-7 水泥砂浆抹带接口

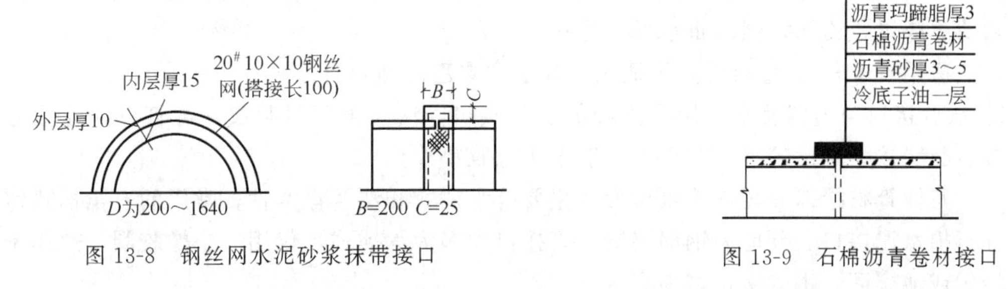

图 13-8 钢丝网水泥砂浆抹带接口

图 13-9 石棉沥青卷材接口

② 钢丝网水泥砂浆抹带接口（见图 13-8） 属于刚性接口。将抹带范围的管外壁凿毛，抹 1∶2.5 水泥砂浆一层（厚 15mm），中间采用 20# 10×10 钢丝网一层，两端插入基础混凝土中，上面再抹砂浆一层（厚 10mm）。适用于地基土质较好的具有带形基础的雨水、污水管道上。

③ 石棉沥青卷材接口（见图 13-9） 属于柔性接口。石棉沥青卷材为工厂加工的沥青玛蹄脂，质量配比为沥青∶石棉∶细砂＝7.5∶1∶1.5。先将接口处管壁刷净烤干，涂上冷底子油一层，再铺 3～5mm 厚的沥青砂，然后包上石棉沥青卷材，涂 3mm 厚的沥青玛蹄脂，这叫“三层做法”。若再加卷材和沥青玛蹄脂各一层，便叫“五层做法”。一般适用于地基沿管道轴向沉陷不均匀的地区。

④ 橡胶圈接口（见图 13-10） 属柔性接口。接口结构简单，施工方便，适用于施工地段土质较差、地基硬度不均匀或地震地区。

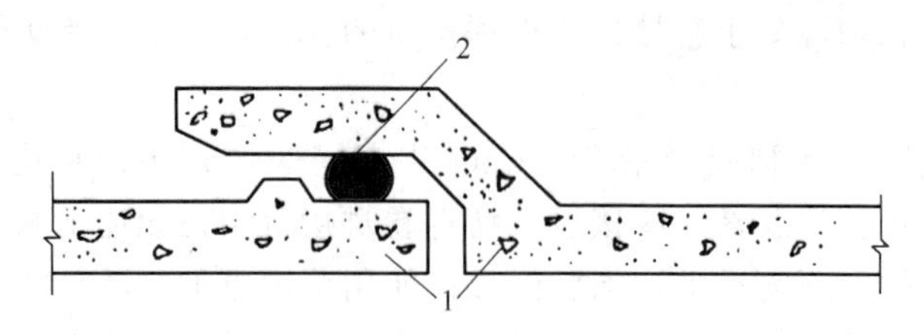

图 13-10 橡胶圈接口

1—橡胶圈；2—管壁

⑤ 预制套环石棉水泥（或沥青砂）接口（见图 13-11） 属于半刚半柔接口。石棉水泥质量比为水∶石棉∶水泥＝1∶3∶7（沥青砂配比为沥青∶石棉∶砂＝1∶0.67∶0.67）。适用于地基不均匀地段，或地基经过处理后管道可能产生不均匀沉陷且位于地下水位以下、内压低于100kPa的管道上。

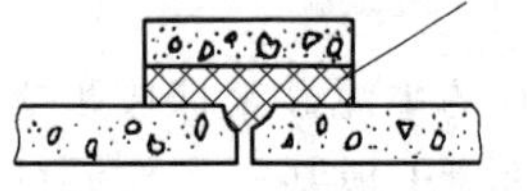

图 13-11 预制套环石棉水泥（或沥青砂）接口

（2）塑料管接口 塑料管的接口形式有不可拆卸和可拆卸两种。不可拆卸的接口有焊接、承插连接和套管胶接等。

① 焊接 塑料焊接是根据塑料的热塑性，用热压缩空气（热风）对塑料加热，在塑料软化时，使焊件和焊条互相黏结。但焊接温度超过塑料软化点时，塑料会分化、燃烧而无法焊接。塑料管焊接分对口接触焊接和承口对接焊接等。

② 承插式 承插式接口分承插式黏结接口和承插式柔性接口。

承插式黏结接口的制作方法：承口用扩口方法加工，先将管端加热至180℃，然后用预热至100℃的钢模扩口，插口端应切成坡口，承插口的环向间隙在0.15～0.30m之间。承插连接的管口应保持干燥、清洁，黏结前用丙酮或二氯甲烷将承、插口接触面清洗干净，涂一层乙烯清漆或过氯乙烯，然后将承插口连接。

该法适用于UPVC塑料管，不适用于高密度聚乙烯塑料管。

③ 法兰接口 塑料管常采用可拆卸的法兰接口，法兰由塑料制成，与管口的连接方法有焊接、凸缘接、翻边接等。接口处一般采用橡胶垫片。

（3）其他管材接口 铸铁管接口形式主要有承插式和法兰盘两种，常用的有承插式铸铁管油麻石棉水泥接口。预应力钢筋混凝土管接口大多为承插式，仅用一个橡胶圈，适用于地基不均匀或地震区。钢管接口多为焊接。

（4）顶管施工常用的接口形式

① 混凝土（或铸铁）内套环石棉水泥接口，如图 13-12 所示。一般只用于污水管道。

② 沥青油毡、石棉水泥接口，如图 13-13 所示。麻辫（或塑料圈）石棉水泥接口，如图 13-14 所示。一般只用于雨水管道。

13.1.4 排水管道的基础

合理地选择管道基础，对于排水管道的质量影响很大。往往由于管道基础选择不当，做得不好而使管道产生不均匀沉陷，造成管道漏水、淤积、错口、断裂等现象，导致对附近地下水的污染，影响环境卫生等不良后果。因此，选择管道基础是排水管道设计的重要内容之一。排水管道的基础和一般构筑物基础不同，管体受到浮力、土压、自重等作用，在基础中

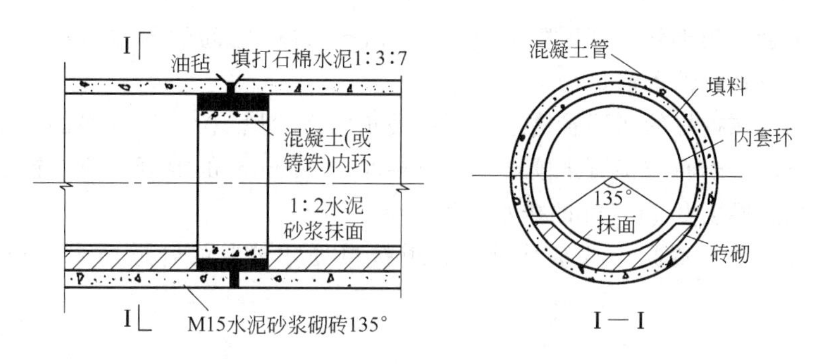

图 13-12 混凝土（或铸铁）内套环石棉水泥接口

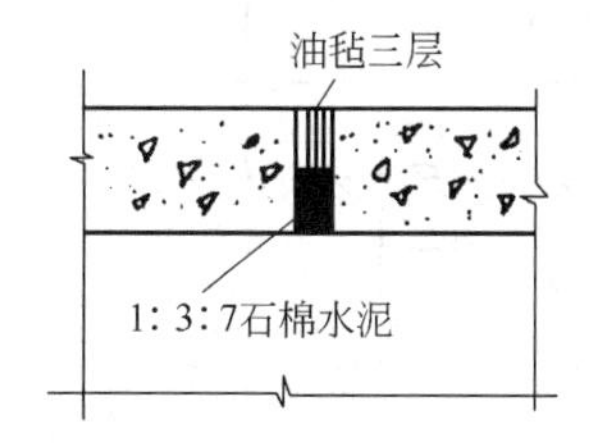

图 13-13 沥青油毡、石棉水泥接口

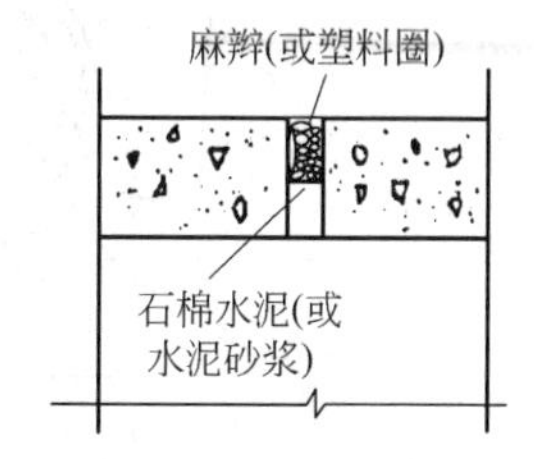

图 13-14 麻辫（或塑料圈）石棉水泥接口

保持平衡。因此，管道基础的形式取决于外部荷载的情况、覆土的厚度、土壤的性质及管道本身的情况。

排水管道的基础分为地基、基础和管座三个部分，如图 13-15 所示。

地基是指沟槽底的土壤部分。它承受管子和基础的重量、管内水重、管上土压力和地面上的荷载。基础是指管子与地基间的设施。有时地基强度较低，不足以承受上面的压力时，要靠基础增加地基的受力面积，把压力均匀地传给地基。管座是在基础与管子下侧之间的部分，使管子与基础连成一个整体，以增加管道的刚度。

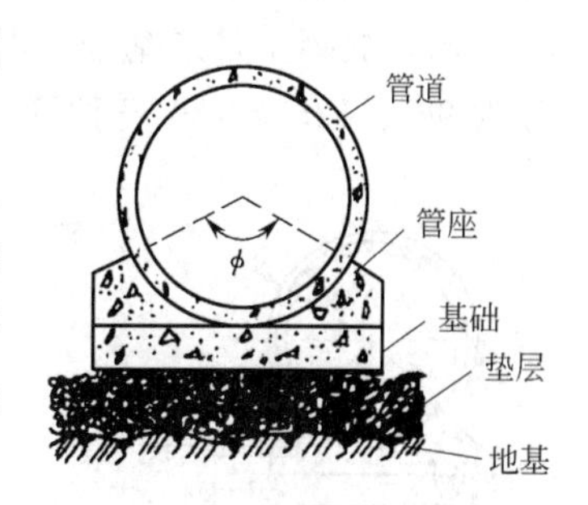

图 13-15 管道基础断面

目前常用的管道基础有以下四种。

（1）砂土基础 砂土基础包括弧形素土基础及砂垫层基础，如图 13-16（a）、（b）所示。

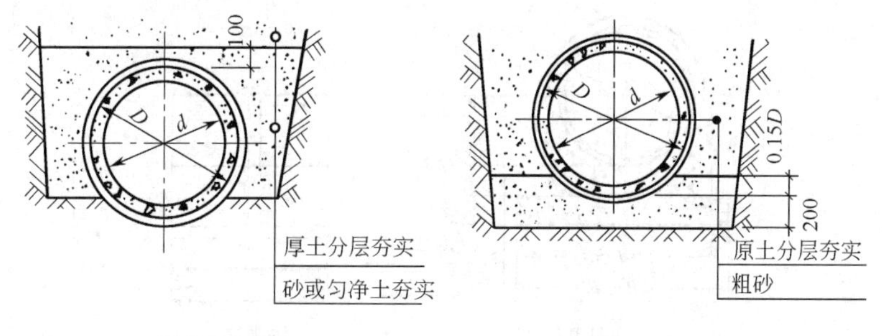

图 13-16 砂土基础

弧形素土基础是在原工土挖一弧形管槽（通常采用 90°，弧形），管子落在弧形管槽里。这种基础适用于无地下水、原土能挖成弧形的干燥土壤；管道直径小于 600mm 的混凝土管、钢筋混凝土管、陶土管；管顶覆土厚度在0.7～2.0m之间的街坊污水管道，不在车行道下的次要管道及临时性管道。

砂垫层基础是在挖好的弧形管槽上，用带棱角的粗砂填10～15cm厚的砂垫层。这种基础适用于无地下水、岩石或多石土壤，管道直径小于600mm的混凝土管、钢筋混凝土管及陶土管，管顶覆土厚度0.7～2m的排水管道。

（2）混凝土枕基　混凝土枕基是只在管道接口处才设置的管道局部基础，如图13-17所示。

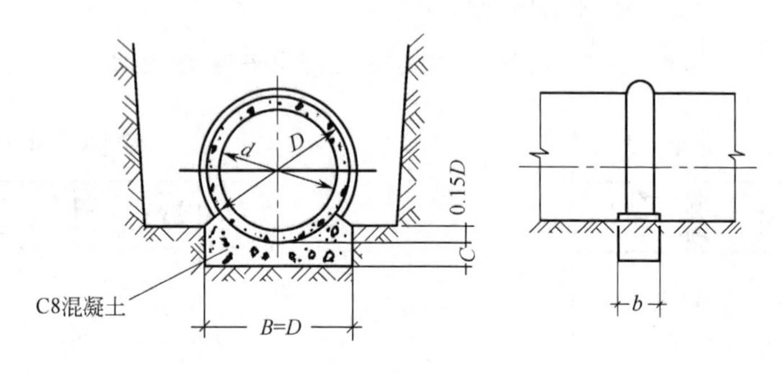

图13-17　混凝土枕基

通常在管道接口下用C8混凝土做成枕状垫块。此种基础适用于干燥土壤中的雨水管道及不太重要的污水支管。常与素土基础或砂填层基础同时使用。

（3）混凝土带形基础　混凝土带形基础是沿管道全长铺设的基础。按管座的形式不同可分为90°、135°、180°三种管座基础，如图13-18所示。

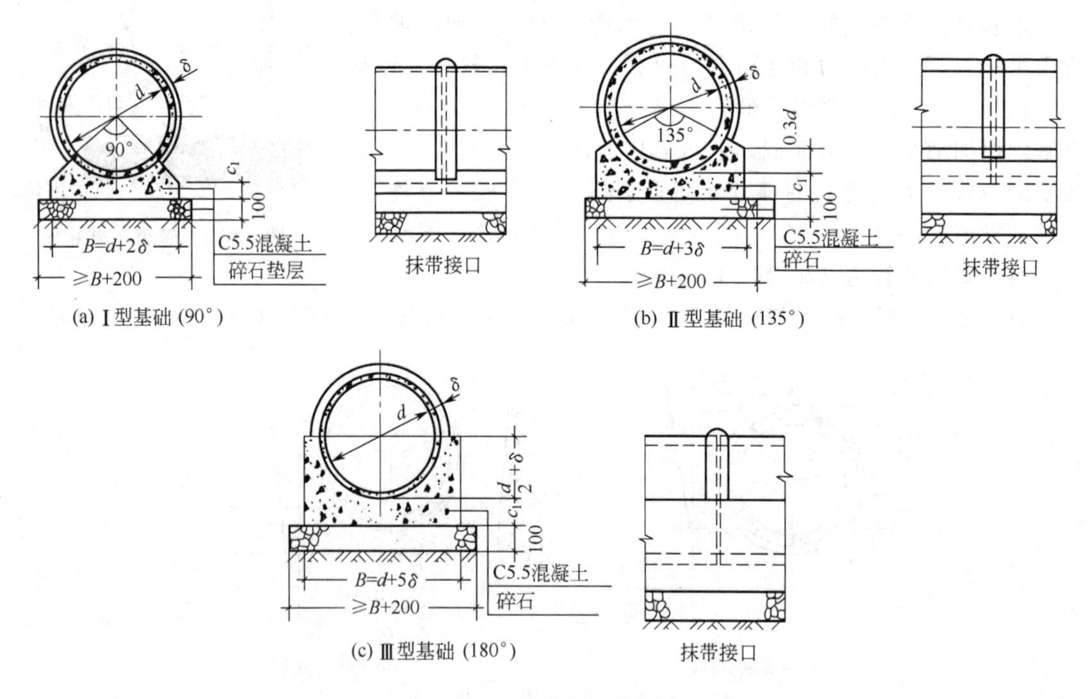

图13-18　混凝土带形基础

这种基础适用于各种潮湿土壤，以及地基软硬不均匀的排水管道，管径为200～2000mm，无地下水时在槽底老土上直接浇混凝土基础。有地下水时常在槽底铺10～15cm

厚的卵石或碎石垫层，然后才在上面浇混凝土基础，一般采用强度等级为C8的混凝土。当管顶覆土厚度为0.7～2.5m时采用90°管座基础。管顶覆土厚度为2.6～4m时用135°基础。覆土厚度为4.1～6m时采用180°基础。在地震区，土质特别松软、不均匀沉陷严重地段，最好采用钢筋混凝土带形基础。

对地基松软或不均匀沉降地段，为增强管道强度，保证使用效果，北京、天津等地的施工经验是对管道基础或地基采取加固措施，接口采用柔性接口。

（4）塑料管道基础　塑料管道基础一般采用弧形素土或沙砾基础。对一般土质，可在基底铺设一层砂垫层，其厚度为0.1m；对软土地基，且槽底处在地下水位以下时，可铺垫一层厚度不小于0.2m的沙砾基础。一般分两层铺设，下层用粒径为5～40mm的碎石，上层铺中、粗砂，厚度不小于0.05m。沙砾基础的包角依地质条件、管道、输水种类、埋深等条件，通过管道结构计算确定。各种包角基础施工方法与尺寸见图13-19和表13-1。塑料管道基础在承插接口部位的凹槽应在敷设管道时随铺随挖，接口完成后立即用砂土回填密实。对地基松软或不均匀沉降地段，管道基础或地基应采用加固措施。

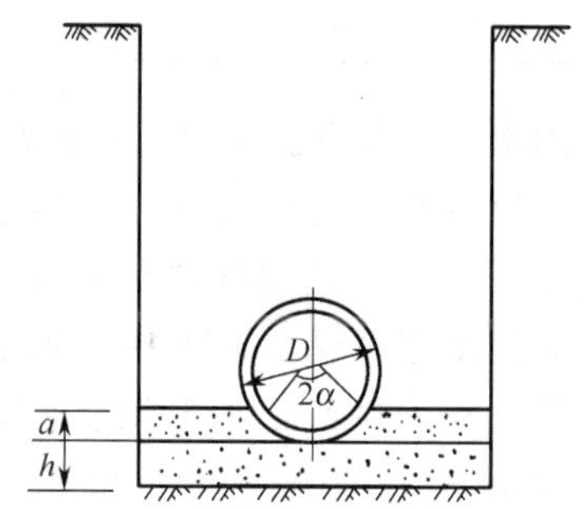

图13-19　沙砾基础施工图

表13-1　沙砾基础

基础包角 2α/(°)	各部分尺寸/mm		说　明
	h	a	
90	100～200	0.15D	一般土质h用粗砂0.1m铺垫；软土地基且槽底处在地下水位以下时，宜铺垫一层厚度不小于0.2m的沙砾基础
120		0.25D	
180		0.5D	

13.2　排水管渠系统上的构筑物

为了排除污水，除管渠本身外，还需在管渠系统上设置某些附属构筑物，这些构筑物包括检查井、跌水井、水封井、换气井、雨水口、倒虹管和管桥、截流井、出水口等。排水泵站也是排水系统上的构筑物，已在相关课程中阐述，这里不再介绍。排水管渠系统上的构筑物设计是否合理，对整个系统运行影响很大。如何使这些构筑物建造得合理，并能充分发挥其最大作用，是排水管渠系统设计和施工中的重要课题之一。

13.2.1　检查井

为便于对管渠系统做定期检查和清通，必须设置检查井。

检查井通常设在管渠交汇、转弯、管渠尺寸或坡度改变、跌水等处以及相隔一定距离的直线管渠段上。检查井在直线管渠段上的最大间距，一般按规范规定，见表13-2。

检查井一般采用圆形，由井底（包括基础）、井身和井盖（包括盖底）三部分组成（见图13-20）。检查井井底材料一般采用低标号混凝土，基础采用碎石、卵石、碎砖夯实或低标号混凝土。为使水流流过检查井时阻力较小，井底宜设半圆形或弧形流槽。流槽直壁向上升展。污水管道的检查井流槽顶与上、下游管道的管顶相平，或与0.85倍大管管径处相平，

表 13-2　检查井的最大间距

管径或暗渠净高/mm	最大间距/m		管径或暗渠净高/mm	最大间距/m	
	污水管道	雨水(合流)管道		污水管道	雨水(合流)管道
200～400	40	50	1100～1500	100	120
500～700	60	70	>1500,且≤2000	120	120
800～1000	80	90	>2000	可适当增大	

雨水管渠和合流管渠的检查井流槽顶可与 0.5 倍大管管径处相平。流槽两侧至检查井壁间的底板（称沟肩）应有一定宽度，一般应不小于 20cm，以便养护人员下井时立足，并应有 0.02～0.05 的坡度坡向流槽，以防检查井积水时淤泥沉积。在管渠转弯或几条管渠交汇处，为使水流通顺，流槽中心线的弯曲半径应按转角大小和管径大小确定，但不得小于大管的管径。检查井底各种流槽的平面形式如图 13-21 所示。某些城市的管渠养护经验说明，每隔一定距离（200m 左右），检查井井底做成落底 0.5～1.0m 的沉泥槽，对管渠的清淤是有利的。

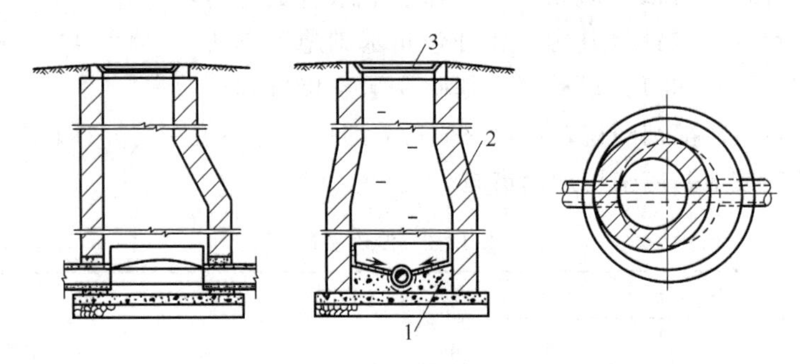

图 13-20　检查井

1—井底；2—井身；3—井盖

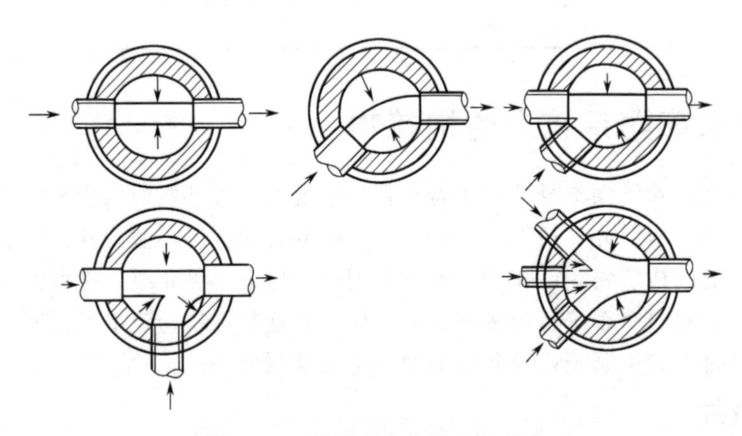

图 13-21　检查井底流槽平面形式

检查井井身的材料可采用砖、石、混凝土或钢筋混凝土。国外多采用钢筋混凝土预制，近年来，美国已开始采用聚合物混凝土预制检查井，我国目前则多采用砖砌，以水泥砂浆抹面。井身的平面形状一般为圆形，但在大直径管道的连接处或交汇处，可做成方形、矩形或其他各种不同的形状，为便于养护人员进出检查井，井壁应设置爬梯。图 13-22 为大管道上改向的扇形检查井平面图。

井身的构造与是否需要工人下井有密切关系。不需要下人的浅井，构造很简单，一般为直壁圆筒形。需要下人的井在构造上可分为工作室、渐缩部和井筒三部分，如图 13-22 所示。工作室是养护人员养护时下井进行临时操作的地方，不应过分狭小，其直径不能小于 1m，其高度在埋深许可时一般采用 1.8m。为降低检查井造价，缩小井盖尺寸，井筒直径一般比工作室小，但为了工人检修出入安全与方便，其直径不应小于 0.8m。井筒与工作室之间可采用锥形渐缩部连接，渐缩部高度一般为 0.6～0.8m，也可以在工作室顶偏向出水管渠一边加钢筋混凝土盖板梁，井筒则砌筑在盖板梁上。为便于上下，井身在偏向进水管渠的一边应保持一壁直立。

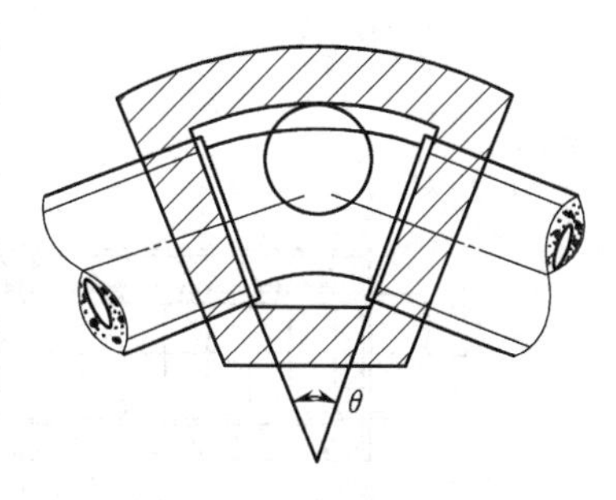

图 13-22　扇形检查井

检查井井盖可采用铸铁或钢筋混凝土材料，在车行道上一般采用铸铁。为防止雨水流入，盖顶略高出地面。盖座采用铸铁、钢筋混凝土或混凝土材料制作。井口和井盖的直径采用 0.65～0.7m。

13.2.2 跌水井

当检查井内衔接的上、下游管渠的管底标高跌落差大于 1m 时，为消减水流速度，防止冲刷，在检查井内应有消能措施，这种检查井称为跌水井。

目前常用的跌水井有竖管式（或矩形竖槽式）和溢流堰式两种形式。前者适用于直径等于或小于 400mm 的管道，后者适用于直径 400mm 以上的管道，当上、下游管底标高落差小于 1m 时，一般只将检查井底部做成斜坡，不采取专门的跌水措施。

竖管式跌水井的构造见图 13-23，这种跌水井一般不作水力计算。其构造比较简单，与普通检查井相似，只是用铸铁竖管将上游管道与井底流槽连接起来，并配以四通，便于清通。当管径不大于 200mm 时，一次落差不宜超过 6m。当管径为 300～400mm 时，一次落差不宜超过 4m。当管道管径大于 400mm 时，采用溢流堰式跌水井（见图 13-24）。它的主要尺寸（包括井长、跌水水头高度）及跌水方式等均应通过水力计算求得。这种跌水井也可用阶梯式跌水方式代替（见图 13-25）。

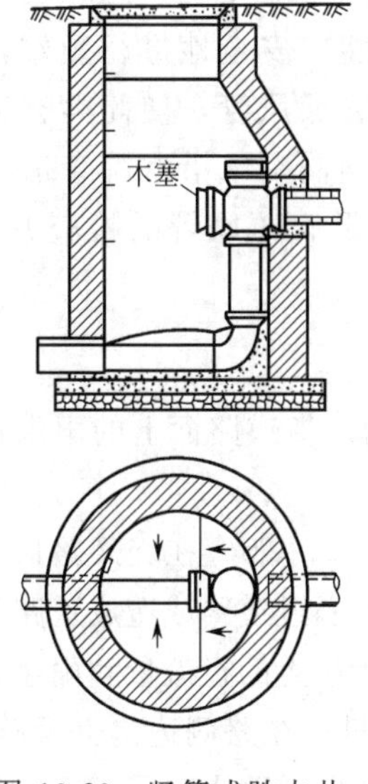

图 13-23　竖管式跌水井

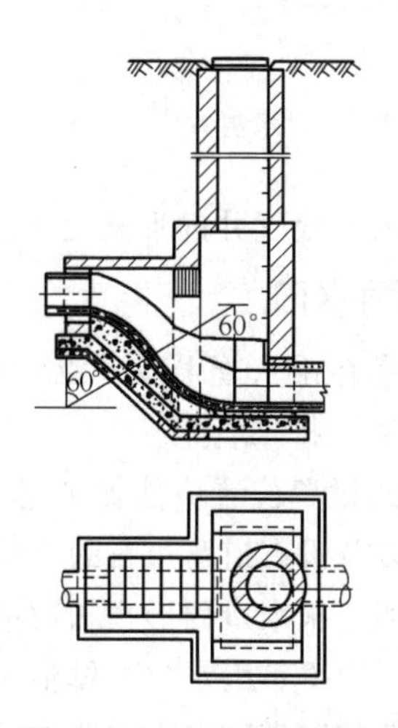

图 13-24　溢流堰式跌水井

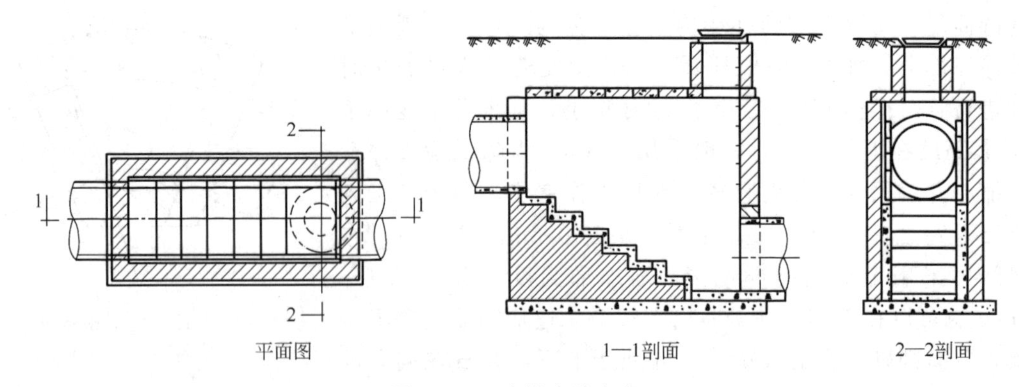

图 13-25　阶梯式跌水井

13.2.3 水封井、换气井

水封井是设有水封的检查井。水封设施的作用在于隔绝易爆、易燃气体进入排水管渠，使排水管渠在进入可能遇火的场地时不致引起爆炸或火灾。

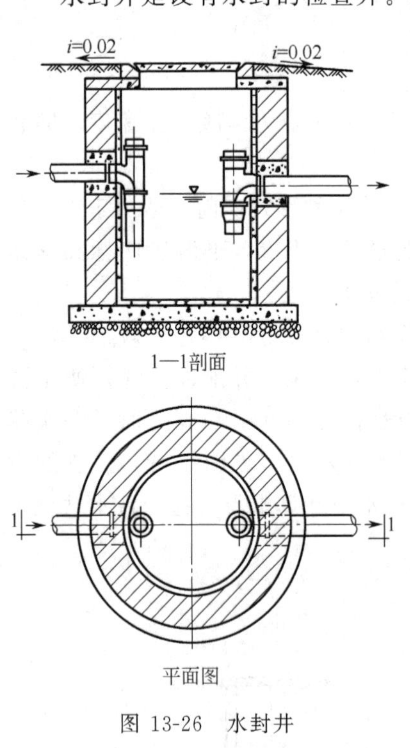

图 13-26　水封井

当生产污水能产生引起爆炸或火灾的气体时，其废水管道系统中必须设水封井。水封井的位置应设在产生上述废水的生产装置、储罐区、原料储运场地、成品仓库、容器洗涤车间等的废水排出口处以及适当距离的干管上。水封井不宜设在车行道和行人众多的地段，并应适当远离产生明火的场地。水封深度一般采用 0.25m。井上宜设通风管，井底宜设沉泥槽。图 13-26 所示为水封井的构造。

污水中的有机物常在管渠中沉积而厌氧发酵，发酵分解产生的甲烷、硫化氢、二氧化碳等气体，如与一定体积的空气混合，在点火条件下将产生爆炸，甚至引起火灾。为防止此类偶然事故发生，同时也为保证在检修排水管渠时工作人员能较安全地进行操作，有时在街道排水管的检查井上设置通风管，使此类有害气体在住宅竖管的抽风作用下，随同空气沿庭院管道、出户管及竖管排入大气中。这种设有通风管的检查井称为换气井。图 13-27 所示为换气井的形式之一。

13.2.4 雨水口

雨水口是在雨水管渠或合流管渠上收集雨水的构筑物。街道路面上的雨水首先经雨水口通过连接管流入排水管渠。

雨水口的设置位置应能保证迅速有效地收集地面雨水。一般应在交叉路口、路侧边沟的一定距离处以及没有道路边石的低洼地方设置，以防止雨水漫过道路或造成道路及低洼地区积水而妨碍交通。雨水口的形式和数量，通常应按汇水面积所产生的径流量和雨水口的泄水能力确定。一般一个平箅雨水口可排泄 15～20L/s 的地面径流量。在路侧边沟上及路边低洼地点，雨水口的设置间距还要考虑道路的纵坡和路边石的高度。道路上雨水口的间距一般为 25～50m

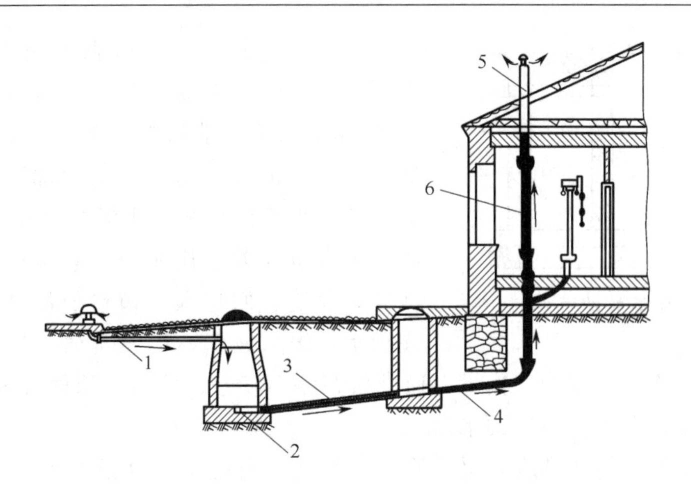

图 13-27 换气井

1—通风管；2—街道排水管；3—庭院管；4—出户管；5—透气管；6—竖管

(视汇水面积大小而定)，在低洼和易积水的地段，应根据需要适当增加雨水口的数量。

雨水口的构造包括进水箅、井筒和连接管三部分，如图 13-28 所示。

雨水口的进水箅可用铸铁或钢筋混凝土、石料制成。采用钢筋混凝土或石料进水箅可节约钢材，但其进水能力远不如铸铁进水箅，有些城市为加强钢筋混凝土或石料进水箅的进水能力，把雨水口处的边沟沟底下降数厘米，但给交通造成不便，甚至可能引起交通事故。进水箅条的方向与进水能力也有很大关系，箅条与水流方向平行比垂直的进水效果好，因此有些地方将进水箅设计成纵横交错的形式，以便排泄路面上从不同方向流来的雨水。雨水口按进水箅在街道上的设置位置可分为：①边沟雨水口，进水箅稍低于边沟底水平放置（见图 13-28）；②边石雨水口，进水箅嵌入边石垂直放置；③联合式雨水口，在边沟底和边石侧面都安放进水箅（见图 13-29）。为提高雨水口的进水能力，目前我国许多城市已采用双箅联合式或三箅联合式雨水口，由于扩大了进水箅的进水面积，进水效果良好。

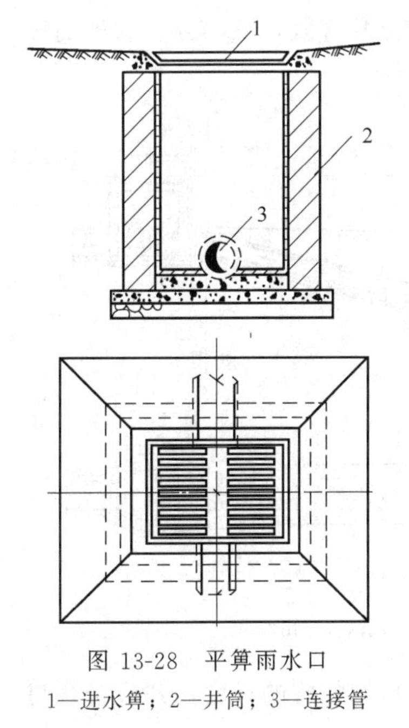

图 13-28 平箅雨水口

1—进水箅；2—井筒；3—连接管

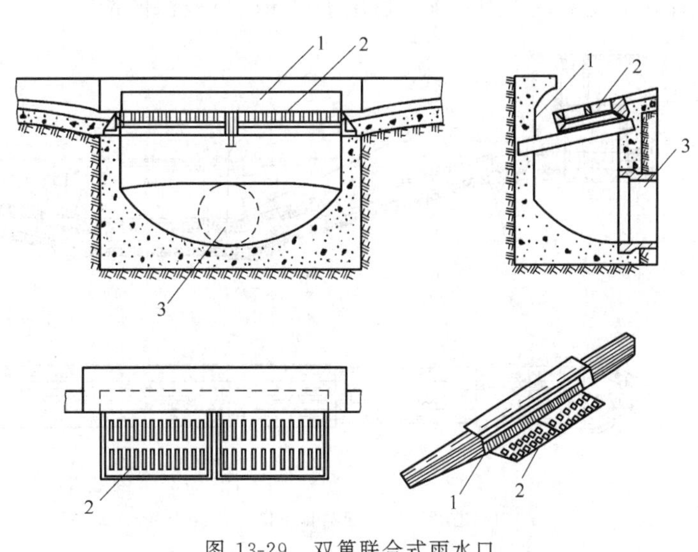

图 13-29 双箅联合式雨水口

1—边石进水箅；2—边沟进水箅；3—连接管

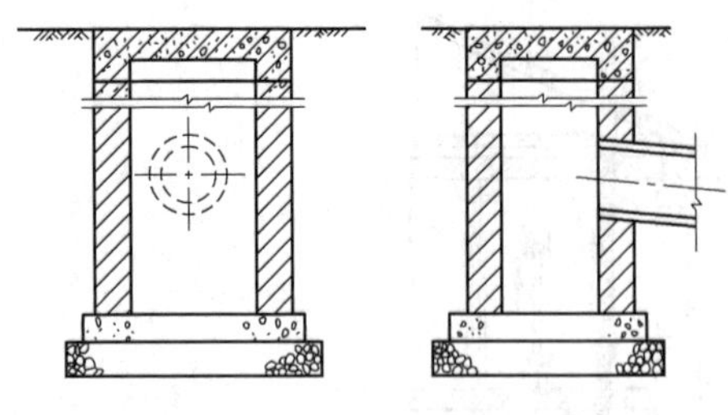

图 13-30　有沉泥井的雨水口

雨水口的井筒可用砖砌或用钢筋混凝土预制，也可采用预制的混凝土管。雨水口的深度一般不宜大于 1m，在有冻胀影响的地区，雨水口的深度可根据经验适当加大。雨水口的底部可根据需要做成有沉泥井（也称截留井）或无沉泥井的形式。图 13-30 所示为有沉泥井的雨水口，它可截留雨水所夹带的沙砾，免使它们进入管道造成淤塞。但是沉泥井往往积水，滋生蚊蝇，散发臭气，影响环境卫生。因此需要经常清除，增加了养护工作量。通常仅在路面较差、地面上积秽很多的街道或菜市场等地方，才考虑设置有沉泥井的雨水口。

雨水口以连接管与街道排水管渠的检查井相连。当排水管直径大于 800mm 时，也可在连接管与排水管连接处不另设检查井，而设连接暗井，如图 13-31 所示。连接管的最小管径为 200mm，坡度一般为 0.01，长度不宜超过 25m，接在同一连接管上的雨水口一般不宜超过 3 个。

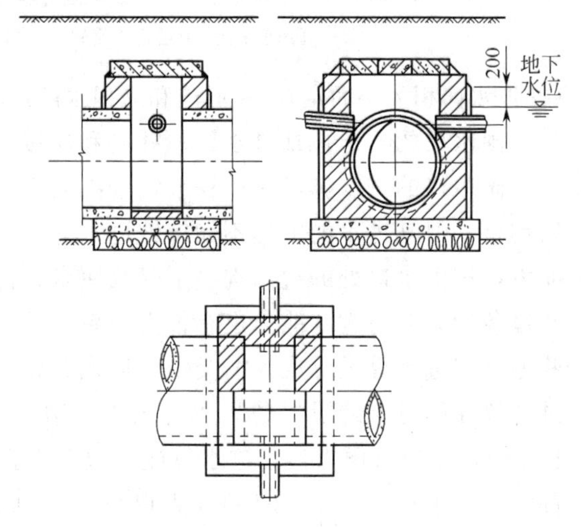

图 13-31　连接暗井

13.2.5　倒虹管和管桥

排水管渠遇到河流、山涧、洼地、铁路或地下构筑物等障碍物时，不能按原有的坡度埋设，而是按下凹的折线方式从障碍物下通过，这种管道称为倒虹管。倒虹管由进水井、下行管、平行管、上行管和出水井等组成，如图 13-32 所示。倒虹管分折管式和直管式两种。折管式倒虹管包括中部管段（埋设在河流或其他障碍物下，略有坡度）和两侧斜管（下降管段和上升管段）三部分。这种倒虹管施工复杂，养护困难，适用于河床较宽较深的情况。

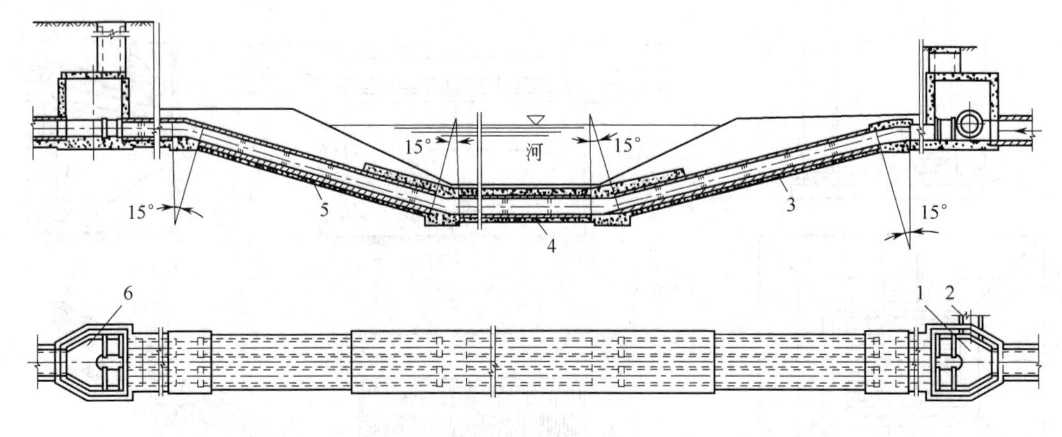

图 13-32　倒虹管

1—进水井；2—事故排出口；3—下行管；4—平行管；5—上行管；6—出水井

确定倒虹管的路线时，应尽可能与障碍物正交通过，以缩短倒虹管的长度，并应符合与障碍物相交的有关规定。穿过河道的倒虹管，应选择在河床和河岸较稳定、不易被水冲刷的地段及埋深较小的部位敷设。倒虹管管顶与河床的垂直距离一般不小于 0.5m，其工作管线一般不少于两条。当排水量不大、不能达到设计流量时，其中一条可作为备用。如倒虹管穿过旱沟、小河和谷地时，也可单线敷设。

倒虹管采用复线时，其中的水流用溢流堰自动控制，或用闸门控制。溢流堰和闸门设在进水井中，图 13-32 所示的倒虹管采用溢流堰控制水流。当流量不大时，井中水位低于堰口，废水从小管中流至出水井；当流量大于小管容量时，井中水位上升，废水就溢过堰口通过大管同时流出。

由于倒虹管的清通比一般管道困难得多，因此必须采取各种措施来防止倒虹管内污泥的淤积。在设计时，可采取以下措施。

（1）提高倒虹管内的设计流速，一般采用 1.2～1.5m/s，在条件困难时可适当降低，但不宜小于 0.9m/s，且不得小于上游管渠中的流速。当管内流速达不到 0.9m/s 时，应采取定期冲洗措施，冲洗流速不得小于 1.2m/s。

（2）最小管径采用 200mm。

（3）在进水井中设置可利用河水冲洗的设施，在进水井或靠近进水井的上游管渠的检查井中设沉泥槽，在取得当地卫生主管部门同意的条件下，设置事故排出口。当需要检修倒虹管时，可以让上游污水通过事故排出口直接泄入河道。

（4）倒虹管的上、下行管与水平线夹角应不大于 30°。

（5）在虹吸管内设置防沉装置。例如德国汉堡等市，试验了一种新式的所谓空气垫虹吸管，它是在虹吸管中借助于一个体积可以变化的空气垫，使之在流量小的条件下达到必要的流速，以避免在虹吸管中产生沉淀。

污水在倒虹管内的流动是依靠上、下游管道中的水面高差（进、出水井的水面高差）H 进行的，该高差用以克服污水通过倒虹管时的阻力损失。倒虹管内的阻力损失值可按下式计算。

$$H_1 = iL + \sum\xi\frac{v^2}{2g} \tag{13-1}$$

式中 i——水力坡降（倒虹管每米长度的阻力损失）；

L——倒虹管的总长度，m；

ξ——局部阻力系数（包括进口、出口、转弯处）；

v——倒虹管内污水流速，m/s；

g——重力加速度，m/s^2。

进口、出口及转弯的局部阻力损失值应分项进行计算。初步估算时，一般可按沿程阻力损失值的 5%～10% 考虑。当倒虹管长度大于 60m 时，采用 5%；等于或小于 60m 时，采用 10%。

计算倒虹管时，必须计算倒虹管的管径和全部阻力损失值，要求进水井和出水井间的水位高差 H 稍大于全部阻力损失值 H_1，其差值一般可考虑采用 0.05～0.10m。

【例 13-1】 已知最大流量为 340L/s，最小流量为 120L/s，倒虹管长为 60m，共 4 只 15°弯头，倒虹管上游管流速 1.0m/s，下游管流速 1.24m/s。求倒虹管管径和倒虹管的全部水头损失。

【解】 考虑采用两条管径相同而平行敷设的倒虹管线，每条倒虹管的最大流量为 340/2=170（L/s），查水力计算表得倒虹管管径 $D=400$mm，水力坡降 $i=0.0065$，流速

v=1.37m/s。此流速大于允许的最小流速0.9m/s，也大于上游管渠流速1.0m/s。在最小流量120L/s时，只用一条倒虹管工作，此时查表得流速为1.0m/s>0.9m/s。

倒虹管沿程水力损失值

$$iL=0.0065\times60=0.39\ (\text{m})$$

倒虹管全部水力损失值

$$H_1=1.10\times0.39=0.429\ (\text{m})$$

倒虹管进、出水井水位差值

$$H=H_1+0.10=0.429+0.10=0.529\ (\text{m})$$

倒虹管的施工较为复杂，造价很高，应尽量避免使用。

管道穿过谷地时，可以不变更管道的坡度而用栈桥或桥梁承托管道，这种构筑物称为管桥。管桥优于倒虹管，但可能影响景观或其他市政设施，其建设应取得城镇规划部门的同意。无航运的河道，亦可考虑采用管桥。

管道在上桥和下桥处应设检查井，通过管桥时每隔40～50m设检修口。上游检查井应有应急出水口。

13.2.6 截流井、跳跃井

在截流式合流制排水系统中，晴天时，管道中的污水全部送往污水厂进行处理；雨天时，管道中的混合污水仅有一部分送入污水处理厂处理，超过截流管道输水能力的那部分混合污水不作处理，直接排入水体。在合流管道与截流管道的交接处，设置截流井以完成截流（晴天）和溢流（雨天）的作用。

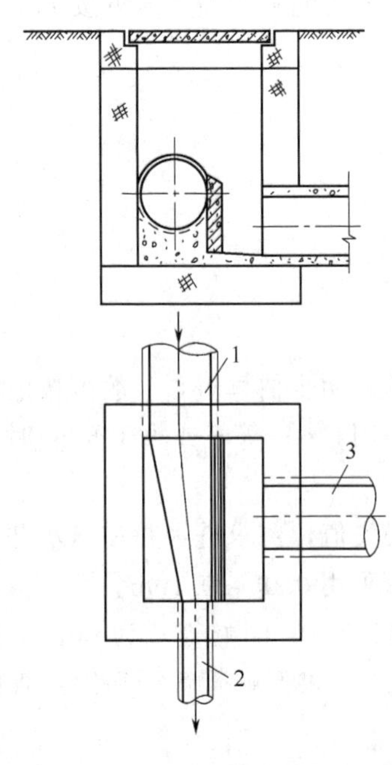

图13-33 溢流堰式截流井

1—合流管道；2—截流干管；3—排出管道

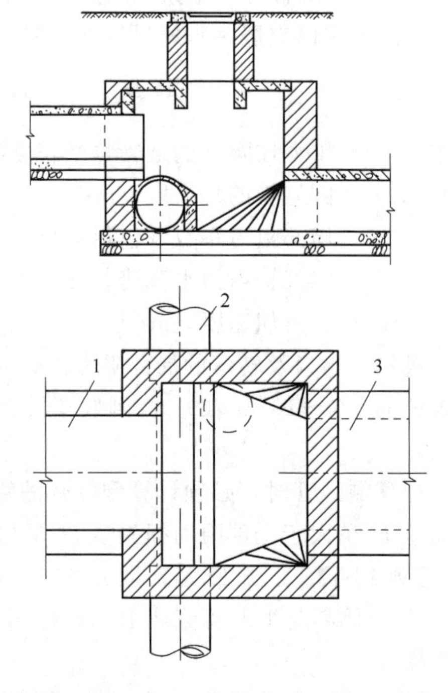

图13-34 跳越堰式截流井

1—合流管渠；2—截流干管；3—排出管渠

截流井的构造有多种设计。最简单的截流井是在井中设置截流槽，槽顶与截流干管管顶相平，或与上游截流干管管顶相平。当上游来水过多，槽中水面超过槽顶时，超量的水即溢入水体。截流槽式截流井的构造和位置如图 12-1 所示。图 13-33 所示为溢流堰式截流井，即在流槽的一侧设置溢流堰，流槽中水面超过堰顶时，超量的水即溢过堰顶，进入溢流管道，进而流入水体。图 13-34 所示为跳越堰式截流井，也称跳跃井，一般设在截流管道与雨水管道的交接处，小雨或初雨时，雨水流量不大，全部雨水被截流，送至污水处理厂处理；大雨时，雨水管道中的流量增至一定量后，将越过截流干管，全部雨水直接排入水体。

13.2.7 冲洗井、防潮门

当污水管内的流速不能保证自清时，为防止淤塞，可设置冲洗井。冲洗井有人工冲洗和自动冲洗两种类型。自动冲洗井一般采用虹吸式，其构造复杂，造价很高，目前已很少采用。

人工冲洗井的构造比较简单，是一个具有一定容积的普通检查井（见图 13-35）。冲洗井出流管道上设有闸门，井内设有溢流管以防止井中水深过大。冲洗水可利用上游来的污水或自来水。用自来水时，供水管的出口必须高于溢流管管顶，以免污染自来水。

冲洗井一般适用于小于 400mm 管径的较小管道，冲洗管道的长度一般为 250m 左右。

临海城市的排水管渠往往受潮汐的影响，为防止涨潮时潮水倒灌，在排水管渠出水口上游的适当位置上应设置装有防潮门（或平板闸门）的检查井，如图 13-36 所示。临河城市的排水管渠，为防止高水位时河水倒灌，有时也采用防潮门。

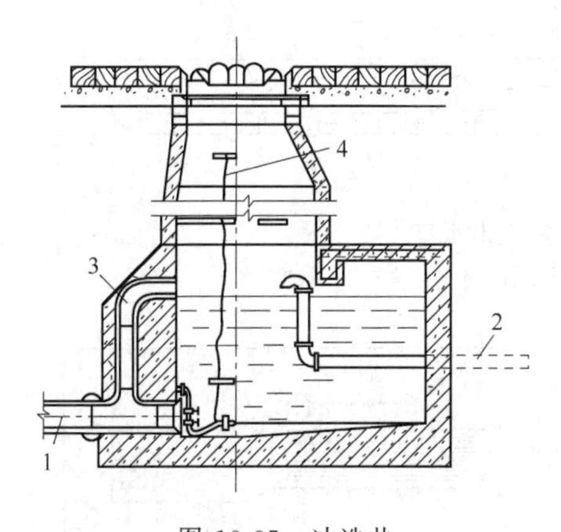

图 13-35 冲洗井

1—出流管；2—供水管；3—溢流管；4—拉阀的绳索

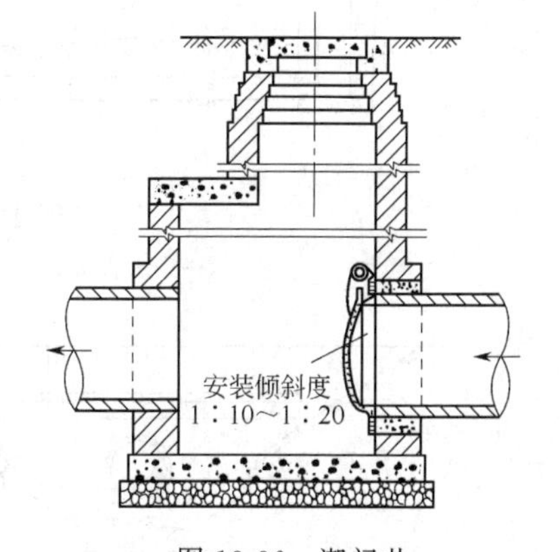

图 13-36 潮门井

防潮门一般用铁制，其座子口部略带倾斜，倾斜度一般为 1∶10～1∶20。当排水管渠中无水时，防潮门靠自重密闭。当上游排水管渠来水时，水流顶开防潮门排入水体。涨潮时，防潮门靠下游潮水压力密闭，使潮水不会倒灌入排水管。

设置了防潮门的检查井井口应高出最高潮水位或最高河水位，或者井口用螺栓和盖板密封，以免潮水或河水从井口倒灌至市区。为使防潮门工作可靠有效，必须加强维护管理，经常清除防潮门座口上的杂物。

13.2.8 出水口

排水管渠排入水体的出水口的位置和形式，应根据污水水质、下游用水情况、水体的水

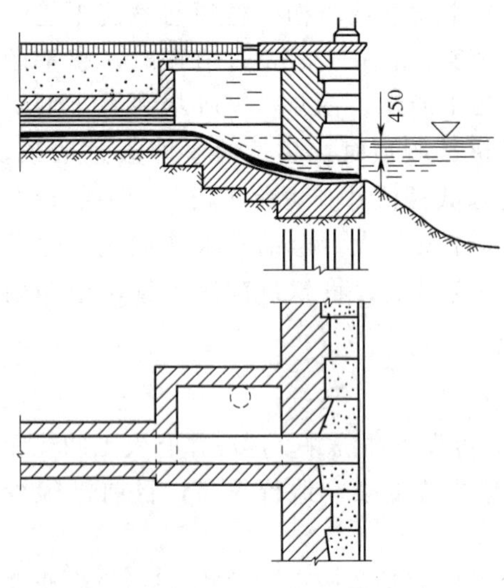

图 13-37　淹没式出水口

位变化幅度、水流方向、波浪情况、地形变迁和主导风向等因素确定。出水口与水体岸边连接处应采取防冲、加固等措施，一般用浆砌块石做护墙和铺底，在受冻胀影响的地区，出水口应考虑用耐冻胀材料砌筑，其基础必须设置在冰冻线以下。

为使污水与水体水混合较好，排水管渠出水口一般采用淹没式，其位置除考虑上述因素外，还应取得当地卫生主管部门的同意。如果需要污水与水体水流充分混合，则出水口可长距离伸入水体分散出口，此时应设置标志，并取得航运管理部门的同意。雨水管渠出水口可以采用非淹没式，其底标高最好在水体最高水位以上，一般在常水位以上，以免水体水倒罐。当出口标高比水体水面高出太多时，应考虑设置单级或多级跌水。

图 13-37～图 13-40 所示分别为淹没式出水口、江心分散式出水口、一字式出水口和八字式出水口。

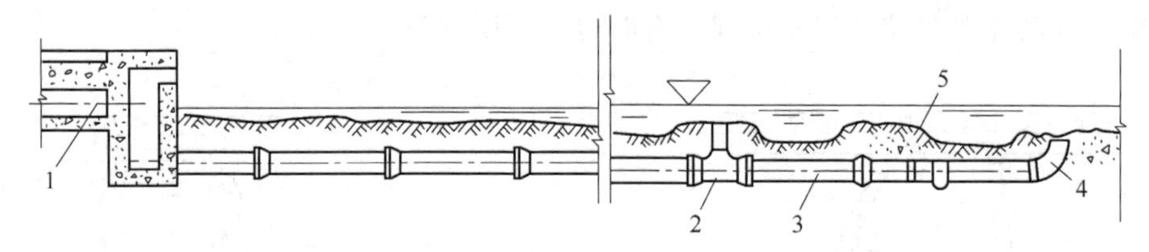

图 13-38　江心分散式出水口

1—进水管渠；2—T 形管；3—渐缩管；4—弯头；5—石堆

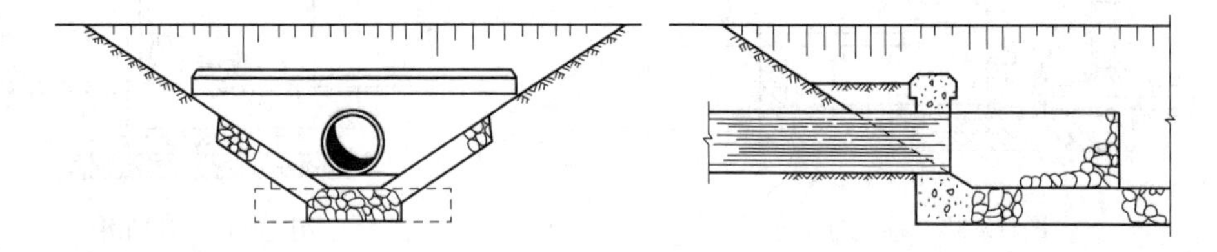

图 13-39　一字式出水口

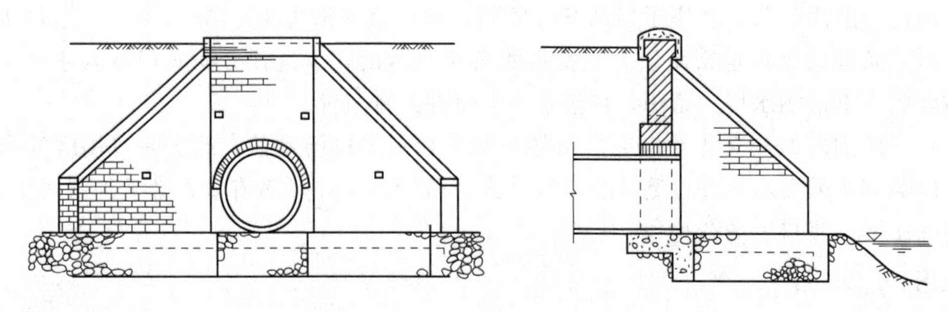

图 13-40　八字式出水口

思 考 题

1. 排水管渠为什么常采用圆形断面?
2. 排水管渠的材料要求是什么? 常用排水管道处理有哪些? 各有什么特点?
3. 排水管渠常用的接口和基础有哪些? 其适用范围如何?

14 排水管渠的管理和养护

14.1 排水管渠的管理和养护任务

排水管道系统建成通水后，为保证系统正常工作，必须经常进行管理和养护。排水管渠常见的故障有：污物淤塞管道；过重的外荷载、地基不均匀沉陷或污水的侵蚀作用，使管渠损坏、裂缝或腐蚀等。

管理和养护的任务是：①验收排水管渠；②监督排水管渠使用规则的执行；③定期检查、冲洗或清通排水管渠，以维持其通水能力；④修理管渠及其构筑物，并处理意外事故等。

整个城市排水系统的管理一般可分为管渠系统、排水泵站和污水厂三部分。工厂的排水系统一般由工厂自行管理和养护。在城市管渠系统的养护中，可根据管渠中沉积污物可能性的大小，划分若干养护等级，以便对其中水力条件差、排入管渠污物较多的管渠段给予重点养护。

14.2 排水管网的养护

14.2.1 排水管网清通

管渠系统管理养护经常性的和大量的工作是清通排水管渠。在排水管渠中，往往由于水量不足、坡度较小、污水中污物较多或施工质量不良等原因而发生沉淀、淤积；淤积过多将影响管渠的通水能力，甚至使管渠堵塞。因此，必须定期清通。清通的方法主要有水力方法和机械方法两种。

（1）水力清通　水力清通方法是用水对管道进行冲洗。可以利用管道内污水自冲，也可利用自来水或河水。用管道内污水自冲时，管道本身必须具有一定的流量，同时管内淤泥不宜过多（20%左右）。图 14-1 为水力清通方法操作示意图。首先用一个一端由钢丝绳系在绞车上的橡胶气塞或木桶橡胶刷堵住检查井下游管段的进口，使检查井上游管段充水。待上游管中充满并在检查井中水位抬高至 1m 左右以后，突然放走气塞中部分空气，使气塞缩小，气塞便在水流的推动下往下游浮动而刮走污泥，同时水流在上游较大水压作用下，以较大的流速从气塞底部冲向下游管段。这样，沉积在管底的淤泥便在气塞和水流的冲刷作用下排向下游检查井，管道得到清洗。

污泥排入下游检查井后，可用吸泥车抽吸运走。图 14-2 为真空吸泥车的照片。因为污泥含水率很高，采用泥水分离吸泥车，可以减少污泥的运输量，同时可以回收其中的水用于下游管段的清通。使用泥水分离吸泥车时，污泥被安装在卡车上的真空泵从检查井吸上来后，进入储泥罐经过筛板和工业滤布组成的脱水装置连续真空吸滤脱水。脱水后的污泥储存在罐内，而滤出的水则经车上的储水箱排至下游检查井内，整个操作过程均由液压控制系统自动控制。

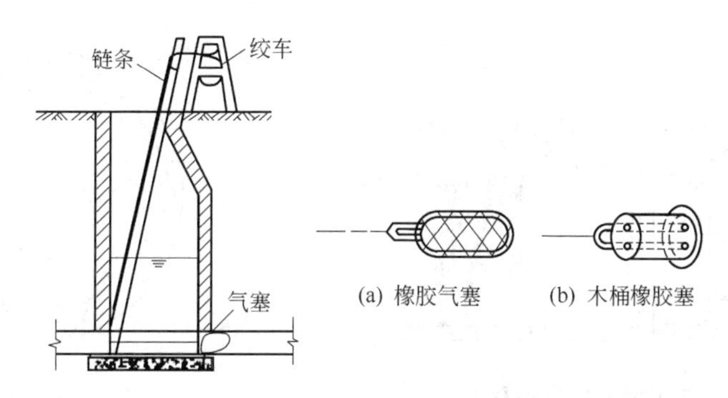

图 14-1　水力清通操作示意

图 14-2　真空吸泥车

图 14-3　水力冲洗车

近年来，有些城市采用水力冲洗车（见图 14-3）进行管道的清通。这种冲洗车由大型水罐、机动卷管器、加压水泵、高压胶管、射水喷头和冲洗工具箱等部分组成。它的操作过程系由汽车发动机供给动力，驱动加压水泵，将从水罐抽出的水加压到 1.1～1.2MPa；高压水沿高压胶管流向射水喷嘴，水流从喷嘴强力喷出，推动喷嘴向反方向运动，同时带动胶管在排水管道内前进；强力喷出的水柱也冲动管道内的沉积物使之成为泥浆并随水流流至下游检查井。当喷头到达下游检查井时，减小水的喷射压力，由卷管器自动将胶管抽回，抽回胶管时仍继续从喷嘴喷射出低压水，以便将残留在管内的污物全部冲刷到下游检查井，然后由吸泥车吸出。对于表面锈蚀严重的金属排水管道，可采用在射高压水中加入硅砂的喷枪冲洗，其效果更佳。

水力清通方法操作简便，效率较高，操作条件好，目前已得到广泛采用。

厦门市于 1978 年投建的海水冲沟工程，也属水力清通的一种，该工程包括高位海水储水池、海水泵站及海水输水管道，利用落差动能冲洗七条排水管道（全长共 8.65km），冲水量为 $3\times10^4m^3$。不仅冲污效果好，而且利用海水中杀菌有效的氯元素消除管内大部分寄生物、虫害，有效地提高了下水道的卫生条件。

(2) 机械清通　当管渠淤塞严重、淤泥黏结密实、水力清通效果不好时，需要采用机械清通方式。图 14-4 所示为机械清通的操作情况。它首先用竹片穿过需要清通的管渠段，一端系上钢丝绳，绳上系住清通工具的一端。在清通管渠段两端检查井上各设一架绞车，当竹片穿过管渠段后将钢丝绳系在一架绞车上，清通工具的另一端通过钢丝绳系在另一架绞车上。然后利用绞车往复搅动钢丝绳，带动清通工具将淤泥刮至下游检查井内，使管渠得以清通。绞车的动力可以是手动，也可以是机动，例如以汽车发动机为动力。

机械清通工具的种类很多，工具的大小应与管道管径相适应，当淤泥数量较多时，可先用小号清通工具，待淤泥清除到一定程度后再用与管径相适应的清通工具。

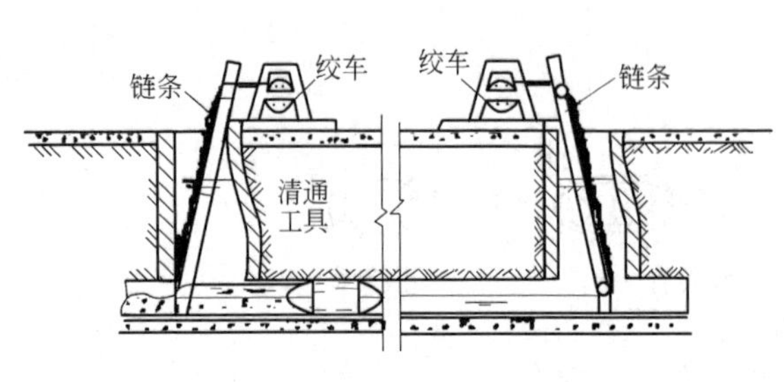

图 14-4 机械清通操作示意

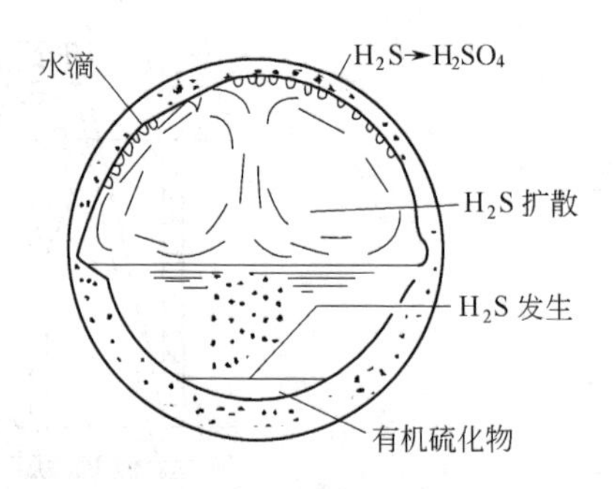

图 14-5 排水管道中有害气体和管壁腐蚀

新型排水管道清通工具还有气动式通沟机与钻杆通沟机。气动式通沟机借助压缩空气把清泥器从一个检查井送到另一个检查井，然后用绞车通过该机尾部的钢丝绳向后拉，清泥器的翼片即行张开，把管内淤泥刮到检查井底部。钻杆通沟机是通过汽油机或汽车发动机带动一机头旋转，把带有钻头的钻杆通过机头中心由检查井通入管道内，机头带动钻杆转动，使钻头向前钻进，同时将管内的淤物清扫到另一个检查井中。淤泥被冲到下游检查井后，通常也采用吸泥车吸出。

（3）操作安全　排水管渠的养护工作必须注意安全。管渠中的污水能析出硫化氢、甲烷、二氧化碳等气体，某些生产污水能析出石油、汽油或苯等气体，这些气体与空气中的氮混合能形成爆炸性气体，如图 14-5 所示。煤气管道失修、渗漏也能导致煤气溢入管渠中造成危险。如果养护人员要下井，除应有必要的劳保用具外，下井前必须先将安全灯放入井内，如有有害气体，由于缺氧，灯将熄灭；如有爆炸性气体，灯在熄灭前会发出闪光。在发现管渠中存在有害气体时，必须采取有效措施排除，例如将相邻两检查井的井盖打开一段时间，或者用抽风机吸出气体。排气后要进行复查。即使确认有害气体已被排除，养护人员下井时仍应有适当的预防措施，例如在井内不得携带有明火的灯，不得点火抽烟，必要时可戴上附有气袋的防毒面具，穿上系有绳子的防护腰带，井上留人，以备随时给井下的人员以必要的援助。

14.2.2 排水管网修复

系统地检查管渠的淤塞及损坏情况，有计划地安排管渠的修复，是养护工作的重要内容。当发现管渠系统有损坏时，应及时修复，以防损坏处扩大而造成事故。管渠的修复有大修与小修之分，应根据各地的技术和经济条件来划分。修理内容包括检查井、雨水口顶盖等的修理与更换；检查井内踏步的更换，砖块脱落后的修理；局部管渠段损坏后的修补；由于出户管的增加需要添建的检查井及管渠；或由于管渠本身损坏严重、淤塞严重，无法清通时所需的整段开挖翻修。

为减少地面开挖，20 世纪 80 年代初开始，国外采用“热塑内衬法”技术进行排水管道的修复。

“热塑内衬法”技术的主要设备是一辆带吊车的大卡车、一辆加热锅炉挂车、一辆运输车、一只大水箱。其操作步骤是：在起点窨井处搭脚手架，将聚酯纤维软管管口翻转后固定于导管管口上，导管放入窨井，固定在管道口，通过导管将水灌入软管的翻转部分，在水的重力作用下，软管向旧管内不断翻转、滑入、前进，软管全部放完后，加 65℃热水 1h，然后加 80℃热水 2h，再注入冷水固化 4h，最后借助水下电视，用专用工具割开导管与固化管的连接，修补管渠的工作全部完成。图 14-6 为“热塑内衬法”技术示意图。

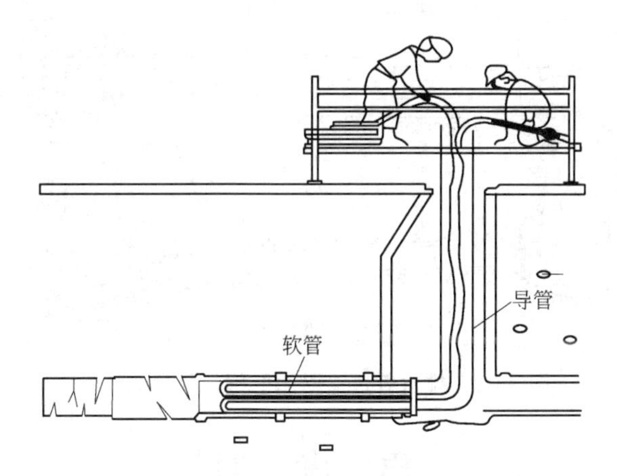

图 14-6 “热塑内衬法”技术示意

“胀破内衬法”是以硬塑管置换旧管道，如图 14-7 所示。其操作步骤是：在一段损坏的管道内放入一节硬质聚乙烯塑料管，前端套接一钢锥，在前方窨井设置一强力牵引车，将钢锥拉入旧管道，旧管胀破，以塑料管替代；一根接一根直达前方检查井。两节塑料管的连接用加热加压法。为保护塑料管免受损伤，塑料管外围可采用薄钢带缠绕。

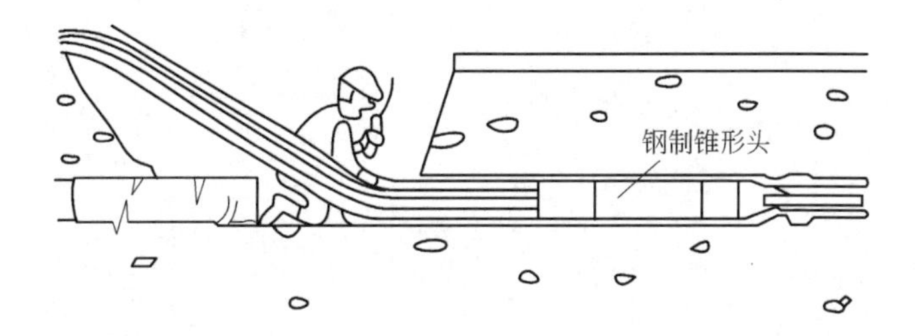

图 14-7 “胀破内衬法”技术示意

上述两种技术适用于各种管径的管道，且可以不开挖地面施工，但费用较高。

当进行检查井的改建、增建或整段管渠翻修时，常常需要断绝污水的流通，应采取措施，例如安装临时水泵将污水从上游检查井抽送到下游检查井，或者临时将污水引入雨水管渠中。修理项目应尽可能在短时间内完成，如能在夜间进行更好。在需时较长时，应与有关交通部门取得联系，设置路障，夜间应挂红灯。

14.3 排水管渠渗漏检测

排水管道的渗漏检测是一项重要的日常管理工作，但常常受到忽视。如果管道渗漏严重，将不能发挥应有的排水能力。为了保证新管道的施工质量和运行管道的完好状态，应进行新建管道的防渗漏检测和运行管道的日常检测。图 14-8 表示一种低压空气检测方法，是将低压空气通入一段管道，记录管道中空气压力降低的速率，检测管道的渗漏情况。如果空气压力下降速率超过规定的标准，则表示管道施工质量不合格，或者需要进行修复。

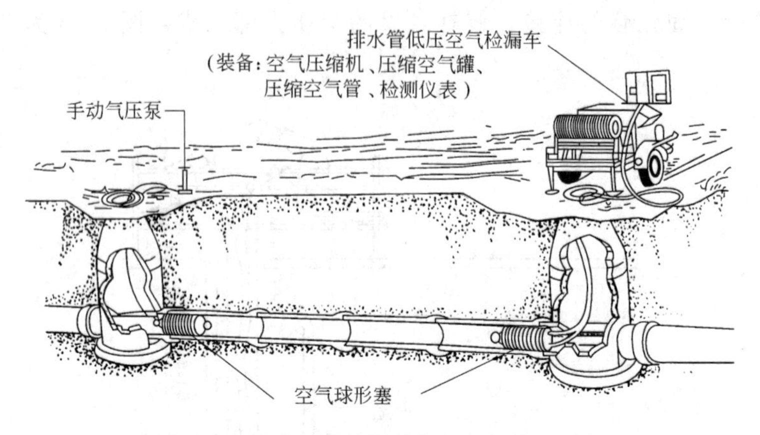

图 14-8　排水管道渗漏的低压空气检测示意

思　考　题

1. 排水管渠管理和养护的任务是什么?
2. 管道清通的常用方法有哪些?

附　　录

附录 A　管网课程设计实例

A1　给水管网课程设计

一、基本资料

1. 某县城 1∶5000 平面图一张，见图 A1-1。

2. 该县城位于江苏省境内，目前约有 5.0 万人口，5 年内规划增加 20%的人口。

3. 居民生活最高日用水量可采用统一标准；淋浴人数均按各厂总人数的 50%计算；医院病床按 200L/(床·d) 计。可不考虑市政道路洒水和绿化浇洒用水。

4. 该城用水量时变化系数如下。

居民生活用水逐时变化系数见表 A1-1。

表 A1-1　居民生活用水逐时变化系数

时段	0～1	1～2	2～3	3～4	4～5	5～6	6～7	7～8
K_h	1.10	0.70	0.90	1.10	1.30	3.91	6.61	5.84
时段	8～9	9～10	10～11	11～12	12～13	13～14	14～15	15～16
K_h	7.04	6.69	7.17	7.31	6.62	5.23	3.59	4.76
时段	16～17	17～18	18～19	19～20	20～21	21～22	22～23	23～24
K_h	4.24	5.99	6.97	5.66	3.05	2.01	1.42	0.79

工厂工作人员生活用水：热车间 $K_h=1.25$（上班后 1h 内），一般车间 $K_h=1.50$（上班后 1h 内）；工厂生产用水 $K_h=1.0$；华阳旅社和县招待所生产用水 $K_h=2.5$。

5. 县城概况

该县城分四个居民区：红旗区，新建区，红星区，东风区。

主要机关工厂有：二机厂，一机厂，织布厂，油米厂，酒厂，化工厂，皮革厂，缫丝厂，保修厂，华阳旅社，县干招待所，县医院等，其水量水压要求见表 A1-2。

该县城建筑物多为 1～2 层，最高为 4 层。

二、设计任务

1. 设计计算

(1) 计算最高日用水量，并分别计算各类用水量，编制城市 24h 逐时用水量变化图表。

表 A1-2　江苏省××县主要机关、工厂的水量水压要求

用水单位	现有人口数	现状用水量/($m^3 \cdot d^{-1}$)	房屋建筑层数	车间性质	上班班次、时间	淋浴人数占总人数的比例/%	水质要求	水压要求/MPa	五年内发展计划
一机厂	610	100	最高为3层	热车间	两班 6～14,14～22	50	需符合人员生活饮用水标准		1200人 需水量:200m^3/d
二机厂	467	42	最高为2层	热车间	两班 6～14,14～22	50	需符合人员生活饮用水标准		600人 需水量:70m^3/d
酒厂	120	140	最高为3层	一般车间	三班 6～14, 14～22,22～6	50	需符合人员生活饮用水标准		260人 需水量:210m^3/d
油米加工厂	230	40	最高为2层	一般车间	三班 6～14, 14～22,22～6	50	需符合人员生活饮用水标准		400人 需水量:100m^3/d
织布厂	200	48	均为平房	一般车间	两班 6～14,14～22	50	需符合人员生活饮用水标准		600人 需水量:110m^3/d
化工厂	60	50	均为平房	一般车间	两班 6～14,14～22	50	需符合人员生活饮用水标准		140人 需水量:110m^3/d
皮革厂	120	80	最高为2层	一般车间	三班 6～14, 14～22,22～6	50	需符合人员生活饮用水标准		500人 需水量:200m^3/d
缫丝厂	186	150	最高为2层	一般车间	两班 6～14,14～22	50	需符合人员生活饮用水标准		900人 需水量:1000m^3/d
保修厂	260	45	最高为3层	一般车间	两班 6～14,14～22	50	需符合人员生活饮用水标准		300人 需水量:60m^3/d
县医院	600	60	最高为3层	一般车间	三班 6～14, 14～22,22～6	50	需符合人员生活饮用水标准		750人 400个病床位
华阳旅社	20	15	最高为4层		两班 6～14,14～22	无浴室	需符合人员生活饮用水标准		30人 需水量:31.75m^3/d
县干招待所	20	20	最高为4层		两班 6～14,14～22	无浴室	需符合人员生活饮用水标准		20人 需水量:30.5m^3/d

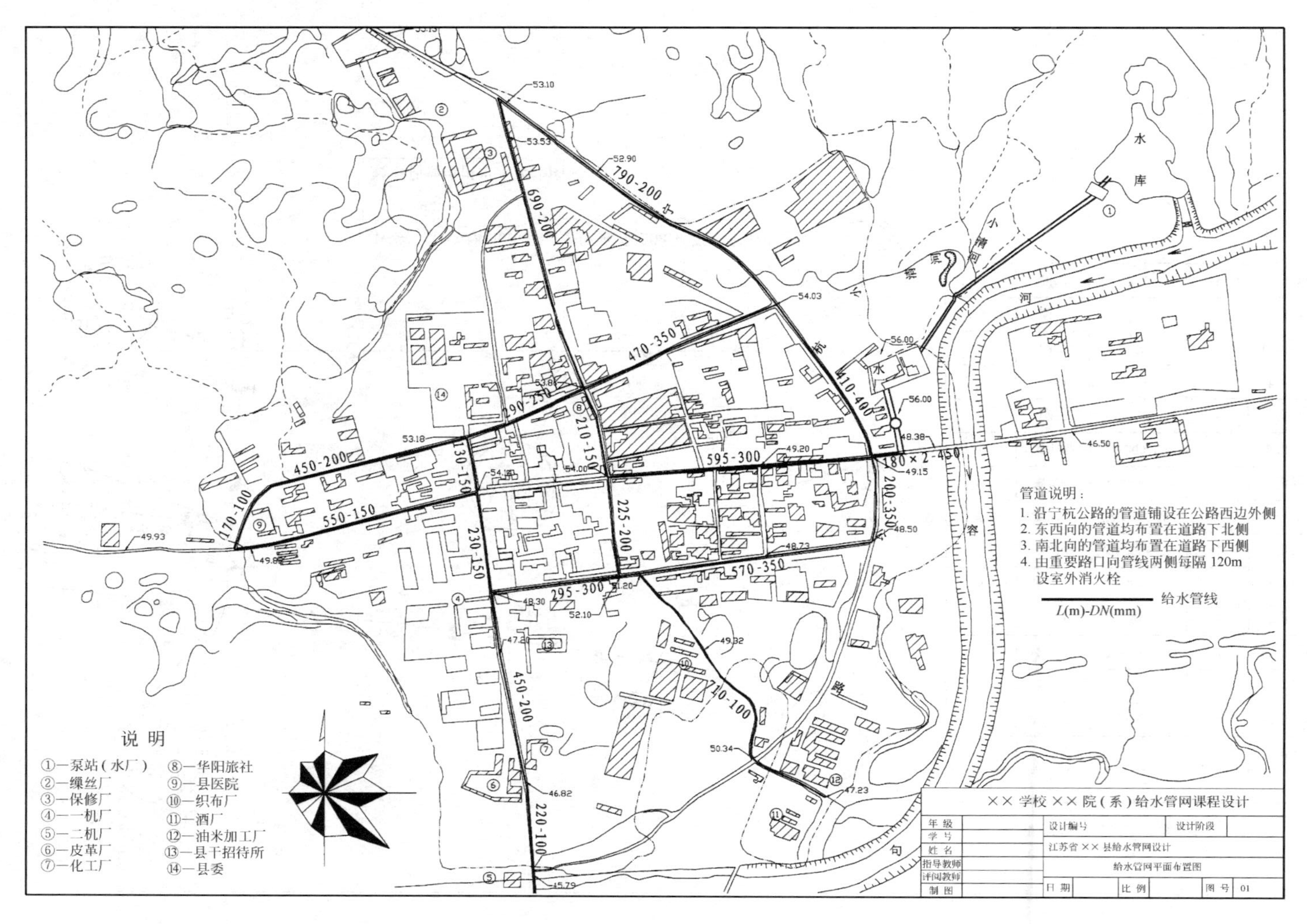

图 A1-1 给水管网平面布置图

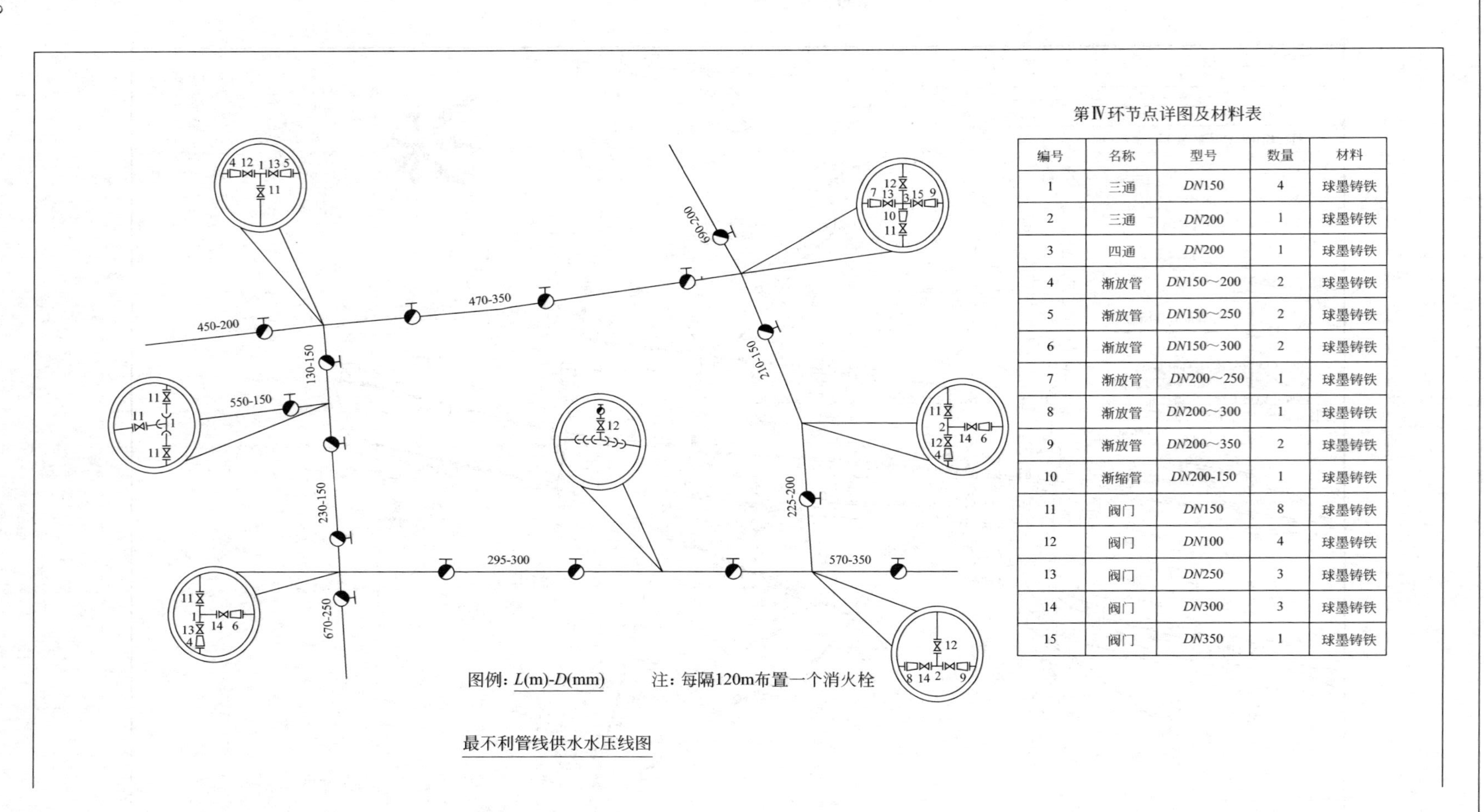

第Ⅳ环节点详图及材料表

编号	名称	型号	数量	材料
1	三通	*DN*150	4	球墨铸铁
2	三通	*DN*200	1	球墨铸铁
3	四通	*DN*200	1	球墨铸铁
4	渐放管	*DN*150～200	2	球墨铸铁
5	渐放管	*DN*150～250	2	球墨铸铁
6	渐放管	*DN*150～300	2	球墨铸铁
7	渐放管	*DN*200～250	1	球墨铸铁
8	渐放管	*DN*200～300	1	球墨铸铁
9	渐放管	*DN*200～350	2	球墨铸铁
10	渐缩管	*DN*200-150	1	球墨铸铁
11	阀门	*DN*150	8	球墨铸铁
12	阀门	*DN*100	4	球墨铸铁
13	阀门	*DN*250	3	球墨铸铁
14	阀门	*DN*300	3	球墨铸铁
15	阀门	*DN*350	1	球墨铸铁

最不利管线供水水压线图

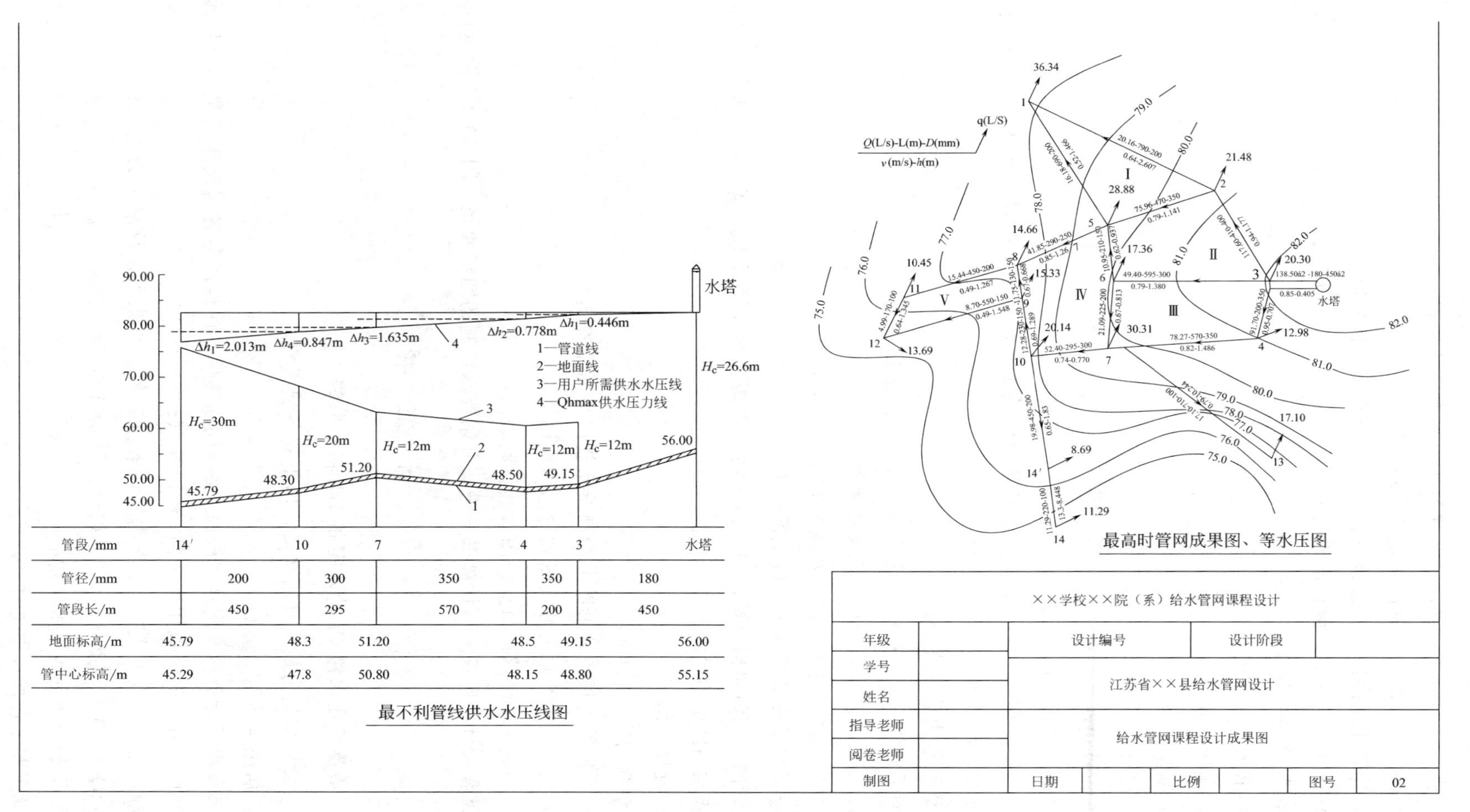

管段/mm	14′	10	7	4	3	水塔
管径/mm	200	300	350	350	180	
管段长/m	450	295	570	200	450	
地面标高/m	45.79	48.3	51.20	48.5	49.15	56.00
管中心标高/m	45.29	47.8	50.80	48.15	48.80	55.15

最不利管线供水水压线图

图 A1-2　给水管网设计成果图

（2）进行管网定线布置，确定调节构筑物形式及位置。

（3）进行管网水力计算，确定各管段管径。

（4）计算水塔高度和二级泵站扬程，拟定水泵工作制度。

（5）计算管网各节点的自由水头及最高时供水的等水压线。

2. 编写说明书及计算书各一份

说明书按下列格式书写。

（1）设计任务

（2）基本资料

（3）设计依据及参考资料

（4）设计说明

① 管网定线说明及简图。

② Q_d 考虑了哪些用水量；设计工况和校核工况，每一工况设计流量；24h 变化曲线，根据该曲线，可得出哪些设计信息。

③ 管网水力计算成果。

环网平差依据、上机框图及成果、最不利点选择。

设计工况（Q_{hmax}）及校核工况成果图。

④ 泵型选择（主要参数）及运行方式（二级泵站）。

所选泵型扬程是否满足校核工况要求。

⑤ 管网上的附属构筑物说明：清水池、水塔容积计算成果及其尺寸、水位、保证消防水量不被动用的措施等。

（5）设计小结

3. 绘制图纸

（1）在所给的城市地形图上绘制给水管网平面布置图。

（2）最不利管线水力坡线图和等水压线图。

（3）绘制一个环路的节点详图及其材料表。

本课程设计例题仅编写计算书一份，并附要求绘制的图纸两张（图 A1-1、图 A1-2）。

计　算　书

一、最高日用水量 Q_d 的确定和 24h 供水曲线

1. 设计用水量为最高日用水量，由下列各项组成。

（1）居民生活用水量 Q_1

参考课程设计资料 6 附录“居民生活用水定额”，查得江苏省居民生活最高日用水量为 140～230L/(cap・d)，取用水定额 q=180L/(cap・d)。

目前该县有 5.0 万人口，5 年内规划增加 20%、自来水普及率 f 为 100%。

得：$Q_1=qNf=180\times50000\times(1+20\%)\times100\%=10800$（$m^3/d$）。

（2）工业企业生活用水量 Q_2

按《工业企业设计卫生标准》

职工生活用水：热车间取 35L/(班·cap)，一般车间取 25L/(班·cap)。

$Q_2'=qN$（N 为总人数）

职工的淋浴用水：热车间取 60L/(班·cap)，一般车间取 40L/(班·cap)。

$Q_2''=qNP$（P 为淋浴人口百分数）

淋浴均在下班后 1h 内进行，职工人数按 5 年发展规划人数计。

以上两项计为 Q_2。

（3）工业生产用水量 Q_3

由设计资料中的各企业 5 年发展规划需水量减去职工生活用水和淋浴用水计。

根据逐厂计算相加得：$Q_2+Q_3=2202.25\text{m}^3/\text{d}$。

（4）未预见水量

取未预见水量系数 1.1。

由以上三项之和得最高日用水量：$Q=1.1\times(Q_1+Q_2+Q_3)=14302.49\text{m}^3/\text{d}$。

2. 计算逐时用水量并绘制 24h 变化曲线（见表 A1-3 及图 A1-3）

表 A1-3　最高日最高时 24h 用水量计算

时段	居住区生活用水		一机厂					二机厂				
	占全日用水量的百分数/%	用水量/($\text{m}^3\cdot\text{h}^{-1}$)	生活用水		淋浴用水/($\text{m}^3\cdot\text{h}^{-1}$)	生产用水		生活用水		淋浴用水/($\text{m}^3\cdot\text{h}^{-1}$)	生产用水	
			K_h	用水量/($\text{m}^3\cdot\text{h}^{-1}$)		K_h	用水量/($\text{m}^3\cdot\text{h}^{-1}$)	K_h	用水量/($\text{m}^3\cdot\text{h}^{-1}$)		K_h	用水量/($\text{m}^3\cdot\text{h}^{-1}$)
(1)	(2)	(3)	(4)	(5)	(6)	(7)	(8)	(9)	(10)	(11)	(12)	(13)
0～1	1.10	118.8										
1～2	0.70	75.6										
2～3	0.90	97.2										
3～4	1.10	118.8										
4～5	1.30	410.4										
5～6	3.91	422.28										
6～7	6.61	713.88	1.0	2.625		1.0	7.625	1.0	1.3125		1.0	1.938
7～8	5.84	630.72	1.25	3.281		1.0	7.625	1.25	1.6426		1.0	1.938
8～9	7.04	760.32	2.75	1.969		1.0	7.625	0.75	0.9844		1.0	1.938
9～10	6.69	722.52	1.0	2.625		1.0	7.625	1.0	1.3125		1.0	1.938
10～11	7.17	774.36	1.0	2.625		1.0	7.625	1.0	1.3125		1.0	1.938
11～12	7.31	789.48	1.0	2.625		1.0	7.625	1.0	1.3125		1.0	1.938
12～13	6.62	714.96	1.0	2.625		1.0	7.625	1.0	1.3125		1.0	1.938
13～14	5.23	564.84	1.0	2.625		1.0	7.625	1.0	1.3125		1.0	1.938
14～15	3.59	387.72	1.25	3.281	18.0	1.0	7.625	1.25	1.6426	9.0	1.0	1.938
15～16	4.76	514.08	0.75	1.969		1.0	7.625	0.75	0.9844		1.0	1.938
16～17	4.24	457.92	1.0	2.625		1.0	7.625	1.0	1.3125		1.0	1.938

续表

时段	居住区生活用水		一机厂					二机厂				
	占全日用水量的百分数/%	用水量/($m^3 \cdot h^{-1}$)	生活用水		淋浴用水/($m^3 \cdot h^{-1}$)	生产用水		生活用水		淋浴用水/($m^3 \cdot h^{-1}$)	生产用水	
			K_h	用水量/($m^3 \cdot h^{-1}$)		K_h	用水量/($m^3 \cdot h^{-1}$)	K_h	用水量/($m^3 \cdot h^{-1}$)		K_h	用水量/($m^3 \cdot h^{-1}$)
(1)	(2)	(3)	(4)	(5)	(6)	(7)	(8)	(9)	(10)	(11)	(12)	(13)
17～18	5.99	646.92	1.0	2.625		1.0	7.625	1.0	1.3125		1.0	1.938
18～19	6.97	752.76	1.0	2.625		1.0	7.625	1.0	1.3125		1.0	1.938
19～20	5.66	611.28	1.0	2.625		1.0	7.625	1.0	1.3125		1.0	1.938
20～21	3.05	329.4	1.0	2.625		1.0	7.625	1.0	1.3125		1.0	1.938
21～22	2.01	217.08	1.0	2.625		1.0	7.625	1.0	1.3125		1.0	1.938
22～23	1.42	153.36			18.0					9.0		
23～24	0.79	85.32										
Σ	100	10800	16	42	36.0	16	122.0	16	21.0	18.0	16	31.0

时段	酒厂					油米加工厂				
	生活用水		淋浴用水/($m^3 \cdot h^{-1}$)	生产用水		生活用水		淋浴用水/($m^3 \cdot h^{-1}$)	生产用水	
	K_h	用水量/($m^3 \cdot h^{-1}$)		K_h	用水量/($m^3 \cdot h^{-1}$)	K_h	用水量/($m^3 \cdot h^{-1}$)		K_h	用水量/($m^3 \cdot h^{-1}$)
	(14)	(15)	(16)	(17)	(18)	(19)	(20)	(21)	(22)	(23)
0～1	1.0	0.271		1.0	8.2625	1.0	0.417		1.0	3.417
1～2	1.0	0.271		1.0	8.2625	1.0	0.417		1.0	3.417
2～3	1.0	0.271		1.0	8.2625	1.0	0.417		1.0	3.417
3～4	1.0	0.271		1.0	8.2625	1.0	0.417		1.0	3.417
4～5	1.0	0.271		1.0	8.2625	1.0	0.417		1.0	3.417
5～6	1.0	0.271		1.0	8.2625	1.0	0.417		1.0	3.417
6～7	1.5	0.406	1.733	1.0	8.2625	1.5	0.625	2.667	1.0	3.417
7～8	0.5	0.135		1.0	8.2625	0.5	0.208		1.0	3.417
8～9	1.0	0.271		1.0	8.2625	1.0	0.417		1.0	3.417
9～10	1.0	0.271		1.0	8.2625	1.0	0.417		1.0	3.417
10～11	1.0	0.271		1.0	8.2625	1.0	0.417		1.0	3.417
11～12	1.0	0.271		1.0	8.2625	1.0	0.417		1.0	3.417
12～13	1.0	0.271		1.0	8.2625	1.0	0.417		1.0	3.417
13～14	1.0	0.271		1.0	8.2625	1.0	0.417		1.0	3.417
14～15	1.5	0.406	1.733	1.0	8.2625	1.5	0.625	2.667	1.0	3.417
15～16	0.5	0.135		1.0	8.2625	0.5	0.208		1.0	3.417
16～17	1.0	0.271		1.0	8.2625	1.0	0.417		1.0	3.417
17～18	1.0	0.271		1.0	8.2625	1.0	0.416		1.0	3.416
18～19	1.0	0.271		1.0	8.2625	1.0	0.416		1.0	3.416

续表

时段	酒厂					油米加工厂				
	生活用水		淋浴用水	生产用水		生活用水		淋浴用水	生产用水	
	K_h	用水量/($m^3 \cdot h^{-1}$)	/($m^3 \cdot h^{-1}$)	K_h	用水量/($m^3 \cdot h^{-1}$)	K_h	用水量/($m^3 \cdot h^{-1}$)	/($m^3 \cdot h^{-1}$)	K_h	用水量/($m^3 \cdot h^{-1}$)
	(14)	(15)	(16)	(17)	(18)	(19)	(20)	(21)	(22)	(23)
19～20	1.0	0.271		1.0	8.2625	1.0	0.416		1.0	3.416
20～21	1.0	0.271		1.0	8.2625	1.0	0.416		1.0	3.416
21～22	1.0	0.270		1.0	8.2625	1.0	0.416		1.0	3.416
22～23	1.5	0.406	1.734	1.0	8.2625	1.5	0.625	2.666	1.0	3.416
23～24	0.5	0.135		1.0	8.2625	0.5	0.208		1.0	3.416
Σ	24	6.5	5.2	24	198.3	24	10	8	24	82

时段	织布厂					化工厂				
	生活用水		淋浴用水	生产用水		生活用水		淋浴用水	生产用水	
	K_h	用水量/($m^3 \cdot h^{-1}$)	/($m^3 \cdot h^{-1}$)	K_h	用水量/($m^3 \cdot h^{-1}$)	K_h	用水量/($m^3 \cdot h^{-1}$)	/($m^3 \cdot h^{-1}$)	K_h	用水量/($m^3 \cdot h^{-1}$)
	(24)	(25)	(26)	(27)	(28)	(29)	(30)	(31)	(32)	(33)
0～1										
1～2										
2～3										
3～4										
4～5										
5～6										
6～7	1.0	0.9375		1.0	5.1875	1.0	0.218		1.0	6.481
7～8	1.5	1.4063		1.0	5.1875	1.5	0.328		1.0	6.481
8～9	0.5	0.4687		1.0	5.1875	0.5	0.109		1.0	6.481
9～10	1.0	0.9375		1.0	5.1875	1.0	0.219		1.0	6.481
10～11	1.0	0.9375		1.0	5.1875	1.0	0.219		1.0	6.481
11～12	1.0	0.9375		1.0	5.1875	1.0	0.219		1.0	6.481
12～13	1.0	0.9375		1.0	5.1875	1.0	0.219		1.0	6.481
13～14	1.0	0.9375		1.0	5.1875	1.0	0.219		1.0	6.481
14～15	1.5	1.4063	6.0	1.0	5.1875	1.5	0.328	1.4	1.0	6.481
15～16	0.5	0.4687		1.0	5.1875	0.5	0.109		1.0	6.481
16～17	1.0	0.9375		1.0	5.1875	1.0	0.219		1.0	6.481
17～18	1.0	0.9375		1.0	5.1875	1.0	0.219		1.0	6.481
18～19	1.0	0.9375		1.0	5.1875	1.0	0.219		1.0	6.482
19～20	1.0	0.9375		1.0	5.1875	1.0	0.219		1.0	6.482
20～21	1.0	0.9375		1.0	5.1875	1.0	0.218		1.0	6.482
21～22	1.0	0.9375		1.0	5.1875	1.0	0.218		1.0	6.482
22～23			6.0					1.4		
23～24										
Σ	16	15	12	16	83	16	3.5	2.8	16	103.7

续表

时段	皮革厂					缫丝厂				
	生活用水		淋浴用水/($m^3 \cdot h^{-1}$)	生产用水		生活用水		淋浴用水/($m^3 \cdot h^{-1}$)	生产用水	
	K_h	用水量/($m^3 \cdot h^{-1}$)		K_h	用水量/($m^3 \cdot h^{-1}$)	K_h	用水量/($m^3 \cdot h^{-1}$)		K_h	用水量/($m^3 \cdot h^{-1}$)
	(34)	(35)	(36)	(37)	(38)	(39)	(40)	(41)	(42)	(43)
0～1	1.0	0.521		1.0	7.396					
1～2	1.0	0.521		1.0	7.396					
2～3	1.0	0.521		1.0	7.396					
3～4	1.0	0.521		1.0	7.396					
4～5	1.0	0.521		1.0	7.396					
5～6	1.0	0.521		1.0	7.396					
6～7	1.5	0.781	3.333	1.0	7.396	1.0	1.093		1.0	60.531
7～8	0.5	0.260		1.0	7.396	1.0	1.094		1.0	60.531
8～9	1.0	0.521		1.0	7.396	1.0	1.094		1.0	60.531
9～10	1.0	0.521		1.0	7.396	1.0	1.094		1.1	66.584
10～11	1.0	0.521		1.0	7.396	1.0	1.094		0.9	54.478
11～12	1.0	0.521		1.0	7.396	1.0	1.094		1.0	60.531
12～13	1.0	0.521		1.0	7.396	1.0	1.094		1.0	60.531
13～14	1.0	0.521		1.0	7.396	1.0	1.094		1.0	60.531
14～15	1.5	0.781	3.333	1.0	7.396	1.5	1.641	7.0	1.0	60.531
15～16	0.5	0.260		1.1	8.135	0.5	0.547		1.0	60.531
16～17	1.0	0.521		0.9	6.656	1.0	1.094		1.0	60.531
17～18	1.0	0.521		1.0	7.396	1.0	1.094		1.0	60.531
18～19	1.0	0.521		1.0	7.396	1.0	1.094		1.0	60.532
19～20	1.0	0.521		1.0	7.396	1.0	1.093		1.0	60.532
20～21	1.0	0.521		1.0	7.396	1.0	1.093		1.0	60.532
21～22	1.0	0.520		1.0	7.395	1.0	1.093		1.0	60.532
22～23	1.5	0.781	3.334	1.0	7.395			7.0		
23～24	0.5	0.260		1.0	7.395					
Σ	24	12.5	10	24	177.5	16	17.5	14	16	968.5

时段	保修厂					县医院					华阳旅社			
	生活用水		淋浴用水/($m^3 \cdot h^{-1}$)	生产用水		生活用水		淋浴用水/($m^3 \cdot h^{-1}$)	生产用水		生活用水		生产用水	
	K_h	用水量/($m^3 \cdot h^{-1}$)		K_h	用水量/($m^3 \cdot h^{-1}$)	K_h	用水量/($m^3 \cdot h^{-1}$)		K_h	用水量/($m^3 \cdot h^{-1}$)	K_h	用水量/($m^3 \cdot h^{-1}$)	K_h	用水量/($m^3 \cdot h^{-1}$)
	(44)	(45)	(46)	(47)	(48)	(49)	(50)	(51)	(52)	(53)	(54)	(55)	(56)	(57)
0～1						1.0	0.781		0.935	1.802			0.935	1.208
1～2						1.0	0.781		0.935	1.802			0.935	1.208
2～3						1.0	0.781		0.935	1.802			0.935	1.208
3～4						1.0	0.781		0.935	1.802			0.935	1.208
4～5						1.0	0.781		0.935	1.802			0.935	1.208
5～6						1.0	0.781		0.935	1.802			0.935	1.208
6～7	1.0	0.469		1.0	2.906	1.5	1.172	5.0	0.935	1.802	1.0	0.0469	0.935	1.208
7～8	1.0	0.469		1.0	2.906	0.5	0.391		0.935	1.802	1.0	0.0469	0.935	1.208
8～9	1.0	0.469		1.0	2.906	1.0	0.781		0.935	1.802	1.0	0.0469	0.935	1.208

续表

时段	保修厂					县医院					华阳旅社			
	生活用水		淋浴用水	生产用水		生活用水		淋浴用水	生产用水		生活用水		生产用水	
	K_h	用水量/(m^3·h^{-1})	/(m^3·h^{-1})	K_h	用水量/(m^3·h^{-1})	K_h	用水量/(m^3·h^{-1})	/(m^3·h^{-1})	K_h	用水量/(m^3·h^{-1})	K_h	用水量/(m^3·h^{-1})	K_h	用水量/(m^3·h^{-1})
	(44)	(45)	(46)	(47)	(48)	(49)	(50)	(51)	(52)	(53)	(54)	(55)	(56)	(57)
9~10	1.0	0.469		1.1	3.197	1.0	0.781		0.935	1.802	1.0	0.0469	0.935	1.208
10~11	1.0	0.469		0.9	2.616	1.0	0.781		0.935	1.802	1.0	0.0469	0.935	1.208
11~12	1.0	0.469		1.0	2.906	1.0	0.781		2.500	4.818	1.0	0.0469	2.500	3.229
12~13	1.0	0.469		1.0	2.906	1.0	0.781		0.930	1.792	1.0	0.0469	0.930	1.201
13~14	1.0	0.469		1.0	2.906	1.0	0.781		0.935	1.802	1.0	0.0469	0.935	1.208
14~15	1.5	0.703	3.0	1.0	2.906	1.5	1.172	5.0	0.935	1.802	1.5	0.0703	0.935	1.208
15~16	0.5	0.234		1.0	2.906	0.5	0.391		0.935	1.802	0.5	0.0234	0.935	1.208
16~17	1.0	0.469		1.0	2.906	1.0	0.781		0.935	1.802	1.0	0.0469	0.935	1.208
17~18	1.0	0.469		1.0	2.906	1.0	0.781		0.935	1.802	1.0	0.0469	0.935	1.208
18~19	1.0	0.469		1.0	2.906	1.0	0.781		0.935	1.802	1.0	0.0469	0.935	1.207
19~20	1.0	0.468		1.0	2.907	1.0	0.782		0.935	1.802	1.0	0.0469	0.935	1.207
20~21	1.0	0.468		1.0	2.907	1.0	0.782		0.935	1.801	1.0	0.0469	0.935	1.207
21~22	1.0	0.468		1.0	2.907	1.0	0.782		0.935	1.801	1.0	0.0469	0.935	1.207
22~23			3.0			1.5	1.172	5.0	0.935	1.801	1.0		0.935	1.207
23~24						0.5	0.391		0.935	1.801			0.935	1.207
Σ	16	7.5	6.0	16	46.5	24	18.75	15.0	24	46.25	16	0.75	24	31

时段	县招待所				逐厂计算集中用水量之和/(m^3·h^{-1})	逐时用水量计算		
	生活用水		生产用水			总用水量之和/(m^3·h^{-1})	(63)项乘以未预见水量系数1.1	(64)项各小时用水量占最高日用水量的百分数/%
	K_h	用水量/(m^3·h^{-1})	K_h	用水量/(m^3·h^{-1})				
	(58)	(59)	(60)	(61)	(62)	(63)	(64)	(65)
0~1			0.935	1.169	25.24	144.04	158.45	1.11
1~2			0.935	1.169	25.24	100.84	110.93	0.78
2~3			0.935	1.169	25.24	122.44	134.69	0.94
3~4			0.935	1.169	25.24	144.04	158.45	1.11
4~5			0.935	1.169	25.24	165.64	182.21	1.27
5~6			0.935	1.169	25.24	447.52	492.28	3.44
6~7	1.0	0.032	0.935	1.169	130.37	844.25	938.68	6.49
7~8	1.0	0.032	0.935	1.169	115.65	746.37	821.01	5.74
8~9	1.0	0.032	0.935	1.169	116.65	876.97	964.67	6.74
9~10	1.0	0.031	0.935	1.169	125.11	847.63	932.40	6.52
10~11	1.0	0.031	0.935	1.169	108.18	882.54	970.79	6.79
11~12	1.0	0.031	2.500	3.125	123.64	913.12	1004.43	7.02
12~13	1.0	0.031	0.930	1.163	116.62	831.58	914.74	6.4
13~14	1.0	0.031	0.935	1.169	116.65	681.49	749.64	5.24
14~15	1.5	0.047	0.935	1.169	177.16	564.88	621.36	4.34
15~16	0.5	0.016	0.935	1.169	115.17	629.25	692.18	4.84

续表

时段	县招待所				逐厂计算集中用水量之和/($m^3 \cdot h^{-1}$)	逐时用水量计算		
	生活用水		生产用水			总用水量之和/($m^3 \cdot h^{-1}$)	(63)项乘以未预见水量系数1.1	(64)项各小时用水量占最高日用水量的百分数/%
	K_h	用水量/($m^3 \cdot h^{-1}$)	K_h	用水量/($m^3 \cdot h^{-1}$)				
	(58)	(59)	(60)	(61)	(62)	(63)	(64)	(65)
16～17	1.0	0.031	0.935	1.169	114.74	572.66	629.93	4.40
17～18	1.0	0.031	0.935	1.169	116.65	763.57	839.92	5.87
18～19	1.0	0.031	0.935	1.168	116.65	869.41	956.35	6.69
19～20	1.0	0.031	0.935	1.168	116.64	727.92	800.72	5.6
20～21	1.0	0.031	0.935	1.168	116.64	446.04	490.65	3.43
21～22	1.0	0.031	0.935	1.168	116.64	333.72	367.09	2.57
22～23			0.935	1.168	83.37	236.73	260.40	1.82
23～24			0.935	1.168	24.24	109.56	120.52	0.85
Σ	16	0.5	24	30	2202.25	13002.25	14302.49	100

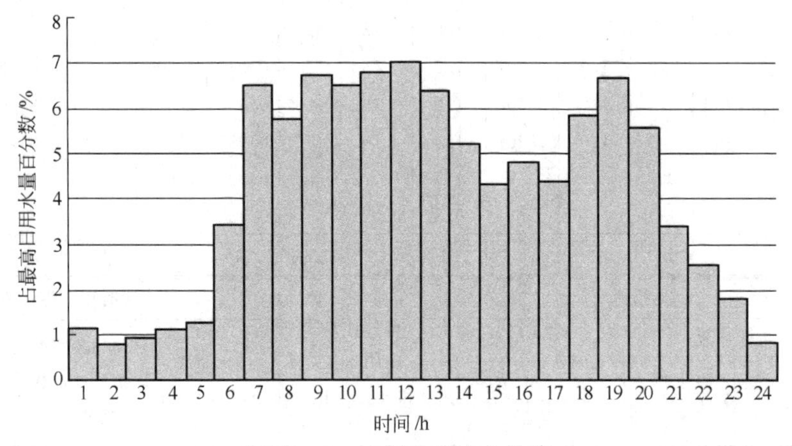

图 A1-3 24h 用水量变化曲线

(1) 居民生活用水逐时变化系数采用表 A1-1 的数据资料。

(2) 工厂工作人员生活用水时变化系数 K_h：热车间 $K_h=1.25$，一般车间 $K_h=1.50$。两班制的两班交班时间为 14～15 时，三班制的三班交班时间为 6～7 时、14～15 时、22～23 时。

(3) 工厂生产用水时变化系数 $K_h=1.0$。置工厂最大用水小时为两班制 9～10 时，三班制 15～16 时。

(4) 华阳旅社和县招待所时变化系数 $K_h=2.5$（生产用水），最大用水小时置于 11～12 时。

(5) 淋浴用水在下班后 1h 内进行。

由表 A1-3 第（64）列可知：该城镇最高日最高时用水量 $Q_d=14302.49\text{m}^3/\text{d}$。

根据表 A1-3 绘制该城镇最高日 24h 用水量变化曲线（见图 A1-3），可知该给水系统最高日最高时供水流量发生在 11～12 时，$Q_{hmax}=1004.43\text{m}^3/\text{h}=279.01\text{L/s}$ [见表 A1-3 第（64）列]，占最高日用水量的 7.02%。

这里需要说明的是：表 A1-3 也可以按所有三班制和两班制分别进行工业企业逐时用水

量（生活、淋浴、生产）计算，将大大缩小表格篇幅，但是当最高用水时流量确定后，进行管网水力计算时，将仍需逐厂计算各厂在最高用水时的集中用水量。

二、管网定线

按照管网定线的一系列原则，初步拟定了两套管网定线方案（见图 A1-4）。

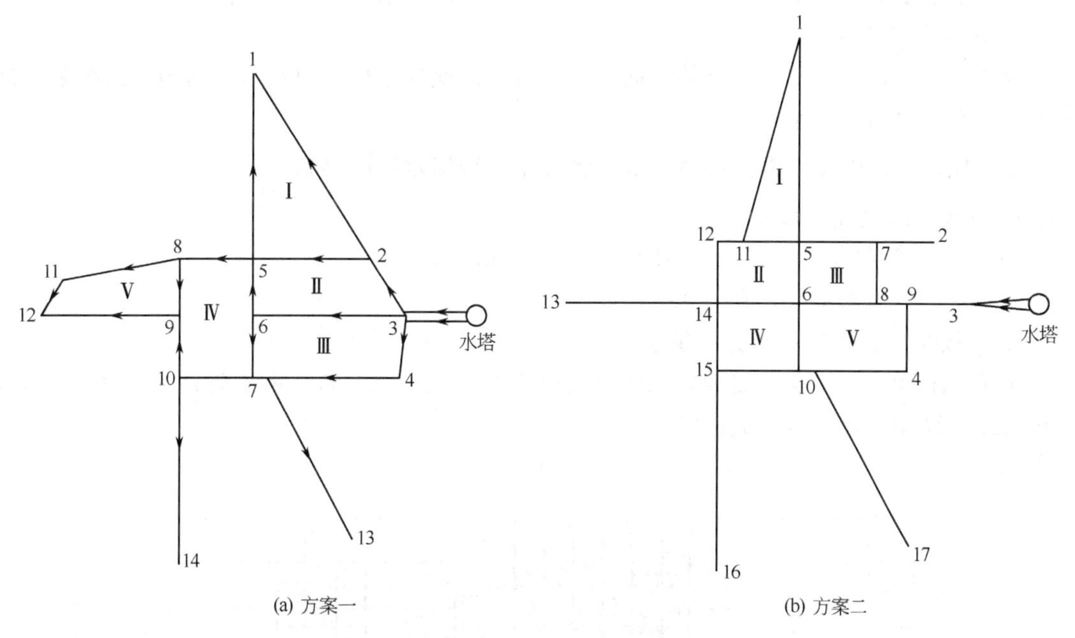

图 A1-4　管网定线方案简图

1. 管网布置形式

管网布置的形式有树状网和环状网两种基本形式。

方案一采用五个环网加两条枝状管组成管网系统。考虑到县城中心人口密集，需要的供水保证率高，而且县城中心交通发达，道路连接成环，干管敷设在街道下，可通过分配管就近分配给两侧用户，所以按干管和连接管长度的规定，布置环状网［见图 A1-4（a)］。另外由于皮革厂、化工厂等工厂企业建在郊区，且沿道路两侧分布，则设置 10～14、7～13 两条枝状管供水给工厂企业及沿线居民。

方案二采用了五个环网和四条枝状管组成管网系统［见图 A1-4（b)］。Ⅰ环的布置与方案一不同，在高速公路下不铺设管道。考虑到缫丝厂和保修厂所需水量较大，若使用枝状管供水可靠性较差，所以沿西边的一条道路连接成环。另一条枝状管 13～14 的设置是考虑该方向居民区沿街道狭长发展，但是使用枝状管会使供水保证率降低，而且管段 13～14 已处于管网末端，管中流量小、流速低，水质容易变坏，管网建设初期供水安全得不到保证（虽然当城市发展到一定规模时，可将枝状管连接成环状网以保证给水安全）。该方案干管和连接管的间距均远小于规范建议值，基环环路太小，造成工程造价提高，不经济。

综合考虑供水可靠性和城市远期发展需要，本设计采用方案一的管网布置方式，它属于环网加枝状管的混合型管网（见图 A1-1）。

2. 管网定线

由于水厂位于城市东部，干管延伸方向采用由东向西，循水流方向，沿城市平行干道布置三条干管并连接成环状网。

方案一中管段1～2设在高速公路边，路旁仅为一些饭店，居民稀少，因此按单面配水考虑，计算管长为1/2管长。其余管段均按双面配水计算管长。

3. 输水管定线

从一泵站至水厂、水厂至水塔及水塔至管网均采用两条输水管，以保证供水安全。

4. 确定水塔位置

纵观该县城地形，水厂附近的地面标高较高，因此拟采用网前水塔管网调节二级泵站供水量与用水量之间的供水差额。

三、拟定二级泵站水泵分级供水线、计算水塔和清水池的容积

1. 一级泵站设计流量

$Q_1=\alpha Q_d/T=1.05\times14302.49/24=625.73$（$m^3/h$）。

其中水厂自用水系数α取1.05。

2. 二级泵站设计流量及分级供水

根据24h用水量变化曲线拟定二级泵站供水线（见图A1-5）。由于管网中设置了水塔，故可将二级泵站供水流量分成两级。

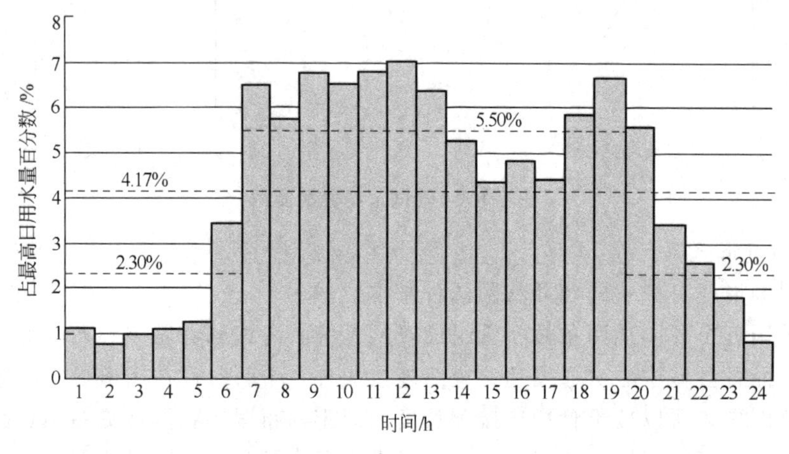

图 A1-5　二级泵站设计供水线

取一级供水线为2.30%Q_d，则一级供水流量为：$Q_{\mathrm{I}}=14302.49\times2.30\%=328.96$（$m^3/h$）。

二级供水线则为：$(1-2.30\%\times10)Q_d/14=5.50\%Q_d$。

二级供水流量为：$Q_{\mathrm{II}}=14302.49\times5.50\%=786.64$（$m^3/h$）。

一级供水线供水时段20～6时，计10h；二级供水线供水时段6～20时，计14h。

3. 清水池有效容积及尺寸计算

（1）清水池有效容积

清水池的有效容积由以下四部分组成。

① 调节容积W_1　具体计算见表A1-4。20时到次日6时，一级泵站供水量4.17%大于二级泵站供水量2.30%，多余水量在清水池中储存；6时到20时，一级泵站供水量4.17%小于二级泵站供水量5.50%，则取用清水池的存水。累积储存的水量等于累计取用的水量，即为清水池的调节容积。

表 A1-4　清水池与水塔调节容积计算

时段	用水量/($m^3 \cdot h^{-1}$)	用水量百分数/%	二级泵站供水量/%	一级泵站供水量/%	清水池调节容积		水塔调节容积	
					/%	/($m^3 \cdot h^{-1}$)	/%	/($m^3 \cdot h^{-1}$)
0～1	144.04	1.11	2.30	4.17	−1.87	−267.46	−1.19	−170.20
1～2	100.84	0.78	2.30	4.17	−1.87	−267.46	−1.52	−217.40
2～3	122.44	0.94	2.30	4.16	−1.86	−266.03	−1.36	−194.51
3～4	144.04	1.11	2.30	4.17	−1.87	−267.46	−1.19	−170.20
4～5	165.64	1.27	2.30	4.17	−1.87	−267.46	−1.03	−147.32
5～6	447.52	3.44	2.30	4.16	−1.86	−266.03	1.14	163.05
6～7	844.25	6.49	5.50	4.17	1.33	190.22	0.99	141.59
7～8	746.37	5.74	5.50	4.17	1.33	190.22	0.24	34.33
8～9	876.97	6.74	5.50	4.16	1.34	191.65	1.24	177.35
9～10	847.63	6.52	5.50	4.17	1.33	190.22	1.02	145.89
10～11	882.54	6.79	5.50	4.17	1.33	190.22	1.29	184.50
11～12	913.12	7.02	5.50	4.16	1.34	191.65	1.52	217.40
12～13	831.58	6.40	5.50	4.17	1.33	190.22	0.90	128.72
13～14	681.49	5.24	5.50	4.17	1.33	190.22	−0.26	−37.19
14～15	564.88	4.34	5.50	4.16	1.34	191.65	−1.16	−165.91
15～16	629.25	4.84	5.50	4.17	1.33	190.22	−0.66	−94.40
16～17	572.66	4.40	5.50	4.17	1.33	190.22	−1.10	−157.33
17～18	763.57	5.87	5.50	4.16	1.34	191.65	0.37	52.92
18～19	869.41	6.69	5.50	4.17	1.33	190.22	1.19	170.20
19～20	727.92	5.60	5.50	4.17	1.33	190.22	0.10	14.30
20～21	446.04	3.43	2.30	4.16	−1.86	−266.03	1.13	161.62
21～22	333.72	2.57	2.30	4.17	−1.87	−267.46	0.27	38.62
22～23	236.73	1.82	2.30	4.17	−1.87	−267.46	−0.48	−68.65
23～24	109.56	0.85	2.30	4.16	−1.86	−266.03	−1.45	−207.39
合计	13002.21	100.00	100.00	100.00	18.66	2668.84	8.34	1192.83

$W_1=14302.69\times18.66\%=2668.88$ (m^3)。

② 消防储水量 W_2　参考课程设计资料 6，由该县 5 年规划期 6 万人口得同一时间内的火灾次数为 2 次，一次灭火用水量 35L/s，按 2h 火灾延续时间计算。$W_2=35\times2\times3.6\times2=504$ (m^3)。

③ 水厂自用水 W_3　$W_3=0.05\times14302.49=715.12$ (m^3)。

④ 安全储量 W_4　取 0.5m 池深作为安全储量，初估为 $700m^3$。

因此清水池的有效容积为：$W=W_1+W_2+W_3+W_4=4588$ (m^3)。

(2) 清水池尺寸

取有效水深 3.4m，分成两格，每格设为正方形，则池宽为

$$\sqrt{4588/(2\times3.4)}=25.98\ (m)$$

取 26m，则池长为 $26\times2=52m$。

(3) 防止清水池消防用水被动用的措施

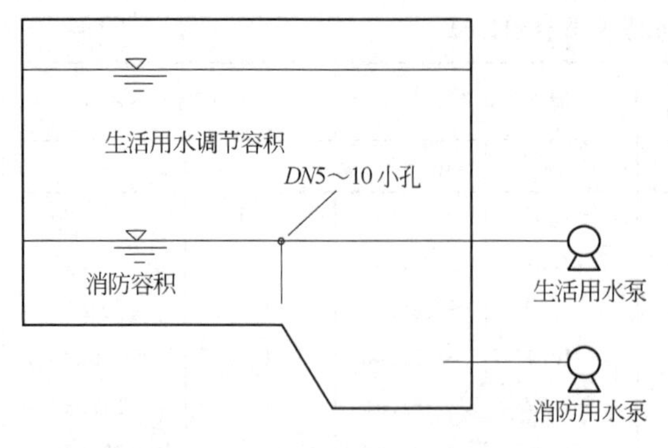

图 A1-6 防止消防用水被动用的措施

如图 A1-6 所示，为保证消防用水不被动用，同时又能保证清水池水质不腐化，本设计拟在位于消防储水位与生活调节水位交界处的生活水泵吸水管上开一个 10mm 小孔，水位降低至小孔，则进气停生活供水泵。

4. 水塔的总容积和尺寸计算

（1）水塔的总容积

水塔的容积由调节容积和消防储水量两部分组成。

水塔的调节容积由二级泵站供水线和 24h 用水曲线确定（见图 A1-5 与表 A1-4）。每日 22 时至次日 5 时，二级泵站供水线高于用水线，水塔累计储存水量为 8.22%Q_d，5～13 时用水线高于二级泵站供水线，管网从水塔取水，累计取用水量为 8.34%Q_d，而 13～17 时储存水量 3.18%Q_d，17～22 时取用水量 3.06%Q_d。考虑到存储与取用有交叉和间隔，所以水塔的调节容积采用 8.34%Q_d：$W_1=14302.49\times8.34\%=1192.83$（$m^3$）。

消防储水量按 10min 室内消防用水量（本设计室内：消防用水量取 10L/s）计算：$W_2=10\times10\times60/1000=6$（$m^3$）。

水塔的有效容积为：$W=W_1+W_2=1198.83m^3$。

（2）水塔尺寸

取 $h/D=0.6$，得：$\frac{\pi D^2}{4}h=1198.83\ m^3$。

因此水塔直径 $D=14m$，有效水深 $h=8m$。

四、管网水力计算

计算简图见图 A1-7。图中点 14′为化工厂所在位置。

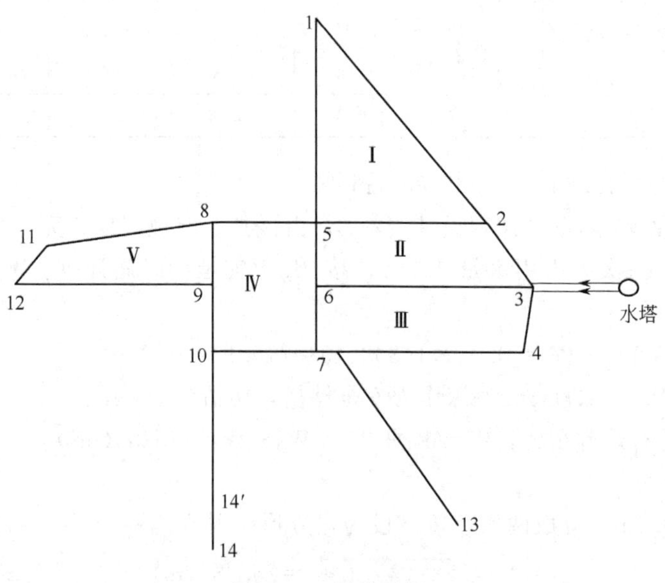

图 A1-7 计算简图

1. 干管比流量 q_s

管网总用水量：$Q=Q_{hmax}=1004.43m^3/h$。

工业用水量：$\sum q=123.64m^3/h$（各企业在11～12时生产与生活用水量之和）。

干管计算总长度：$\sum l=395+410+200+470+595+570+690+210+225+710+290+295+130+230+670+450+550+170=7260$（m）。

其中管段1—2采用单面配水，长度按一半计算。

干管比流量：$q_s=\frac{Q_{hmax}-\sum q}{\sum l}=\frac{1004.43-123.64}{7260\times 3.6}=0.0337$ [L/(s·m)]。

沿线流量计算见表A1-5。

表A1-5　沿线流量计算

管段号	管段长度/m	沿线流量/(L·s^{-1})	管段号	管段长度/m	沿线流量/(L·s^{-1})
1—2	790	$\times\frac{1}{2}\times 0.0337=13.31$	4—7	570	×0.0337=19.21
			8—9	130	×0.0337=4.38
2—3	410	×0.0337=13.82	9—10	230	×0.0337=7.75
3—4	200	×0.0337=6.74	10—14	670	×0.0337=22.58
1—5	690	×0.0337=23.25	5—8	290	×0.0337=9.77
5—6	210	×0.0337=7.08	7—10	295	×0.0337=9.94
6—7	225	×0.0337=7.58	11—12	170	×0.0337=5.73
7—13	710	×0.0337=23.93	8—11	450	×0.0337=15.17
2—5	470	×0.0337=15.84	9—12	550	×0.0337=18.53
3—6	595	×0.0337=20.05	$\sum$	7260	244.66

2. 节点流量计算

节点流量计算见表A1-6。

表A1-6　节点流量计算

节点号	沿线流量化节点流量/(L·s^{-1})	集中流量化节点流量/(L·s^{-1})	节点流量/(L·s^{-1})
1	$\frac{1}{2}q_s\left(l_{1-5}+\frac{1}{2}l_{1-2}\right)=18.28$	$\frac{61.625+3.375}{3.6}=18.06$	36.34
2	$\frac{1}{2}q_s\left(\frac{1}{2}l_{1-2}+l_{2-5}+l_{2-3}\right)=21.48$		21.48
3	$\frac{1}{2}q_s(l_{2-3}+l_{3-6}+l_{3-4})=20.30$		20.30
4	$\frac{1}{2}q_s(l_{4-3}+l_{4-7})=12.98$		12.98
5	$\frac{1}{2}q_s(l_{1-5}+l_{5-2}+l_{5-6}+l_{5-8})=27.97$	$\frac{3.276}{3.6}=0.91$	28.88
6	$\frac{1}{2}q_s(l_{5-6}+l_{6-3}+l_{6-7})=17.36$		17.36
7	$\frac{1}{2}q_s(l_{7-4}+l_{7-10}+l_{7-13}+l_{7-6})=30.33$	$\frac{6.125+3.834+8.53}{3.6}=5.13$	35.46
8	$\frac{1}{2}q_s(l_{8-5}+l_{8-11}+l_{8-9})=14.66$		14.66
9	$\frac{1}{2}q_s(l_{9-8}+l_{9-10}+l_{9-12})=15.33$		15.33
10	$\frac{1}{2}q_s(l_{9-10}+l_{10-14}+l_{10-7})=20.14$	$\frac{3.156+6.7+7.917+3.25+10.25}{3.6}=8.69$	28.83
11	$\frac{1}{2}q_s(l_{11-12}+l_{11-8})=10.45$		10.45

续表

节点号	沿线流量化节点流量/(L·s^{-1})	集中流量化节点流量/(L·s^{-1})	节点流量/(L·s^{-1})
12	$\frac{1}{2}q_s(l_{11-12}+l_{12-9})=12.13$	$\frac{5.599}{3.6}=1.56$	13.69
13	$\frac{1}{2}q_s l_{13-7}=11.96$		11.96
14	$\frac{1}{2}q_s l_{10-14}=11.29$		11.29
Σ			279.01

注：1. 集中流量为管网系统在最高日最高时流量（11～12时）时对应的各厂用水量，就近计入各节点。

2. 节点13、14的节点流量在进行环网平差计算时将作为集中流量加入环网的节点7和节点10。

由节点流量连续性方程 $[q_i+\sum q_{ij}]_i=0$ 初分管段流量并查界限流量表初选 DN，得最高日最高时管网水力计算简图（见图A1-8）。

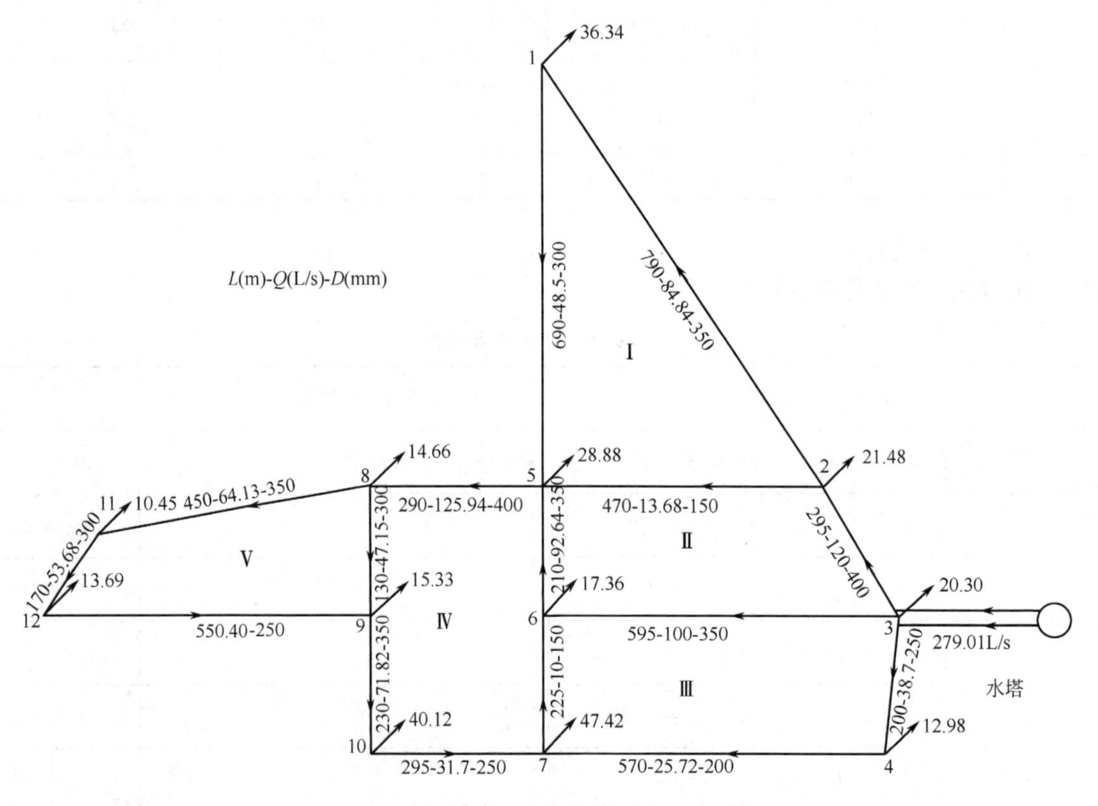

图 A1-8　最高日最高时管网水力计算简图

3. 环网平差

在初分各管段流量的基础上，进行管网平差计算。本设计依据哈代·克罗斯校正流量法上机计算。

校正流量

$$\Delta q_1=\frac{-(\sum h_{ij})_1}{2\sum\left(\frac{h_{ij}}{q_{ij}}\right)_1}=-\frac{(\sum h_{ij})_1}{2\sum(s_{ij}q_{ij})_1}$$

环网平差程序框图见图A1-9。图中 L 为计算管段长度，m；DN 为管段初选管径，m；

Q 为管段初分流量，m^3/s；I_O 为管段所在小环号的环号数，以其在小环号的基环中流向顺时针为正，逆时针流向为负；J_O 为管段所在大环号的环号数，永为负值，若管段所处位置没有相邻环，则其 J_O 为 0。

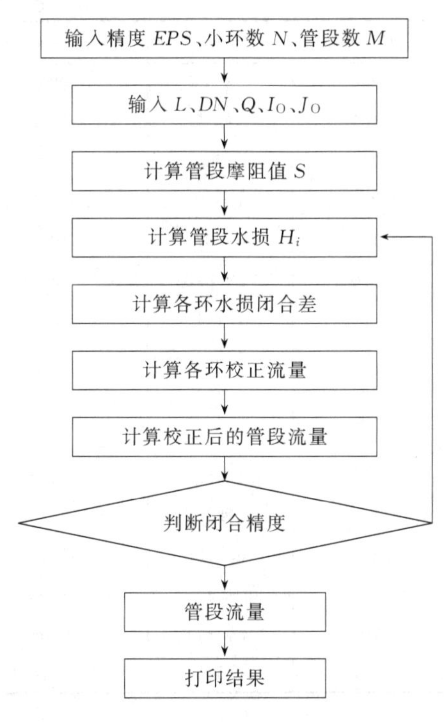

图 A1-9　环网平差程序框图

上机计算需输入的数据见表 A1-7。

表 A1-7　上机数据

EPS=0.0005　　N=5　　M=16

K	管段编号	L/m	DN/m	$Q/(m^3 \cdot s^{-1})$	I_O	J_O
1	1—2	790.0	0.350	0.08484	−1	0
2	2—3	410.0	0.400	0.12000	−2	0
3	3—4	200.0	0.250	0.03870	+3	0
4	1—5	690.0	0.300	0.04850	−1	0
5	5—6	210.0	0.350	0.09264	+2	−4
6	6—7	225.0	0.150	0.01000	+3	−4
7	2—5	470.0	0.150	0.01368	+1	−2
8	3—6	595.0	0.350	0.10000	+2	−3
9	4—7	570.0	0.200	0.02572	+3	0
10	8—9	130.0	0.300	0.04715	−4	−5
11	9—10	230.0	0.350	0.07182	−4	0
12	5—8	290.0	0.400	0.12594	−4	0
13	7—10	295.0	0.250	0.03170	−4	0
14	11—12	170.0	0.300	0.05368	−5	0
15	8—11	450.0	0.350	0.06413	−5	0
16	9—12	550.0	0.250	0.04000	−5	0

上机成果见表 A1-8，得最高日最高时管网平差成果图 A1-10。

表 A1-8　最高日最高时管网平差成果

EPS=0.0005　　N=5　　M=16

K	L/m	DN/m	H/m	Q/(m³·s⁻¹)	v/(m·s⁻¹)
1	790.0	0.200	−2.607	−0.02016	0.64
2	410.0	0.400	−1.177	−0.11760	0.94
3	200.0	0.350	0.707	0.09170	0.95
4	690.0	0.200	1.466	0.01618	0.52
5	210.0	0.150	0.937	0.01095	0.62
6	225.0	0.200	−0.813	−0.02109	0.67
7	470.0	0.350	1.141	0.07596	0.79
8	595.0	0.300	1.380	0.04940	0.70
9	570.0	0.350	1.486	0.07872	0.82
10	130.0	0.150	−0.668	−0.01175	0.67
11	230.0	0.150	1.289	0.01228	0.69
12	290.0	0.250	−1.267	−0.04185	0.85
13	295.0	0.300	0.770	0.05240	0.74
14	170.0	0.100	−1.345	−0.0499	0.64
15	450.0	0.200	−0.871	−0.01544	0.50
16	550.0	0.150	1.548	0.00870	0.50

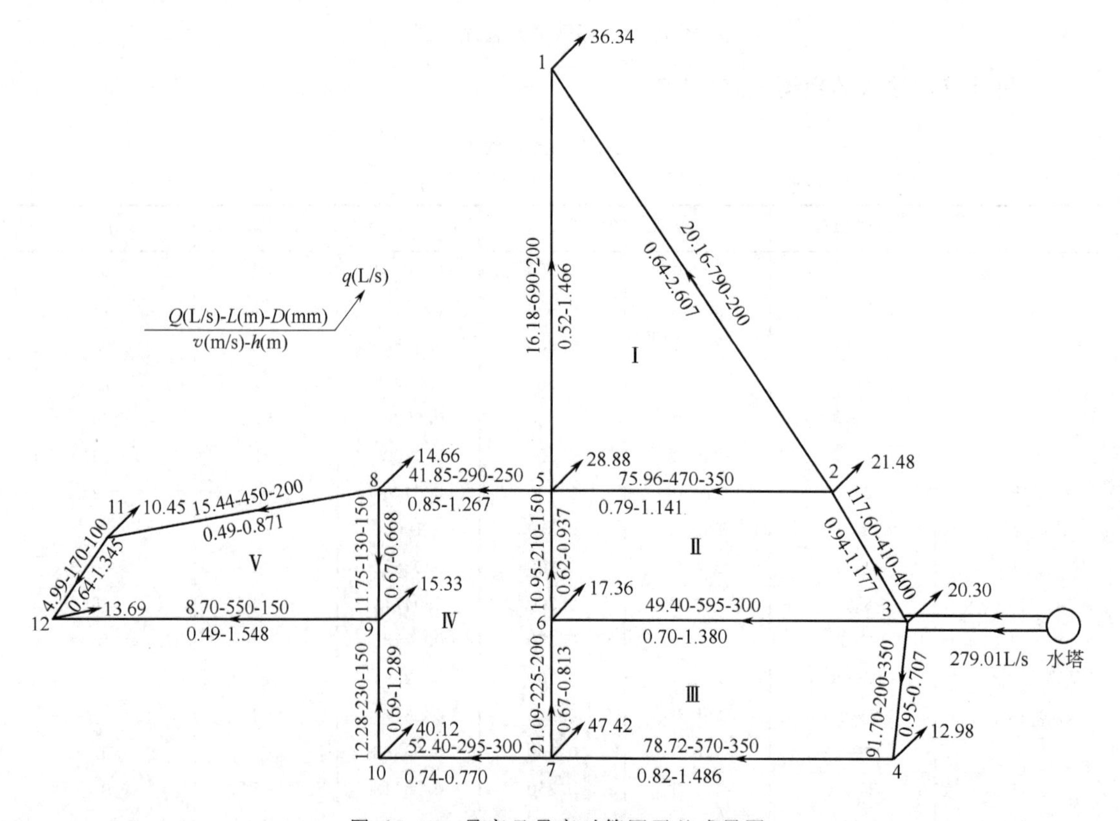

图 A1-10　最高日最高时管网平差成果图

由表A1-8平差成果与表A1-7输入管段流量的方向（I_O所示流向）可以看出：管段1—5、6—7、9—10、7—10、9—12在经过管网平差计算之后，流向发生了改变。

4. 设计输水管

从水塔到管网的输水管设两条，承担1/2设计流量，$Q=139.505L/s$，由课程设计资料2查得$DN=450mm$，$1000i=2.25m$，$v=0.85m/s$，又输水管长$L=180m$，因此沿程水损$h=0.405m$。

5. 支管的初步计算

（1）支管10—14′

管段流量$q_{10-14'}=q_{14}+q_{集}=11.29+(10.25+3.156+6.7+7.917+3.25)/3.6=19.98$（L/s）。

由资料2查得$DN=200mm$，$1000i=4.07m$，$v=0.65m/s$。

则$H_{10-14'}=4.07\times450/1000=1.83$（m）。

（2）支管14′—14

管段流量$q_{14'-14}=q_{14}=11.29L/s$。

由资料2查得$DN=150mm$，$1000i=4.79m$，$v=0.60m/s$。

则$H_{14'-14}=4.79\times220/1000=1.05$（m）。

（3）支管7—13

管段流量$q_{7-13}=q_{13}+q_{集中}=11.96+(3.834+8.53+6.125)/3.6=17.1$（L/s）。

由资料2查得$DN=200mm$，$1000i=3.03m$，$v=0.55m/s$。

则$H_{7-13}=3.03\times710/1000=2.151$（m）。

6. 管网最不利点的确定

由图A1-7和环网平差计算结果可知，管网的最不利点有可能在给水区内离二泵站最远处，即节点1、节点12或节点14，另外由于化工厂所需服务水头最高为30m（见表A1-2），因此节点14′也是最不利点的试算点，表A1-9计算了各节点的节点水压和自由水头，以确定管网最不利点。

表A1-9　节点水压及节点自由水头

节点	高程 Z_c/m	服务水头 H_c/m	节点水头 $H_j(=Z_c+H_c+h_n)$/m	节点水压 $H_f(=H_j-Z_c)$/m
1	53.10	20	53.10+20+(1.177+2.607+0.405)×1.1=77.708	24.608
2	54.03	12	54.03+12+(1.177+0.405)×1.1=67.770	13.740
3	49.15	12	49.15+12+0.405×1.1=61.596	12.446
4	48.50	12	48.50+12+(0.707+0.405)×1.1=61.723	13.223
5	53.86	20	53.86+20+(1.177+1.141+0.405)×1.1=76.855	22.995
6	54.00	12	54.00+12+(1.380+0.405)×1.1=67.964	13.964
7	52.10	12	52.10+12+(0.707+1.486+0.405)×1.1=66.958	14.858
8	53.18	12	53.18+12+(1.177+1.141+1.267+0.405)×1.1=69.569	16.389
9	54.10	12	54.10+12+(0.707+1.486+0.770+1.289+0.405)×1.1=71.223	17.123
10	48.30	20	48.30+20+(0.707+1.486+0.770+0.405)×1.1=72.005	23.705
12	49.82	16	49.82+16+(0.707+1.486+0.770+0.405+1.289+1.548)×1.1=72.646	22.826
13	47.23	16	47.23+16+(0.707+1.486+2.151+0.405)×1.1=68.454	21.224
14′	46.82	30	46.82+30+(0.707+1.486+0.770+0.405+1.83)×1.1=82.538	35.718
14	45.79	12	45.79+12+(0.707+1.486+0.770+0.405+1.83+1.05)×1.1=64.663	18.873

由表 A1-9 中的计算得管网的控制点为节点 14′。

7. 确定水塔高度

控制点取节点水头要求最高的点节点 14′，其地面标高为 46.82m，所需最小服务水头 30m。

水塔处的地面标高为 56.0m。计算水损时选路线 3—4—7—10—14′。输水管水损 0.405m。

水塔高度为：$H_t = H_c + h_n - (Z_t - Z_c) = 30 + (0.707 + 1.486 + 0.770 + 0.405 + 1.83) \times 1.1 - (56.0 - 46.82) = 26.6(m)$。

8. 校核支管的经济管径

确定管网的控制点及水塔高度后，可由支管两端节点的水压确定其经济管径。

（1） 支管 14′—14

节点 14′处 Q_{hmax} 供水水压 $= 26.6 - (0.405 + 0.707 + 1.486 + 0.770 + 1.83) \times 1.1 + 46.82 = 67.70(m)$。

节点 14 处实际需要水压 $= 12 + 45.79 = 57.79(m)$。

两节点之间水压差 $= 67.70 - 57.79 = 9.91(m)$。

支管 14′—14 允许的水力坡降为：$i_{14'-14} = \frac{9.91}{220} = 0.0451$。

由资料 2 查得 $DN = 100mm$，$i = 0.0384$，$v = 1.33m/s$。

则 $H_{14'-14} = 0.0384 \times 220 = 8.448(m)$。

（2） 支管 7—13

节点 7 处 Q_{hmax} 供水水压 $= 26.6 - (0.405 + 0.707 + 1.486 + 2.151) \times 1.1 + 52.10 = 73.476(m)$。

节点 13 处实际需要水压 $= 16 + 47.23 = 63.23(m)$。

两节点之间水压差 $= 73.476 - 63.23 = 10.246(m)$。

支管 7—13 允许的水力坡降为：$i_{7-13} = \frac{10.246}{710} = 0.0144$。

由资料 2 查得 $DN = 100mm$，$i = 0.0144$，$v = 0.79m/s$。

则 $H_{7-13} = 0.0144 \times 710 = 10.224(m)$。

9. 确定二级泵站扬程、泵型选择及运行方式

水头损失为吸水管、泵站到水塔的管网水头损失之和，取为 3m。

水塔最高水位高程为：$26.6 + 56.0 + 8.0 = 90.6(m)$。

水厂地面标高为 56m，清水池采用半地下式，最低水位高程为调节容积、水厂自用水及安全用水储量与消防用水储量交界线，为：$56 - 1.7 - \frac{504}{26 \times 52} = 53.93(m)$。

由水塔最高水位高程和清水池最低水位高程及水损得二泵站的扬程：$H_p = H_0 + h = 90.6 - 53.93 + 3 = 39.67(m)$。

而二级泵站分级供水流量：$Q_{\text{I}} = 328.96m^3/h$；$Q_{\text{II}} = 786.64m^3/h$。

则选四台 8sh-13 型离心泵（资料 5）。

主要性能参数：$Q = 216 \sim 342m^3/h$；$H = 48 \sim 35m$；$n = 2950r/min$；功率 55kW；效率 $\eta = 77\% \sim 82\%$。

一级供水时，开一台泵，工作时数为每日 20 时至次日 6 时。

二级供水时，开三台泵同时运行，工作时数为每日 6 时至 20 时。三用一备。

五、工况校核

下面要对设计工况确定的管径和选定的水泵是否满足管网各种特殊工况的要求进行校核。对于网前水塔管网，校核工况应包括对消防和事故两种特殊情况的校核，本设计仅以消防工况为例进行校核计算，此时通向水塔的进水阀门关闭，成无水塔管网。

如前述，该县城根据人口，按规范，应考虑两处同时发生火灾的可能性，每处用水量为35L/s。

选择管网的最不利点节点14′与人口密集点节点5作为失火点，其中14′点的集中流量在环网平差计算时化简至10点。计算简图见图A1-11。

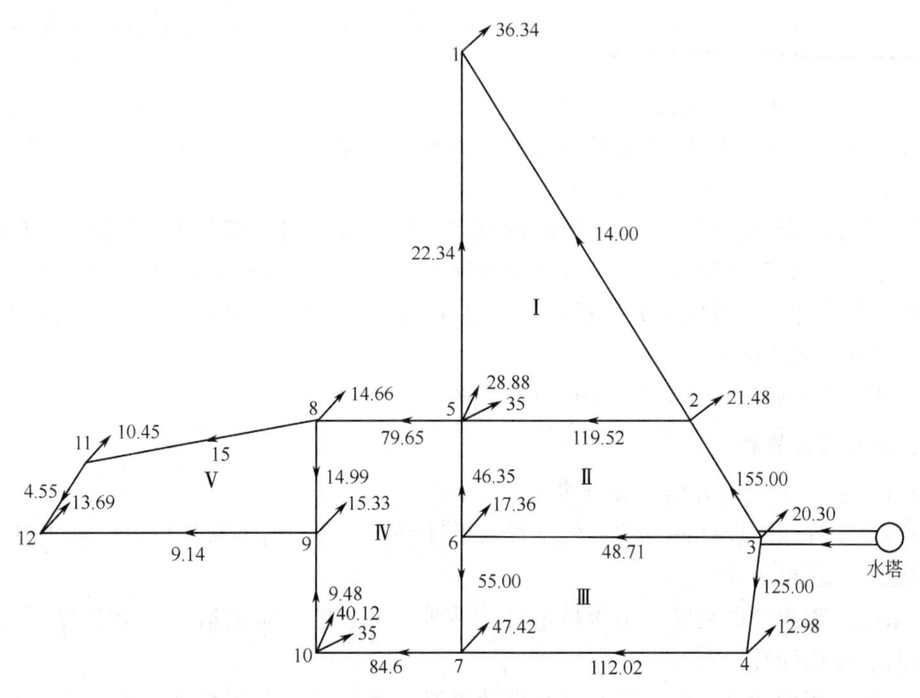

图 A1-11 消防校核计算简图

上机计算成果见表A1-10。

表 A1-10 消防校核工况管网平差计算成果表

EPS=0.0005　　N=5　　M=16

K	L/m	D/m	H/m	Q/(m³·s⁻¹)	v/(m·s⁻¹)
1	790.0	0.200	−3.281	−0.02262	0.72
2	410.0	0.400	−1.920	−0.15024	1.20
3	200.0	0.350	1.139	0.11638	1.21
4	690.0	0.200	1.055	0.01372	0.44
5	210.0	0.150	1.967	0.01587	0.90
6	225.0	0.200	−1.521	−0.02886	0.92
7	470.0	0.350	2.227	0.10614	1.10
8	595.0	0.300	2.180	0.06209	0.88
9	570.0	0.350	2.563	0.10340	1.08
10	130.0	0.150	−0.952	−0.01404	0.79

续表

K	L/m	D/m	H/m	Q/(m³·s⁻¹)	v/(m·s⁻¹)
11	230.0	0.150	0.807	0.00971	0.55
12	290.0	0.250	−1.427	−0.04442	0.91
13	295.0	0.300	2.018	0.08483	1.20
14	170.0	0.100	−1.500	−0.00527	0.67
15	450.0	0.200	−0.903	−0.01572	0.50
16	550.0	0.150	1.450	0.00842	0.48

清水池最低水位高程为调节容积、水厂自用水、消防用水储量与安全用水储量交界线，为：56−1.7=54.3(m)，最不利点化工厂地面高程为46.82m，最不利点服务水头要求为10m。

由计算结果得从水厂至最不利点的水损为：h=3+(0.405+1.139+2.563+2.018)×1.1=9.738(m)（假设在校核工况时由水厂到水塔总水损仍旧为3m）。该点所需扬程为：46.82−54.3+9.738+10=12.258(m)。

消防校核另一最不利点5号节点处地面高程为53.86m，由水厂至该点水头损失总和为：h=3+1.1×(1.92+2.227)=7.56(m)。该点所需扬程为：53.86−54.3+7.56+10=17.12(m)。

所以，本设计消防校核所需扬程均不会超过所选水泵的扬程范围。设计工况下所定管径与所选水泵满足各工况要求。

本设计需要完成的两张大图见图A1-1及图A1-2。

六、课程设计资料

1 GB 50013—2006《室外给水设计规范》

2 中国市政工程西南设计研究院．给水排水设计手册．第1册．常用资料．第2版．北京：中国建筑工业出版社，2000

3 上海市政工程设计研究院．给水排水设计手册．第3册．城镇给水．第2版．北京：中国建筑工业出版社，2004

4 上海市政工程设计研究院．给水排水设计手册．第9册．专用机械．第2版．北京：中国建筑工业出版社，2004

5 中国市政工程西北设计研究院．给水排水设计手册．第11册．常用设备．第2版．北京：中国建筑工业出版社，2002

6 严煦世，范瑾初．给水工程．第4版．北京：中国建筑工业出版社，1999

A2 排水管网课程设计

排水管网设计说明书

一、工程概况

该城市为中小型城市，城市分为一区和二区，如图A2-1所示。一区人口密度为1350人/hm²，二区人口密度为950人/hm²。城市中有两家企业，二区内有公园一个。一区内有给排水卫生设备，但无淋浴设备；二区内室内有给排水设备和淋浴设备，两个区内建筑层数均以6层计算。工业企业的工业废水量为：$Q_{甲}$=63.96L/s，$Q_{乙}$=37.16L/s。另外，城市的冰冻线深度为0.8m，地下水埋深平均为2.0m，土壤为沙质黏土，主要马路均为沥青路面，暴雨设计重现期为一年，地面集水时间 t_1 为 10min。

城市污水管网的主要功能是收集和输送城市区域中的生活污水和生产废水，可以统称为城市污水，其中生活污水占有较大部分的比例。

考虑随着工业与城市的进一步发展，直接排入水体的污水量迅速增加，势必造成水体的严重污染，为了保护水体，考虑该城市的排水管网采用分流制。

二、设计内容

1. 污水管网

(1) 污水管网总设计，布置总平面图。

(2) 确定污水管网各管段流量。

(3) 确定污水管网管段直径，进行水力计算。

(4) 确定污水管网的埋深和衔接方式。

(5) 污水提升泵站设置与设计。

(6) 绘制污水管道平面图和剖面图。

2. 雨水管网

(1) 进行雨量分析。

(2) 雨水管网设计，布置总平面图。

(3) 雨水管网设计流量计算。

(4) 雨水管网水力计算，确定管径。

(5) 雨水管网坡度及埋深计算。

(6) 绘制雨水管道平面图及剖面图。

三、污水管网的具体设计步骤

1. 污水管网平面设计，布置平面图

考虑该城市的地形特点，以及城市竖向规划，划分排水流域，污水干管布置尽量均匀，因此，将该城市的排水区域分为四区，布置四根排水干管，排水主干管设于城市最北面道路南侧。采用树状管网布置，管道布置的设计原则为：以最短的管线排除最大区域内污水。

考虑市区水体的环境，城市的主导风向，交通状况等，污水处理厂和排水口选择在河流的下游。具体布置情况见图 A2-2。

2. 管网各管段流量的设计

管网中污水主要来源于城市污水，因此，污水量定额与城市给水量定额之间有一定的比例关系，该比例称为排放系数，一般为 0.8～0.9，该城市的污水排放系数取 0.9。

污水管网按最高日最高时污水排放流量进行设计，居民综合污水量可根据平均日污水量定额和相应的总变化系数确定。

(1) 居民综合生活污水设计流量计算

总变化系数的确定：

$$K_z=2.3 \qquad Q\leqslant 5\text{L/s}$$

$$K_z=\frac{2.7}{Q^{0.11}} \qquad 5<Q<1000\text{L/s}$$

$$K_z=1.3 \qquad Q\geqslant 1000\text{L/s}$$

具体计算数据见表 A2-1。

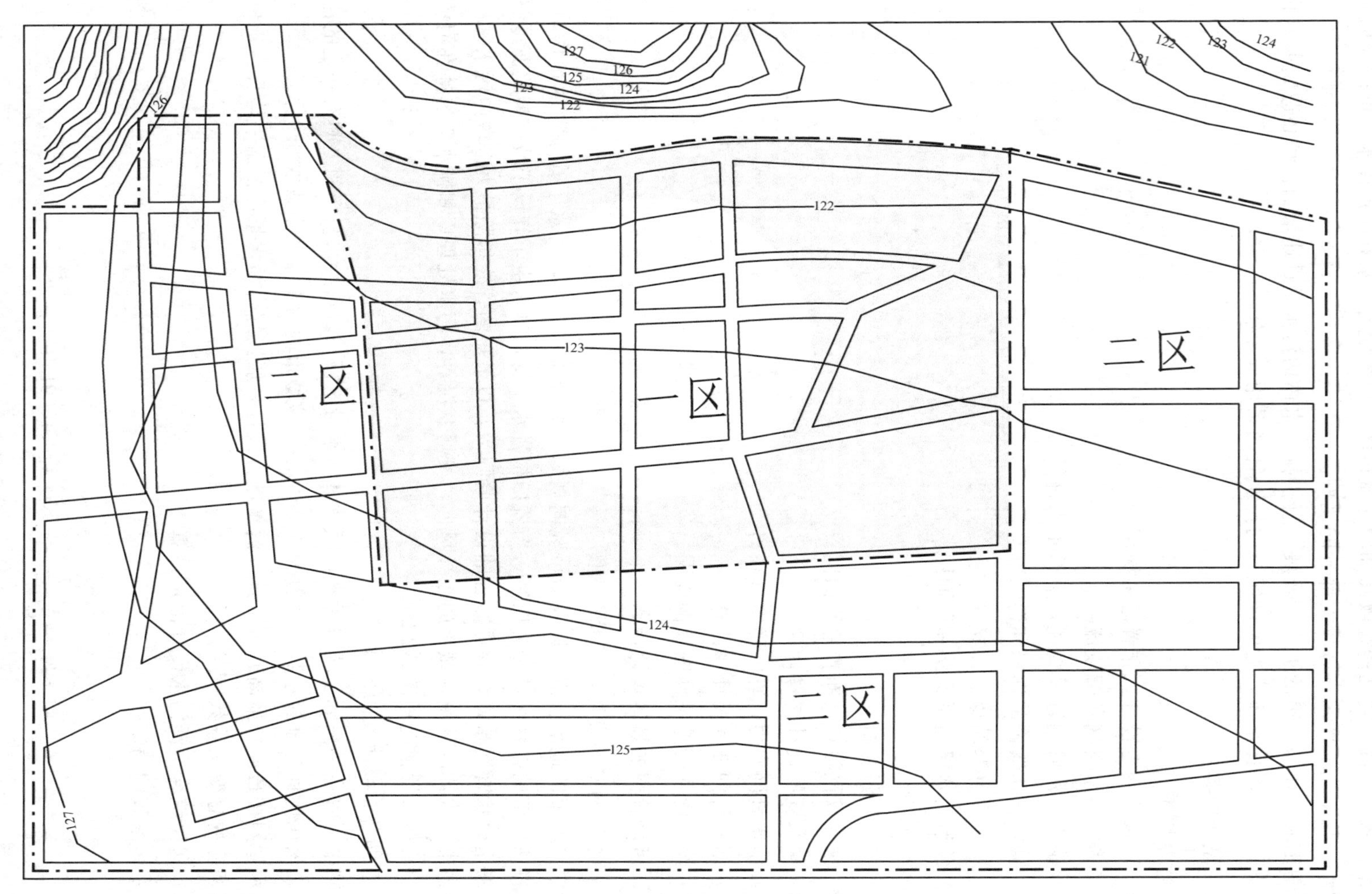

图 A2-1　华东地区某城市平面图

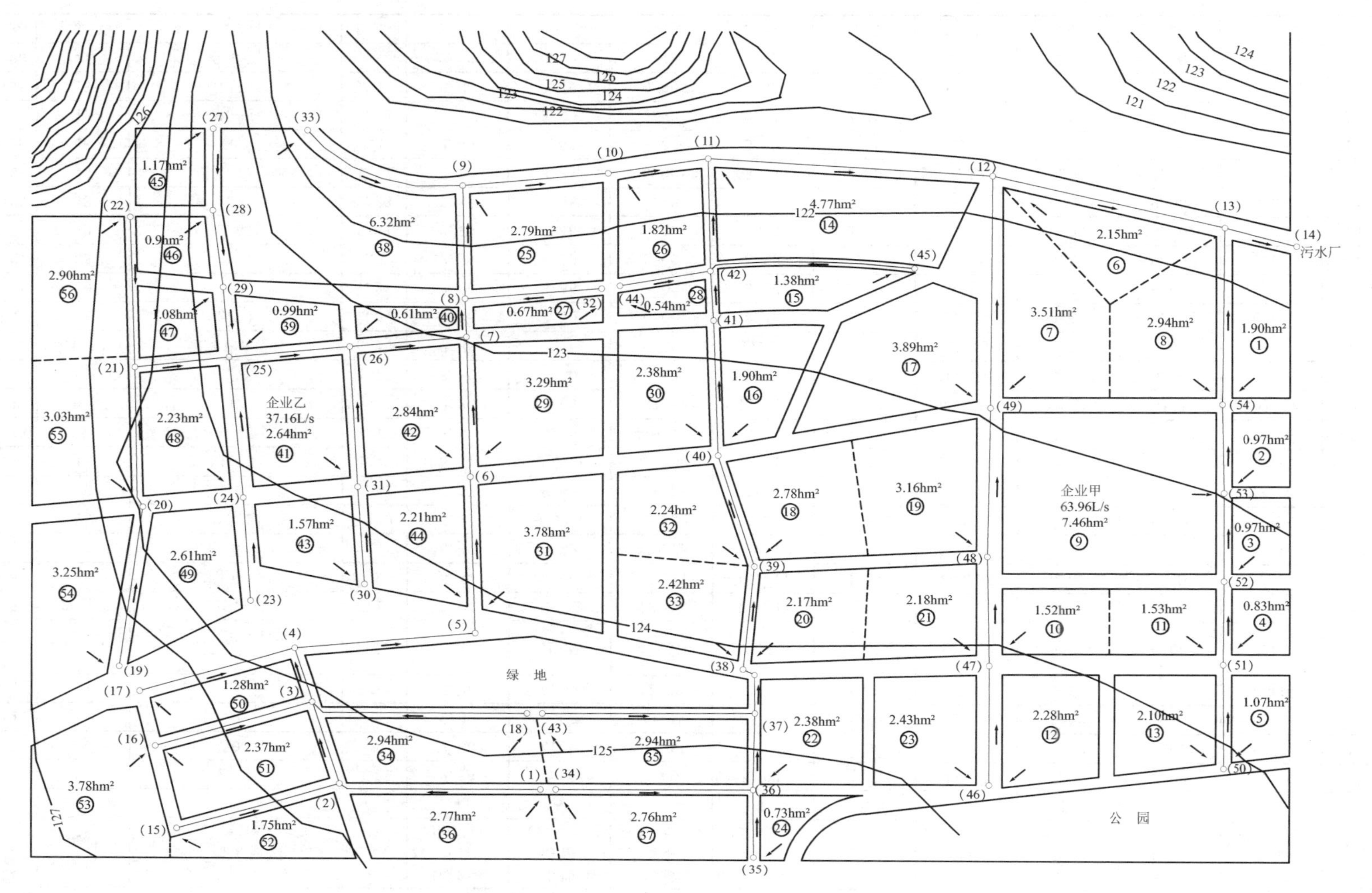

图 A2-2 污水管网平面布置图

表 A2-1 污水管道设计流量计算表

管段编号	居住区生活污水量									集中流量			管段设计流量/(L·s^{-1})
	街区编号	街区面积/hm^2		比流量/(L·s^{-1}·hm^{-2})	本段流量/(L·s^{-1})	转输流量/(L·s^{-1})	合计平均流量/(L·s^{-1})	总变化系数	设计流量/(L·s^{-1})	本段流量/(L·s^{-1})	转输流量/(L·s^{-1})	设计流量/(L·s^{-1})	
1	2	3		4	5	6	7	8	9	10	11	12	13
1—2	36	2.77	2.77	2.86	7.92	0.00	7.92	2.15	17.03	0.00	0.00	0.00	17.03
2—3	—	0	0	2.86	0.00	12.92	12.92	2.04	26.33	0.00	0.00	0.00	26.33
3—4	—	0	0	2.86	0.00	38.91	38.91	1.80	70.23	0.00	0.00	0.00	70.23
4—5	—	0	0	2.86	0.00	42.57	42.57	1.79	76.08	0.00	0.00	0.00	76.08
5—6	31、44	3.78(3.51①，一区占85%),2.21	5.72	5.47	31.28	42.57	73.85	1.68	124.22	0.00	0.00	0.00	124.22
6—7	29、42	3.29,2.84	6.13	5.47	33.52	73.85	107.37	1.61	173.32	0.00	0.00	0.00	173.32
7—8	—	0	0	5.47	0.00	167.11	167.11	1.54	256.95	0.00	37.16	37.16	294.11
8—9	—	0	0	5.47	0.00	170.78	170.78	1.53	261.95	0.00	37.16	37.16	299.11
9—10	25	2.79	2.79	5.47	15.26	192.98	208.24	1.50	312.52	0.00	37.16	37.16	349.68
10—11	26	1.82	1.82	5.47	9.95	208.24	218.19	1.49	325.78	0.00	37.16	37.16	362.94
11—12	14	4.77	4.77	5.47	26.09	321.03	347.12	1.42	492.48	0.00	37.16	37.16	529.64
12—13	6	2.15	2.15	2.86	6.15	419.78	425.92	1.39	590.84	0.00	37.16	37.16	628.00
13—14	—	0	0	2.86	0.00	461.12	461.12	1.38	634.10	0.00	101.12	101.12	735.22
15—2	52	1.75	1.75	2.86	5.00	0.00	5.00	2.30	11.51	0.00	0.00	0.00	11.51
16—3	51、53	2.37,3.78	6.15	2.86	17.58	0.00	17.58	1.97	34.63	0.00	0.00	0.00	34.63
18—3	34	2.94	2.94	2.86	8.40	0.00	8.40	2.14	17.96	0.00	0.00	0.00	17.96
17—4	50	1.28	1.28	2.86	3.66	0.00	3.66	2.30	8.42	0.00	0.00	0.00	8.42
22—21	56	2.9	2.9	2.86	8.29	0.00	8.29	2.14	17.74	0.00	0.00	0.00	17.74
23—24	49	2.61	2.61	2.86	7.46	0.00	7.46	2.16	16.15	0.00	0.00	0.00	16.15
24—25	48	2.23	2.23	2.86	6.38	7.46	13.84	2.02	27.98	0.00	0.00	0.00	27.98
27—28	45	1.17	1.17	2.86	3.34	0.00	3.34	2.30	7.69	0.00	0.00	0.00	7.69
28—29	46	0.9	0.9	2.86	2.57	3.34	5.92	2.22	13.14	0.00	0.00	0.00	13.14
29—25	47	1.08	1.08	2.86	3.09	5.92	9.01	2.12	19.09	0.00	0.00	0.00	19.09
30—31	43	1.57	1.57	2.86	4.49	0.00	4.49	2.30	10.32	0.00	0.00	0.00	10.32
31—26	41	企业乙	0	2.86	0.00	4.49	4.49	2.30	10.32	37.16	0.00	37.16	47.48
19—20	54	3.25	3.25	2.86	9.29	0.00	9.29	2.11	19.63	0.00	0.00	0.00	19.63

续表

管段编号	居住区生活污水量									集中流量			管段设计流量/(L·s⁻¹)
	街区编号	街区面积/hm^2		比流量/($L \cdot s^{-1} \cdot hm^{-2}$)	本段流量/($L \cdot s^{-1}$)	转输流量/($L \cdot s^{-1}$)	合计平均流量/($L \cdot s^{-1}$)	总变化系数	设计流量/($L \cdot s^{-1}$)	本段流量/($L \cdot s^{-1}$)	转输流量/($L \cdot s^{-1}$)	设计流量/($L \cdot s^{-1}$)	
20—21	55	3.03	3.03	2.86	8.66	9.29	17.95	1.97	35.28	0.00	0.00	0.00	35.28
21—25	—	0	0	2.86	0.00	26.24	26.24	1.88	49.46	0.00	0.00	0.00	49.46
25—26	39	0.99	0.99	2.86	2.83	49.09	51.92	1.75	90.78	0.00	0.00	0.00	90.78
26—7	40	0.61	0.61	5.47	3.34	56.40	59.74	1.72	102.86	0.00	0.00	0.00	102.86
32—8	27	0.67	0.67	5.47	3.66	0.00	3.66	2.30	8.43	0.00	0.00	0.00	8.43
33—9	38	6.32(4.06[①],一区占25%)	4.06	5.47	22.20	0.00	22.20	1.92	42.63	0.00	0.00	0.00	42.63
35—36	24	0.73	0.73	2.86	2.09	0.00	2.09	2.30	4.80	0.00	0.00	0.00	4.80
43—37	35	2.94	2.94	2.86	8.40	0.00	8.40	2.14	17.96	0.00	0.00	0.00	17.96
44—42	28	0.54	0.54	5.47	2.95	0.00	2.95	2.30	6.79	0.00	0.00	0.00	6.79
45—42	15	1.38	1.38	5.47	7.55	0.00	7.55	2.16	16.32	0.00	0.00	0.00	16.32
34—36	37	2.76	2.76	2.86	7.89	0.00	7.89	2.15	16.97	0.00	0.00	0.00	16.97
36—37	22	2.38	2.38	2.86	6.80	9.98	16.78	1.98	33.22	0.00	0.00	0.00	33.22
37—38	—	0	0	2.86	0.00	25.19	25.19	1.89	47.69	0.00	0.00	0.00	47.69
38—39	20、33	2.17,2.42(3.53[①],二区占1.20hm^2)	5.7	2.86	16.30	25.19	41.48	1.79	74.34	0.00	0.00	0.00	74.34
39—40	18、32	2.78,2.24	5.02	5.47	27.45	41.48	68.93	1.69	116.83	0.00	0.00	0.00	116.83
40—41	16、30	1.90,2.38	4.28	5.47	23.41	68.93	92.34	1.64	151.55	0.00	0.00	0.00	151.55
41—42	—	0	0	5.47	0.00	92.34	92.34	1.64	151.55	0.00	0.00	0.00	151.55
42—11	—	0	0	5.47	0.00	102.84	102.84	1.62	166.80	0.00	0.00	0.00	166.80
46—47	12、23	2.28,2.43	4.71	2.86	13.46	0.00	13.46	2.03	27.31	0.00	0.00	0.00	27.31
47—48	10、21	1.52,2.18	3.7	2.86	10.58	13.46	24.04	1.90	45.75	0.00	0.00	0.00	45.75
48—49	19	3.16	3.16	5.47	17.28	24.04	41.32	1.79	74.09	0.00	0.00	0.00	74.09
49—12	7、17	3.51(1.84[①]),3.89	5.73	5.47	31.34	41.32	72.66	1.69	122.44	0.00	0.00	0.00	122.44
50—51	5、13	1.07,2.10	3.17	2.86	9.06	0.00	9.06	2.12	19.20	0.00	0.00	0.00	19.20
51—52	4、11	0.83,1.53	2.36	2.86	6.75	9.06	15.81	1.99	31.51	0.00	0.00	0.00	31.51
52—53	3	0.97	0.97	2.86	2.77	15.81	18.58	1.96	36.38	0.00	0.00	0.00	36.38
53—54	2、9	0.97,企业甲	0.97	2.86	2.77	18.58	21.36	1.93	41.17	63.96	0.00	63.96	105.13
54—13	1、8	1.90,2.94	4.84	2.86	13.84	21.36	35.19	1.82	64.22	0.00	63.96	63.96	128.18

①括号内数据为计算街坊面积。

表 A2-2　污水管道水力计算表

管段编号	管段长度 L/m	设计流量 q/(L·s^{-1})	管段直径 D/mm	管段坡度 i/‰	管内流速 v/(m·s^{-1})	充满度 h/D	水深 h/m	降落量 i/(L·m^{-1})	地面标高/m		水面标高/m		管内底标高/m		埋设深度/m		覆土厚度/m		管顶标高/m	
									上端	下端	上端	下端	上端	下端	上端	下端	上端	下端	上端	下端
1	2	3	4	5	6	7	8	9	10	11	12	13	14	15	16	17	18	19	20	21
1—2	295	17.03	300	3.00	0.63	0.41	0.123	0.885	125.20	125.80	123.823	122.938	123.700	122.815	1.50	2.99	1.20	2.69	124.000	123.115
2—3	130	26.33	400	2.25	0.63	0.37	0.148	0.292	125.80	125.27	122.863	122.571	122.715	122.423	3.09	2.85	2.69	2.45	123.115	122.823
3—4	85	70.23	500	1.82	0.75	0.48	0.24	0.155	125.27	124.93	122.519	122.364	122.279	122.124	2.99	2.81	2.49	2.31	122.779	122.624
4—5	263	76.08	500	1.73	0.75	0.51	0.255	0.454	124.93	124.27	122.364	121.910	122.109	121.655	2.82	2.61	2.32	2.11	122.609	122.155
5—6	234	124.22	600	1.25	0.75	0.57	0.342	0.293	124.27	123.55	121.897	121.605	121.555	121.263	2.71	2.29	2.11	1.69	122.155	121.863
6—7	208	173.32	700	1.07	0.77	0.57	0.399	0.223	123.55	122.95	121.376	121.153	120.977	120.754	2.57	2.20	1.87	1.50	121.677	121.454
7—8	57	294.11	900	0.78	0.78	0.57	0.513	0.045	122.95	122.62	120.388	120.343	119.875	119.830	3.07	2.79	2.17	1.89	120.775	120.730
8—9	170	299.11	900	0.78	0.78	0.58	0.522	0.132	122.62	121.67	120.133	120.001	119.611	119.479	3.01	2.19	2.11	1.29	120.511	120.379
9—10	213	349.68	1000	0.87	0.85	0.52	0.52	0.186	121.67	121.40	119.609	119.423	119.089	118.903	2.58	2.50	1.58	1.50	120.089	119.903
10—11	147	362.94	1000	0.85	0.85	0.53	0.53	0.125	121.40	121.45	119.423	119.298	118.893	118.768	2.51	2.68	1.51	1.68	119.893	119.768
11—12	414	529.64	1100	0.67	0.85	0.62	0.682	0.278	121.45	121.50	119.350	119.072	118.668	118.390	2.78	3.11	1.68	2.01	119.768	119.490
12—13	346	628.00	1100	0.81	0.95	0.66	0.726	0.282	121.50	121.42	119.072	118.790	118.346	118.064	3.15	3.36	2.05	2.26	119.446	119.164
13—14	108	735.22	1200	0.73	0.95	0.65	0.78	0.079	121.42	121.30	118.744	118.665	117.964	117.885	3.46	3.41	2.26	2.21	119.164	119.085
15—2	246	11.51	300	3.50	0.60	0.32	0.096	0.861	126.52	125.80	125.116	124.255	125.020	124.159	1.50	1.64	1.20	1.34	125.320	124.459
16—3	238	34.63	400	2.95	0.75	0.47	0.188	0.703	126.36	125.27	124.748	124.045	124.560	123.857	1.80	1.41	1.40	1.01	124.960	124.257
18—3	319	17.96	300	3.00	0.64	0.42	0.126	0.957	124.85	125.27	123.476	122.519	123.350	122.393	1.50	2.88	1.20	2.58	123.650	122.693
17—4	235	8.42	300	6.00	0.67	0.23	0.069	1.410	126.34	124.93	124.909	123.499	124.840	123.430	1.50	1.50	1.20	1.20	125.140	123.730
22—21	224	17.74	300	3.00	0.64	0.42	0.126	0.672	125.50	125.40	124.126	123.454	124.000	123.328	1.50	2.07	1.20	1.77	124.300	123.628
23—24	155	16.15	300	3.00	0.62	0.35	0.105	0.465	124.70	124.25	123.005	122.540	122.900	122.435	1.80	1.82	1.50	1.52	123.200	122.735
24—25	210	27.98	400	2.05	0.62	0.39	0.156	0.431	124.25	123.89	122.491	122.060	122.335	121.904	1.92	1.99	1.52	1.59	122.735	122.304
27—28	123	7.69	300	4.83	0.60	0.24	0.072	0.594	123.62	123.62	122.192	121.598	122.120	121.526	1.50	2.09	1.20	1.79	122.420	121.826
28—29	116	13.14	300	3.16	0.60	0.35	0.105	0.366	123.62	123.75	121.598	121.232	121.493	121.127	2.13	2.62	1.83	2.32	121.793	121.427
29—25	105	19.09	300	3.00	0.65	0.43	0.129	0.315	123.75	123.89	121.232	120.917	121.103	120.788	2.65	3.10	2.35	2.80	121.403	121.088
30—31	146	10.32	300	3.81	0.60	0.29	0.087	0.556	124.31	123.85	122.897	122.341	122.810	122.254	1.50	1.60	1.20	1.30	123.110	122.554
31—26	208	47.48	400	2.55	0.77	0.49	0.196	0.530	123.85	123.32	122.350	121.819	122.154	121.623	1.70	1.70	1.30	1.30	122.554	122.023
19—20	241	19.63	300	4.31	0.75	0.40	0.12	1.039	126.37	124.96	124.670	123.631	124.550	123.511	1.82	1.45	1.52	1.15	124.850	123.811
20—21	210	35.28	400	2.91	0.75	0.40	0.16	0.612	124.96	125.40	123.571	122.959	123.411	122.799	1.55	2.60	1.15	2.20	123.811	123.199

续表

管段编号	管段长度 L/m	设计流量 q/(L·s⁻¹)	管段直径 D/mm	管段坡度 i/‰	管内流速 v/(m·s⁻¹)	充满度 h/D	水深 h/m	降落量 i/(L·m⁻¹)	地面标高/m		水面标高/m		管内底标高/m		埋设深度/m		覆土厚度/m		管顶标高/m	
									上端	下端	上端	下端	上端	下端	上端	下端	上端	下端	上端	下端
21—25	138	49.46	500	2.35	0.75	0.37	0.185	0.324	125.40	123.89	122.884	122.561	122.699	122.376	2.70	1.51	2.20	1.01	123.199	122.876
25—26	176	90.78	500	1.55	0.75	0.59	0.295	0.272	123.89	123.32	120.917	120.754	120.732	120.459	3.16	2.86	2.66	2.36	121.232	120.959
26—7	171	102.86	600	1.52	0.77	0.48	0.288	0.259	123.32	122.95	120.647	120.388	120.359	120.100	2.96	2.85	2.36	2.25	120.959	120.700
32—8	199	8.43	300	4.48	0.60	0.25	0.075	0.892	122.45	122.62	121.025	120.133	120.950	120.058	1.50	2.56	1.20	2.26	121.250	120.358
33—9	250	42.63	400	1.50	0.62	0.54	0.216	0.375	121.75	121.67	120.366	119.991	120.150	119.775	1.60	1.90	1.20	1.49	120.550	120.175
35—36	102	4.80	300	7.15	0.60	0.17	0.051	0.729	125.80	125.20	124.351	123.622	124.300	123.571	1.50	1.63	1.20	1.33	124.600	123.871
43—37	309	17.96	300	3.00	0.64	0.42	0.126	0.927	124.85	124.65	123.476	122.549	123.350	122.423	1.50	2.23	1.20	1.93	123.650	122.723
44—42	133	6.79	300	5.35	0.60	0.22	0.066	0.712	122.45	122.33	121.016	120.304	120.950	120.238	1.50	2.09	1.20	1.79	121.250	120.538
45—42	302	16.32	300	3.00	0.63	0.40	0.120	0.906	122.30	122.33	120.920	120.014	120.800	119.894	1.50	2.44	1.20	2.14	121.100	120.194
34—36	287	16.97	300	3.00	0.63	0.41	0.123	0.861	125.20	125.20	123.823	122.962	123.700	122.839	1.50	2.36	1.20	2.06	124.000	123.139
36—37	115	33.22	400	1.89	0.63	0.44	0.176	0.218	125.20	124.65	122.915	122.697	122.739	122.521	2.46	2.13	2.06	1.73	123.139	122.921
37—38	75	47.69	400	1.55	0.64	0.57	0.228	0.116	124.65	124.23	122.549	122.433	122.321	122.205	2.33	2.03	1.93	1.63	122.721	122.605
38—39	154	74.34	500	1.20	0.65	0.56	0.280	0.185	124.23	123.80	122.385	122.199	122.105	121.919	2.13	1.88	1.63	1.38	122.605	122.419
39—40	174	116.83	600	1.09	0.70	0.57	0.342	0.189	123.80	123.31	121.791	121.602	121.449	121.260	2.35	2.05	1.75	1.45	122.049	121.860
40—41	201	151.55	700	1.09	0.75	0.52	0.364	0.219	123.31	122.70	121.284	121.065	120.920	120.701	2.39	2.00	1.69	1.30	121.620	121.401
41—42	74	151.55	700	1.09	0.75	0.52	0.364	0.081	122.70	122.33	121.065	120.984	120.701	120.620	2.00	1.71	1.30	1.01	121.401	121.320
42—11	168	166.8	700	1.03	0.75	0.56	0.392	0.173	122.33	121.45	120.014	119.841	119.622	119.449	2.71	2.00	2.01	1.30	120.322	120.149
46—47	180	27.31	400	3.28	0.73	0.34	0.136	0.590	124.72	124.13	123.056	122.466	122.920	122.330	1.80	1.80	1.40	1.40	123.320	122.730
47—48	162	45.75	400	3.52	0.86	0.44	0.176	0.570	124.13	123.56	122.466	121.895	122.290	121.719	1.84	1.84	1.44	1.44	122.690	122.119
48—49	222	74.09	500	2.84	0.90	0.44	0.220	0.630	123.56	122.93	121.839	121.209	121.619	120.989	1.94	1.94	1.44	1.44	122.119	121.489
49—12	346	122.44	600	2.36	0.95	0.47	0.282	0.818	122.93	121.50	120.611	119.793	120.329	119.511	2.60	1.99	2.00	1.39	120.929	120.111
50—51	155	19.2	300	3.00	0.65	0.43	0.129	0.465	124.10	123.66	122.429	121.964	122.300	121.835	1.80	1.83	1.50	1.53	122.600	122.135
51—52	124	31.51	400	2.34	0.67	0.40	0.160	0.290	123.66	123.37	121.895	121.605	121.735	121.445	1.93	1.93	1.53	1.53	122.135	121.845
52—53	131	36.38	400	3.05	0.77	0.40	0.160	0.400	123.37	122.97	121.605	121.205	121.445	121.045	1.93	1.92	1.53	1.52	121.845	121.445
53—54	132	105.13	600	2.58	0.94	0.42	0.252	0.341	122.97	122.63	121.097	120.757	120.845	120.505	2.12	2.13	1.52	1.53	121.445	121.105
54—13	263	128.18	600	2.29	0.95	0.48	0.288	0.602	122.63	121.42	120.507	119.905	120.219	119.617	2.41	1.80	1.81	1.20	120.819	120.217

(2) 工业废水设计流量　企业甲和企业乙的工业废水为用水量的70%。设计排水流量为：

$$Q_{甲}=63.96\mathrm{L/s} \qquad Q_{乙}=37.16\mathrm{L/s}$$

(3) 比流量　规划设计城区分一区和二区，根据当地排水情况调查及城市总体规划，远期一区和二区排水定额分别为350L/(cap・d) 和260L/(cap・d)，相应的比流量分别为5.47L/(s・hm^2) 和2.86L/(s・hm^2)。

(4) 城市污水设计总流量

$$Q_{总}=Q_{生活}+Q_{集中}=735.22\mathrm{L/s}$$

因为该地区地下水位较深，不考虑地下水渗入量。

3. 确定污水管网管段直径，进行水力计算

确定污水管网的排水定额以后，在平面图上量取各管段的长度，确定地面标高，填入表A2-4“污水管道水力计算表”，查排水管网水力计算表（钢筋混凝土圆管，非满流，$n=0.014$）得最优管径，管道坡度、充满度、管内流速，填入表A2-2。污水管道设计参数如下。

(1) 设计充满度h/D　污水管一般按非满流设计，设计规范规定的设计最大充满度见表A2-3。

表 A2-3　管道最大设计充满度

管径 D/mm	最大设计充满度(h/D)	管径 D/mm	最大设计充满度(h/D)
200～300	0.55	500～900	0.70
350～450	0.65	≥1000	0.75

(2) 设计流速v　《室外排水设计规范》(GB 50014—2006)(2011年版) 规定污水管渠在设计充满度下的最小设计流速为0.6m/s。最大设计流速是保证管道不被冲刷损坏的流速，该值与管材有关，通常金属管道的最大设计流速为10m/s，非金属管道的最大设计流速为5m/s。

(3) 最小管径D　污水管道的最小管径为300mm。

(4) 最小设计坡度i　污水管最小设计管径为300mm，本设计中采用钢筋混凝土管道，则最小设计坡度为0.003。较大管径的最小设计坡度由最小设计流速保证。

(5) 污水管道的埋设深度　考虑管道布置时应达到以下要求。

① 污水管管顶最小覆土厚度：车行道下不宜小于0.7m，人行道下不宜小于0.6m；

② 污水管段支管起端最小埋深应大于0.6m；

③ 该城市的冰冻线深度为0.8m，管道宜设在冰冻线以下。

综合考虑以上因素，设计管道的最小覆土厚度为0.8m，最小埋设深度视具体情况而定。

(6) 管道的衔接　管道衔接须遵循以下两个原则：其一，避免上游管道形成回水，造成淤积；其二，在平坦地区应尽量提高下游管道的标高。一般情况下，等径管道连接采用水面衔接；由小管径到大管径变径汇水采用管顶衔接或水面衔接。工程区为沙质黏土，从经济角度考虑，管道埋深超过5.0m需设置提升泵站。具体计算过程见表A2-2。

4. 完善污水管道平面布置图，并绘制污水管道纵剖面图

以最不利管段1—2—3—4—5—6—7—8—9—10—11—12—13—14为例绘制污水管道平面布置图及纵剖面图（见图A2-3、图A2-4）。

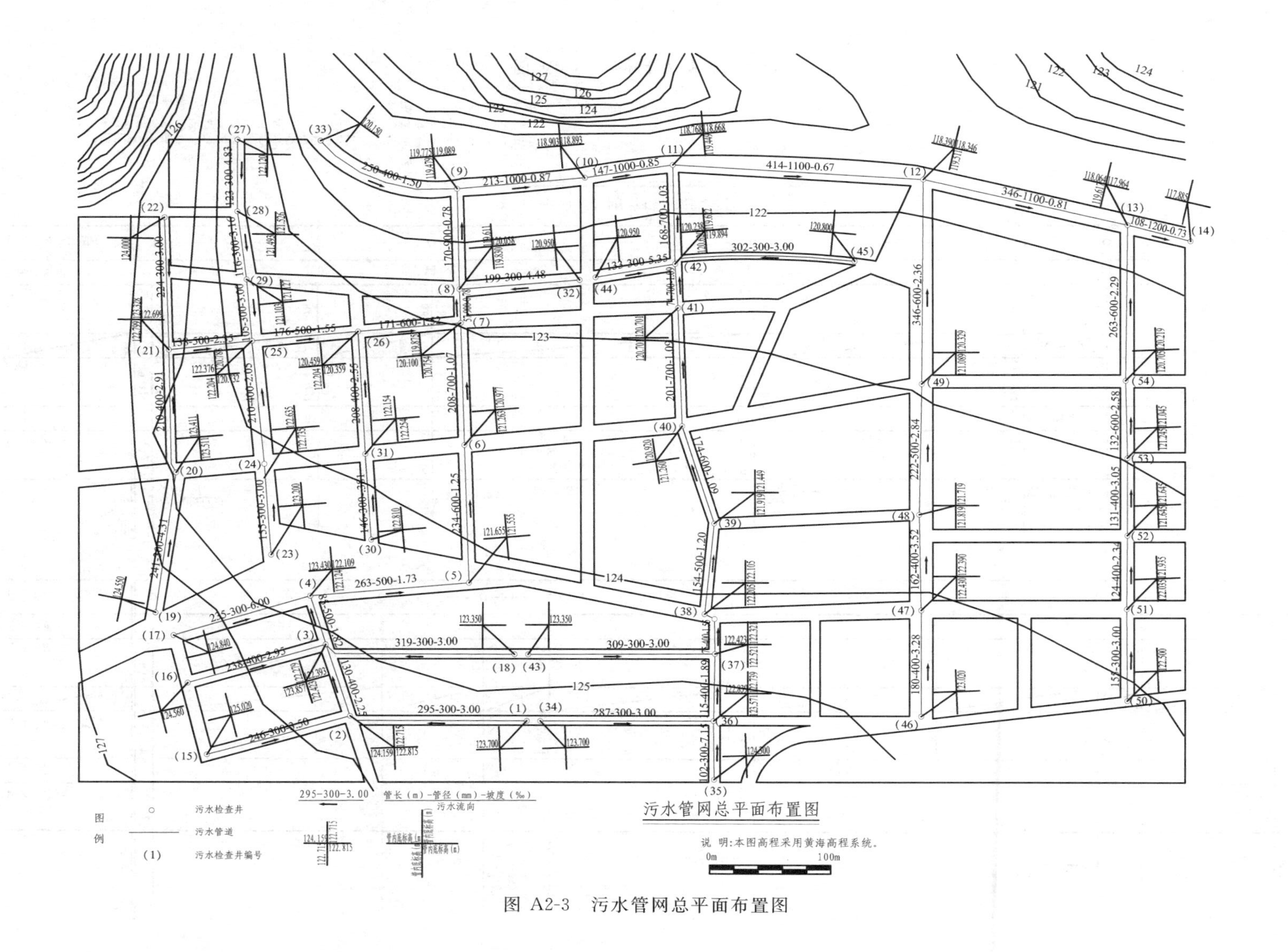

图 A2-3 污水管网总平面布置图

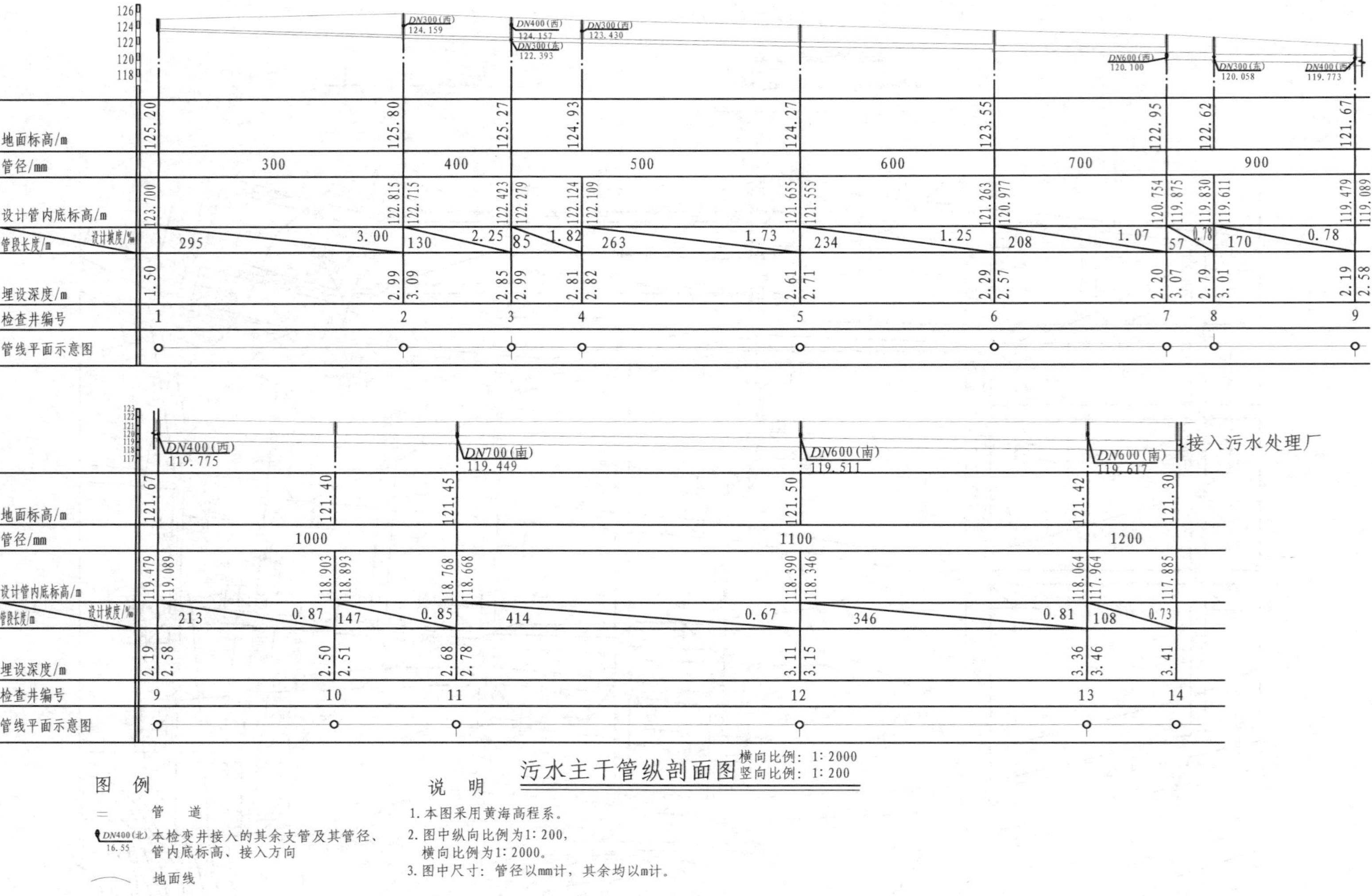

图 A2-4 污水主干管纵剖面图

四、雨水管网的具体设计步骤

1. 雨量分析

（1）该城市的暴雨设计重现期为一年，地面集水时间 t_1 为 10min。

（2）暴雨强度公式为 $q=\frac{2989.3(1+0.671\lg P)}{(t+13.30)^{0.8}}$

（3）汇水面积为雨水管道汇集和排除雨水的地面面积（参见表 A2-4），依据管段的布设和排水区域的划分，每一段雨水管段的汇水面积从平面图上量取计算得到。

表 A2-4 雨水汇水面积

街坊编号	1	2	3	4	5	6	7	8	9	10	11	12	13	14	15	16
汇水面积/hm²	3.18	1.27	3.82	2.98	3.24	3.19	5.67	2.75	7.33	3.13	2.49	5.13	1.03	2.09	2.94	6.26

2. 雨水管网设计流量计算

（1）地面径流和径流系数　综合径流系数见表 A2-5。

表 A2-5 综合径流系数

区域情况	区域综合径流系数值	区域情况	区域综合径流系数值
城镇建筑密集区	0.60～0.70	城镇建筑稀疏区	0.20～0.45
城镇建筑较密集区	0.45～0.60		

本设计中，考虑城市地面情况为沥青路面，地面径流系数 ψ 取 0.6。

（2）地面集水时间和折减系数　设计降雨历时 t 由地面集水时间 t_1 和雨水在管道中流到该设计断面所需要的流行时间 t_2 组成，用下式表示。

$$t=t_1+mt_2$$

$$t_2=\sum\frac{L_i}{60v_i}$$

式中　m——折减系数，暗管的折减系数 $m=2$，明渠折减系数 $m=1.2$；在陡坡地区，暗管折减系数 m 为 1.2～2；经济条件较好、安全要求较高地区的排水管渠 m 可取 1；本设计中，综合考虑该城市的情况，折减系数 m 取值为 2；

L_i——设计断面上有各管道的长度，m；

v_i——上游各管道中的设计流速，m/s。

（3）雨水管网设计流量计算　该城市的雨水管网的汇水面积较小，实际地面的径流量可按下列公式计算。

$$Q=\psi qF$$

式中　Q——雨水的设计流量，L/s；

q——设计平均暴雨强度，L/(s·hm²)；

ψ——径流系数；

F——计算汇水面积，hm²。

3. 雨水管网的设计与计算

（1）雨水管网平面布置　在雨水水质符合排放水质标准的情况下，雨水尽量利用自然坡度，以重力流方式和最短距离排入附近的河流。雨水干管的布置采用分散式出水口的管道布置形式，这在技术上和经济上都是较合理的。

考虑该城市的地形特点和地面情况，将该城市划分为四个排水流域，汇水面积较为相近，由四根排水干管排除雨水。详见图 A2-5。

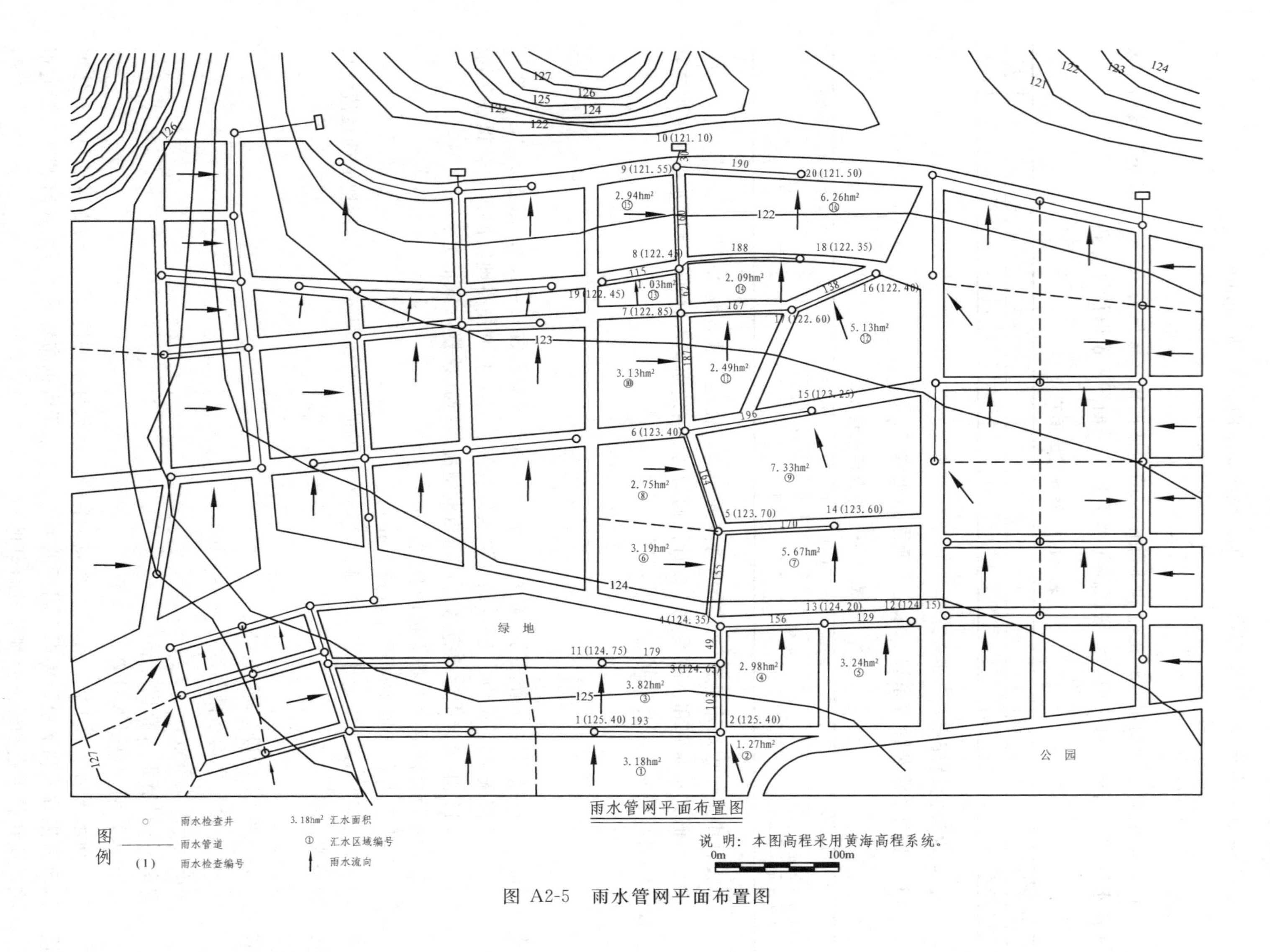

图 A2-5 雨水管网平面布置图

表 A2-6 雨水管道水力计算

管段编号		1—2	2—3	3—4	4—5	5—6	6—7	7—8	8—9	9—10	11—3	12—13	13—4	14—5	15—6	16—17	17—7	18—8	19—8	20—9
管段长度 L/m		193	103	49	155	164	187	62	160	30	179	129	156	170	196	138	167	188	115	190
汇水面积 F/hm^2	本段汇水面积编号	1	2	—	6	8	10	—	15	—	3	5	4	7	9	12	11	14	13	16
	本段汇水面积	3.18	1.27	0.00	3.19	2.75	3.13	0.00	2.94	0.00	3.82	3.24	2.98	5.67	7.33	5.13	2.49	2.09	1.03	6.26
	转输汇水面积	0.00	3.18	8.27	14.49	23.35	33.43	44.18	47.30	56.50	0.00	0.00	3.24	0.00	0.00	0.00	5.13	0	0.00	0
	总汇水面积	3.18	4.45	8.27	17.68	26.10	36.56	44.18	50.24	56.50	3.82	3.24	6.22	5.67	7.33	5.13	7.62	2.09	1.03	6.26
管内雨水流行时间 t_2/min	$t_2=\sum\frac{L_i}{60v_i}$	0	2.69	3.90	4.48	6.21	8.02	10.04	10.72	12.45	0.00	0.00	1.76	0.00	2.70	0.00	2.42	0.00	2.90	0.00
	$t_2=\frac{L_i}{60v_i}$	2.69	1.21	0.58	1.73	1.81	2.02	0.67	1.73	0.32	2.71	1.76	2.13	2.70	2.84	2.42	2.30	2.90	1.92	2.73
单位面积径流量 $q_0/(L^{-1}\cdot s^{-1}\cdot hm^{-2})$		144.49	122.37	114.67	111.39	102.65	95.02	87.86	85.75	80.78	144.49	144.49	129.09	144.49	122.31	144.49	124.23	144.49	120.94	144.49
设计流量 $Q/(L\cdot s^{-1})$		459.48	544.55	948.36	1969.40	2679.26	3474.09	3881.84	4308.03	4564.24	551.95	468.15	802.94	819.25	896.52	741.23	946.65	301.98	124.57	904.50
管段直径 D/mm		700	700	1000	1300	1500	1700	1800	2000	2000	800	700	1000	1000	1000	1000	1000	600	400	1000
管段坡度 i/‰		2.47	3.46	2.16	1.68	1.42	1.25	1.16	1.01	1.01	1.75	2.57	1.60	1.18	1.42	0.97	1.57	2.47	3.64	1.44
管内流速 $v/(m\cdot s^{-1})$		1.20	1.42	1.42	1.49	1.51	1.54	1.54	1.54	1.54	1.10	1.22	1.22	1.05	1.15	0.95	1.21	1.08	1	1.16
降落量 i/(L/m)		0.477	0.356	0.106	0.260	0.234	0.235	0.072	0.162	0.030	0.197	0.331	0.249	0.201	0.278	0.134	0.262	0.465	0.419	0.274
管道输水能力 $Q'/(L\cdot s^{-1})$		460.31	544.80	1115.27	1977.71	2668.39	3495.49	3918.82	4838.05	4838.05	552.92	469.51	958.19	824.67	903.21	746.13	950.33	305.36	125.66	911.06
地面标高/m	上端	125.40	125.40	124.65	124.35	123.70	123.40	122.85	122.45	121.55	124.75	124.15	124.20	123.60	123.25	122.40	122.60	122.35	122.45	121.50
	下端	125.40	124.65	124.35	123.70	123.40	122.85	122.45	121.55	121.10	124.65	124.20	124.35	123.70	123.40	122.60	122.85	122.45	122.45	121.55
管内底标高/m	上端	123.900	123.423	122.756	121.470	121.010	120.576	119.504	119.010	118.430	123.247	122.650	122.019	121.900	121.699	120.700	120.566	121.050	121.250	119.800
	下端	123.423	123.067	122.650	121.210	120.776	120.341	119.432	118.848	118.400	123.050	122.319	121.770	121.699	121.421	120.566	120.304	120.585	120.831	119.526
埋设深度/m	上端	1.50	1.98	1.89	2.88	2.69	2.82	3.35	3.44	3.12	1.50	1.50	2.18	1.70	1.70	1.70	2.03	1.30	1.20	1.70
	下端	1.98	1.58	1.70	2.49	2.62	2.51	3.02	2.70	2.70	1.60	1.88	2.58	2.00	1.98	2.03	2.55	1.86	1.62	2.02
覆土厚度/m	上端	0.80	1.28	0.89	1.58	1.19	1.12	1.55	1.44	1.12	0.70	0.80	1.18	0.70	0.70	0.70	1.03	0.70	0.80	0.70
	下端	1.28	0.88	0.70	1.19	1.12	0.81	1.22	0.70	0.70	0.80	1.18	1.58	1.00	0.98	1.03	1.55	1.26	1.22	1.02
管顶标高/m	上端	124.60	124.12	123.76	122.77	122.51	122.28	121.30	121.01	120.43	124.05	123.35	123.02	122.90	122.70	121.70	121.57	121.65	121.65	120.80
	下端	124.12	123.77	123.65	122.51	122.28	122.04	121.23	120.85	120.40	123.85	123.02	122.77	122.70	122.42	121.57	121.30	121.19	121.23	120.53

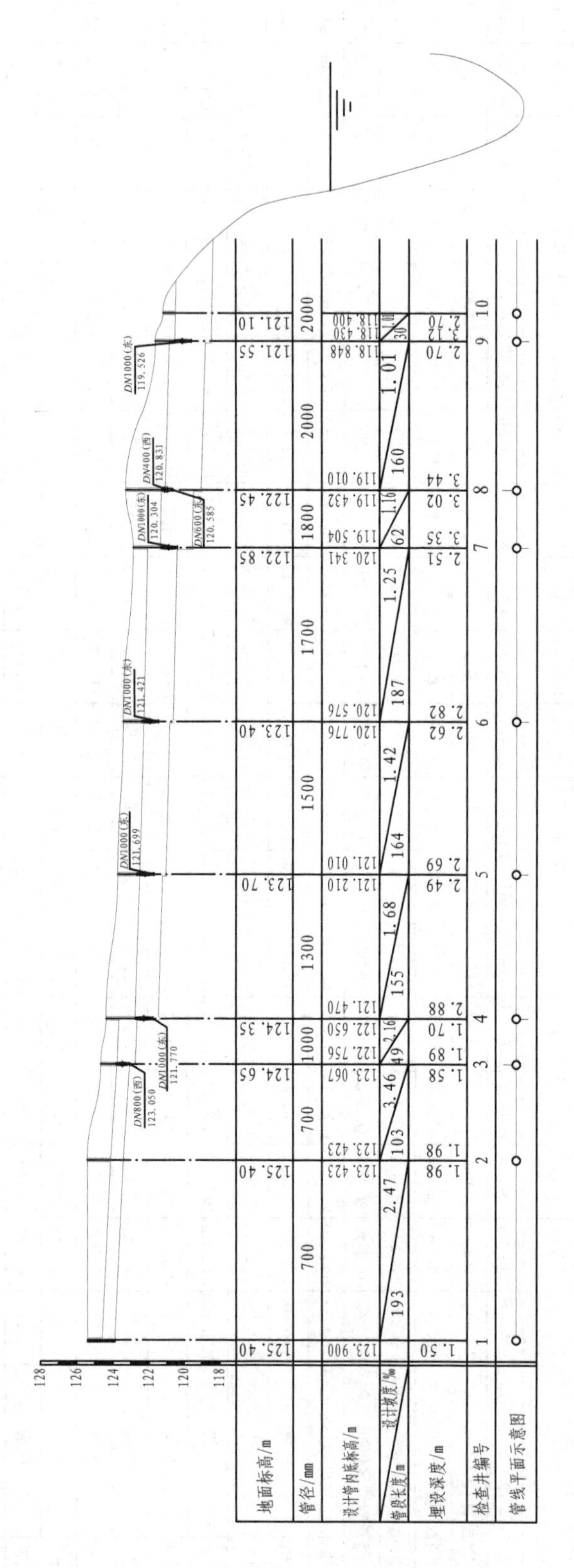

说 明

1. 本图采用黄海高程系。
2. 图中纵向比例为1:100，横向比例为1:2000。
3. 图中尺寸：管径以mm计，其余均以m计。

图 A2-6　雨水管网纵剖面图

（2）雨水管网设计步骤

① 划分排水流域，进行管道定线；

② 划分设计管段及其汇水面积；

③ 确定设计计算基础数据；

④ 确定管道的最小埋深；

管顶的最小覆土厚度，在车行道下一般不小于0.7m，管道基础应设在冰冻线以下；

⑤ 计算管段设计流量；

⑥ 进行雨水管网水力计算；

⑦ 绘制雨水管道平面图和纵剖面图。

（3）雨水管道设计参数　为使雨水管道正常工作，避免发生淤积和冲刷等现象，对雨水管渠水力计算的基本参数作如下技术规定。

① 设计充满度　雨水管道按满流设计，雨水较污水清洁的多，对环境污染较小，加上暴雨径流量大，且从减少工程投资的角度，雨水管渠允许短暂溢流。

② 最小设计流速　雨水中夹带的泥沙量较多，所以设计流速加大，满流时管道内的最小设计流速为0.75m/s。

③ 最小坡度　为了保证管道内不发生淤积，雨水管内的最小坡度应按最小流速计算确定。

④ 最小管径　为了保证管道养护上的便利，便于管道的清淤，雨水管道的管径不宜太小，街道下的雨水管道最小管径为300mm，若为塑料管相应的最小坡度为0.002，其他管为0.003。

（4）雨水管道的设计计算　雨水管道的具体设计计算见表A2-6。

4. 雨水管网纵剖面图

见图A2-6。

附录 B 常用数据

B1 城市生活用水定额

表 B1-1 居民生活用水定额 单位：L/(人·d)

城市规模		特大城市		大城市		中小城市	
用水情况		最高日	平均日	最高日	平均日	最高日	平均日
分区	一	180～270	140～210	160～250	120～190	140～230	100～170
	二	140～200	110～160	120～180	90～140	100～160	70～120
	三	140～180	110～150	120～160	90～130	100～140	70～110

表 B1-2 综合生活用水定额 单位：L/(人·d)

城市规模		特大城市		大城市		中小城市	
用水情况		最高日	平均日	最高日	平均日	最高日	平均日
分区	一	260～410	210～340	240～390	190～310	220～370	170～280
	二	190～280	150～240	170～260	130～210	150～240	110～180
	三	170～270	140～230	150～250	120～200	130～230	100～170

注：1. 特大城市指市区和近郊区非农业人口 100 万及以上的城市；大城市是指市区和近郊区非农业人口 50 万及以上，不满 100 万的城市；中小城市指市区和近郊区非农业人口不满 50 万的城市。

2. 一区包括的省市和自治区：湖北、湖南、江西、浙江、福建、广东、广西、海南、上海、江苏、安徽、重庆；二区包括的省市和自治区：四川、贵州、云南、黑龙江、吉林、辽宁、北京、天津、河北、山西、河南、山东、宁夏、陕西、内蒙古河套以东和甘肃黄河以东的地区；三区包括的省市和自治区：新疆、青海、西藏、内蒙古河套以西和甘肃以西的地区。

3. 经济开发区和特区城市，根据用水实际情况，用水定额可酌情增加。

4. 当海水或污水再生水等作为冲厕用水时，用水定额相应减少。

B2 城镇消防用水量相关标准

表 B2 城市、居住区同一时间内的火灾次数和一次灭火用水量

人数 N /万人	同一时间内的火灾次数/次	一次灭火用水量 /(L·s^{-1})	人数 N /万人	同一时间内的火灾次数/次	一次灭火用水量 /(L·s^{-1})
$N\leqslant1$	1	10	$30<N\leqslant40$	2	65
$1<N\leqslant2.5$	1	15	$40<N\leqslant50$	3	75
$2.5<N\leqslant5$	2	25	$50<N\leqslant60$	3	85
$5<N\leqslant10$	2	35	$60<N\leqslant70$	3	90
$10<N\leqslant20$	2	45	$70<N\leqslant80$	3	95
$20<N\leqslant30$	2	55	$80<N\leqslant100$	3	100

注：城市的室外消防用水量应包括居住区、工厂、仓库、堆场、储罐（区）和民用建筑的室外消火栓用量。

B3 中国主要省会城市常用暴雨强度公式

表 B3 我国主要省会城市暴雨强度公式

序号	省、自治区、直辖市	城市名称	暴雨强度公式	q_{20}	资料年数及起止年份	编制方法	编制单位	备注
1	北京		$q=\frac{2001(1+0.811\lg P)}{(t+8)^{0.711}}$	187	40 1941～1980	数理统计法	北京市市政设计院	适用于 P 为 0.25 ～ 10a，P 为 20～100a 另有公式
			$i=\frac{10.662+8.842\lg T_E}{(t+7.857)^{0.679}}$	186		解析法	同济大学	
2	上海		$i=\frac{33.2(P^{0.3}-0.42)}{(t+10+7\lg P)^{0.82+0.01\lg P}}$	198	41 1919～1959	数理统计法	上海市政设计院	
			$i=\frac{9.4500+6.7932\lg T_E}{(t+5.54)^{0.6514}}$	191	55 1916～1921 1929～1934 1937～1938 1949～1989	解析法	上海市城市建设设计研究院 上海市气象中心	
3	天津		$q=\frac{3833.34(1+0.85\lg P)}{(t+17)^{0.85}}$	178	50 1932～1981	数理统计法	天津市排水管理处	
			$i=\frac{49.586+39.846\lg T_E}{(t+25.334)^{1.012}}$	174	15 1939～1953	解析法	同济大学	
4	河北	石家庄	$q=\frac{1689(1+0.898\lg P)}{(t+7)^{0.729}}$	153	20 1956～1975	数理统计法	石家庄市城建局 河北师范大学	
			$i=\frac{10.785+10.176\lg T_E}{(t+7.876)^{0.741}}$	153	20 1956～1975	解析法	同济大学	
5	山西	太原	$q=\frac{880(1+0.86\lg T)}{(t+4.6)^{0.62}}$	121	25	数理统计法	太原工业大学	参考 1985 年山西省城镇暴雨等值线图
			$q=\frac{1532.7(1+1.08\lg T)}{(t+6.9)^{0.87}}$	112	28 1955～1982	数理统计法	太原市市政设计院防洪室	
6	黑龙江	哈尔滨	$q=\frac{2889(1+0.9\lg P)}{(t+10)^{0.88}}$	145	32 1950～1981	图解法	黑龙江省城市规划设计院	
			$q=\frac{2989.3(1+0.95\lg P)}{(t+11.77)^{0.88}}$	142	34 1950～1983	数理统计法	哈尔滨市城市建设管理局	
7	吉林	长春	$q=\frac{1600(1+0.80\lg P)}{(t+5)^{0.76}}$	139	25 1950～1974	图解法	哈尔滨建筑工程学院长春市勘测设计处	
			$q=\frac{896(1+0.68\lg P)}{t^{0.6}}$	148	58 1922～1979	温度饱和差法	吉林省建筑设计院	
8	辽宁	沈阳	$q=\frac{1984(1+0.77\lg P)}{(t+9)^{0.77}}$	148	26 1952～1977	数理统计法	沈阳市市政工程设计研究院	
			$i=\frac{11.522+9.348\lg T_E}{(t+8.196)^{0.738}}$	164	26 1952～1977	解析法	同济大学	
9	山东	济南	$q=\frac{1869.916(1+0.7573\lg P)}{(t+11.0911)^{0.6645}}$	191	31 1960～1990	解析法	济南市市政工程设计研究院	

续表

序号	省、自治区、直辖市	城市名称	暴雨强度公式	q_{20}	资料年数及起止年份	编制方法	编制单位	备注
10	江苏	南京	$q=\frac{2989.3(1+0.671\lg P)}{(t+13.3)^{0.8}}$	181	40 1929～1977	数理统计法（计算机选优）	南京市建筑设计院	
11	安徽	合肥	$q=\frac{3600(1+0.76\lg P)}{(t+14)^{0.84}}$	186	25 1953～1977	数理统计法	合肥市城建局	
			$i=\frac{24.927+20.228\lg T_E}{(t+17.008)^{0.863}}$	184	25 1953～1977	解析法	同济大学	
12	浙江	杭州	$i=\frac{20.120+0.639\lg P}{(t+11.945)^{0.825}}$	193	37 1959～1995	PⅢ分布南京法	浙江省城乡规划设计院	
13	江西	南昌	$q=\frac{1386(1+0.69\lg P)}{(t+1.4)^{0.64}}$	195	7 （1961年以前资料）	数理统计法	江西省建筑设计院	
14	福建	福州	$q=\frac{2041.102(1+0.700\lg T_E)}{(t+8.008)^{0.691}}$	204	20 1979～1998			
15	河南	郑州	$q=\frac{3073(1+0.892\lg P)}{(t+15.1)^{0.824}}$	164	26	数理统计法	机械工业部第四设计研究院	
16	湖北	汉口	$q=\frac{983(1+0.65\lg P)}{(t+4)^{0.56}}$	166			中国市政工程中南设计院	
			$i=\frac{5.359+3.996\lg T_E}{(t+2.834)^{0.510}}$	182	12 1952～1955 1957～1964	解析法	同济大学	
17	湖南	长沙	$q=\frac{3920(1+0.68\lg P)}{(t+17)^{0.86}}$	176	20 1954～1973	数理统计法	湖南大学	
			$i=\frac{24.904+18.632\lg T_E}{(t+19.801)^{0.863}}$	173	20 1954～1973	解析法	同济大学	
18	广东	广州	$q=\frac{2424.17(1+0.533\lg T)}{(t+11.0)^{0.668}}$	245	31 1951～1981	数理统计法	广州市市政工程研究所	
19	海南	海口	$q=\frac{2338(1+0.41\lg P)}{(t+9)^{0.65}}$	262	20 1961～1980	数理统计法	海口市城建局	
20	广西壮族自治区	南宁	$q=\frac{10500(1+0.707\lg P)}{t+21.1P^{0.119}}$	255	21 1952～1972	数理统计法	广西建委综合设计院	
			$i=\frac{32.287+18.194\lg T_E}{(t+18.880)^{0.851}}$	239	21 1952～1972	解析法	同济大学	
21	陕西	西安	$i=\frac{6.041(1+1.475\lg P)}{(t+14.72)^{0.704}}$	83	22 1956～1977	数理统计法	西北建筑工程学院	适用于 $P<20a$，$P>20a$ 另有公式
			$i=\frac{37.603+50.124\lg T_E}{(t+30.177)^{1.078}}$	92	19 1956～1974	解析法	同济大学	
22	宁夏回族自治区	银川	$q=\frac{242(1+0.83\lg P)}{t^{0.477}}$	58	6			

续表

序号	省、自治区、直辖市	城市名称	暴雨强度公式	q_{20}	资料年数及起止年份	编制方法	编制单位	备注
23	甘肃	兰州	$q=\frac{1140(1+0.96\lg P)}{(t+8)^{0.8}}$	79	27 1951～1977	数理统计法	兰州市勘测设计院	
24	青海	西宁	$q=\frac{308(1+1.39\lg P)}{t^{0.58}}$	54	26 1954～1979	图解法	西宁市城建局	
25	新疆维吾尔自治区	乌鲁木齐	$q=\frac{195(1+0.82\lg P)}{(t+7.8)^{0.63}}$	24	17 1964～1980	数理统计法	乌鲁木齐市城建局	
26	重庆		$q=\frac{2822(1+0.775\lg P)}{(t+12.8P^{0.076})^{0.77}}$	192	8			
27	四川	成都	$q=\frac{2806(1+0.803\lg P)}{(t+12.8P^{0.231})^{0.768}}$	192	17			
			$i=\frac{20.154+13.371\lg T_E}{(t+18.768)^{0.784}}$	191	17 1943～1959	解析法	同济大学	
28	贵州	贵阳	$i=\frac{6.853+1.195\lg T_E}{(t+5.168)^{0.601}}$	165	13 1941～1953	解析法	同济大学	
29	云南	昆明	$i=\frac{8.918+6.183\lg T_E}{(t+10.247)^{0.649}}$	163	16 1938～1953	解析法	同济大学	

注：1. 表中 P、T 代表设计降雨的重现期；T_E 代表非年最大值法选样的重现期；T_M 代表年最大值法选样的重现期。

2. i 的单位是 mm/min；q 的单位是 L/(s・hm^2)。

3. 此附录摘自《给水排水设计手册》（第二版）第 5 册表 1-38 及表 1-39。

参 考 文 献

[1] 严煦世，范瑾初．给水工程．第4版．北京：中国建筑工业出版社，1999.
[2] 孙慧修．排水工程．第4版．上册．北京：中国建筑工业出版社，1999.
[3] 严煦世，刘遂庆．给水排水管网系统．第2版．北京：中国建筑工业出版社，2008.
[4] 赵洪宾．给水管网系统理论与分析．北京：中国建筑工业出版社，2003.
[5] 张文华．给水排水管道工程．北京：中国建筑工业出版社，2000.
[6] 郑达谦．给水排水工程施工．第3版．北京：中国建筑工业出版社，1998.
[7] 张启海．城市给水工程．北京：中国水利水电出版社，2003.
[8] 廖松等．工程水文学．北京：清华大学出版社，1991.
[9] 任树海，朱仲元．工程水文学．北京：中国农业大学出版社，2001.
[10] 芮孝芳．水文学原理．北京：中国水利水电出版社，2004.
[11] 王继明．给水排水管道工程．北京：清华大学出版社，1989.
[12] 孙逊．聚烯烃管道．北京：化学工业出版社，2002.
[13] 叶建良，蒋国盛，窦斌．非开挖铺设地下管线施工技术与实践．武汉：中国地质大学出版社，2000.
[14] [美] A P莫泽．地下管设计．北京市市政工程设计研究总院《地下管设计》翻译组译．北京：机械工业出版社，2003.
[15] 刘灿生．给水排水工程施工手册．第2版．北京：中国建筑工业出版社，2002.
[16] 周玉文，赵洪宾．排水管网理论与计算．北京：中国建筑工业出版社，2000.
[17] 许其昌．给水排水塑料管道设计施工手册．北京：中国建筑工业出版社，2002.
[18] 高廷耀，顾国维．水污染控制工程（上）．第2版．北京：高等教育出版社，2011.
[19] 周玉文．城市雨水管网水力学计算方法研究．沈阳建筑工程学院学报，1994，10（2）.
[20] 邱兆富等．暴雨强度公式推求方法探讨．城市道桥与防洪，2004，(1).
[21] GB 50014—2006《室外排水设计规范》(2011年版).
[22] GB 50013—2006《室外给水设计规范》.
[23] GB 50268—2008《给水排水管道工程施工及验收规范》.
[24] 中国市政工程西南设计研究院．给水排水设计手册．第1册．常用资料．第2版．北京：中国建筑工业出版社，2000.
[25] 上海市政工程设计研究院．给水排水设计手册．第3册．城镇给水．第2版．北京：中国建筑工业出版社，2004.
[26] 上海市政工程设计研究院．给水排水设计手册．第9册．专用机械．第2版．北京：中国建筑工业出版社，2004.
[27] 北京市政工程设计研究院．给水排水设计手册．第5册．城镇排水．第3版．北京：中国建筑工业出版社，2004.